高等学校“十四五”农林规划新形态教材

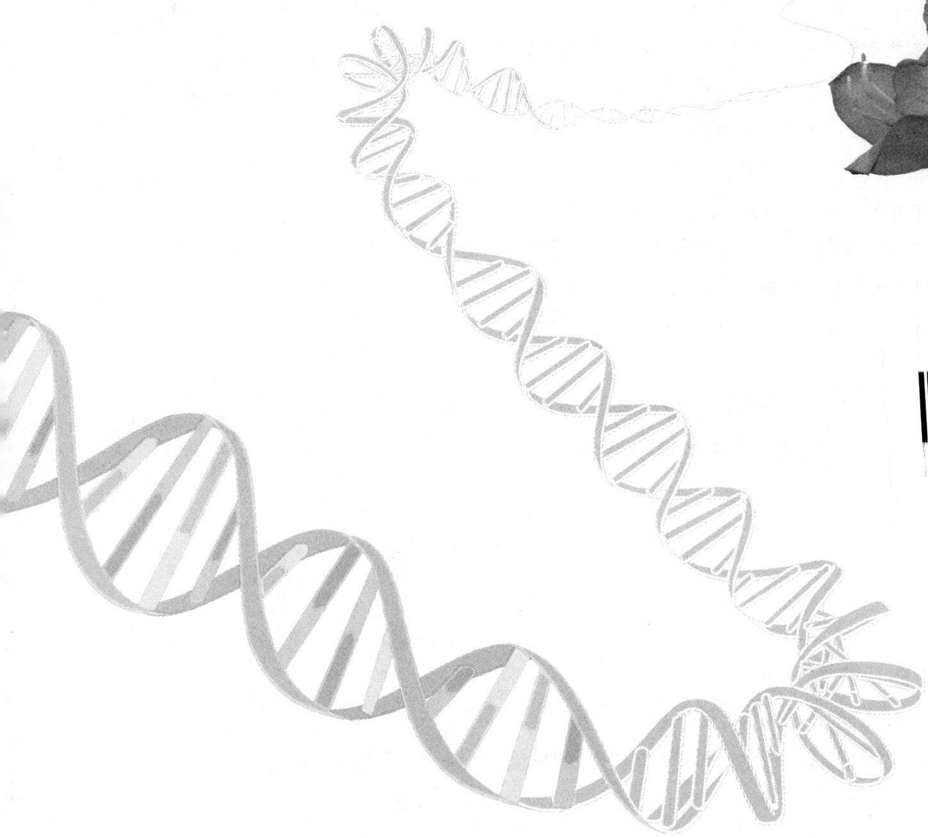

植物学（第2版）

主　编　吴　鸿　郝　刚　白　玫　张荣京　梁祥修
副主编　阮　颖　李雁群　马仲辉
编　者（按姓氏笔画排序）
马仲辉（广西大学）　白　玫（华南农业大学）　阮　颖（湖南农业大学）
李雁群（华南农业大学）　吴　鸿（华南农业大学）　张荣京（华南农业大学）
郝　刚（华南农业大学）　胡宇飞（华南农业大学）　耿世磊（华南农业大学）
梁社坚（华南农业大学）　梁祥修（华南农业大学）　谢建光（华南农业大学）

中国教育出版传媒集团
高等教育出版社·北京

内容提要

本教材依照高等农林院校本科教学改革的方向和人才培养目标编写，注重吸收植物学近十年来学科发展的知识成果，适应“新农科”建设、推动产科教融合。教材内容力求“面向农业院校、兼顾华南特色”，主要以重要粮农、林木、果蔬、花药等经济植物及地域特色植物为代表，介绍植物的形态结构特征和个体发育过程、植物界的基本类群和被子植物的物种多样性。全书除绪论外共分为九章，内容包括种子与幼苗、植物细胞、植物组织、被子植物的营养器官、被子植物的繁殖和繁殖器官、裸子植物的营养器官和生殖器官、植物界的类群与分类、被子植物分类的形态学基础知识、被子植物及其主要分科。

本书可作为高等农林院校植物生产类、生物科学类及相关专业本科生的教材，也可作为研究生、教师、农林科技工作者的参考用书。

图书在版编目（CIP）数据

植物学 / 吴鸿等主编 . -- 2 版 . -- 北京 : 高等教育出版社，2024.8（2025.9重印）. -- ISBN 978-7-04-062465-6

Ⅰ. Q94

中国国家版本馆 CIP 数据核字第 2024BC9900 号

ZHIWUXUE

策划编辑 李 融　　责任编辑 李 融　　特约编辑 李明洋　　封面设计 张 楠
责任校对 马鑫蕊　　责任印制 耿 轩

出版发行	高等教育出版社	网　　址	http://www.hep.edu.cn
社　　址	北京市西城区德外大街4号		http://www.hep.com.cn
邮政编码	100120	网上订购	http://www.hepmall.com.cn
印　　刷	河北信瑞彩印刷有限公司		http://www.hepmall.com
开　　本	787mm × 1092mm　1/16		http://www.hepmall.cn
印　　张	19	版　　次	2012 年 6 月第 1 版
字　　数	490 千字		2024 年 8 月第 2 版
购书热线	010-58581118	印　　次	2025 年 9 月第 3 次印刷
咨询电话	400-810-0598	定　　价	45.00元

物 料 号　62465-00

新形态教材 · 数字课程（基础版）

植物学

（第 2 版）

主编　吴　鸿　郝　刚　白　玫
　　　张荣京　梁祥修

登录方法：

1. 电脑访问 http://abooks.hep.com.cn/62465，或微信扫描下方二维码，打开新形态教材小程序。
2. 注册并登录，进入“个人中心”。
3. 刮开封底数字课程账号涂层，手动输入 20 位密码或通过小程序扫描二维码，完成防伪码绑定。
4. 绑定成功后，即可开始本数字课程的学习。

绑定后一年为数字课程使用有效期。如有使用问题，请点击页面下方的“答疑”按钮。

新形态教材网 Abooks　　关于我们 | 联系我们　　登录/注册

植物学（第 2 版）

吴鸿　郝刚　白玫　张荣京　梁祥修

开始学习　　收藏

本数字课程与纸质教材一体化设计，紧密配合，内容包括彩图、课件、参考文献和拓展阅读等，可供各类高等院校不同专业的师生根据实际需求选择使用，也可供相关科学工作者参考。

http://abooks.hep.com.cn/62465

第 2 版前言

人类的衣食住行与植物息息相关，如粮食作物、油料作物、药用植物、花卉、蔬菜、水果、木材等。植物学知识来源于又始终贯穿于广大劳动人民的实践应用之中，是历史上人类认识自然、利用自然、保护自然的指南，更是现代生态文明建设不可或缺的重要组成部分。植物学课程是生物科学类和植物生产类等专业的学生进入大学后的入门专业课程，也是“新农科”建设必不可少的专业知识体系构成元素。因此，植物学课程教学对于学生唯物主义世界观的塑造、求真求实科学精神的培育、专业知识服务生产实践意识的形成都具有重要作用。

本教材第 1 版（吴鸿、郝刚主编，高等教育出版社）于 2012 年发行，十多年来，被多所高校使用，受到同行、学生的广泛认可。当下，随着科学技术飞速发展，各领域研究成果日新月异，植物学也不例外，如植物分子系统学的发展使得分类学更加完善，植物发育的分子机制研究使得植物结构与功能更加清晰。学科发展对传统知识的冲击、学生对新知识的渴望、生产实践对理论指导的迫切需求等，使教材修订变得十分迫切。同时，华南农业大学的植物学于 2020 年获批首批国家级线下一流本科课程，植物学课程的整体优化与提升也亟须出版体现学科发展、适应“新农科”建设、推动产科教融合的《植物学》新形态教材。

本次教材的修订，在保持上一个版本的经典知识编排体系及遵循农业院校本科教学改革的方向和人才培养目标的基础上，吸收近十年来学科发展的成果，坚持“科学性、基础性、知识性、地方性、先进性、可读性”的编写原则，重点培养学生“了解植物、热爱植物、研究植物、保护植物”的兴趣与志向。在内容上，力求“面向农业院校、兼顾岭南特色、适合本科教学”，以重要粮农、林木、果蔬、花药等经济植物及地域特色植物为代表，讲解植物的细胞与组织、植物营养器官和生殖器官、植物界的基本类群等内容，使学生系统了解植物个体发育的一般过程和规律、植物界的基本面貌和多样性，并强化微观与宏观、个体与群体、特殊与一般的辩证认识。

与第 1 版教材相比，第 2 版教材的主要修订情况如下：①在细胞、组织、器官及其发育特征等的结构植物学部分，由于其一般概念、框架和系统相对成熟稳定，修改的空间相对较小。②在以被子植物为例进行结构植物学讲解时，综合考虑本科教学特点，从有利于学生理解和掌握的角度出发，仍按照双子叶植物纲和单子叶植物纲的划分方式来依次介绍。③在植物类群部分，基于现代分子系统学的新进展，更新内容较多，以改写和修订相结合的方式进行。其中，藻类、菌类、地衣和苔藓植物类群，仍然按照传统的分类系统编写；蕨类植物采用蕨类植物系统发育研究组（Pteridophyte Phylogeny Group，PPG）的 PPG Ⅰ系统；裸子植物采用 4 纲系统，与传统的分类系统相似，但纲、目的系统关系变化较大；被子植物采用“被子植物系统发育研究组（Angiosperm Phylogeny Group，APG）”

的 APG Ⅳ分类系统，按照演化支分为六大类进行介绍，该部分变化最大。④增加了部分热带、亚热带分布的重要科、属、种的介绍。⑤基于植物学知识特点与行业发展需要，注重“知农爱农、强农兴农”理念的贯通。

本书可作为高等农林院校生物科学类和植物生产类及相关专业本科生的教材，也可作为研究生、教师、农林科技工作者的参考用书。

本教材的修订分工如下：绪论（白玫、吴鸿）；第一章（谢建光、郝刚）；第二、三章（胡宇飞、吴鸿）；第四章（梁祥修、吴鸿）；第五章（白玫、吴鸿）；第六章（李雁群、吴鸿）；第七章（张荣京、郝刚）；第八章（李雁群、郝刚）；第九章（张荣京、郝刚）。全书由白玫、张荣京、梁祥修统稿，吴鸿、郝刚主审。大部分插图由中国科学院华南植物园的刘运笑女士绘制完成。高等教育出版社的李融编辑对教材的编写和完善给予极大帮助，并提出宝贵意见和建议。编写过程中得到华南农业大学植物学国家级线下一流本科课程建设项目、广东省线下一流本科课程建设项目等支持。在此，一并致谢。

限于编者水平，错误和不准确之处在所难免，恳请读者和同行批评指正。

编　者

2024 年 1 月于广州

第1版前言

从进入大学的第一学期开始，我们就开始学习《植物学》。在以后的教学和科研工作中，我们又专门从事植物学的教学和科研工作。在多年的教与学的过程中，我们对植物学的理解也在不断地深入，对教学中的问题也日益明确。应该说我们对植物学充满了感情和好奇。每当获得一本好的《植物学》教材时，我们总是如获至宝，迫不及待地阅读并推荐给同事或学生，希望对大家的教学、科研和学习有所帮助。虽然我们一直有意组织编写一本《植物学》教材，但是由于国内外优秀的《植物学》教材颇多，且各具特色；加之编写教材责任重大，稍有不慎则误人子弟。因此我们始终不敢贸然动笔。记得2008年在北京开会期间，曾与高等教育出版社的林金安先生和吴雪梅女士专门相约讨论编写《植物学》之事，后因种种原因搁置下来。翌年因公出差陕西杨凌时又在同一宾馆与金安先生和雪梅女士不期而遇。相叙之中再提编书之事，两位的鼓励和执着感动了我们，也最终促成了本教材的编写和出版。

本教材是在多年教学实践的基础上，遵循农业院校本科教学的方向和培养目标，吸收近十年来学科发展的成果编写而成。我们坚持“科学性、基础性、知识性、地方性、先进性、可读性”的编写原则，重点培养学生“了解植物、热爱植物、研究植物”的兴趣。教材内容力求以“面向农业院校、兼顾华南特色、适合本科教学”为特点，主要以重要粮农、林木、果蔬等经济植物为代表，介绍植物的细胞与组织、植物的营养器官和生殖器官、植物界的基本类群，使学生系统了解种子植物个体发育的一般过程和规律、植物界的基本面貌和多样性。全书除绪论外共分为九章。本教材可作为高等农业院校农学类相关专业本科生的教材，亦可作为研究生、教师、农林科技工作者的参考用书。

本教材参考了国内外众多有关植物科学的教材和研究成果，经过各参编者的合作和努力，历经3年编写完成。具体编写分工如下：绪论（吴鸿、郝刚）；第一章（谢建光、梁红）；第二、三章（胡宇飞）；第四章（梁社坚、吴鸿）；第五章（宁熙平、阮颖）；第六章、彩色图版（俞新华、郝刚）；第七章（张荣京、梁红）；第八章（宁熙平、吴鸿）；第九章（耿世磊、郝刚）。最后由吴鸿和郝刚统稿。书中部分插图由中国科学院华南植物园的刘运笑女士绘制完成。高等教育出版社生命科学与医学出版事业部的潘超博士对教材的编写和完善给予了极大的帮助，并提出了宝贵的意见和建议。在此一并表示衷心的感谢。

编者们虽然竭尽全力，但由于水平有限，错误和不准确之处在所难免。该书的出版也是我们面对挑战的开始。我们诚惶诚恐，时刻准备着接受读者的批评和指正。我们衷心地期望读者和同行专家为本教材的完善和修订提出宝贵的意见。

编　者

2012年2月于广州

目 录

绪 论

一、植物的基本特征及其多样性

植物（plant）是地球上存在着的一种重要的生命形式。我们所称的植物，一般应具有下列基本特征：细胞具有细胞壁；借助光能或化学能将简单的无机物制造成有机物，营自养生活；生活体内多保留永久的分生组织，具有无限生长的特性。

植物是丰富多样的，它们的形态、结构、生活习性都表现出对环境的适应性。在不同的环境中生长着不同类型的植物，从热带到寒带以及两极地带，从平原到高山，从海洋到大陆，到处都有植物的踪迹。植物在地球上的发生和发展经历了一个漫长的历史过程。现存植物的多样性源于连续不断的物种形成和分化过程，是植物有机体在与环境的相互作用中，经过持续不断的遗传、变异、选择、适应等一系列的矛盾运动，有规律地演化而来的。

现今地球上已发现的植物约50万种，其中包括藻类、菌类、地衣、苔藓、蕨类和种子植物。它们的大小、形态、结构、寿命、生活习性、营养方式和生态习性等是多种多样的，共同组成了复杂的植物界。例如，最小的支原体（mycoplasma）（介于细菌和病毒之间、无细胞壁、形态多样的单细胞原核生物）直径只有0.1 μm；分布于北美的巨杉（世界爷）（*Sequoiadendron giganteum*）树高可达142 m。简单的有单细胞生物，如衣藻；比较复杂的有多细胞群体、丝状体和具有根、茎、叶分化的植物体。绝大多数植物都具有叶绿素，可进行光合作用，制造有机物；小部分植物不含有叶绿素，不能自制养料，必须寄生或腐生在其他生物体上；也有少数种类，如硫细菌、铁细菌可以借氧化无机物获得能量而自制养料。

二、中国丰富的植物资源

中国幅员辽阔、地形多样，复杂的自然环境造就了丰富的植物多样性。中国是世界上植物种类最多的国家之一，仅种子植物就有3万种以上，仅次于马来西亚和巴西，居世界第三位，其中不少植物具有重要的经济价值。中国是栽培植物起源中心之一，如水稻、桃、梅、柑橘、枇杷、荔枝、茶、桑、大豆、油桐、牡丹、月季、菊花、山茶、杜鹃花、兰花等均原产于中国。中国被称为“裸子植物故乡”，有大面积分布的优良用材树种如落叶松、红松等；银杏、银杉、水松、水杉素有“四大活化石”之誉。中国药材资源尤为丰富，杜仲、人参、当归、石斛、阳春砂仁、橘红、广佛手等均为名贵的药用植物。这些丰富的植物资源为我国经济的发展提供了坚实的物质基础。

三、植物在国民经济发展中的意义

植物是发展国民经济的重要物质资源。人类的衣、食、住、行等方面都离不开植物。在农林业方面，生产应用包括了粮食作物、糖类作物、油料作物、纤维作物、果品、蔬菜、饮料植物、药用植物、观赏植物、牧草和材用植物等；动物提供的食品、原料，也间接来源于植物。在工业方面，包括食品工业、油脂工业、制糖工业、制药工业、建筑工业、纺织工业、造纸工业或橡胶工业、酿造工业、涂料工业、化妆品工业，甚至冶金工业、煤炭工业、石油工业等，都与植物息息相关。

植物界是天然的基因库，是自然赋予人类的宝贵财富。植物在长期的演化过程中形成了无比丰富的遗传性状，为人类驯化野生植物、改良新品种提供了广阔的种质资源。现存高等植物约 25 万种，经人类长期驯化栽培的有 2 000 多种，常见的栽培植物仅 100 多种。这为数不多的栽培植物成为人类物质文明的重要基础。当今世界面临资源、能源、人口、粮食和环境等问题，如何保护生物多样性，合理利用野生植物资源，积极开展植物引种驯化、品种改良、抗性育种等，是摆在我们面前的急迫任务。

四、学习植物学的目的与方法

植物学（botany）是生命科学中重要的基础学科之一，它的基本研究内容是认识和揭示植物界各层次的生命活动的客观规律，包括形态结构和功能、生长发育、系统演化、分布及其与环境相互作用的关系。学习植物学的目的是了解植物、认识植物，进而更好地利用和改造植物，如野生种质资源的挖掘和开发、农作物产量和品质的提高、生物多样性的保护等，以更好地为国民经济建设服务。

植物学是农林院校的一门基础课，它是进一步学习其他专业课的必要前提。本教材内容主要以中国南方亚热带的植物为代表，介绍植物的形态、结构和类群、分类等基本知识，并揭示植物的一般生长发育规律。本教材以被子植物为主线，从种子和幼苗开始，到植物的细胞、组织、营养和繁殖器官，讲述植物个体发育的特点；然后介绍植物的基本类群和被子植物部分科属代表，以了解植物界的系统发育式样。通过这样的学习过程，可以掌握自然界植物的整体面貌和特点，为服务于生产实践打下基础。

学习植物学必须掌握辩证的思维方法。要注意把握植物局部与整体的关系、结构与功能的关系、个体发育与系统发育的关系、植物与环境的关系等，以一种动态的时空观指导学习的过程。

学习植物学需要掌握扎实和系统的理论知识。植物种类丰富，形态结构多样性高，教材内容描述多，现象丰富。因此注重吸收借鉴教材、课堂介绍的知识是入门的重要途径。要在对教学内容理解的基础上，分析归纳，融会贯通。

学习植物学要重视实验和实践，增强感性认识。植物学实验和野外实习是学习植物学的重要环节。积极开展实验和实践活动有助于验证课堂理论知识，加深对各种概念、原理的理解和巩固，同时还可以增强解决实际问题的能力。

五、植物学分支学科的概述

植物学是一门古老的基础学科。随着科学的发展以及生产实践的需要，植物学的研究范围越来越广泛，对每一局部的研究也越来越细致和深入。依据研究对象和研究内容的侧重点不同，植物学衍生出许多不同的分支学科，主要有以下几类：

植物分类学（plant taxonomy）是研究植物类群的分类、鉴定和亲缘关系的科学，也称为植物系统学（plant systematics）。它是植物学最基本的一门学科，也是开展植物资源调查等工作的基础。近代随着科技手段的进步和学科交叉渗透，已发展出植物细胞分类学（plant cytotaxonomy）、植物化学分类学（plant chemotaxonomy）、植物分子系统学（plant molecular systematics）等，为植物的系统演化研究开辟了新的领域。

植物形态学（plant morphology）是研究植物个体构造、发育及形态形成过程规律的科学，是植物学的基础学科之一。其中，研究植物组织和器官显微结构及其功能的科学，称为植物解剖学（plant anatomy）；研究植物胚胎的结构、发生和分化的科学，称为植物胚胎学（plant embryology）；研究植物细胞结构与功能的科学，称为植物细胞学（plant cytology）。

植物生理学（plant physiology）是研究植物体的各种生理活动、功能的变化和生长发育的情况，以及在环境条件影响下所引起的反应等的科学。近代植物生理学的各分支学科，如细胞生理、种子生理、光合生理、呼吸生理、水分生理、营养生理、生殖生理及生态生理等均已有很大发展。有时也将其与研究植物体内各种化学变化的植物生物化学，合称为植物生理生化学（plant physiology biochemistry）。

植物生态学（plant ecology）是研究植物间、植物与环境条件间相互关系的科学。根据其研究的水平和尺度，又可分成植物个体生态学、植物种群生态学、植物群落生态学及生态系统生态学。

植物化学（phytochemistry）是研究植物代谢产物的成分、结构、分布规律的科学，与中药有效成分、植物系统分类有密切关系，如植物化学分类学就是一门结合植物化学和植物分类学的交叉学科。

植物资源学（plant resources）是研究自然界所有植物的分布、数量、用途及其应用的科学，与植物分类学、药用植物学和保护生物学等有密切关系。

不同的分支学科，其研究的具体内容和层次均有不同。生物科学的发展日新月异，目前植物学和各个分支学科的发展趋势为：学科间交叉渗透，一些传统学科间的界限已在逐渐淡化，而边缘学科和综合性学科研究领域不断出现，如植物基因组学、植物蛋白质组学、植物代谢组学、植物发育生物学、生物信息学等。通过宏观研究与微观研究的紧密结合，有望使植物学在更高层次和更广的范围内探讨植物生命的本质和规律，更好地为社会生产实践服务。

第一章

种子与幼苗

种子植物是植物界的一个大类群，其共同特征是能产生种子（seed）。农林生产中所栽培的经济作物，绝大多数都是种子植物，如水稻、玉米、甘蔗、番薯、茶、芒果、荔枝、龙眼、肉桂、马尾松等。

种子是种子植物特有的生殖器官，是有性生殖的产物，又是新一代生命的开始。种子植物的根、茎、叶各器官都是直接或间接由种子发育而来的，作物的生产一般也是从播种开始。所以，在了解种子植物各个器官的形态结构及生活史之前，必须了解种子的结构和幼苗的形成过程。

第一节　种子的结构

各种植物种子在形状、大小、色泽和硬度等方面有很大的差别，这些特征常常作为鉴定种子类别和评定种子品质的依据。尽管不同植物的种子在上述几个方面的差别很大，但种子的基本结构是大致相同的，都是由种皮（testa，seed coat）、胚（embryo）和胚乳（endosperm）等部分构成。

一、种皮

种皮是种子外面的保护层。成熟种子的种皮具有种脐（hilum）和种孔（micropyle）。种脐是种子从种柄脱落时留下的痕迹。种脐的一端有一极小的孔，称为种孔，是种子萌发时胚根穿出的孔道。

有些植物种子的种皮仅一层，如菜豆、南瓜、花生等；有些植物具有内外两层种皮，内种皮薄而柔软，外种皮厚而坚硬，且常有光泽、花纹或其他附属物，如蓖麻、橡胶树等植物的外种皮有花纹，乌桕的外种皮有蜡质层；银杏和苏铁植物则有更为复杂的三层种皮，即肉质的外种皮，骨质的中种皮和膜质的内种皮。有些植物的种皮扩展成翅，如马尾松、泡桐、翻白叶树等；有些种子的种皮附生长毛，如棉花种子的纤维毛。这些结构有利于种子随风散布到较远的地方。

种皮的解剖结构在不同的植物中是不同的。通常外种皮由木化或角化的厚壁组织构成，具有保护作用。内种皮由薄壁组织构成，细胞内贮存养料，在种子发育过程中，养料往往被吸收，因此当种子成熟时，内种皮常变为由死细胞组成的薄层。

二、胚

胚是种子最重要的部分，是一个未成长的新植物体的雏形。如果因虫害或其他原因损伤了胚或胚丧失了生活力，这样的种子就完全失去了播种的价值。胚由胚根（radicle）、胚芽（plumule）、胚轴（embryonal axis）和子叶（cotyledon）四部分组成。胚根一般呈圆锥形，将来发育成主根。胚芽由幼叶和生长点组成，有的仅有生长锥，胚芽将来发育成茎和叶。胚轴介于胚根和胚芽之间，可分为上胚轴和下胚轴两部分。由子叶着生点到第一片真叶之间的一段，称为上胚轴（epicotyl）；由子叶着生点到胚根的一段，称为下胚轴（hypocotyl）。下胚轴将来发育成根和茎的过渡区（transition zone）。子叶着生在胚轴上，其功能是贮藏养料或吸收养料，供胚和幼苗生长利用。有些植物的子叶在种子萌发后露出土壤并展开变绿，能暂时进行光合作用。

各种植物种子中子叶的数目是不同的。根据子叶的数目，种子植物可分为三大类：种子具有两片子叶的植物为双子叶植物；种子具有一片子叶的植物称为单子叶植物；裸子植物的子叶数目不定，一般在两片或两片以上。

三、胚乳

胚乳是种子贮藏营养物质的部分，一般介于种皮和胚之间。种子萌发时，胚乳的营养物质被胚吸收利用。有些植物在种子发育过程中，胚乳已被吸收利用，所以种子成熟后无胚乳，或残留一层膜状痕迹，这类种子的营养物质主要贮藏在子叶中，通常有肥厚的子叶。

在种子中，胚乳或子叶占种子体积的大部分，它们由薄壁组织组成，细胞内贮藏着丰富的营养物质。营养物质主要有淀粉、脂肪和蛋白质。根据贮藏物质中三类主要营养物质含量的不同，可分为淀粉类种子，如水稻、小麦、玉米等的种子；脂肪类种子，如花生、油菜、芝麻等的种子；蛋白质类种子，如大豆、南瓜、蓖麻等的种子。

第二节　种子的主要类型

根据成熟种子内胚乳的有无，可以将种子分为有胚乳种子（albuminous seed）和无胚乳种子（exalbuminous seed）两大类。

一、有胚乳种子

有胚乳种子由种皮、胚和胚乳组成。胚乳占种子的大部分，胚较小。许多双子叶植物如蓖麻、番木瓜、烟草、番茄、辣椒，大多数单子叶植物和全部裸子植物的种子，都是有胚乳种子。

1. 双子叶植物有胚乳种子

以蓖麻种子为例说明这类种子的结构。如图 1–1 所示，蓖麻种子有两层种皮，外种皮坚硬光滑，具有花纹。种子一端有海绵状突起，称为种阜（caruncle），是由外种皮延伸而成的，有吸收水分的作用，有利于种子的萌发。种孔被种阜覆盖，种脐不甚明显。在种子腹面中央，有一长条状隆起，称为种脊（raphe），其长度与种子长度几乎相等。种脊是倒

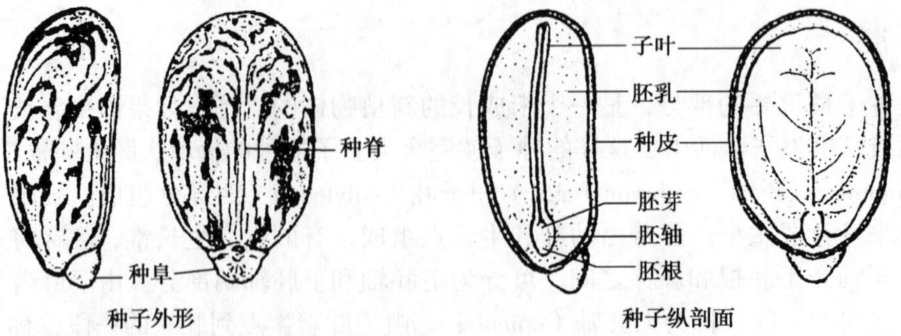

图 1–1 蓖麻种子的结构（仿李扬汉，1984）

生或横生胚珠的珠柄和珠被的愈合处在种子形成后留在种皮上的痕迹。内种皮薄，膜质。剥去种皮可见白色略带透明的胚乳。胚乳占种子体积的大部分，含大量脂肪。胚包藏于胚乳之中，两片子叶大而薄，白色，上面有显著的脉纹。胚轴很短，连接胚芽、胚根和子叶。胚轴上方是胚芽，胚芽仅有生长锥；胚轴下方是胚根。

番茄种子也属于双子叶有胚乳种子，其结构见图 1–2。

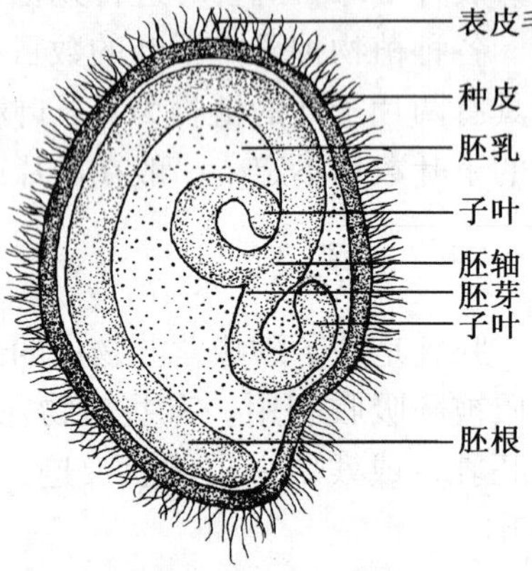

图 1–2 番茄种子的结构（仿李扬汉，1984）

2. **单子叶植物有胚乳种子**

大多数单子叶植物的种子都是有胚乳种子。水稻、小麦等禾本科植物的种子较特殊，种皮和果皮愈合，种子不能分离出来，因此所谓的种子实际上是含有种子的果实，称为颖果（caryopsis）。

现以水稻、小麦为例（图 1–3，图 1–4）说明这类种子的结构。其果皮由几层栓化细胞组成，种皮由一层薄壁细胞组成，并与果皮及胚乳愈合。胚乳由薄壁细胞组成，占整个颖果的大部分。胚乳可分为糊粉层胚乳细胞和淀粉层胚乳细胞两部分。糊粉层为紧贴种皮的一至数层细胞，含大量的糊粉粒；其余大部分为充满淀粉粒的薄壁细胞。胚很小，位于籽粒基部的一侧，紧贴胚乳。胚由胚芽、胚根、胚轴和子叶构成。胚芽位于胚轴上方，由生长点和幼叶组成。胚芽外面有胚芽鞘（coleoptile）保护。胚根位于胚轴的下方，由生长点和根冠组成。胚根外面有胚根鞘（coleorhiza）保护。胚轴较短，上连胚芽，下连胚根；一侧连着一肉质的子叶，子叶形如盾牌，故也称为盾片（scutellum），盾片紧贴胚乳。胚轴的另一侧连着一极小的突起，有的植物学家认为是一片退化的子叶，称为外胚叶。这类种子中由于只有一片子叶发育而形成单子叶种子类型。盾片与胚乳交界处，是一层排列整齐呈条形的细胞，称为上皮细胞。种子萌发时，上皮细胞分泌植物激素到胚乳中，促进胚乳细胞内的营养物质分解，然后由上皮细胞吸收并转运到胚的生长部位，供胚生长利用。

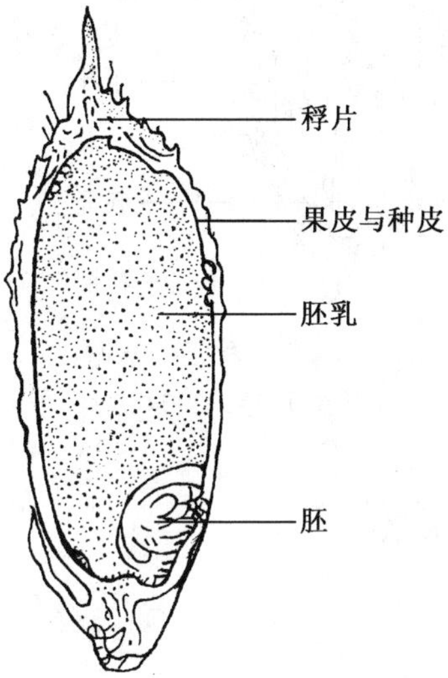

图 1–3　水稻籽粒纵切图
（仿叶创兴等，2007）

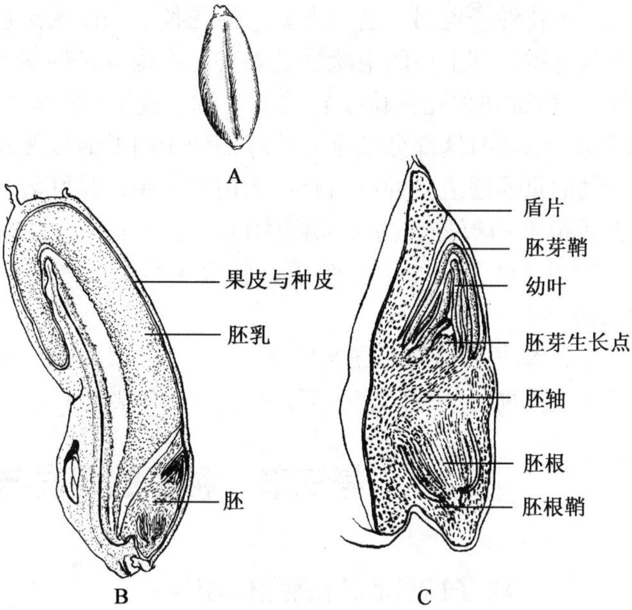

图 1–4　小麦颖果的结构
A. 颖果的外形　B. 颖果的纵切面　C. 胚的纵切面

二、无胚乳种子

无胚乳种子由种皮和胚组成，子叶肥厚，贮藏着大量的营养物质，代替了胚乳的功能。许多双子叶植物如花生、棉花、豆类、瓜类和柑橘类的种子，都属于这种类型。

1. 双子叶植物无胚乳种子

以菜豆种子（图 1–5）为例，说明这类种子的结构。菜豆种皮表面具有斑纹或无斑纹。种子一侧的中央有一椭圆形的疤痕，称为种脐。种脐的一端有一圆形的种孔，是种子萌发时水分进入种子的通道，胚根首先从这里突破种皮向外伸长。种脐另一端有一小的瘤状突起，称为种瘤。种瘤至种子一端有一明显棱脊，称为种脊。

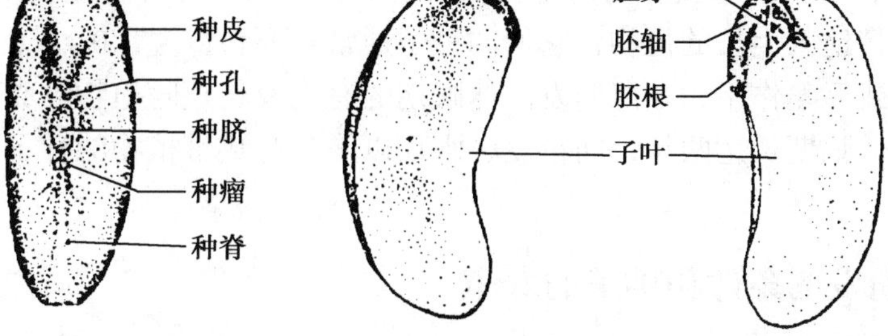

图 1–5　菜豆种子的结构

胚由胚根、胚芽、胚轴和子叶组成。子叶两片，肥厚，乳白色，贮藏丰富的营养物质。胚轴较短，子叶着生其两侧。胚轴上方为胚芽，由生长点和折叠的幼叶组成，夹在两片子叶之间；胚轴下方为胚根。

棉花种子也属于这一类型。棉花种子外面的黑色硬壳是种皮，其上面的毛状物是表皮毛，也就是棉絮（纤维）。种脐和种孔都位于较尖的一端。钝圆的一端种皮较薄，晒种时这部分细胞被破坏，种子萌发时成为水和氧气的重要通道。种皮内有一层白色薄膜，是胚乳被吸收后留下的痕迹，薄膜以内为胚。子叶皱褶，占很大的体积，胚芽很小，胚轴短，胚根尖端露于子叶之外（图 1–6）。

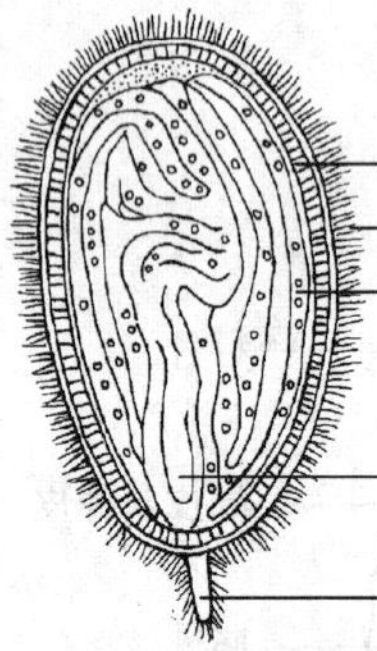

图 1–6 棉花种子的结构
（仿吴万春，2004）

2. 单子叶植物无胚乳种子

此类种子如慈姑、泽泻，在农作物中较少见。

第三节 种子的萌发与幼苗的类型

一、种子的休眠与后熟作用

大多数植物的种子成熟后，即使在适宜的条件下，也并不立即萌发，往往需经过一段时间后才能萌发，这种现象称为种子的休眠（dormancy）。休眠期种子内部一切生理活动都很微弱，但在这缓慢的代谢活动中种子会逐渐转化，解除休眠，从而具有萌发的能力，这种转化过程称为后熟作用（after–ripening）。由于引起休眠的原因不同，因而后熟的情况也各不相同。有的植物种子脱离母体时，胚尚未完全发育成熟，这类种子必须经过一段时间，胚继续发育完全，才能萌发，比如兰花的种子；有的种子休眠是由于种皮坚厚并含有角质的物质，影响水分的吸收和氧气的通过；有的种子休眠是由于种子内含有抑制萌发的物质，如有机酸、植物碱和某些植物激素以及某些分解后释放的氨和氰类有机物。这些种子必须经过各种代谢活动，改善种皮的通透性，分解转化这些物质。当引起种子休眠的因素通过后熟过程而被消除时，种子即可解除休眠，在适宜的外界条件下随时萌发。

种子休眠是植物长期适应外界环境条件的结果。由于多数植物种子成熟时，紧接着是严冬或旱季，不利于种子萌发和幼苗生长，所以通过休眠来保存种胚，以利于传播后代。例如，在一些温带地区生长的植物，它们的种子通常需要在低温（0 ~ 6℃）条件下经过数周至数月的休眠或后熟作用，才能萌发。休眠期的有无及长短随植物种类不同而不同，例如，红松种子的休眠期长达两年；而小麦、水稻以及某些热带植物的种子则没有休眠期或休眠不明显。

二、种子萌发的条件和种子的寿命

1. 种子萌发的条件

具有萌发能力的种子，在适宜的条件下，胚由休眠状态转入活动状态，开始萌发生长，形成幼苗，这个过程称为种子萌发（seed germination）。

种子萌发必须具备三个条件：充足的水分、适宜的温度和足够的氧气。有些种子的萌发还受到光照的影响。

（1）充足的水分

水分是控制种子萌发的最重要的因素。种子萌发首先必须吸收大量的水分，例如，水稻种子为40%（种子吸收的水分占种子本身重量的百分比），小麦种子为50%，大豆种子为120%，豌豆种子为186%。种子萌发时吸水量的差异，主要是由于不同植物种子的主要成分不同。水分的作用是多方面的：可使种皮吸水后软化，增加透水性和透气性，因此，胚易于突破；水分有助于加强胚细胞的代谢活动，增强呼吸作用、酶的活性以及各种生理生化反应，或分解种子内抑制休眠的物质；水分有利于种子内贮藏的有机物分解为简单的可溶性化合物以及这些物质的运输和利用。

（2）适宜的温度

不同植物因其原产地不同，其种子萌发时所要求的温度也不同。原产于南方的植物，种子萌发时所需的温度较高；而原产于北方寒冷地区的植物，种子萌发时所需的温度相对较低。对大多数植物来说，种子萌发温度有最低、适宜、最高三个基点。大多数植物种子萌发的最低温度为0～5℃，低于这个温度则不能萌发；适宜温度为25～35℃；最高温度为35～40℃，高于这个温度也不能萌发。

温度的作用在于直接影响种子萌发过程的代谢活动，如呼吸作用、酶的活性以及水分吸收、气体交换等。

（3）足够的氧气

种子萌发时，呼吸作用增强，需要吸收大量的氧气，把细胞内贮藏的营养物质如葡萄糖逐渐氧化分解为二氧化碳和水，并释放能量供各种生理活动利用。播种过深或土壤积水，都会因通气条件不好而导致缺氧，影响种子的正常萌发。严重缺氧则会使种子进行无氧呼吸，消耗大量的能量，并积累有毒物质，使种子失去活力。

（4）光照

光对一般植物的种子的萌发几乎没有什么影响，但有些植物的种子萌发是需要光照的，这些种子称为需光种子（light seed），如莴苣、烟草、拟南芥等植物的种子。还有些种子萌发时需要在黑暗的条件下，这类种子称为需暗种子（dark seed），如瓜类、苋菜、黑种草属（*Nigella*）等植物的种子。

2. 种子的寿命

种子的寿命是指种子在一定条件下保持生活力的最长期限，超过这个期限，种子就会失去生活力，也就失去萌发的能力。

种子寿命的长短，主要取决于植物的遗传特性。一般植物种子的寿命是几年到十几年，莲的种子可以存活150年以上，是寿命较长的种子。种子的寿命也受储藏条件的影响。储藏种子最适宜的环境是干燥和低温的环境。在这样的环境中，种子的呼吸作用最弱，消耗的营养物质最少，可以度过较长的休眠期；但完全干燥的种子不利于储藏，因为这样会使种子的生命活动完全停止。所以，种子在储藏时，一般对含水量有一定的要求，例如油菜种子约为10%，水稻种子为10%～13%，高于或低于此含水量都不利于储藏。

三、种子的萌发过程

发育正常的种子在适宜条件下开始萌发。种子吸水膨胀一段时间后，通常是胚根首先突破种皮向下生长，形成主根（main root）；然后胚芽突破种皮向上生长，伸出土壤形成茎（stem）和叶（leaf）。这种由胚长成的幼小植物体，称为幼苗（seedling）。这个过程同时伴随着种子内各种酶迅速形成，种子内贮藏的大量淀粉、脂肪和蛋白质在酶的作用下被水解成简单的有机物，并运送到正在生长的幼胚中，作为胚生长的营养物质的来源。种子萌发先形成根，可使幼苗固定在土壤中，及时吸收水分和养料，很快幼苗就能够独立生长。一般情况下，当第一真叶展开时，幼苗就能进行光合作用，这标志着种子萌发过程结束。

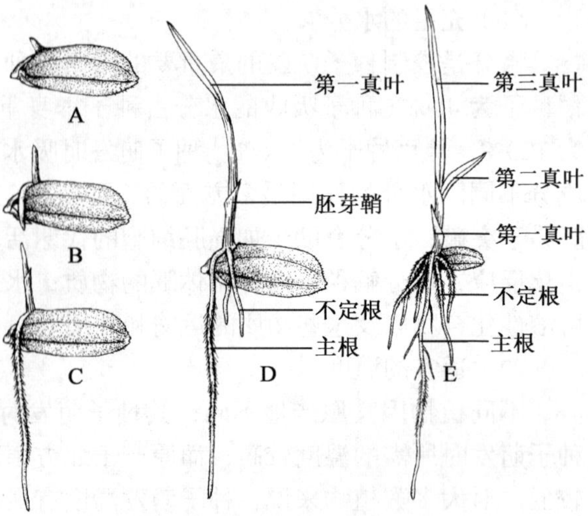

图 1-7 水稻籽实的萌发过程
（仿吴万春，2004）
A → E

水稻籽实萌发时，胚芽首先膨大伸展，然后胚芽鞘突破谷壳伸出。稍后，胚根也突破胚根鞘和谷壳形成主根（图 1-7）。主根伸出后不久胚轴上又生出数条与主根同样粗的不定根（adventitious root），栽培学上把它们统称为种子根。同时，伸出土壤后胚芽鞘纵向裂开，真叶（true leaf）露出胚芽鞘外，形成幼苗。

小麦籽实萌发时，首先露出胚根鞘，而后胚根突破胚根鞘形成主根，然后很快从胚轴基部两侧陆续生出 1 ~ 3 对不定根。同时，胚芽鞘也露出，随后从胚芽鞘缝隙中长出第一片真叶，以后又长出第二、第三片真叶，形成幼苗（图 1-8）。

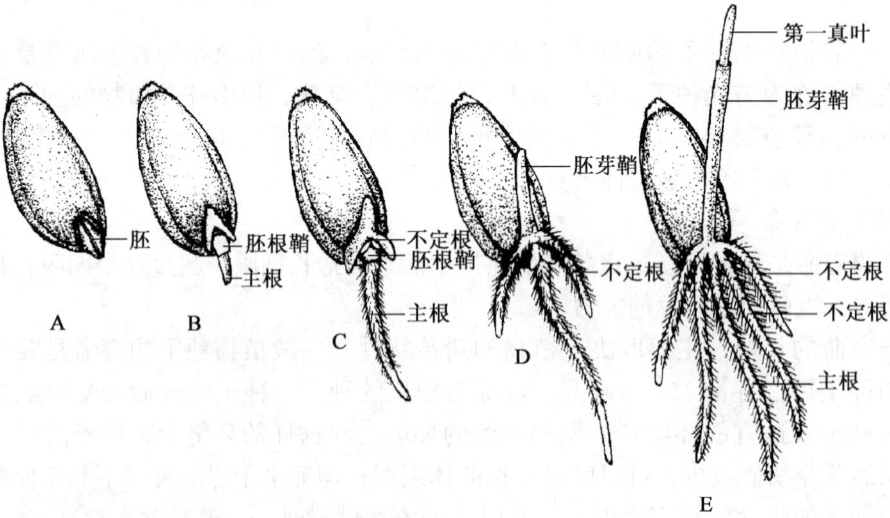

图 1-8 小麦籽实的萌发过程（仿吴万春，2004）
A → E

四、幼苗的类型

幼苗出土后，在形态上一般具有发育成熟的植物所具有的三种主要营养器官——根、茎和叶。子叶与胚芽长出的第一片真叶之间的部分，称为上胚轴（图 1–9）。胚轴的生长情况随植物种类的不同而不同，形成两种幼苗类型：子叶出土幼苗和子叶留土幼苗。

1. 子叶出土幼苗

种子萌发时，下胚轴迅速生长，把子叶、上胚轴和胚芽推出土壤表面，这种方式形成的幼苗，称为子叶出土幼苗（epigaeous seedling）。许多双子叶植物如大豆（图 1–10）、蓖麻（图 1–11）、向日葵、南瓜、辣椒等的幼苗都属于这种类型。

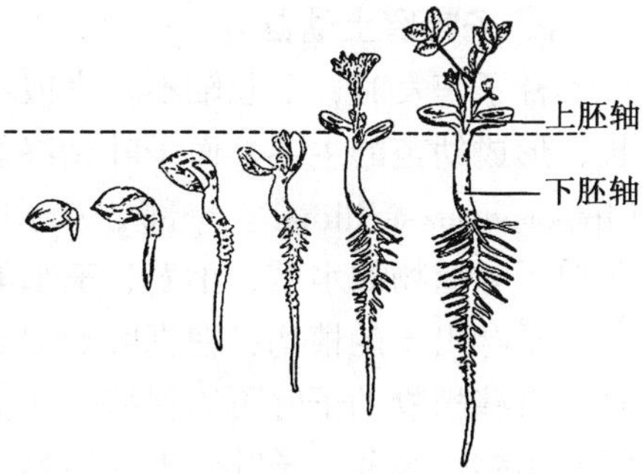

图 1–9　花生种子的萌发过程（仿李扬汉，1984）

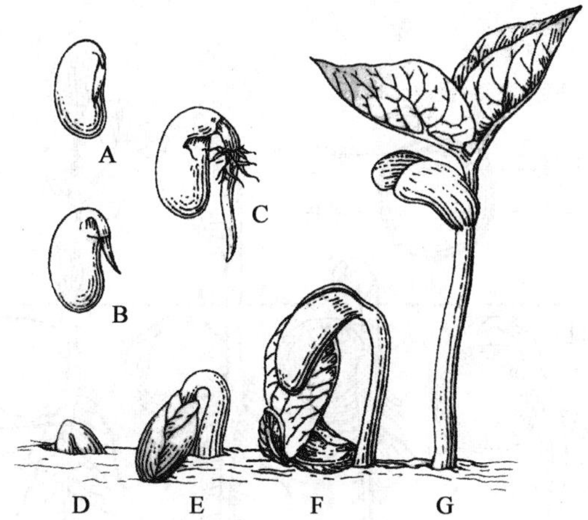

图 1–10　大豆种子的萌发过程，示子叶出土（仿陆时万等，1991）

A. 大豆种子　B. 种皮破裂，胚根伸出　C. 胚根向下生长，并长出根毛　D. 种子在土中萌发，胚轴突出土面　E. 胚轴伸直延长，牵引子叶脱开种皮而出　F. 子叶出土，胚芽长大　G. 胚轴继续伸长，两片真叶张开，幼苗长成

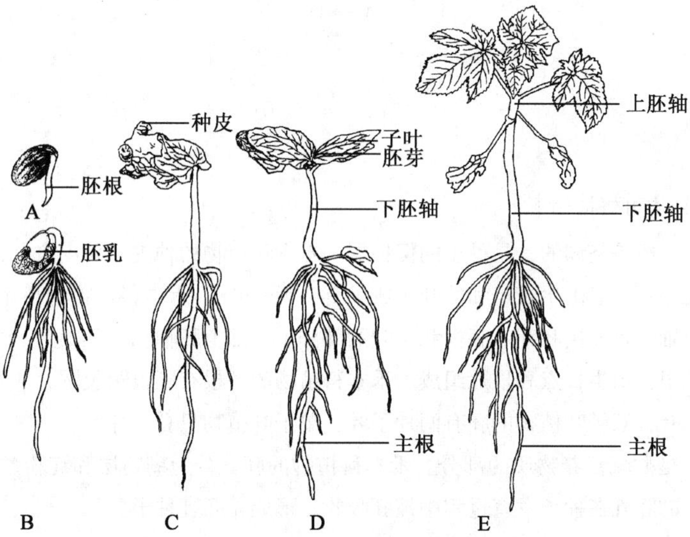

图 1–11　蓖麻种子萌发的过程（仿李扬汉，1984）

A → E，示子叶出土

2. 子叶留土幼苗

种子萌发时，下胚轴不发育或不伸长，或伸长极有限，只有上胚轴和胚芽迅速向上生长，形成幼苗的主茎，而子叶始终留在土壤中，这种方式形成的幼苗，称为子叶留土幼苗（hypogaeous seedling）。一部分双子叶植物如豌豆（图 1–12）、蚕豆、柑橘、油菜等，大部分单子叶植物如水稻、小麦、玉米的幼苗都属于此种类型。

子叶出土的植物，在真叶长出之前，子叶见光，产生叶绿体，成为幼苗初期的同化器官。有些植物的子叶可以保持一年甚至更长的时间；大多数植物的子叶则在真叶长出以后逐渐萎缩而脱落。子叶留土的植物，其子叶的作用主要是吸收、转运或贮藏营养物质。

子叶出土与子叶留土是植物体对外界不同环境的适应性。这一特性为播种深浅的栽培措施提供了依据，一般子叶出土的植物宜浅播覆土。

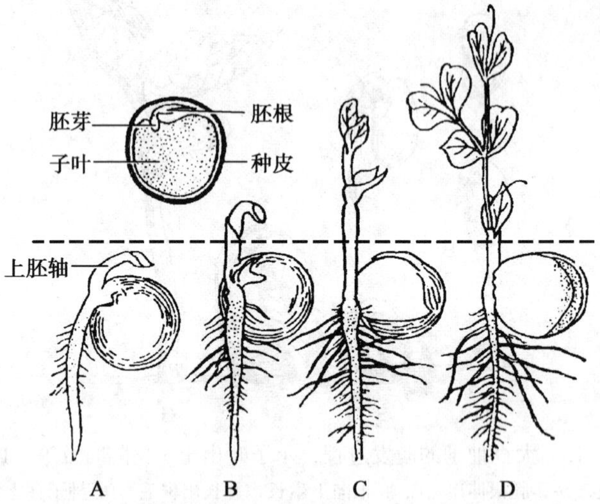

图 1–12　豌豆种子萌发的过程（仿李扬汉，1984）
A → D

小　结

1. 种子的基本结构可概括如下：

- 种子
  - 种皮：一般是坚韧的，是种子的保护层。禾本科植物的种皮和果皮愈合，不易分开。
  - 胚
    - 胚芽：一般由生长点和幼叶组成（有些无幼叶）。禾本科植物的胚芽有胚芽鞘包围。
    - 胚轴：是连接胚芽、胚根和子叶的部分（包括上胚轴和下胚轴）。
    - 胚根：由生长点和根冠组成。禾本科植物的胚根有胚根鞘包围。
    - 子叶：双子叶植物的胚有两片子叶，单子叶植物只有一片。
  - 胚乳：是贮藏营养物质的部分。禾本科植物的胚乳分为糊粉层和淀粉贮藏组织。有些植物的胚乳在种子发育过程中被胚吸收，形成无胚乳种子。

2. 根据种子内胚乳的有无，种子可分为有胚乳种子和无胚乳种子。

3. 种子萌发的条件是充足的水分、足够的氧气和适宜的温度。种子萌发过程通常是胚根先突破种皮，伸入土壤形成主根，然后胚轴伸长，把胚芽推出土面，形成地上的茎和叶，最后形成幼苗。

4. 种子萌发时，根据胚轴的生长情况形成两种幼苗：子叶出土幼苗和子叶留土幼苗。

复习思考题

1. 名词解释：种子、有胚乳种子、无胚乳种子、子叶出土幼苗。

2. 种子的基本结构是怎样的？请以蓖麻和小麦的种子为例进行详细说明。

3. 为什么说胚是新植物体的雏形？

4. 种子萌发需要哪些条件？通常情况下，种子萌发时是哪部分先突破种皮生长？有什么意义？

5. 根据胚乳的有无和子叶的数目将下列植物的种子进行分类：水稻、小麦、玉米、蓖麻、花生、豌豆和大豆。

6. 种子萌发形成幼苗时，为什么有的植物的子叶出土？有的植物的子叶不出土？举出子叶出土幼苗和子叶留土幼苗的一些例子。

7. 在地球环境发生巨大变化的今天，收集和保存植物种子有什么意义？

8. 上网查阅英国千年种子库（Millennium Seed Bank）、挪威斯瓦尔巴全球种子库（Svalbard Global Seed Vault）和中国西南野生生物种质资源库（Southwest China Germplasm Bank of Wild Species）的相关内容，了解种子库是如何收集、保存、利用和保护种质资源的。

第二章

植物细胞

细胞（cell）一词来自拉丁文“*cella*”，原意是指“小室”。1665 年，英国科学家胡克（R. Hooke）在生物学上首次使用该词。在简易的显微镜下，Hooke 看到了软木的蜂窝状结构，并称之为“细胞”（图 2–1A）。Hooke 对“细胞”的理解与我们现在的理解有很大的不同。我们现在把细胞看作是生命的基本单位，是具备生物活性的结构，而 Hooke 所观察到的实际上是死细胞残留的细胞壁。尽管如此，一片软木对我们理解生命产生了重要的影响。正是因为植物细胞具备坚实的细胞壁，使得细胞的概念首先在植物而不是动物中提出，这是植物为科学提供的一份厚礼。

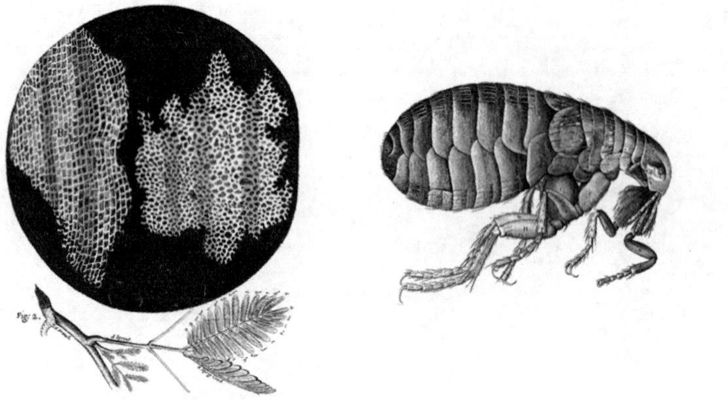

A　　B

图 2–1　Hooke 在显微镜下观察并描绘的结构（引自 Hooke，1665）
A. 软木的“细胞”结构　B. Hooke 描绘的跳蚤

显微镜是研究细胞的必备工具。当提到“显微镜”时，通常首先会想到 Hooke，这并不是因为 Hooke 发明了显微镜，而在于他首先用显微镜看到了“细胞”。在这之前，人们更多的是把显微镜当作观察跳蚤之类的玩具（图 2–1B）。随着电子显微镜的诞生及其在生物学上的应用，我们看清了细胞内部的结构，明白细胞内不是一团混乱的代谢物。细胞消耗大量的能量以维持其内部的秩序。本章的目的是阐述细胞的有序结构与其功能之间的紧密联系。

第一节　细胞学说的确立

在19世纪之前，科学界关于生命本质的看法还十分混乱。德国植物学家施莱登（M. J. Schleiden）和动物学家施旺（T. Schwann）最早提出了细胞学说，这一学说将所有生命联系在了一起。细胞学说认为：所有生命，包括植物和动物都是由细胞构成的；细胞是生命的结构和功能的基本单位；细胞由细胞分裂产生。这一学说为我们理解生命的组成、繁殖、遗传、发育等现象奠定了基础。恩格斯（F. Engels）将这一学说与进化论以及能量守恒定律奉为19世纪自然科学领域的三个最伟大的发现。

地球上的生命丰富多彩，形态各异（图2–2），但无论是具有高智商的人类、飞奔的猎豹还是伫立的松树，它们在显微镜下均由细胞按特定的方式组织在一起，这一发现对于当时人们的世界观产生了巨大的冲击。

细胞学说是从事细胞学研究的基本理论。美国早期的细胞生物学家威尔逊（E. B. Wilson）曾提出：一切生命的关键问题都要到细胞中去寻找。他告诉我们认识细胞是理解生命的重要基础。

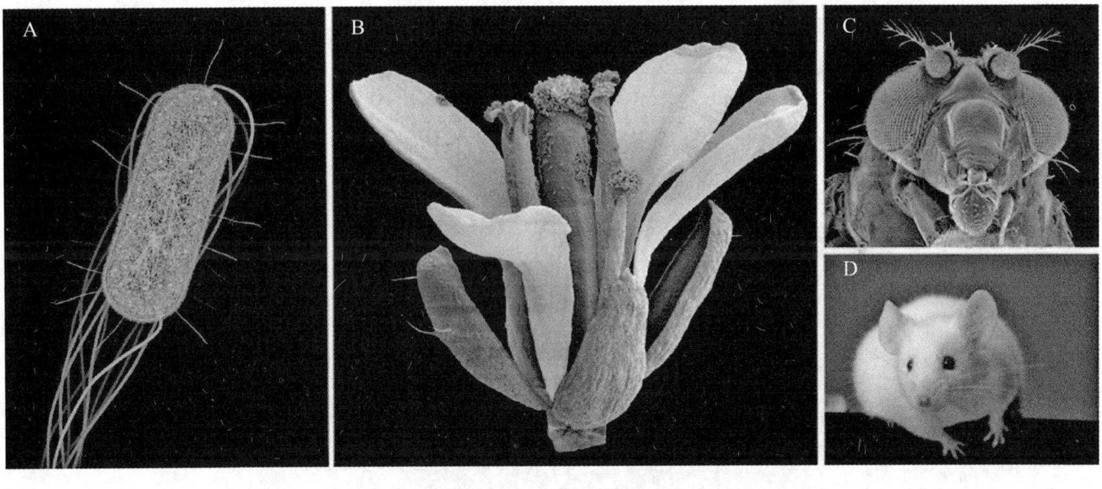

图2–2　生物的多样性

A. 大肠杆菌（*Escherichia coli*）　B. 拟南芥（*Arabidopsis thaliana*）

C. 果蝇（*Drosophila melanogaster*）　D. 小白鼠（*Mus musculus*）

第二节　植物细胞的基本结构

多样性是生命的重要特征，这在生命的不同结构水平上均有体现，无论是宏观的生态多样性或物种多样性，还是微观的基因序列的多态性。多样性同样体现在细胞水平上。不同植物的细胞表现出的差异往往反映了植物演化的历史；而在同一个植物体内，细胞展示出的多样性是细胞分化的结果（图2–3）。

尽管植物细胞展示出多样性，但作为植物的结构单位，它们均具备一些基本的结构，如细胞核、细胞质膜、细胞壁、线粒体、质体、内质网、高尔基体、核糖体等。在这些结

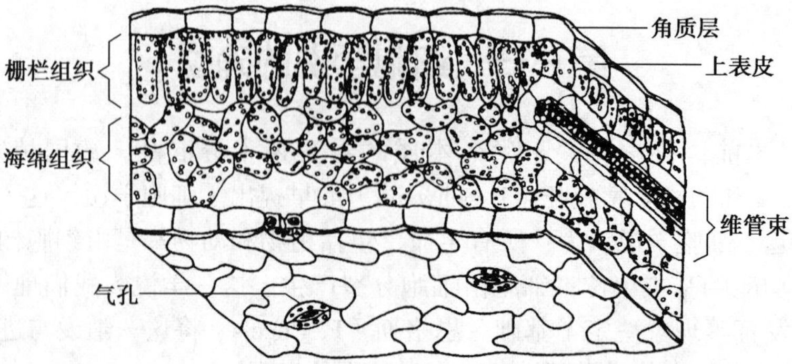

图 2-3 植物体内的细胞多样性（示叶片中多种不同结构和功能的细胞）

构中，有些结构存在于几乎所有的细胞（包括真核细胞和原核细胞）中，如细胞质膜、遗传物质以及核糖体等；有一些结构只属于真核细胞，比如细胞核、线粒体、内质网、高尔基体等结构，这成为真核细胞与原核细胞的重要区别（表 2-1）；而有些结构往往只出现在植物细胞中，比如细胞壁、叶绿体、大的液泡等。

表 2-1 原核细胞与真核细胞的主要区别（改自吴万春，2004）

细胞特性	原核细胞	真核细胞
细胞大小	较小（1 ~ 10 μm）	较大（10 ~ 100 μm）
细胞核	无	有核膜和核仁
染色体	环状 DNA 分子及线性 DNA 分子	多条染色体，由线性 DNA 分子与组蛋白结合
膜性细胞器	无	线粒体、内质网、高尔基体等
核糖体	70S	80S
细胞骨架	无	有
细胞增殖方式	二分裂（binary fission）	以有丝分裂（mitosis）为主
代表种类	大肠杆菌、蓝藻	衣藻、酵母、拟南芥、水稻

一、细胞壁

1665 年，Hooke 所观察到的所谓“细胞”只是植物的细胞壁（cell wall）。在平时观察植物切片时，最容易观察到的结构往往也是细胞壁。这反映出这样一个事实：植物细胞壁的物理化学性质相当稳定，其结构不容易遭到破坏，这对于细胞内的结构是一种保护。但这只是细胞壁的诸多功能之一。

（一）细胞壁的功能

1. 保护细胞

一方面，坚硬的细胞壁使得植物细胞能够承受由于吸收大量水分所产生的膨压；另一方面，对于负责运输水分的导管和管胞等细胞而言，植物水分的蒸腾给细胞壁带来负压，如果没有坚固的细胞壁，这些细胞会塌陷（图 2-4）。

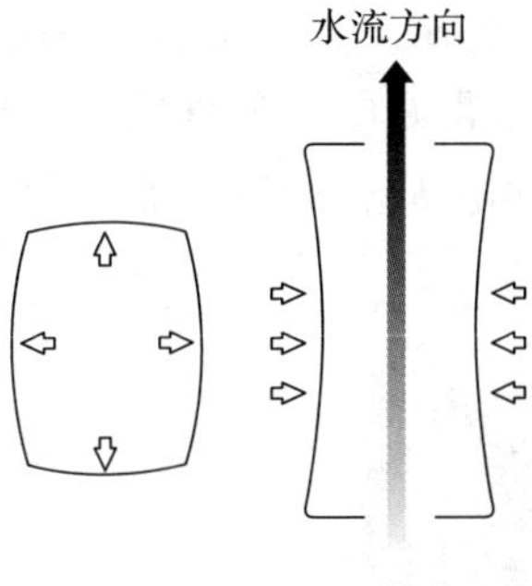

图 2–4 膨压（A）和负压（B）对细胞壁的影响

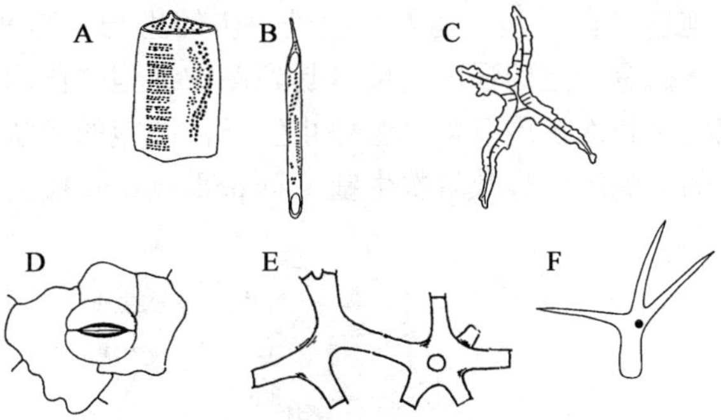

图 2–5 细胞壁维持植物细胞的各种形状
A，B. 导管细胞 C. 石细胞 D. 气孔器细胞 E. 通气组织的细胞 F. 表皮毛细胞

2. 维持植物细胞的形状与大小

植物细胞具有不同的结构形态（图 2–5），这依赖于细胞壁的支撑作用。

3. 连接细胞

高等植物是多细胞生命，连接相邻细胞是细胞壁的又一功能。如果想分离获得单个植物细胞，通常需要用酶消除细胞壁，从而解开细胞之间的联系。

4. 支撑植株

高等植物没有动物一样的骨骼，其躯干的支撑依赖于每个细胞所拥有的坚硬细胞壁。细胞壁的强度足以支撑起高大的树干，使得陆生植物可以获得更多的阳光。

5. 抵抗病虫害

在植物所生活的环境中存在许多潜在的病原物，如真菌、细菌、病毒等。细胞壁是植物防御机制的第一道屏障。

除了以上主要功能外，细胞壁所富含的糖类还可以作为营养物质的储存形式；细胞壁内的多糖和蛋白质可以作为细胞通讯的信号。可以期待细胞壁的更多功能在以后的研究中被发现。

（二）细胞壁与人类

人类每天的生活离不开细胞壁，细胞壁为人类提供了赖以生存的能源：亿万年所形成的煤炭是植物细胞壁的化石；植物通过光合作用所固定的二氧化碳绝大部分沉积在植物的细胞壁中，这对于全球温室气体的平衡起到了至关重要的作用；新能源的开发也重视细胞壁大分子所蕴含的能量；细胞壁还提供了人类所需的衣服、纸张、建筑材料以及药物等的原料。如果我们希望从细胞壁中发掘更多有价值的东西，就应当了解细胞壁的结构。

（三）细胞壁的基本结构

植物细胞的规律性分泌活动形成了具有层次结构的细胞壁（图 2–6）。细胞壁的形成是植物细胞分裂的最后环节。在细胞壁形成的最初，细胞在细胞板处形成由果胶为主要成分的胞间层（intercellular layer）[1]。胞间层成为两个新细胞之间的间隔，并将两个相邻的新

[1] 胞间层也被称为中层（middle lamella）。

细胞连接在一起。随着细胞进一步的生长，胞间层的两侧形成初生壁（primary wall）。初生壁拥有一定的强度，可以起到保护细胞的作用，同时又具备很好的延伸性能，能够随细胞的生长而扩展。当细胞停止生长，细胞的形状和大小基本固定后，有些细胞开始在初生壁的内侧进一步敷着次生壁（secondary wall）。

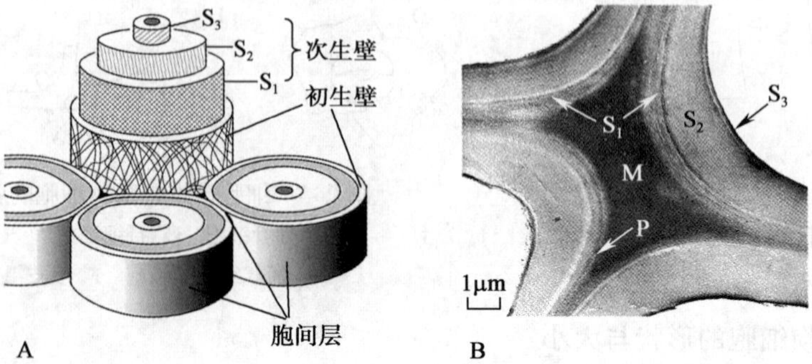

图 2-6 细胞壁的层次结构

A. 细胞壁模式图 B. 电子显微镜下的细胞壁（M示胞间层，P示初生壁，S示次生壁）

细胞壁的基本成分包括纤维素、半纤维素、果胶等物质。在显微镜下所观察到的细胞壁层次结构（图 2-6B），反映了不同层次中细胞壁成分以及组织方式的差异。比如，胞间层的主要成分是果胶；初生壁含有丰富的纤维素、半纤维素以及果胶；而次生壁的主要成分为纤维素，含量可以达到 40%～80%，此外，还往往有木质素等物质。在次生壁的合成过程中，由于纤维素组织方式的不同会产生不同的层次结构，如 S_1、S_2、S_3（图 2-6）。植物细胞如何在细胞外构建出一个有序的细胞壁空间是植物研究领域的一个有趣问题。

纤维素（cellulose）是地球上最丰富的高分子聚合物，每个纤维素分子由 100～15 000 个 D- 葡萄糖以 β-1,4 方式共价聚合而成。尽管纤维素分子量很大，但其结构相对简单，纤维素分子之间容易相互聚拢，借助分子间大量氢键形成物理化学结构稳定的微纤丝（microfibril）（图 2-7A）。纤维素这一特性使得其在细胞壁中充当了坚固而有序的骨架。

除了纤维素构成细胞壁的骨架外，半纤维素（hemicellulose）和果胶（pectin）作为基质填充在微纤丝之间（图 2-7B）。相对于纤维素而言，半纤维素易被碱性溶液提取获得。最初人们误认为这些提取物质是纤维素合成过程中的半成品，因而命名为半纤维素。被子植物中的半纤维素以木聚糖（xylans）为主，而裸子植物中则以葡甘露聚糖（glucomannan）为主。

果胶是细胞壁中另一类多糖，是胞间层的主要成分。果胶在双子叶植物初生壁中含量也较丰富，而在双子叶植物次生壁以及单子叶植物初生壁中较少。如用弱酸、弱碱浸泡，可以从细胞壁中提取果胶成分，从而破坏细胞间的联系。沤麻技术则是利用微生物产生的果胶酶破坏胞间层以达到分离纤维细胞的目的。

（四）细胞壁的特化

在细胞壁的基本结构中，纤维素构成细胞壁的骨架成分，半纤维素和果胶作为填充的基质，它们共同形成一个有序的网络空间。在这些基本成分之外，某些细胞的细胞壁还参有其他成分的特殊修饰，如木质化、木栓化、角质化以及矿质化等。这些细胞壁特化类型赋予细胞特殊的功能。

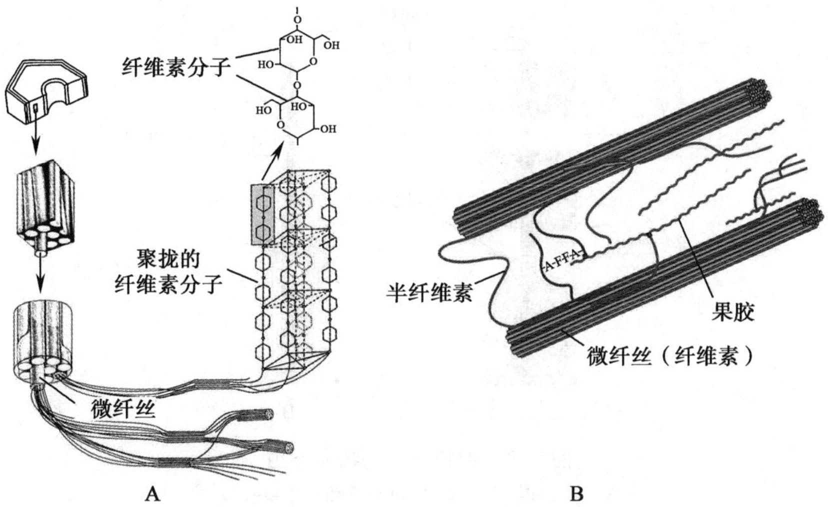

图 2–7　细胞壁的分子结构

A. 纤维素在细胞壁中的组装　B. 细胞壁空间的模式图

木质化是指木质素（lignin）填充到细胞壁中的修饰类型。木质素是由酚类聚合形成的高分子聚合物。木质素填充于纤维素之间，大大增加了细胞壁的机械强度。此外，由于木质素的疏水特性，使得填充部分的细胞壁不易渗水。木质化在发挥机械作用或输水作用的细胞中十分常见，如纤维细胞和石细胞，以及导管和管胞。

木栓化是由脂质化合物对细胞壁修饰的特化类型，赋予细胞壁很好的疏水性和密封性。在高等植物老根和老茎表面的木栓细胞中，细胞壁富含木栓成分。这种特化方式能有效防止植物水分的散失。

角质化是另一种由脂质化合物修饰的细胞壁特化类型。角质化的修饰出现在暴露于空气的植物器官的表面，如幼茎、叶、花、果的表皮细胞外。角质化有效减少了水分的散失，增强了植物抵抗病虫害的能力，是陆生植物的重要适应性状。

（五）细胞壁上的物质通道

细胞壁，尤其是次生壁，在保护细胞的同时使得细胞成为一个封闭的结构，这对于植物细胞之间的物质或信息交流构成了障碍。植物对此采取的策略是在细胞壁上形成特定的运输通道。这些通道包括：①细胞壁在某些区域因降解而完全消失，形成穿孔（图 2–8A）；②细胞壁上只有初生壁而没有次生壁加厚的区域，即纹孔结构（图 2–8B）；③相邻细胞之间由细胞质相连形成胞间连丝（图 2–8B）。

专门负责物质运输的细胞在其细胞壁上常常形成直径较大的穿孔结构，此处的细胞壁因降解而完全消失（图 2–8A），这大大提高了相邻细胞间物质运输的效率。输送水分的导管细胞以及输送有机物质的筛管细胞均有穿孔结构。

纹孔（pit）是细胞壁上的另一种孔样结构，其形成的原因是特定区域没有发生次生壁加厚（图 2–9）。

不同植物细胞的纹孔结构有所区别，总体上可以分为两类（图 2–9）。一类因结构相对简单而称为单纹孔（simple pit），其纹孔的口与底部直径相当，纹孔腔体呈圆筒形。另

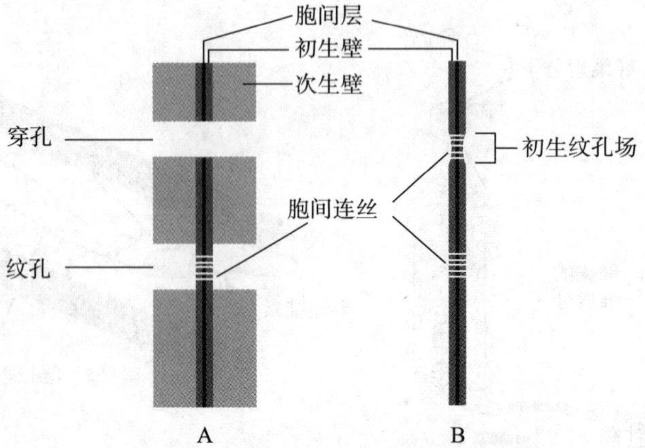

图 2-8 细胞壁上的物质通道

A. 穿孔和纹孔 B. 胞间连丝和初生纹孔场

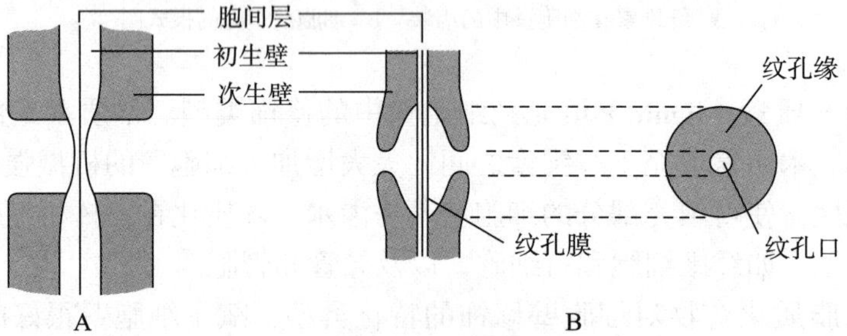

图 2-9 纹孔结构

A.单纹孔结构 B.具缘纹孔结构

一类是具缘纹孔（bordered pit），其周围的次生壁加厚时，向细胞腔体延伸并收缩，形成一个穹形延伸物。相邻细胞的纹孔往往精确对应，形成纹孔对。纹孔所在位置只有薄的初生壁和胞间层，使得物质较容易透过细胞壁，并进行扩散运输。初生纹孔场（primary pit field）是初生壁上相对周边较薄的区域，胞间连丝通常在此处富集。

胞间连丝（plasmodesmata）构成植物细胞间原生质联系的通道，对于细胞间物质和信息的交流十分重要。胞间连丝的直径一般为 30 ~ 80 nm，在电子显微镜下才能观察到其结构（图 2-10A，B）。在电子显微镜下，胞间连丝是贯穿细胞壁的管状结构，在其周围衬有质膜并与两侧细胞的质膜相连（图 2-10C），在管中央有内质网穿过其中。胞间连丝的直径限制了穿越物质的大小。早期研究认为分子量上限为 1 000，但现有的证据表明胞间连丝的结构具有很大的调节性，某些大分子的蛋白质、核酸甚至病毒可以穿越胞间连丝，这也暗示着胞间连丝的真实结构可能十分复杂。

胞间连丝将相邻植物细胞的原生质连成一个体系，形成了所谓的共质体（symplast），物质和信息可以在此体系内有效地交流（图 2-11）。共质体结构反映了植物细胞间的密切联系。与共质体相对应，原生质外的空间构成了质外体（apoplast），包括细胞壁、细胞间隙以及死细胞（如导管）内的空间。

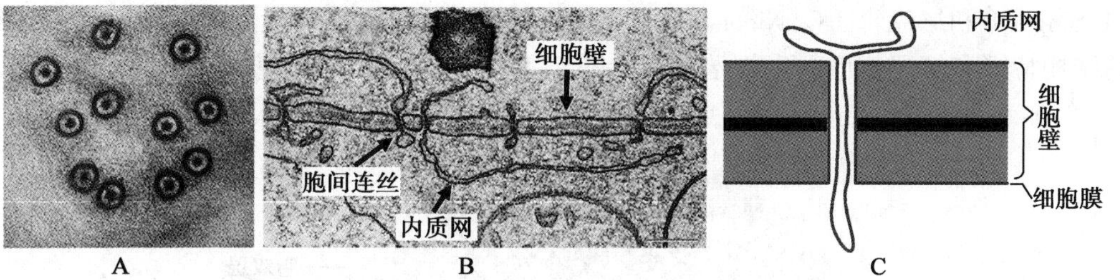

图 2-10　胞间连丝的结构

A. 胞间连丝在电子显微镜下的俯视图（引自 Evert 和 Esau，2006）　B. 侧面图　C. 结构简图

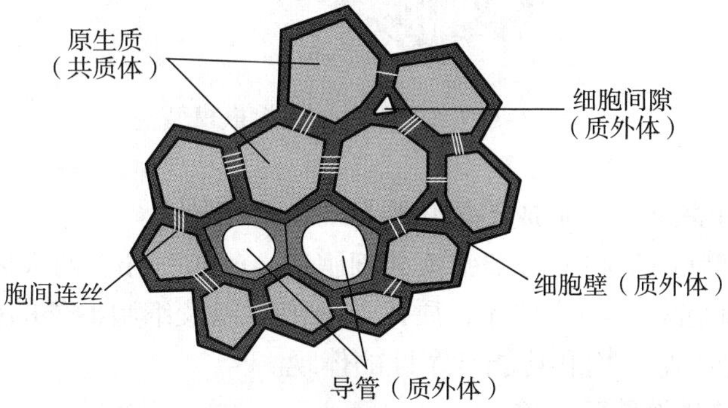

图 2-11　共质体和质外体

二、细胞膜

细胞质膜（plasma membrane）构成了细胞的边界。植物细胞的质壁分离现象是表明细胞存在质膜的早期证据之一（图 2-12）。在不了解细胞内部结构的年代，质膜被认为是细胞唯一的膜结构。电子显微镜技术改变了这种看法。在电子显微镜下，真核细胞的细胞膜不止于细胞的边界，细胞内部充满了极其庞杂的膜系统，这是真核细胞与原核细胞的一个重要的区别。在本教材中，细胞膜（cell membrane）指细胞内所有的膜成分，而不仅仅是细胞质膜。

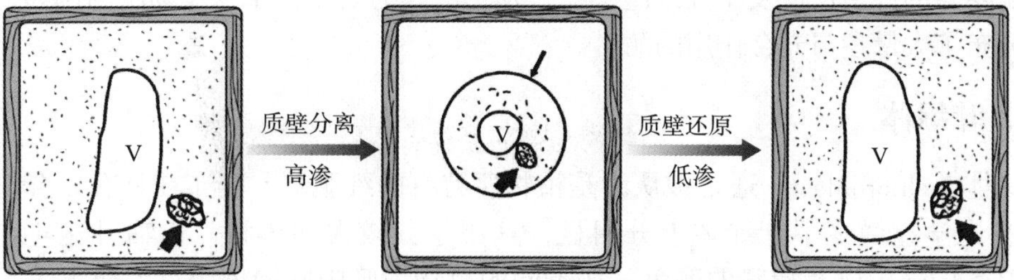

图 2-12　质壁分离

注：植物细胞分别在高渗溶液和低渗溶液中发生质壁分离和质壁还原。
V 代表液泡，细箭头指示细胞质，粗箭头指示细胞核。

细胞膜的基本成分包括脂质、蛋白质和糖类。脂质构成的双分子层形成细胞膜的流动平台，蛋白质以镶嵌或周边结合的方式与脂双层结合。糖类共价修饰膜蛋白或膜脂。桑格

（S. J. Singer）和尼克森（G. Nicolson）于 1972 年提出的流动镶嵌模型能够很好地阐述细胞膜的结构特征和解释相应的生物学功能（图 2–13）。细胞膜有如下基本功能：

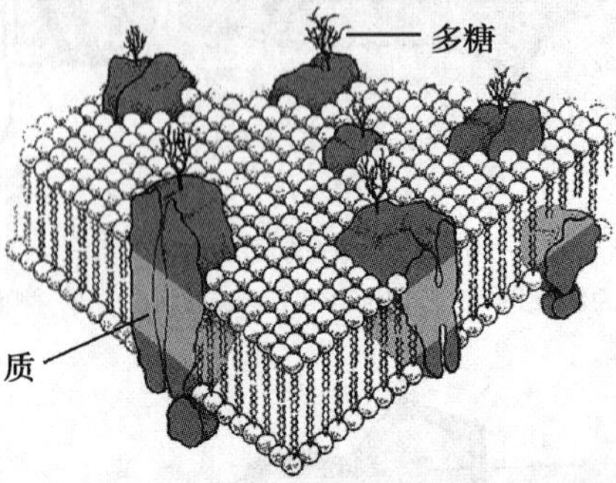

图 2–13 细胞膜的流动镶嵌模型

1. 将细胞内空间区室化，形成不同功能区

首先，核膜将细胞内空间分为细胞核和细胞质（cytoplasm）两大区域；细胞质进一步被膜划分为不同的细胞器，如线粒体、质体、液泡等以及细胞器外的胞质溶胶（cytosol）。细胞空间的区室化是细胞结构和功能有序性的体现。

2. 参与物质的选择性跨膜运输

细胞是一个独立而开放的系统，这依赖于细胞膜能够选择性运输物质出入细胞及细胞器（图 2–14）。细胞膜上的脂双层结构对于细胞所需的大部分物质而言是难以通过的，但脂双层上镶嵌的许多蛋白质具备高效运输物质的功能，并且这些蛋白质可以根据细胞的需要对物质的跨膜运输实现调控。

3. 参与信号识别和转导

细胞的一个基本特征是可以感受外界环境并做出相应的反应，这很大程度上依赖于细胞膜蛋白接受环境信号并转化为其他信号的转导过程。例如，衣藻的避光反应（图 2–15）是因为其细胞膜上具备能够感受蓝光的蛋白质。

4. 作为酶或蛋白质的功能场所

由酶参与的许多反应发生在细胞膜上，发达的膜为酶提供了工作场所。例如，叶绿体内膜上分布了大量参与光合作用的酶。

三、叶绿体

叶绿体（chloroplast）通常被认为是植物所特有的细胞器，分布在具有光合作用的细胞中。在光学显微镜下叶绿体十分明显，这源于其较大的体积（长轴可达 4 ~ 10 μm，短轴达 2 ~ 4 μm）以及特殊的颜色。在不同的植物细胞中叶绿体数目差异很大，如拟南芥的叶肉细胞含有 50 ~ 150 个叶绿体，而在一种原始红藻（*Cyanidioschyzon merolae*）中只有 1 个叶绿体。叶绿体赋予植物细胞自养的本领，使得植物能够利用太阳能进行光合作用。地球上每年由叶绿体所固定的二氧化碳可达 100 亿 ~ 1 000 亿 t，这对于全球温室气体的迁移产生了重要的影响。这是微观结构与宏观影响之间存在紧密联系的证据之一。

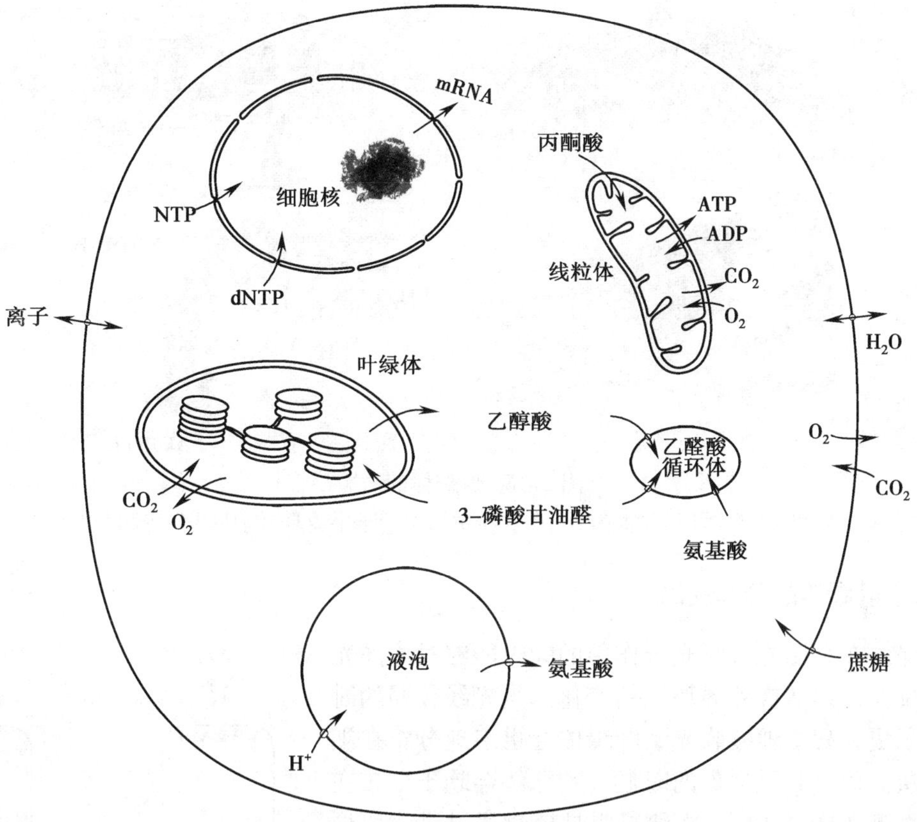

图 2–14　部分物质的跨膜运输

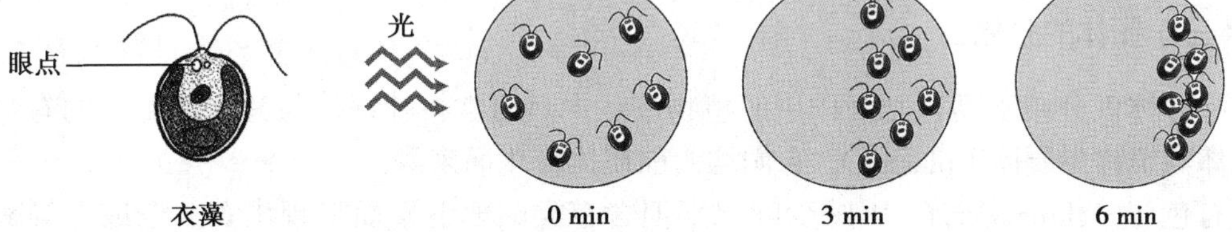

图 2–15　衣藻的避光反应

注：在特定光照条件下，培养皿中的衣藻向一侧迁移。

（一）叶绿体的结构

叶绿体具有独特的双层膜结构。双层膜的内部包含基质以及由类囊体堆积并彼此相连的基粒（图 2–16）。数个扁平的类囊体堆积成基粒，基粒之间由管状的类囊体连接。类囊体内部形成一个贯通而独立的空间，与基质相隔离。光合作用所需要的色素如叶绿素和类胡萝卜素，许多蛋白质和酶类被安插在这些类囊体的膜上。片层的基粒结构大大增加了光合作用的面积。

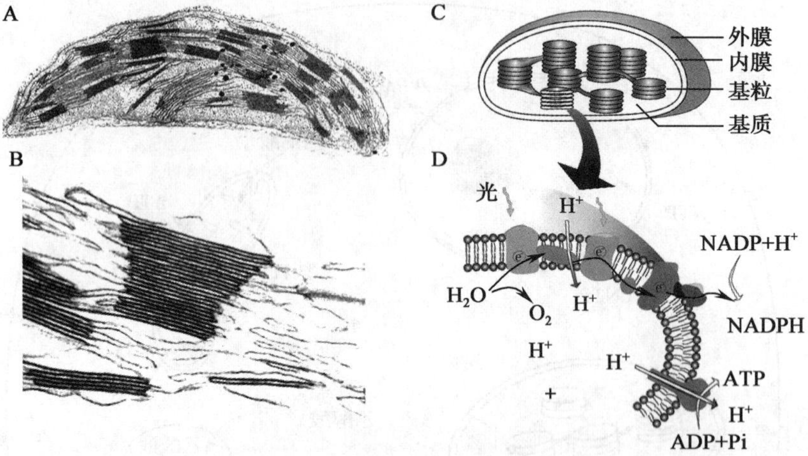

图 2-16 叶绿体的结构

A. 电子显微镜下的叶绿体 B. 放大的基粒 C. 叶绿体示意图 D. 类囊体膜结构

（二）叶绿体的动态变化

叶绿体在利用光进行光合作用的同时能够对不同光强作出反应，以适应外界环境的变化。当光线较弱的时候，为了更大程度地接收光，叶绿体会更多地分布在细胞的表层。而当光照强烈的时候，叶绿体会趋于分布在细胞的两侧（图 2-17）。这种反应是植物通过进化所形成的本领。植物不具有动物通过迁徙以适应环境的本领，但植物细胞可以适时改变自身的结构。

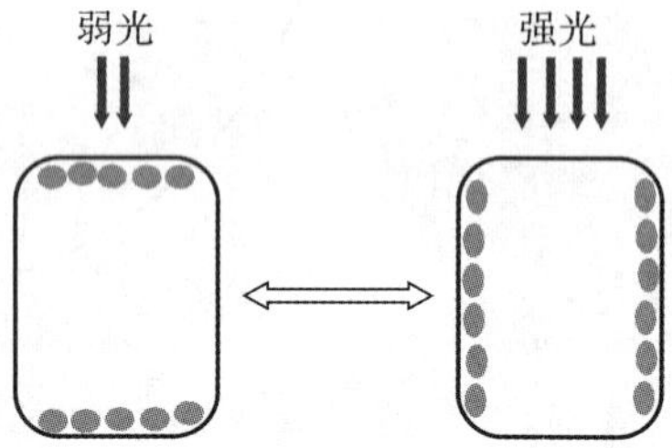

图 2-17 叶绿体对不同光强的反应

（三）质体的分化

叶绿体仅分布于具有光合作用的植物细胞中。通常将叶绿体与其他细胞中的有色体、白色体等统称为质体（plastid），它们均由前质体分化而来。

有色体（chromoplast）因缺少叶绿素但含有类胡萝卜素而呈现出黄、橙或红等颜色。在老叶、花、果实以及有些植物（如胡萝卜）根部的细胞中常可以观察到。有色体是自然界具有绚丽色彩的一个重要原因。需要指出的是，质体的色素并不是导致植物具有色彩的唯一因素，如植物液泡中所含的花青素在不同 pH 条件下也会表现不同的颜色。

白色体（leucoplast）缺少可见的色素，在某些细胞内特化为贮藏物质的细胞器，如造粉体（amyloplast）、造蛋白体（proteinoplast）和造油体（elaioplast），它们分别贮藏淀粉、蛋白质、脂肪。造粉体（图 2-18）是与我们关系最密切的白色体，广泛分布于种子的胚乳（小麦、水稻等）或块茎（马铃薯）等部位。它所贮存的淀粉可以提供植物繁殖和其他生理活动所需的营养，也成为人类粮食的主要来源。

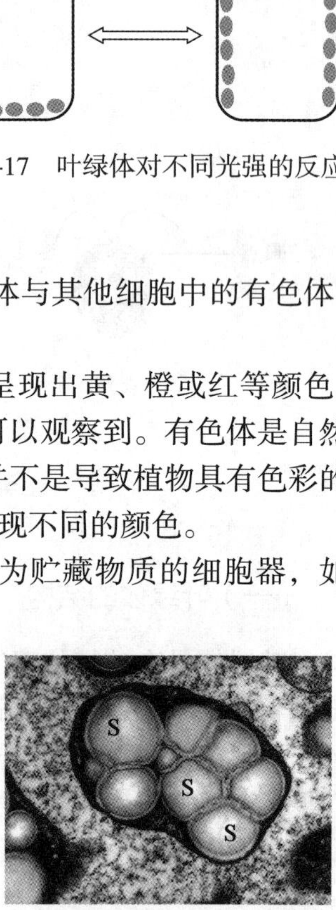

图 2-18 造粉体（S 为淀粉粒）

叶绿体、有色体以及白色体均分化自前质体，并可相互转化（图 2-19）。质体的分化受到遗传和环境因素的影

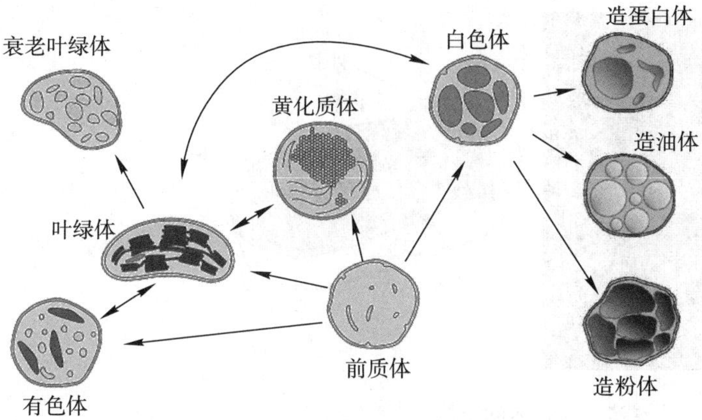

图 2-19　质体的分化

图 2-20　白化叶片

响。基因突变会导致叶绿体发育不正常而呈现叶片白化现象（图 2-20）。种子在萌发之初，因缺少叶绿体而长成黄化的幼苗；当幼苗露出地表遇到阳光后可由黄化质体分化形成叶绿体。在光照的条件下，白色体也可以转变为叶绿体；当果实成熟时，叶绿体可转变为有色体。

（四）质体具有自己的遗传物质

质体是半自主性细胞器，拥有遗传物质（图 2-21），可编码自身所需的部分 RNA 和蛋白质。质体所需的其他蛋白质由细胞核基因编码，并被运输至质体内。质体自身遗传物质和细胞核遗传物质之间的协作关系是真核细胞演化的结果。现有的证据表明，质体起源于原始真核细胞吞入具有光合作用的细菌。

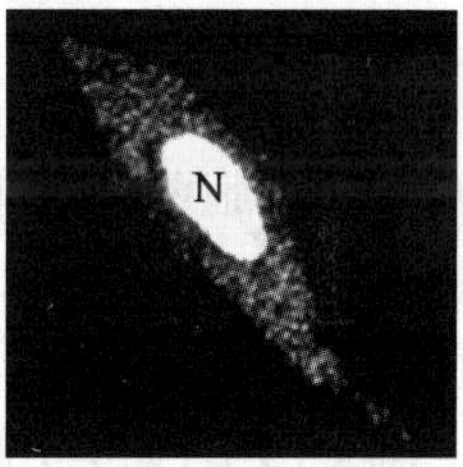

图 2-21　紫藤生殖细胞的核 DNA 及质体 DNA（引自 Hu et al，2005）

注：荧光染色显示DNA，N指示细胞核所在的区域，细胞核外的荧光来自质体中的DNA。

四、线粒体

植物通过叶绿体捕获太阳能并将能量储存在糖类中，而线粒体（mitochondrion）作为细胞的“动力工厂”可从糖类中提取能量。线粒体通过呼吸作用将糖类中的能量转化为 ATP，以供细胞利用。植物通过光合作用制造氧气，而它的呼吸作用则消耗氧气。

（一）线粒体的结构

与叶绿体相比，线粒体显得更小（图 2-22A）。线粒体通常呈长圆形，长 1 ~ 4 μm，直径为 0.5 ~ 1 μm。不同细胞中线粒体形态与数目变化较大，在一个植物细胞中线粒体可以多至几百个甚至更多。

线粒体与叶绿体同样具有双层膜结构（图 2-22B）。双层膜将线粒体区分为两个不同的空间：双层膜之间的膜间隙以及内膜包裹的基质。内膜上存在大量有氧呼吸所需要的与

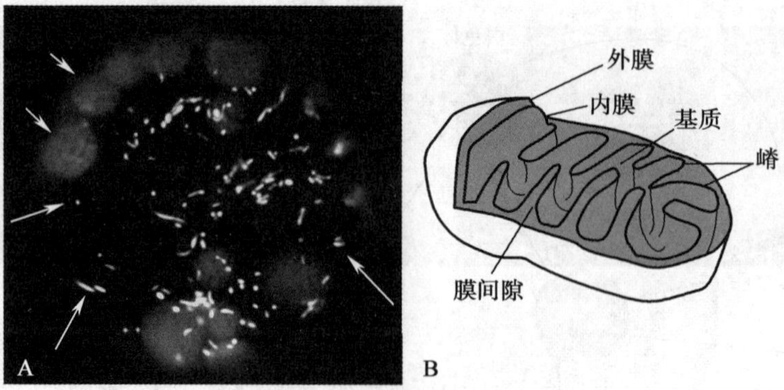

图 2–22 线粒体的结构

A. 荧光显示拟南芥叶肉细胞中的线粒体（长箭头所指）和叶绿体（短箭头所指） B. 线粒体的结构模式图

电子传递链相关的酶。线粒体的内膜向基质延伸形成所谓的嵴，这是增加有氧呼吸效率的重要结构。

（二）线粒体的遗传物质

线粒体与叶绿体相似，也是半自主性细胞器，其拥有的遗传物质可以编码自身所需的部分蛋白质和 RNA，其余部分则由细胞核基因编码并被运输至线粒体内。现有证据表明，线粒体起源于原始真核细胞吞入具备有氧呼吸功能的细菌。

五、液泡系

大液泡、细胞壁以及质体常常被称为植物细胞区别于动物细胞的主要特征。液泡在成熟的叶肉细胞中相当明显，可以占据 90% 以上的空间，巨大的液泡将细胞核和细胞质挤到细胞的周边（图 2–23B）。但并不是所有的植物细胞都具有大液泡，而且液泡的功能十分多样。细胞内结构和功能不同的液泡组成了液泡系（vacuome）。

（一）液泡的结构

液泡由单层膜包围形成，其内部是含有多种物质的水溶液，如含无机盐、糖类、脂质、蛋白质、单宁、有机酸、植物碱、花青素等。具有选择通透性的液泡膜（tonoplast）允许这些物质通过并在液泡中积累。不同细胞中的液泡大小、数目有很大的差异（图 2–23）。在分生组织的细胞中，液泡通常很小，随着细胞的分化，小液泡逐渐融合形成大液泡。

（二）液泡的功能

1. 参与细胞内空间的组织

液泡（vacuole）与其他细胞器相比，结构相对简单。“vacuole”的字面意思是指细胞内“空”的区域（图 2–23B），其中包含的是大体积的水溶液。用液泡填充细胞内空间是植物细胞占据空间的一种有效策略。

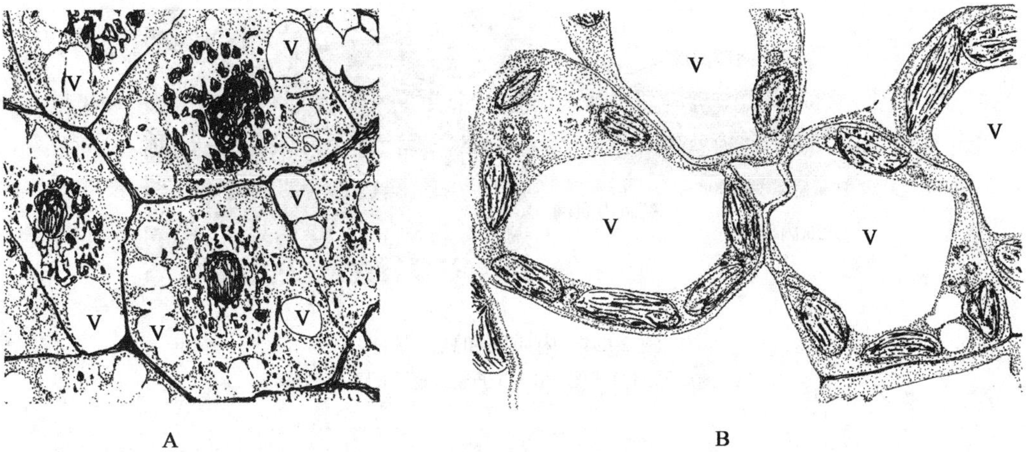

图 2–23 液泡的结构
A. 蚕豆根尖细胞中液泡的分布 B. 烟草叶肉细胞中的大液泡
V表示液泡。

2. 维持细胞的膨压

液泡内的充足水分使得细胞对细胞壁产生了膨压。膨压对植物细胞的迅速生长以及植物挺立姿态的维持十分重要。植物细胞失水会导致植物萎蔫并影响生长。

3. 作为物质的贮藏场所

液泡往往在细胞中占据很大的空间，这成为贮藏物质的有效场所。水是其贮藏的主要物质，而水中可以溶解大量的物质，包括各种离子，如 H^+、Ca^{2+} 等。细胞将代谢所产生的 H^+ 转运到液泡内，可以维持胞质溶胶的中性环境，这有利于细胞代谢的稳定。液泡内积累的 H^+ 可以使 pH 达到 5 左右，柠檬汁细胞的液泡中 pH 则可达 2 ~ 2.2。花青素是液泡贮藏的一类常见物质，它赋予了植物丰富的颜色，如花瓣的色彩，这是植物吸引昆虫授粉的一种策略。此外，液泡中可以贮藏糖类（如甜菜根细胞）、蛋白质（蓖麻胚乳细胞）以及次生代谢物。次生代谢物贮藏在液泡中，减少了这些物质对植物细胞自身的损害。液泡中还贮藏了大量人类可以利用的物质，如胰蛋白酶抑制剂、长春新碱、秋水仙碱、吗啡、咖啡因等。

4. 参与物质的降解及回收

这一功能与动物细胞中的溶酶体类似。这类液泡内部拥有多种酸性水解酶，在细胞内执行“消化器官”的功能。这些消化功能包括：降解细胞内储存的或经内吞获取的营养物质；降解需要更新的大分子或细胞器；参与细胞的自溶（autolysis）。细胞自溶是指液泡经调控发生破裂，水解酶释放至细胞内，引起细胞自身溶解，导致细胞的程序化死亡。

六、内质网和高尔基体

内质网（endoplasmic reticulum）和高尔基体（Golgi apparatus）都是膜成分特别发达的细胞器，都是由单层膜包围所形成的囊状、管状或泡状的结构组成。这样的结构使得单位空间拥有的膜表面得到扩大。细胞的许多重要活动都发生在这些膜上。

在细胞内可以观察到两种形态的内质网（图 2–24A）：①粗面内质网参与了蛋白质的

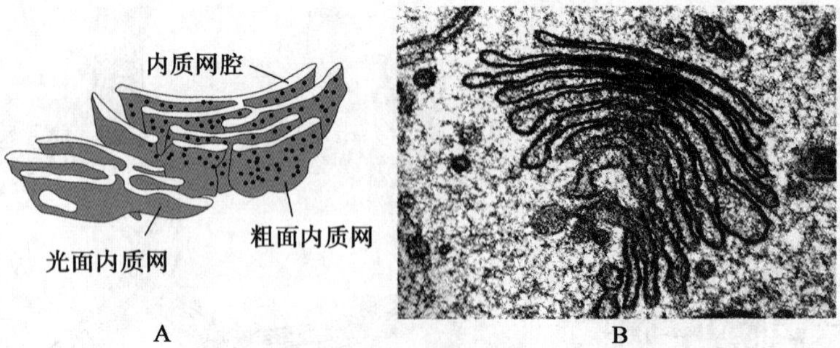

图 2-24 内质网和高尔基体

A. 内质网的模式图 B. 电子显微镜下的高尔基体

合成与加工。核糖体在翻译某些蛋白质（如分泌蛋白）时与内质网结合并形成所谓的粗面内质网。②光面内质网上没有核糖体的结合，主要参与脂质的合成。内质网以出芽的方式形成小泡，将其所合成或加工的蛋白质、脂质输送至高尔基体。

高尔基体的主体常由若干个扁平囊堆积而成（图 2-24B），在其周边有一些小管和囊泡结构。高尔基体参与蛋白质和脂质的加工，以及多糖的合成。来自内质网的蛋白质和脂质在高尔基体中得到进一步加工，细胞壁的两种多糖成分（半纤维素和果胶）在高尔基体内合成。高尔基体通过出芽的方式形成小泡，将蛋白质、脂质、多糖等物质运输至细胞的不同部位，如细胞外、细胞质膜、液泡等。内质网、高尔基体、液泡、细胞质膜等膜结构通过小泡的运输和融合，形成相互联系的内膜系统（图 2-25）。

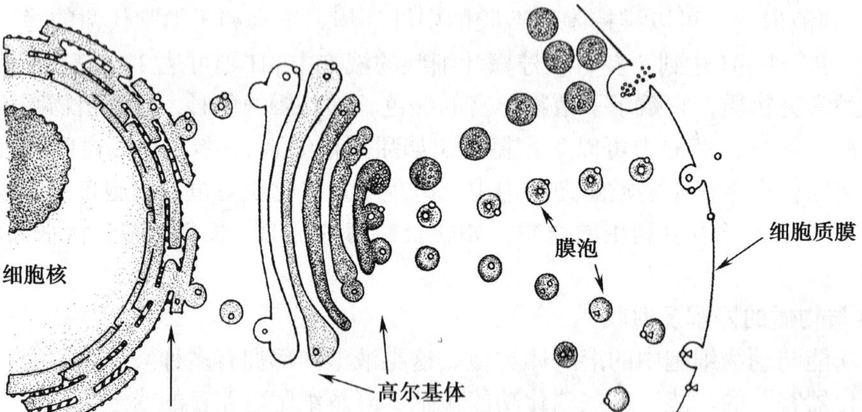

图 2-25 细胞的内膜系统

七、细胞核

细胞核（nucleus）最重要的功能是作为遗传信息储存和编码的场所。由于细胞核内存在大量的核酸，包括作为遗传物质的 DNA 和转录产生的 RNA，所以很容易被碱性染料染色。细胞核是真核细胞有别于原核细胞的一个重要特征。在细胞的演化历史上，细胞核的出现是一个重要事件。细胞核结构使得遗传物质与细胞质相隔离，细胞对遗传信息表达的调控更为精细。

将细胞核与细胞质区分的结构是细胞核的核被膜（nuclear envelope）。核被膜是双层膜结构，内外膜在核孔处相会，外膜常常与内质网相连。核孔处由多种蛋白质装配形成核孔复合体，成为细胞核与细胞质之间的通道（图 2–26）。

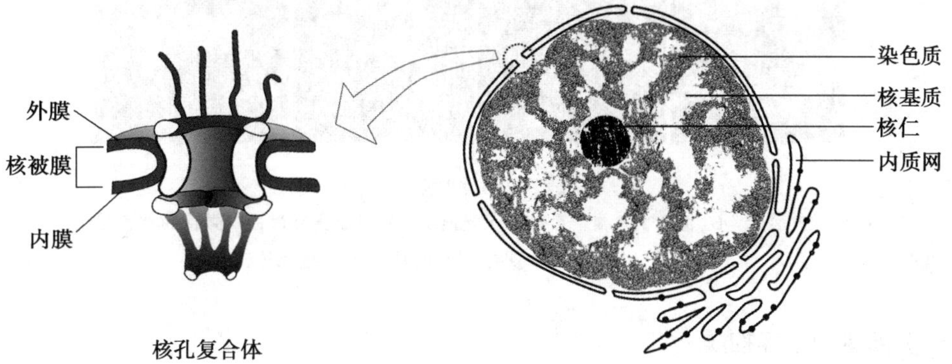

图 2–26 细胞核和核孔复合体

染色质、核仁以及核基质构成细胞核内的主要结构。染色质是遗传物质的载体，由 DNA 和蛋白质包装而成。核仁是合成、加工 rRNA 以及装配核糖体亚基的场所。大量 rRNA 的合成使得核仁往往成为细胞核内最明显的结构。除染色质和核仁外，核基质充满了细胞核内的其余空间。

每个植物细胞通常拥有一个完整的细胞核，但有些细胞却拥有多个细胞核或缺少细胞核。刚受精的卵细胞有两个细胞核，中央细胞有三个细胞核，有些胚乳细胞具有多个细胞核，而筛管细胞和筛胞则在细胞分化过程中细胞核消失。

八、细胞骨架

通常把细胞内由膜所包裹的结构称作细胞器。细胞器将细胞空间进行了有序的组织和区域化。在细胞器之外的胞质溶胶同样是一个有序的空间，细胞骨架（cytoskeleton）的存在是这种有序性的最好证明。真核细胞具有三种细胞骨架，包括微丝、微管和中间丝。不同于动物细胞的是，目前植物细胞中尚未发现中间丝存在的明确证据。细胞骨架均由可溶性的蛋白质单体装配形成（微丝由肌动蛋白构成，微管由 α 和 β 两种亚基构成），单体和装配形式之间可以通过组装和去组装实现转换（图 2–27A，B）。细胞骨架参与了细胞内结构的组织、细胞形态的维持、胞内物质运输以及细胞分裂和分化等重要活动（图 2–27C ~ F）。

九、后含物

植物细胞中除了细胞核、质体、线粒体等基本结构之外，还有一些储藏的代谢物，这些储藏物被统称为后含物（ergastic substance）。后含物包括储藏的营养物、晶体以及次生代谢物等，通常在细胞内有特定的形态结构及分布区域。

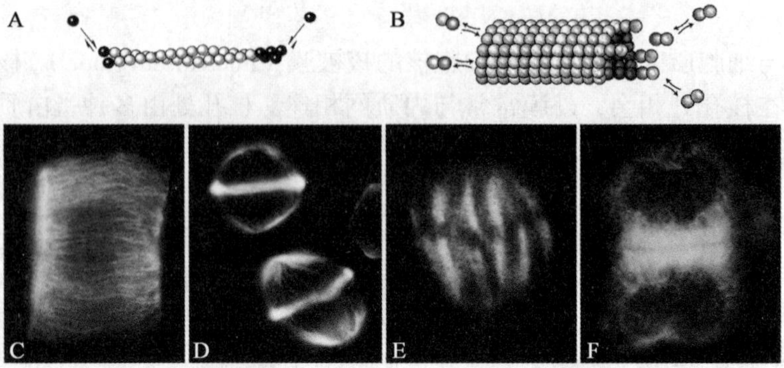

图 2-27 细胞骨架

A. 微丝的装配 B. 微管的装配 C～F. 荧光显示植物细胞分裂过程中微管的动态变化，C为间期，D为分裂中期，E为分裂后期，F为分裂末期

（一）储藏的营养物质

植物通过叶片的光合作用形成同化物，并在植物体的不同部位得以储藏，以备后用。常见的储藏物质包括淀粉、蛋白质或脂质。

1. 淀粉储藏物

叶片经光合作用将同化的糖类以淀粉的形式暂时储藏在叶绿体中（图 2-28A），或以蔗糖形式运输至其他部位，并以淀粉粒形式储藏在造粉体中（图 2-28B）。马铃薯块茎、水稻种子中均可观察到大量的淀粉粒。淀粉粒是淀粉经逐层沉积而成的，并形成以脐为核心点的轮纹状结构。不同植物的淀粉粒往往具有不同的大小形态以及独特的轮纹结构，可以作为区分植物的一种标志（图 2-28C～F）。

淀粉粒在根冠细胞中作为植物根感应重力的结构（重力感应石）存在，影响植物的向地生长（图 2-29）。

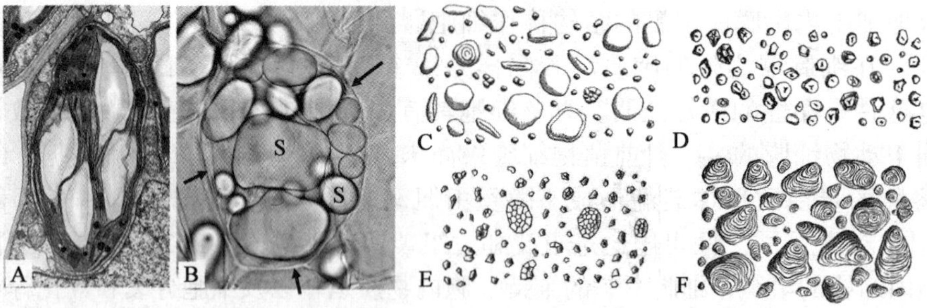

图 2-28 淀粉储藏物

A. 叶绿体中贮藏的淀粉 B. 马铃薯块茎中的淀粉粒（S示淀粉粒，箭头指示细胞壁）

C～F. 不同植物淀粉粒的形态，C为小麦种子的淀粉粒，D为玉米种子的，E为水稻种子的，F为马铃薯块茎的

2. 蛋白质储藏物

蛋白质也可以作为营养物质的储存形式。蛋白质可以储存在由质体分化而来的造蛋白体中，或储存在小液泡中形成糊粉粒（aleurone grain）（图 2-30）。糊粉粒在种子萌发时发

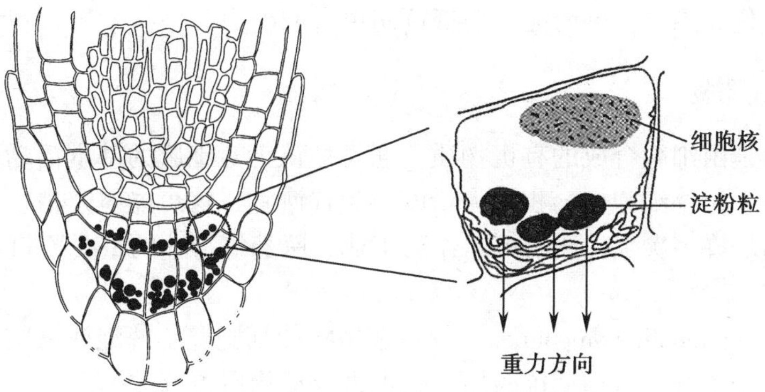

图 2-29 根冠细胞中的重力感应石

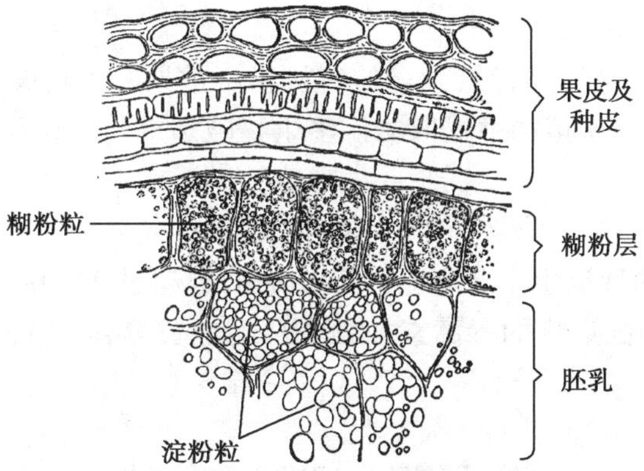

图 2-30 小麦种子的糊粉粒

生水解，为萌发提供大量氨基酸。

3. **脂质储藏物**

脂质是植物细胞另一种主要的营养储藏物质，一般储存在由质体分化而来的造油体中，或以脂滴储存在细胞质中。油料植物如油菜、花生的种子中富含脂质。

（二）晶体

在植物细胞中常可见各种形状的晶体结构。草酸钙结晶是常见的一种，分布于液泡或细胞壁内，具有针状、长柱状、晶簇状等不同形态（图 2-31）。禾本科植物的茎叶表皮细

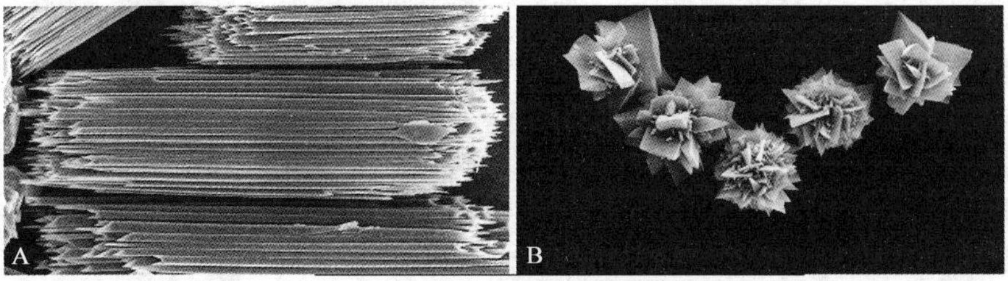

图 2-31 草酸钙晶体

A. 一种葡萄属植物（*Vitis mustangensis*）细胞中的针状晶体 B. 加拿大紫荆（*Cercis canadensis*）细胞中的簇状晶体

胞内含有的二氧化硅晶体，可增强植物抵抗病虫害的能力。

（三）次生代谢物

次生代谢物是由细胞合成的有机物质，通常被认为对细胞的基本活动没有或尚未发现相应的功能。某些植物细胞中会积累大量的次生代谢物，这可能对于植物适应特定环境有重要作用。植物的许多次生代谢物可以作为工业、医药等行业的重要原料。

1. 酚类化合物

酚类化合物（phenolic compounds）分布在植物的细胞壁、液泡或细胞质中，包括木质素、单宁、多酚等，对于植物抵抗腐烂、病虫害及动物侵害有保护意义。

2. 类黄酮

类黄酮（flavonoids）的种类十分多样，液泡中的花青素是常见的一种。

3. 生物碱

生物碱（alkaloids）是一类含氮元素的有机物。常见的生物碱有咖啡或茶叶中的咖啡碱、烟草中的尼古丁等。从植物中提取的许多生物碱是重要的医药原料，如有降压作用的生物碱利血平等。

4. 萜类

萜类（terpenes）的种类也十分丰富。已知的萜类超过 22 000 种，许多可以作为重要的医药或工业原料，如抗疟疾的青蒿素、强心药毛地黄毒苷（digitoxin）以及工业原料橡胶等。

第三节 细胞的分裂

1858 年，德国病理学家魏尔肖（R. Virchow）指出所有的细胞来自细胞的分裂。细胞分裂是生命繁衍的基础。对于单细胞生命而言，细胞分裂即得到新的个体。而对于多细胞生命如高等植物而言，细胞分裂不断产生新的细胞，使得植株持续不断生长，并在此基础上发生细胞的分化。细胞分裂是一个有序的过程，分裂过程中表现出明显的周期性。

一、细胞周期

有丝分裂是植物细胞最主要的分裂方式，其核心任务是准确复制细胞核内的遗传物质并完整地分配给子代细胞。有丝分裂最明显的特征是细胞分裂过程中出现丝状的染色体，这也是最初称之为有丝分裂的原因（图 2–32）。科学家为研究细胞的分裂活动，通常选用分裂旺盛的细胞，如植物的茎尖或根尖细胞。1953 年，A. Howard 和 S. Pelc 用蚕豆根尖细胞为材料，发现染色体出现的阶段与 DNA 复制阶段之间存在较长的时间间隔。这一现象导致他们最早提出细胞周期（cell cycle）概念，即细胞分裂是由一系列重要事件

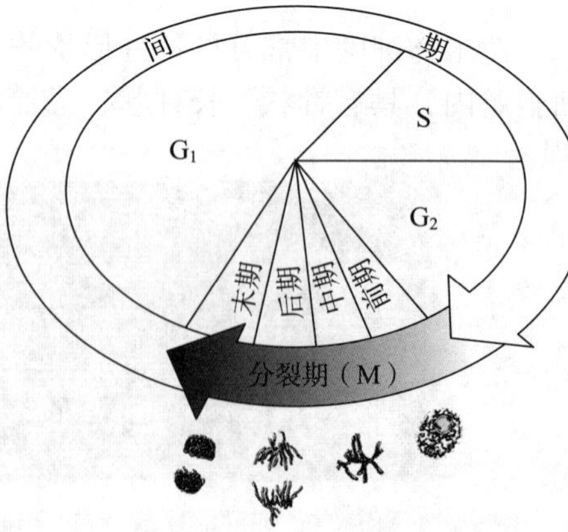

图 2–32 细胞周期

构成并逐步展开的有序过程（图 2–32）。可将细胞周期分为 S 期（DNA 合成阶段）、M 期（有丝分裂阶段）、G_1 期和 G_2 期，其中 G_1、S、G_2 被统称为间期（interphase）。

G_1 期（gap$_1$ phase）：又称为 DNA 合成前期。此期细胞代谢活跃，体积增大，RNA、蛋白质合成旺盛，为 S 期的 DNA 复制做准备。膜系统和细胞器也进行合成和复制。

S 期（synthesis phase）：DNA 合成期。主要事件是完成遗传物质的准确复制。除了 DNA 的复制外，还包括与 DNA 结合的组蛋白的合成以及染色质的包装。

G_2 期（gap$_2$ phase）：DNA 复制完成后，细胞核内的遗传物质加倍，但细胞并不会立刻开始分裂，而是会持续一个较短的 G_2 期，为进入分裂期做最后的准备。此时染色质开始逐步凝集。

二、有丝分裂过程

细胞经分裂间期（包括 G_1、S、G_2 期）后，开始进入有丝分裂 M 期（mitosis）阶段，以完成细胞核的分裂，继而完成细胞质的分裂。

（一）核分裂

根据染色体、核膜、纺锤体等结构的变化，将核分裂（karyokinesis）阶段分为前期、中期、后期和末期（图 2–33）。

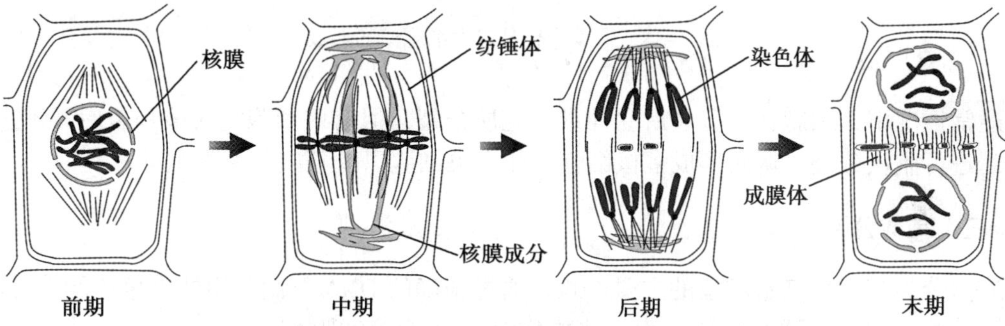

图 2–33　细胞核的分裂过程

1. 前期

前期的主要事件包括染色质凝集成染色体以及核仁、核膜的消失。染色体的出现是染色质折叠包装的结果。包装完成的染色体拥有两条在着丝粒处相连的姐妹染色单体。在着丝粒的两侧由多种蛋白形成动粒结构，成为染色体与纺锤体的结合部位。染色质凝集的同时，核仁消失，核膜解体，使得染色体暴露在细胞质中。

2. 中期

中期最明显的特征是纺锤体的形成以及染色体排列在赤道面上。纺锤体由微管蛋白组装而成。纺锤体的微管与染色体在动粒处相结合，并通过微管的牵引作用将染色体排列在赤道面上。

3. 后期

后期的主要事件是染色单体分离。拥有相同遗传物质的染色单体在着丝粒处分开，并在纺锤体的牵引下移向两极，形成两组染色体。

4. 末期

末期的主要特征是出现两个子细胞核。当两组染色体到达两极后，染色体周围重新装配出新的细胞核膜，染色体开始去包装，成为分散的染色质，RNA 开始合成，核仁再次出现。

（二）胞质分裂

植物细胞通过形成新的细胞壁来完成细胞质的分裂即为胞质分裂（cytokinesis）（图 2–34）。在核分裂末期，当两组染色体到达两极后，纺锤体通过微管蛋白的重新组装由纺锤体变化为成膜体结构（phragmoplast）。成膜体是微管密集分布在两个子核间而形成的桶状结构。成膜体中的微管成为膜泡运输的轨道，引导包含半纤维素和果胶的膜泡移向赤道面。膜泡在赤道面相互融合，将其中的半纤维素和果胶释放，形成细胞板。细胞板由中央向四周扩散，最终与母细胞的细胞壁相连，细胞板发展成为新的胞间层。子细胞在胞间层两侧沉积初生壁，由此形成两个完整的新细胞。

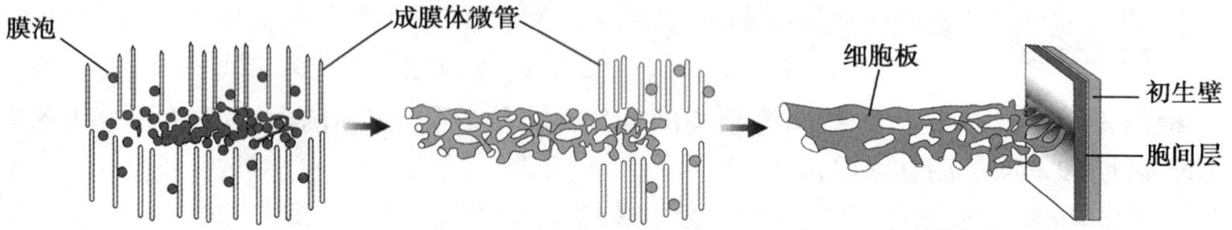

图 2–34 胞质分裂过程中细胞壁的形成

通常情况下，细胞在核分裂后立即进行胞质分裂，但有些细胞完成核分裂后并不进行或推迟进行胞质分裂，从而形成多核细胞，如中央细胞以及某些胚乳细胞等。

（三）减数分裂

有丝分裂是真核细胞增殖的主要方式，通过精确的 DNA 复制和姐妹染色体均等分配，确保遗传物质稳定传递给子代细胞。减数分裂作为有丝分裂的特殊形式，在完成 DNA 复制后经历两次连续的分裂过程，最终实现染色体数目减半。减数分裂与受精作用共同构成了有性生殖的核心环节，其独特的生物学特征——包括同源染色体配对，交叉互换以及非同源染色体的自由组合——为遗传重组提供了分子基础，提升了后代的遗传多样性。在高等植物生命周期中，当个体从营养生长转向生殖发育时，生殖器官中的特定细胞会从有丝分裂模式转变为减数分裂模式。探究这些细胞如何重编程并启动减数分裂的调控机制，是生殖发育学领域的关键科学问题之一。

第四节 细胞分化与细胞死亡

一、细胞分化

细胞分化（cell differentiation）是个体发育过程中细胞的结构和功能发生变化的过程。细胞分化使得同一个体内含有相同遗传物质的细胞具备不同的结构和功能，如表皮细胞和

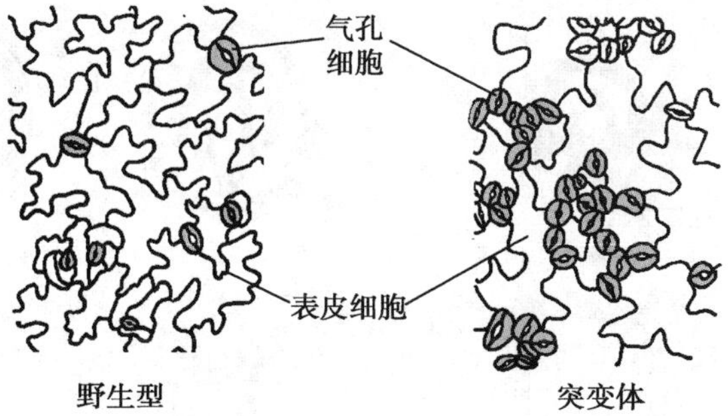

图 2-35　拟南芥子叶表皮的细胞分化

注：野生型拟南芥子叶表面的气孔均匀分布，而基因 *tmm* 突变导致气孔集中分布。

气孔细胞（图 2-35）。

本质上，细胞分化是基因选择性表达的结果，基因的突变以及其他影响基因表达的因素均可以影响细胞的分化。植物可以根据外界环境改变细胞的分化状态。如种子萌发后，幼苗遇到光线会促使叶绿体的发育。细胞间的相互位置关系也会影响细胞的分化命运，如拟南芥根毛细胞形成的位置对应与其下方皮层细胞的结合部位（图 2-36）。

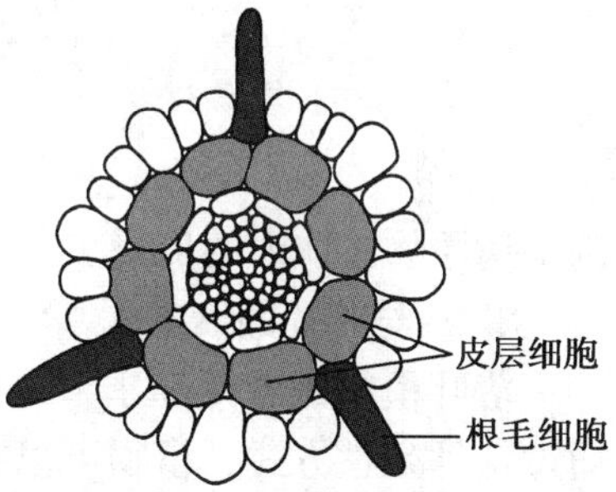

图 2-36　拟南芥根毛细胞与皮层细胞的相对位置

植物个体的所有细胞均由受精卵分裂分化而来。对于成熟个体而言，具有分化能力的细胞通常集中在分生组织区域，如茎尖或根尖等部位。植物细胞经分化后执行特定功能，但往往保留相当的分化潜能，在特定条件的诱导下可以分化形成新的细胞类型。利用扦插技术扩繁植株反映了植物细胞的分化潜能和可塑性。

二、细胞死亡

细胞的分裂、分化和死亡是生命得以延续的基本活动。细胞分裂和分化对于生命的重要性不言而喻，但细胞死亡的意义直到 20 世纪后期才得以明确，这源于人们错误地认为细胞死亡是随机体的死亡而发生的被动过程。事实上，细胞死亡贯穿植物的一生，对于个体的发育、器官的衰老以及对病原物的抵抗均有重要意义。与细胞分裂和分化一样，细胞死亡受到严格的调控，所以被称为程序性细胞死亡（programmed cell death）。细胞死亡主要参与如下生理过程：

1. 参与个体发育

细胞在特定时期的死亡对于植物个体发育十分必要（图 2-37）。比如在胚胎发育过程中，细胞死亡导致胚柄的消失；导管细胞死亡后形成输水管道；花药绒毡层细胞的死亡可以为花粉的发育提供营养等。

2. 参与抗病

植物的超敏反应是一种程序性死亡现象，是植物对抗病原物的一种策略。当病原物感染植物后，被感染的植物细胞启动死亡程序，导致被感染细胞和病原物一起消亡，从而限

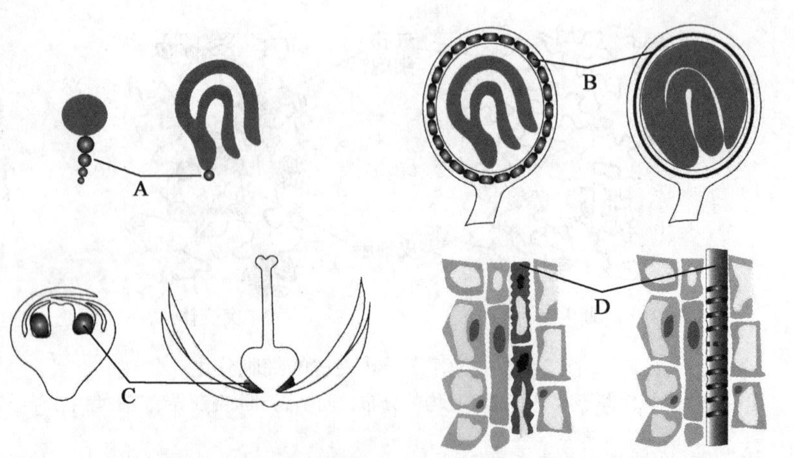

图 2-37 植物发育过程中的程序性细胞死亡

A. 胚胎发育过程中胚柄的退化 B. 种子萌发过程中糊粉层细胞的降解

C. 花发育过程中雄蕊原基的退化 D. 导管分子的分化

制了病原物在体内的传播。

3. 参与叶片的衰老

落叶植物的叶片随季节的更替而更换。在叶片凋零之前，植物启动细胞程序性死亡，通过这种死亡方式，植物可以在叶片脱落前将叶片内的养分尽可能地转移到其他器官。叶片衰老作为一种程序性死亡过程受到严格的调控，比如植物可以感知秋季来临前日照长短的变化，从而及时启动程序性死亡。

小 结

尽管植物的种类丰富多样，但所有植物均由细胞构成。植物细胞拥有一些共同的特点，比如通常具有细胞壁、质体以及液泡。除了共同的结构外，不同的植物细胞具有各自明显的特征，这些特征是植物在演化历程中以及个体发育时所形成的。深入了解这些植物细胞的共同点以及区别是学好植物学的一个重要环节。

细胞壁是由植物细胞合成并分泌到细胞膜外的成分，是植物细胞区别于动物细胞最明显的特征。细胞壁具有明显的层次结构，包括了胞间层（主要成分为果胶）、初生壁（主要成分为纤维素、半纤维素、果胶）和次生壁（主要成分为纤维素、半纤维素以及木质素等）。

胞间连丝是细胞壁上的一种物质通道，它将不同细胞的原生质联系在一起，体现了细胞之间物质交流的重要性。

包括植物细胞在内的真核细胞是由膜构成的空间。膜赋予了细胞丰富多样的功能。细胞膜不仅包括细胞边界的质膜，还包括细胞内各种细胞器的膜成分。有些细胞器的膜成分特别发达，如线粒体、叶绿体、内质网等，这表明这些细胞器的主要活动与膜密切相关。

叶绿体和线粒体是两种和能量代谢相关的细胞器。叶绿体捕获太阳能，并将能量储存在糖类中，而线粒体则可以从糖类中提取能量并转化为细胞可以直接利用的 ATP。

细胞内的结构特征体现了生命的有序性。细胞膜是细胞内结构的主要组织者，它将细胞分成不同的功能区间，即不同的细胞器，而细胞器之外的空间则由细胞骨架进行有序组织。

细胞结构除具有有序性之外，还表现出高度的动态性。例如，细胞间的胞间连丝会随着细胞分化而发生数目的改变，细胞可以感应光线的强弱而改变叶绿体的分布，这一切都体现了植物细胞对外界反应的灵活性。

细胞学说指出细胞是通过细胞的分裂产生。有丝分裂是一个有序的过程，在此过程中表现出明显的形态特征的变化，其核心任务是遗传物质的准确复制及向子细胞的完整分配。

细胞分化是个体产生多细胞的基础。尽管细胞的分化现象很明显，但其背后的机理却有待于进一步研究。程序性细胞死亡可以看作是细胞分化的一种特殊命运，它的发现使得我们对细胞死亡有了新的理解，细胞死亡不是随机体的死亡而被动消亡的过程。

复习思考题

1. 名词解释：纹孔、胞间连丝、质体、共质体、液泡系、后含物质、细胞骨架、细胞周期、胞质分裂、程序性细胞死亡。
2. 简述细胞学说的内容，以及该学说提出的时代背景和意义。
3. 指出细菌与烟草细胞的共同结构。
4. 通过查阅资料了解，除表 2–1 外，原核细胞与真核细胞还有哪些重要区别？
5. 举例说明细胞壁与人类生活的关系。
6. 植物细胞之间是如何实现物质交流的？
7. 自然界植物绚丽多彩的颜色是如何形成的？
8. 有哪些物质可进出细胞核？
9. 查阅资料，了解白化苗的形成原因。
10. 细胞中有哪些结构是无法用光学显微镜而需要用电子显微镜观察的？
11. 多糖可能出现在细胞的哪些结构中？

第三章

植物组织

高等植物作为多细胞生物，并不是由细胞简单堆砌而成。首先，植物体内的细胞类型多样化。植物细胞经分化形成多种结构的细胞，它们具备不同的功能。其次，植物细胞在空间排列上表现出特定的模式。植物体内多样的组织类型反映了不同的细胞结构特点和排列模式，体现了植物体发育的有序性，这种有序性在植物的不同结构水平上均有体现（图 3–1）。

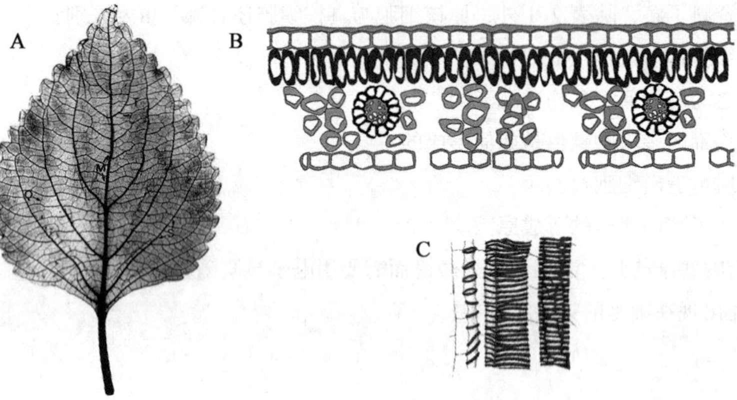

图 3–1　植物在不同结构水平上体现出的有序性

A. 叶脉的规律分布　B. 细胞在叶片中的有序排列　C. 导管细胞上独特的纹理

第一节　植物体内的基本结构模式

植物组织（tissue）是由特定结构的细胞以一定方式连接排列形成，并具特定功能的细胞群。不同的组织不仅具有其独特的细胞类型，而且细胞间的排列方式也不相同。例如，叶片中的栅栏组织和海绵组织同样具有光合作用的能力，但前者的细胞排列紧密，后者排列松散；根部的内皮层细胞排列整齐且致密；叶片的表皮细胞与气孔保卫细胞彼此嵌合（图 3–2）。

根据细胞的结构、排列特点以及功能的不同，可将植物的组织类型人为地归纳为分生组织、保护组织、输导组织、薄壁组织、机械组织和分泌组织等。这些组织在植物体内具

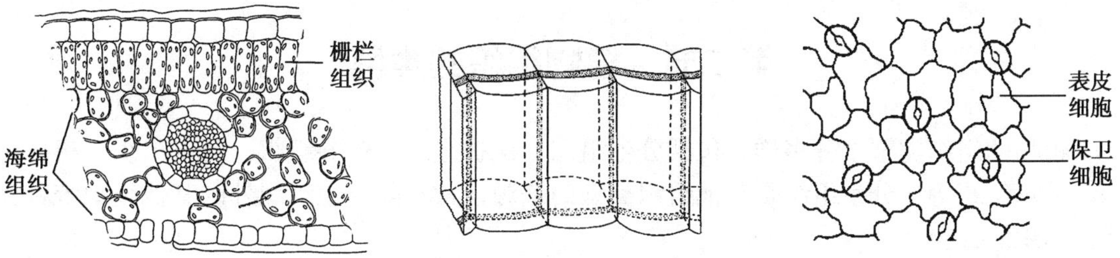

图 3–2　不同组织中的细胞类型以及排列方式

A. 叶片中的栅栏组织和海绵组织　B. 根的内皮层细胞　C. 表皮细胞和保卫细胞

有特定的分布并且彼此联系，在植物体内形成组织系统。组织系统包括皮组织系统、维管组织系统和基本组织系统（图 3–3）。高等植物进化出的三大组织系统是对陆生环境的适应。对于生活在陆生环境的高等植物而言，如何有效地获取、保持及运输水分和养分是一个重要挑战。

皮组织系统　皮组织系统（dermal tissue system）覆盖在植物体表，形成植物体与外界环境的接触面，包括表皮和周皮。对于陆生植物而言，皮组织系统可起到减少水分散失，控制植物与环境的物质交换，防止紫外线、病虫害以及机械损伤等作用。

维管组织系统　高等植物为了获取更多的阳光，可以长得很高大。水分及养分在高大植株体内的运输依赖于强大的输送能力，植物的维管组织系统（vascular tissue system）贯穿植物体的所有器官，包括根、茎、叶、花、果实等。维管组织系统包括运输水分和无机盐的木质部以及运输养分的韧皮部，其功能相当于动物的循环系统。

基本组织系统　基本组织系统（ground tissue system）广泛分布于皮组织系统和维管组织系统之间。在植物的初生结构中，基本组织系统往往最为发达、分布最广。基本组织系统成为皮组织系统和维管组织系统之间的联系，可以分化出丰富的细胞类型，功能十分多样。

高等植物的体内结构，总体包括了以上所述的三大组织系统。在不同植物体内或同一植物的不同器官中，维管组织系统的分布有所区别（图 3–3）。在三大组织系统中，可以观察到丰富多样、具有特定结构和功能的组织类型。

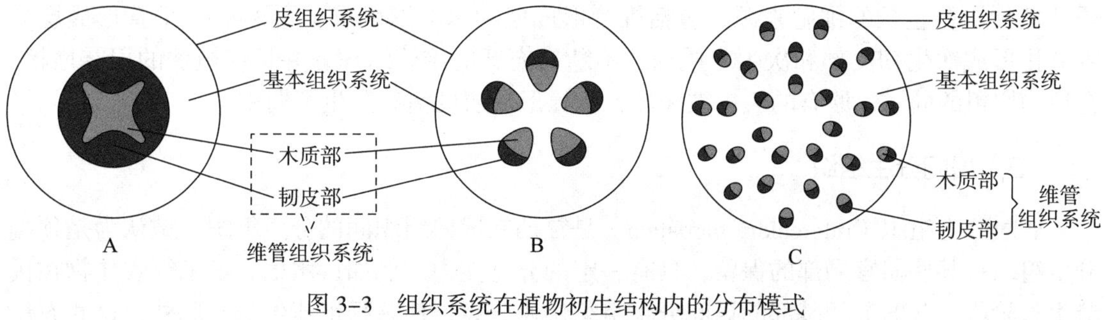

图 3–3　组织系统在植物初生结构内的分布模式

A. 初生根　B. 双子叶植物初生茎　C. 单子叶植物茎

第二节 植物组织的类型

植物的组织类型十分多样，包括分生组织、保护组织、输导组织、薄壁组织、机械组织、分泌组织等。分生组织是其他组织类型的来源，常把除分生组织外的其他组织统称为成熟组织。

一、分生组织

植物的发育模式不同于动物。动物在胚胎发育阶段形成了所有的器官，但植物在完成胚胎发育后可以不断产生新的器官，并终其一生。在植物发育早期，所有的胚胎细胞均能够分裂，而对于完成胚胎发育的成熟植物体而言，细胞分裂只局限于植物的特定部位。将分布于这些特定部位、保持了持续或周期性分裂能力的细胞群称作分生组织（meristem）。分生组织的细胞是分化产生其他成熟组织的基础。根据分生组织在植物体的部位可以分为以下几种类型。

（一）顶端分生组织

顶端分生组织（apical meristem）是分布在植物纵轴两端（茎尖和根尖）的胚性细胞群，它在植物的一生中保持分裂能力，使得植物体不断向上和向下生长，并分化产生新的器官。顶端分生组织的细胞通常排列紧密、代谢活跃，细胞体积较小，细胞壁薄，细胞核相对较大，细胞质浓厚，一般无明显的液泡和质体的分化。

顶端分生组织能够持续分裂的原因在于分裂所形成的一部分子代细胞保留了母细胞的胚性特点，并继续留在顶端补充新的细胞来源，另一部分子代细胞逐步分化。前者称为原始细胞（initial cell），后者称为衍生细胞（derivative cell）。原始细胞类似动物中的多能干细胞（pluripotent stem cell）。衍生细胞经分裂并逐步分化为：原表皮（protoderm）、原形成层（procambium）和基本分生组织（ground meristem）。这三种初生分生组织会进一步分化形成贯穿植物体的皮组织系统、维管组织系统和基本组织系统（图 3–4）。

（二）侧生分生组织

侧生分生组织（lateral meristem）通过侧生生长以实现植物的增粗，是裸子植物和双子叶植物增粗生长的细胞来源，包括维管形成层和木栓形成层（图 3–4）。维管形成层分裂分化形成次生韧皮部和次生木质部，不断补充新的维管组织，并且使植株的根茎增粗。在植物增粗的同时，原有的表皮被破坏，木栓形成层的活动产生了周皮。

（三）居间分生组织

居间分生组织（intercalary meristem）是穿插在成熟组织间的分生组织，被认为是顶端分生组织在某些器官局部的保留，具有一定的分化能力。例如，水稻、玉米等农作物在拔节生长阶段，茎的节间基部的居间分生组织快速分裂，使茎秆迅速生长。此外，这些农作物在倒伏后的重新直立以及韭叶被割后的再生也依赖于居间分生组织的活动。

以上所述的三种分生组织不仅分布的部位不同，而且分化程度或来源也有差异。根

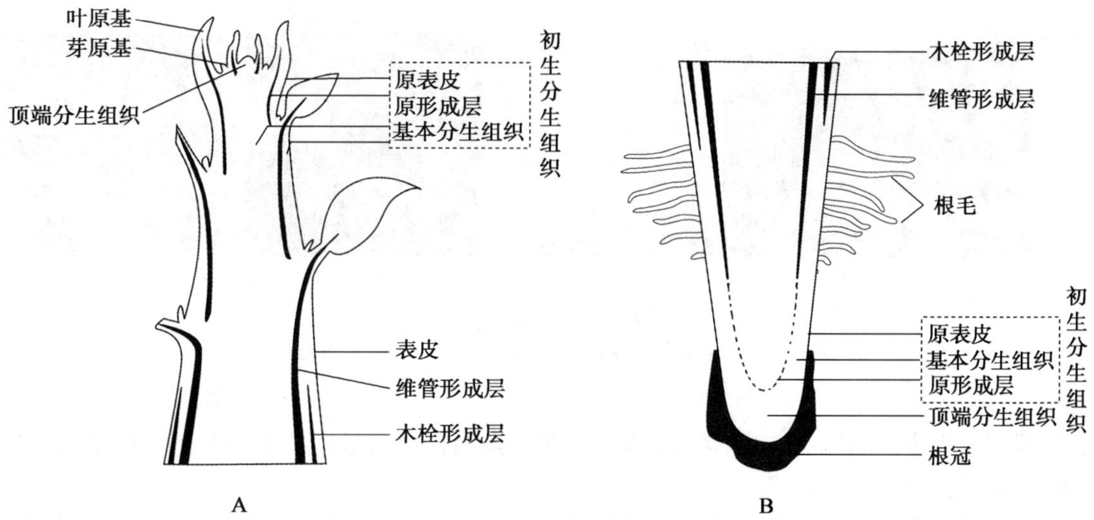

图 3-4　分生组织的分布

A. 茎　B. 根

据分化程度或来源的不同，分生组织可分为原分生组织（promeristem）、初生分生组织（primary meristem）以及次生分生组织（secondary meristem），它们之间的分化以及位置关系如图 3-5 所示。原分生组织的细胞位于顶端分生区，初生分生组织由原分生组织分化而来，通常紧靠原分生组织之后。次生分生组织由某些成熟组织（如薄壁组织）的细胞脱分化而来，如木栓形成层以及部分维管形成层（束间形成层）。

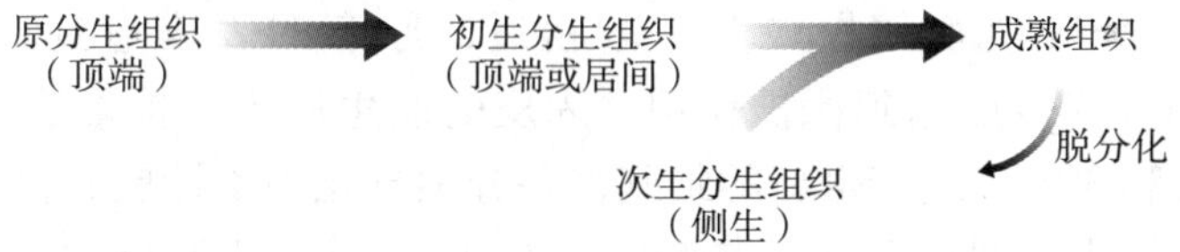

图 3-5　分生组织的分化关系

二、保护组织

保护组织（protective tissue）包括表皮和周皮，分布于植物的体表，构成皮组织系统。需要指出的是，表皮和周皮的功能并不只限于保护作用。

（一）表皮

表皮（epidermis）分布于幼根、幼茎、叶、花、果实和种子的外表面，通常由一层或数层细胞构成。表皮上常见的结构包括角质层、表皮细胞、气孔器以及毛状体等。

角质层是地上部分表皮的重要结构特征（图 3-6A）。角质层覆盖在表皮外，主要由角质和蜡质镶嵌排列而成，其良好的疏水性以及难被降解的特性是防止水分散失和病虫害入侵的有效措施。在某些植物的角质层外还有额外的一层蜡被，蜡被完全由蜡质构成。

地上部分的表皮细胞通常呈扁平状，细胞之间彼此紧密嵌合。表皮对于阳光通常是透明的，表皮细胞内不具有叶绿体，这使得光线可以最大程度地到达表皮下方的叶肉细胞。

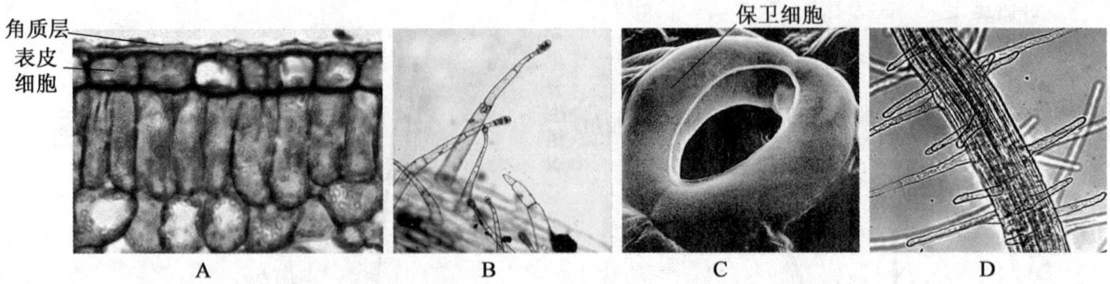

图 3-6 表皮的结构
A. 表皮细胞及角质层 B. 毛状体 C. 气孔器 D. 根毛

某些器官的表皮细胞因为有色体或液泡中的花青素的存在而呈现特殊的颜色，如紫色牵牛花的表皮细胞中含有花青素。

气孔器分布于地上部分的表皮。由于表皮外覆盖有角质层以及表皮细胞间排列紧密，表皮结构成为植物和环境之间的保护屏障，而气孔器则成为植物与环境之间进行水分、气体等物质交换的通道。植物对气孔器的开闭有着严格的调控，以适应环境的变化。气孔器两侧的保卫细胞是气孔器开闭的结构基础（图 3-6C）。

地下部分的表皮不同于地上部分。幼根的表皮缺少厚的角质层。在幼根的表面可以看到一些毛状的突起，这是单个细胞的突起，即根毛细胞（图 3-6D）。根毛细胞大大增加了根作为吸收器官吸收水分和无机盐的能力。因此，根毛所在的表皮也通常被称作吸收组织。

（二）周皮

裸子植物和双子叶植物的根或茎在增粗后，原有的表皮遭到破坏而脱落，周皮（periderm）的出现替代表皮起到保护作用。周皮的产生源于木栓形成层的活动。木栓形成层可以分别向外和向内分裂产生新的细胞，并分别分化为木栓层和栓内层。木栓层、木栓形成层和栓内层构成解剖学上的周皮（图 3-7A）。木栓层细胞通常呈扁平状，相互间排列紧密。木栓层细胞在分化过程中细胞壁增厚并栓化，原生质趋于解体，直至细胞最终死亡。成熟的木栓层由多层死亡的木栓层细胞构成，具有不易透水、质轻、隔热、抗压等特点，对于植物本身是一种很好的保护，同时可作为商用木栓的原料。在周皮某些部位形成的皮孔，成为气体交换的通道（图 3-7B）。

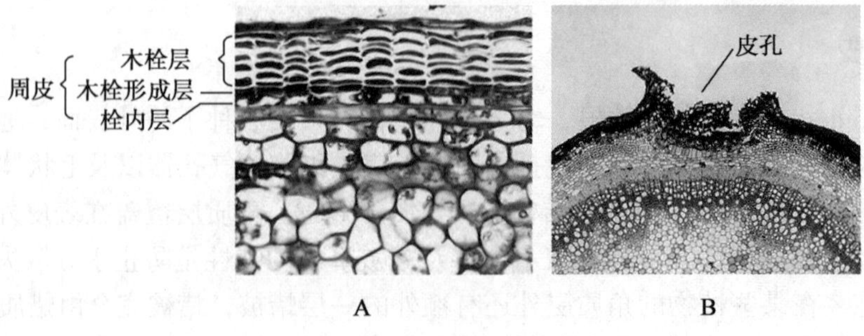

图 3-7 周皮的结构
A. 桦木属（*Betula*）的周皮结构 B. 接骨木属（*Sambucus*）的周皮结构及皮孔

三、输导组织

在植物的演化史上，维管组织系统的出现是植物适应陆生环境的重要事件。在维管组织系统中木质部（xylem）负责运输水分和无机盐，而韧皮部（phloem）负责输送有机物。木质部和韧皮部的输送功能是由于它们具有管状细胞彼此相连而成的输导组织（conducting tissue）。

（一）木质部中的输导组织

木质部是由导管分子、管胞、纤维和薄壁细胞等细胞构成的复合组织[1]，负责将植物从根部吸收的水分和无机盐运输至地上部分。其中的导管分子和管胞构成了专司运输的输导组织。对于陆生植物而言，水通常是其生长的限制因素，高大的植物体对于水分运输的效率提出了更高的要求。植物采取的策略是：分化形成高度特化的细胞，细胞内原生质消失，成为只有细胞壁的管状死细胞，管状细胞彼此通过穿孔或纹孔连接，形成运输的通道。这种管状死细胞包括导管分子和管胞。

导管分子（vessel element）[2] 普遍存在于被子植物中。成熟导管分子的原生质完全消失，纵向末端的细胞壁特化成具有穿孔的穿孔板，多个导管分子首尾相连形成较长的导管（图 3-8A）。这些结构特征赋予导管分子很好的输水能力。

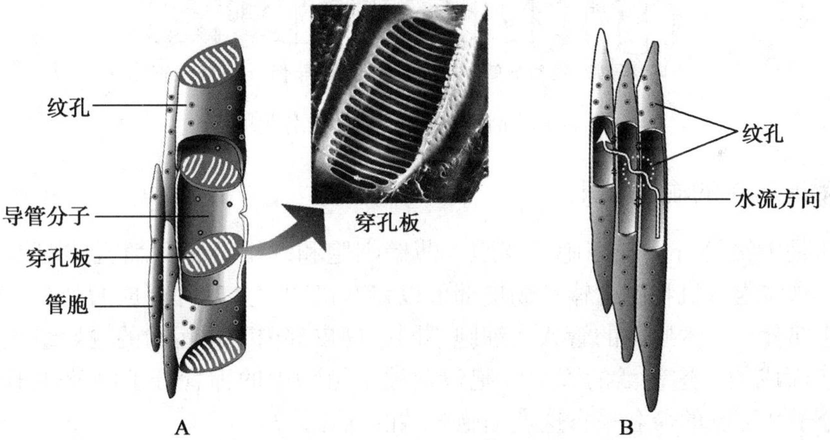

图 3-8 导管分子和管胞

A. 导管分子以及穿孔结构 B. 管胞结构

管胞（tracheid）同样存在于被子植物的木质部中，但却是蕨类植物和裸子植物唯一的专司输水的结构。与导管分子相比，管胞是两端斜尖并呈细长型的死细胞（图 3-8B）。两个管胞在纵向连接时，末端彼此交错连接，连接处形成纹孔而非穿孔。这些结构特征导致其输水效率远不及导管，这也反映出管胞在演化史上的地位比导管更原始。

原生质的消失和管壁的特化是导管分子和管胞成熟过程中最明显的特征。植物细胞如

---

[1] 复合组织是指由多种细胞类型构成的组织。由单一细胞类型构成的组织称为简单组织。

[2] vessel element 的中文翻译为导管分子，其实质是一种细胞类型。

何完成这一特化过程是研究细胞分化的一个有趣问题。这类管状细胞的细胞壁除了形成穿孔或纹孔之外，细胞壁会有不同程度的次生壁增厚并木质化，形成坚硬的管壁。坚硬的管壁可以承受因水分蒸腾而对其产生的负压。导管分子或管胞的次生壁加厚方式有环纹、螺纹、梯纹以及网纹等不同类型（图 3-9）。不同的管壁纹路反映了木质部在不同发育阶段的特点。例如，环纹或螺纹状导管除了加厚部分外，其余部分的细胞壁还保留了初生壁特性，具有很好的延伸性。这两类导管通常在器官尚处于生长阶段时分化形成，其口径较细，输送能力有限；梯纹导管的次生壁加厚为横条状，其间常有纵向连续呈梯状。网纹和孔纹导管的次生壁加厚更全面，延伸性差，但口径更粗，输送能力更强。这三类导管通常在器官已停止生长的阶段分化形成。

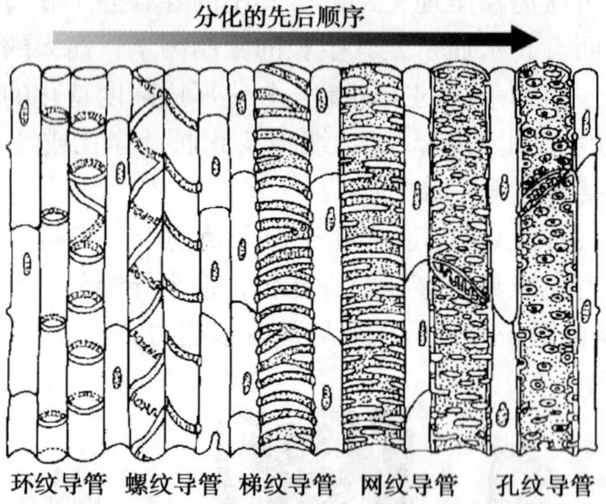

图 3-9 导管的次生壁纹路及分化顺序

（二）韧皮部中的输导组织

韧皮部是由筛管分子或筛胞、伴胞、薄壁细胞和纤维等多种细胞类型组成的复合组织，负责植物体内有机物的运输。韧皮部可以将有机物（如叶片合成的光合产物）运输到植物的其他部分。与木质部的管状死细胞不同，韧皮部内专司运输的输导组织是由活的管状细胞连接而成的。这些活的管状细胞包括被子植物中的筛管分子以及裸子植物中的筛胞。筛管分子和筛胞的命名来自这类细胞末端的筛孔结构。

筛管分子（sieve tube element）是被子植物运输有机养分的主要细胞类型。筛管分子是管状的活细胞，其结构特点之一是完整的细胞质膜内细胞器大量消失。在其分化的早期，筛管分子与其他活细胞一样具有丰富的细胞质，进一步的分化导致细胞核的解体、液泡膜破裂等深刻变化，最终仅保留分布于细胞质周边的少数线粒体、质体以及内质网等细胞器（图 3-10，图 3-11）。P 蛋白体（phloem-protein body）是筛管分子中的常见结构，是由蛋白质聚集形成的丝状或颗粒状物质，其功能目前并不清楚。

筛管分子的另一个结构特点是其细胞壁末端和侧壁的筛孔（图 3-11）。筛管分子通常只具备初生壁，在细胞分化过程中细胞壁局部消失，形成筛孔。筛孔常集中分布形成所谓的筛域（sieve area）。筛管分子的末端细胞壁因筛域特化程度高而被称为筛板（sieve plate），此处的筛孔直径大，形成筛管分子间的主要通道。筛管分子末端彼此相连形成连续的筛管。

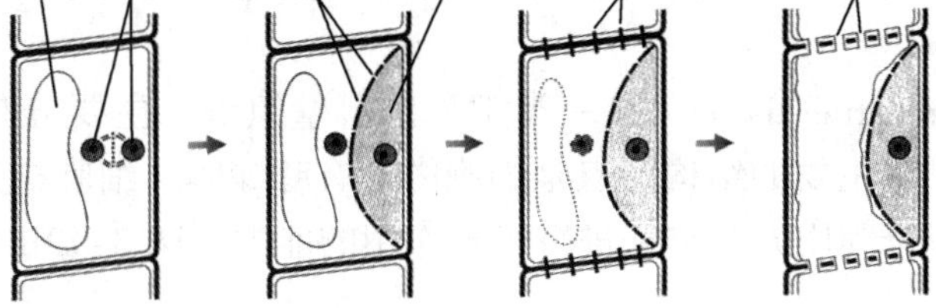

图 3-10 筛管分子的分化

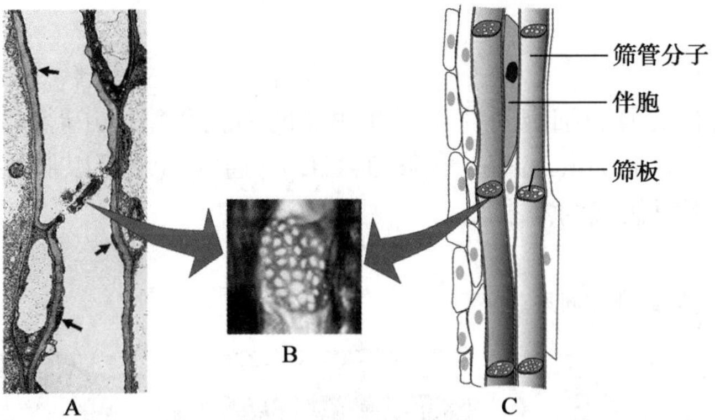

图 3-11 筛管分子的结构

A. 筛管分子的纵切面（黑色箭头所指为P蛋白） B. 筛板的俯视图 C. 筛管分子的示意图

筛管分子与伴胞紧密联系是筛管分子的又一个特点。伴胞与筛管分子由同一个母细胞分裂并分化形成（图 3-10）。不同于筛管的是，伴胞不仅是活细胞而且有丰富的细胞质和细胞器。伴胞与筛管分子之间丰富的胞间连丝反映了两者间的紧密联系。筛管作为有机物质的运输通道，有机物汇入或离开该通道，往往需要通过伴胞进行周转。此外，由于筛管分子不具有细胞核，其活性状态的维持也依赖于伴胞。

筛管分子从最初的分化到最终的死亡具有一定寿命，死亡后的筛管分子被新的筛管分子替代。在筛管分子的一生中，胼胝质发挥了重要的作用。在筛孔形成过程中，胼胝质首先会在将要形成筛孔的区域沉积，最终此处的初生壁和胼胝质消失形成筛孔；当组织受到伤害或筛管分子即将结束功能时胼胝质能够封堵筛孔。

筛胞（sieve cell）是蕨类植物和裸子植物韧皮部中的输导细胞，同样是没有细胞核的活细胞。与筛管分子相比，筛胞呈细长结构，两端斜尖，纵向连接的筛胞靠斜尖处彼此贴合。筛胞的筛孔较小，不存在特化的筛板，物质通过侧壁的筛域进行运输，其输送能力相对筛管分子要差。

四、薄壁组织

薄壁组织（parenchyma）由生活的薄壁细胞构成，细胞常近等径，但也会分化出各种不同的形状，细胞中常见大液泡，细胞间排列疏松（图 3-12A）。薄壁细胞是分化程度较低的细胞，在一定条件下可以恢复分化能力，转变成具有分裂能力的分生组织。植物生产中常用的技术如愈伤组织培养、扦插、嫁接等都与薄壁组织的分化潜能有关。薄壁组织可根据结构和功能特点进一步分为同化组织、贮藏组织、通气组织等。

1. 同化组织

同化组织（assimilating tissue）是一类常见的薄壁组织，主要分布在植物体的绿色部分，尤其是叶片中。其主要的结构特点是细胞内含有叶绿体，细胞排列疏松。这些特点赋予了同化组织可以充分利用光和空气进行光合作用的能力（图 3-12B）。

2. 贮藏组织

植物的某些器官可以贮藏大量的同化产物，如块根、块茎、果实、种子等。这些器官的薄壁细胞中积累了大量的物质，如多糖、蛋白质、油脂或水等，形成所谓的贮藏组织（storage tissue）。

3. 通气组织

水生和湿生植物的薄壁细胞间往往存在明显的细胞间隙，并形成气腔或连贯的气道，即所谓的通气组织（ventilating tissue）（图 3-12C）。通气组织可以储存大量的空气，以满足植物在水生环境下对氧气的需求。

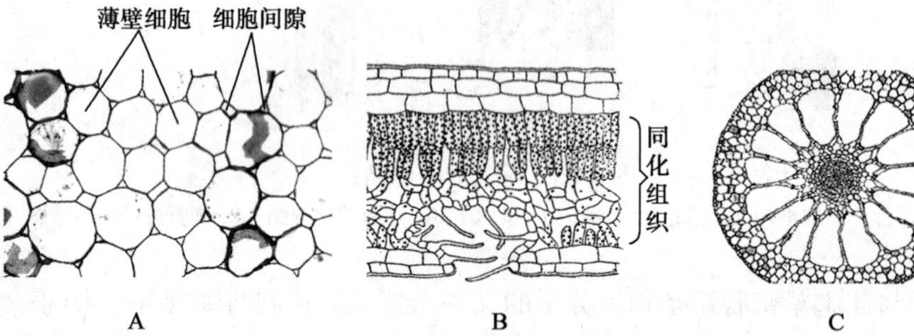

图 3-12 薄壁组织

A. 芹菜叶柄的薄壁组织 B. 夹竹桃叶中的同化组织 C. 狐尾藻叶的通气组织

五、机械组织

机械组织（mechanical tissue）的细胞壁发生不同程度的加厚，使得其具备很强的抵抗压力、张力以及抗弯曲的特性，起到了支撑植物体的作用。根据细胞形态和细胞壁加厚方式的不同，机械组织可分为厚角组织和厚壁组织。需要指出的是，机械组织并不是唯一起到机械支撑作用的组织。在多年生的木本植物中，次生木质部起了主要的机械支撑作用。

（一）厚角组织

厚角组织（collenchyma）往往分布在幼茎、叶柄、花梗等器官的表皮内侧（3-13），以抵抗自身重力和外界的扰动。厚角组织与薄壁组织结构上最大的区别在于其细胞壁发生不均匀加厚（图 3-13A）。二者也有很多相似之处，如厚角组织的细胞也是活细胞，细胞中常常可以观察到叶绿体，并且保持了分化的潜能，如参与木栓形成层的分化。此外，尽管其细胞壁加厚，但依旧保持了初生壁的特性，这使得厚角组织在发挥支持作用的同时能够适应器官的生长。

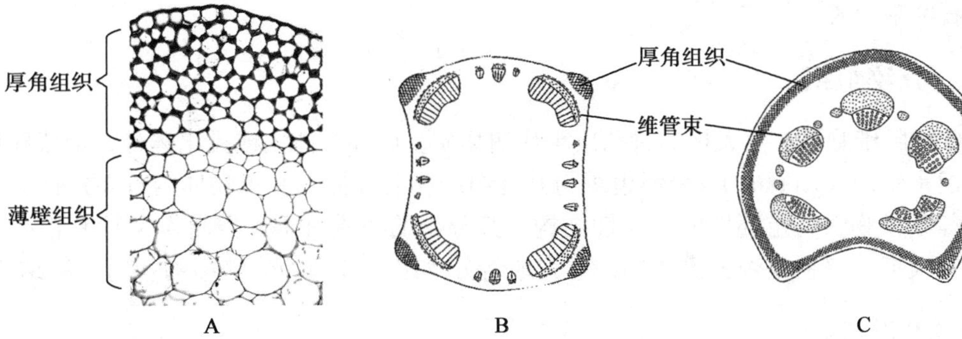

图 3–13　厚角组织的结构和分布

A. 甜菜叶柄横切面　B. 薄荷的茎横切面　C. 葎草的叶柄横切面

（二）厚壁组织

厚壁组织（sclerenchyma）的细胞具有均匀加厚的次生壁，并通常木质化。许多厚壁组织的细胞在分化成熟时，原生质消失，并成为死细胞，仅留下坚硬的细胞壁发挥机械支持作用。厚壁组织的细胞类型可分为纤维（fiber）和石细胞两种，它们在形态上有明显的区别。

纤维细胞细长而两端尖，次生壁强烈增厚且常木质化，细胞腔狭小。纤维细胞常常成束或环状分布，纵向彼此重叠连接（图 3–14A，B）。纤维在植物体内有广泛的分布，最主要的纤维类型是韧皮纤维和木纤维，它们分别参与了韧皮部和木质部的结构。韧皮纤维的木质化程度低，使得其韧性较好，加上其较长的纤维长度使得韧皮纤维可以作为纺织的原料。例如，苎麻的纤维细胞可以长达上百毫米。木纤维通常较韧皮纤维短，木质化程度高，坚固有余而韧性不足，不宜用作纺织原料。

石细胞（sclereid）较纤维细胞短，近等径、星形或不规则状（图 3–14C ~ E），加厚的次生壁通常高度木质化，并可观察到明显的单纹孔。石细胞常零星或成团分布于茎、叶、果皮和种皮内，如桃、李等果实的坚硬内果皮，梨果肉中的沙粒状物，蚕豆的种皮等结构

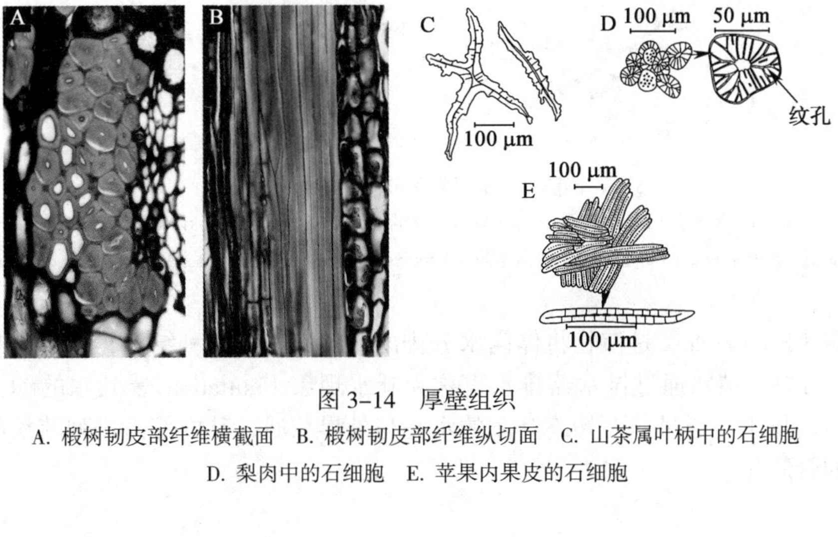

图 3–14　厚壁组织

A. 椴树韧皮部纤维横截面　B. 椴树韧皮部纤维纵切面　C. 山茶属叶柄中的石细胞

D. 梨肉中的石细胞　E. 苹果内果皮的石细胞

主要由石细胞构成。

六、分泌组织

有些植物细胞可产生大量的特殊次生代谢物质，储存在体内或排出体外，形成所谓的分泌组织（secretory tissue）。分泌组织与其他组织相互穿插，在植物体内分布广泛。分泌组织往往是植物对特定环境的适应性结构，其分泌的物质对于人类而言常具有很高的利用价值。根据分泌物是否排出体外，人为地将分泌组织分为外分泌结构和内分泌结构。

（一）外分泌结构

分布在植物的体表，可将物质分泌到植物体外，如蜜腺、盐腺、腺毛、排水器等。

蜜腺（nectary）所分泌的物质为富含蔗糖的蜜汁。绝大部分蜜腺位于花器官，是开花植物吸引动物传粉的独特结构（图 3–15）。在非花部位也能够观察到蜜腺。

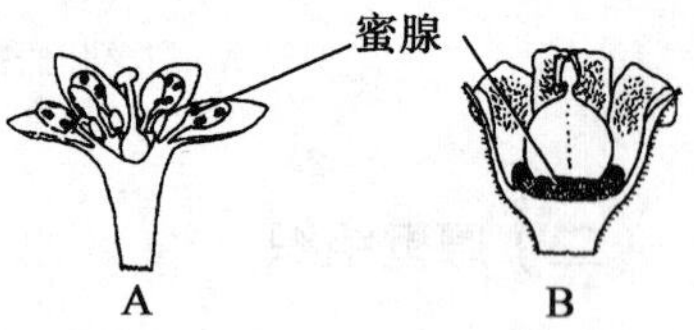

图 3–15 花蜜腺的分布

A. 樟属植物（*Cinnamomum* sp.）的花蜜腺

B. 麻疯树（*Jatropha curcas*）的花蜜腺

盐腺（salt gland）通常是盐碱植物的适应性结构，可以将体内过多的盐分排出，以维持体内的离子平衡。

腺毛（glandular hair）或腺鳞（glandular scale）的分泌物主要是黏液或挥发性油，这些物质对植物可起到保护作用。腺毛的结构由一个或多个细胞构成，并呈现头、柄部结构。腺鳞的柄部短，头部呈鳞片状（图 3–16）。

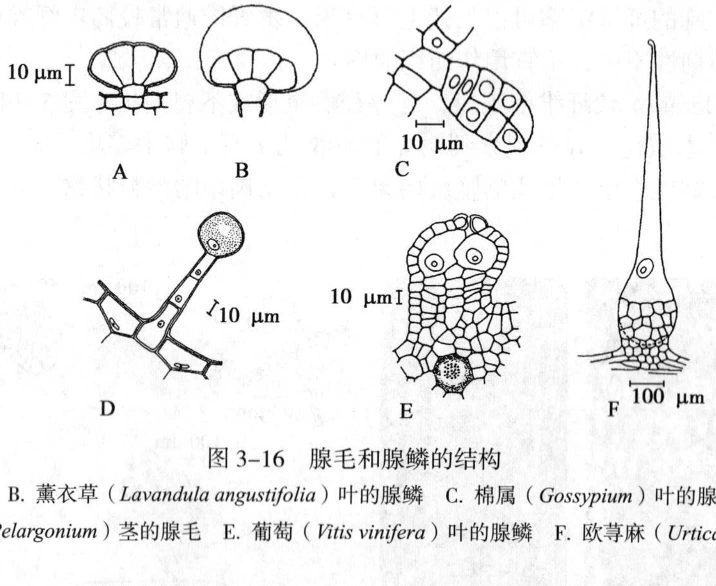

图 3–16 腺毛和腺鳞的结构

A，B. 薰衣草（*Lavandula angustifolia*）叶的腺鳞 C. 棉属（*Gossypium*）叶的腺鳞

D. 天竺葵属（*Pelargonium*）茎的腺毛 E. 葡萄（*Vitis vinifera*）叶的腺鳞 F. 欧荨麻（*Urtica urens*）的腺毛

排水器（hydathode）是植物将体内水分排出到叶表面的一种结构，通常分布在叶尖或叶缘（图 3–17）。植物通过排水器排水也称为吐水现象（guttation），吐水的动力来自植物根部的压力。排水器通过一个始终开放的水孔与外界相通，其内部由排列疏松的薄壁细胞与木质部的管胞相连。

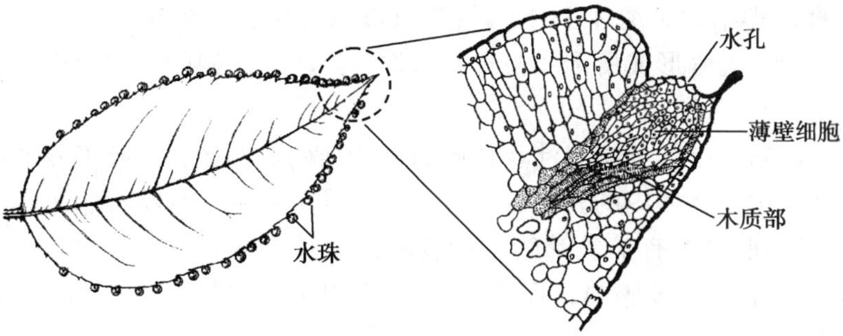

图 3-17　吐水现象与排水器的结构

（二）内分泌结构

植物的内分泌结构将分泌物质贮藏在植物体内而不是排放到植物体表。常见的内分泌结构有分泌细胞、分泌腔、分泌道和乳汁管。

分泌细胞（secretory cell）产生分泌物，并在细胞内累积。分泌细胞通常为薄壁细胞，零星分布于其他组织中，细胞因体积较大或含特殊物质而易与周围细胞区分（图 3-18A）。根据分泌物的不同，分泌细胞可分为油细胞（如樟科、芸香科等）、黏液细胞（如仙人掌科）及单宁细胞等。

分泌腔（secretory cavity）是贮藏分泌物的腔室结构（图 3-18B）。分泌腔由细胞解体（溶生型）、细胞间的胞间层裂开（裂生型）或先细胞间包间层分开后其间隙周围的细胞又解体（裂溶生型）而形成。柑橘叶或果皮中的透亮小圆点是贮藏芳香油的分泌腔，也称分泌囊，是裂溶生型方式发生。

分泌道（secretory canal）是与分泌腔类似的一种分泌结构，是通过溶生、裂生或裂溶生方式形成的管道型分泌结构。管道周围的细胞产生分泌物，并贮藏在分泌道中，松柏类

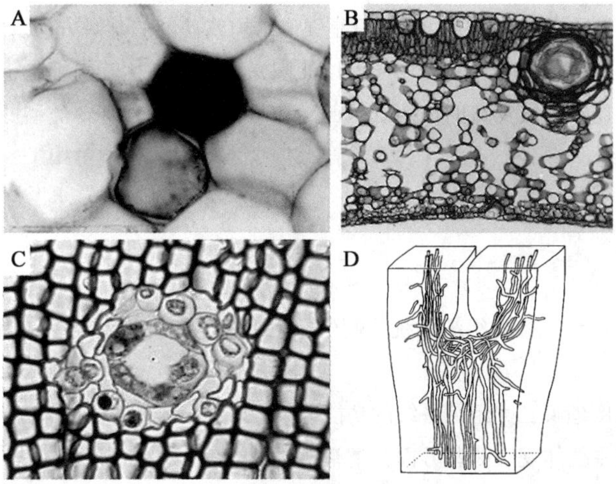

图 3-18　内分泌结构
A. 接骨木属（*Sambucus*）的单宁细胞　B. 柑橘属（*Citrus*）的分泌腔（右上角）
C. 松属（*Pinus*）树脂道的横截面　D. 夹竹桃属（*Nerium*）胚胎中的无节乳汁管

植物的树脂道即此类结构（图 3-18C）。树脂可以增强木材的耐腐性，当植物受伤时，树脂从树脂道中溢出，凝固形成所谓的松香，将伤口封闭。漆树的分泌道中富含的漆汁是一种天然涂料。

乳汁管（laticifer）是能分泌乳汁状物质的管状结构。例如，三叶橡胶的白色乳汁、龙血树的红色乳汁均由植物体内的乳汁管分泌。乳汁管是由单个管状细胞（无节乳汁管）或多个细胞融合连接形成（有节乳汁管）的管状结构（图 3-18D）。乳汁管不同于分泌腔或分泌道，其贮藏空间是细胞内，而后者是在细胞间的空隙。乳汁的成分复杂，如三叶橡胶的乳汁含有大量的橡胶，是重要的工业原料。罂粟的乳汁富含罂粟碱和咖啡碱等药用成分。

小 结

植物在多个结构层次上均表现出有序性，从细胞水平到组织水平，再到器官水平。常见的植物组织包括分生组织、保护组织、输导组织、薄壁组织、机械组织以及分泌组织等。对于特定的组织，不仅要理解其细胞的特殊性，还要体会细胞间的独特排列方式，以及特定组织在体内的分布模式。组织的这些特征赋予了不同组织不同的功能。

在一个成熟植物个体中，不同组织往往具有特定的分布，并且彼此联系构成组织系统。植物的组织系统包括外层的皮组织系统、内部的维管组织系统和基本组织系统，这些组织系统贯穿植物的所有器官。理解组织系统的分布规律对于从整体上把握植物结构特征有重要帮助。

所有的成熟组织均由分生组织中的细胞分裂并分化而来。分生组织是使植物不断生长，并产生新器官的基础，这一点与动物发育存在区别。分生组织分布于植物的特定部位，根据其分化来源的不同可分为原分生组织、初生分生组织和次生分生组织。学生不仅要掌握组织的结构和功能，还应当能够体会植物细胞通过分化形成特定组织的动态过程。

在各种成熟组织类型中，输导组织是需要掌握的核心内容，这是因为：首先，输导组织对于高等植物适应陆生环境有重要意义；其次，输导组织贯穿植物体全身；再则是由于其独特的细胞结构。

对组织的命名带有明显的人为痕迹，往往只是强调结构或功能的某一方面。组织的功能是多方面的。例如，表皮不只具有保护功能，叶片的表皮还可以让阳光高效地到达叶肉细胞，根部的表皮还具备吸收功能；输导组织往往还具备机械支撑的作用。因此，在掌握组织划分基本类型的同时，要更为全面综合地理解组织的特征与功能。

复习思考题

1. 名词解释：植物组织、植物组织系统、侧生分生组织、初生分生组织、周皮、筛板、韧皮部、木质部。

2. 如何从进化的角度理解三大组织系统的功能？

3. 不同组织的区别主要体现在哪些方面？请举例说明。

4. 薄壁组织、厚壁组织以及厚角组织有何联系和区别？

5. 导管分子与管胞的输导效率高低有别，原因何在？

6. 请解释“藕断丝连”的植物学原因。

第四章

被子植物的营养器官

被子植物从种子成长为具有枝系和根系的成年植物，逐渐形成具有特定生理功能和显著形态特征的结构单元，即器官（organ）。根据所执行的功能不同，被子植物器官分为营养器官（vegetative organ）和生殖器官（reproductive organ）两大类。营养器官包括植物的根、茎、叶，主要负责植物的营养生长。生殖器官包括花、果实、种子，主要负责植物的繁殖。

第一节　根

根是植物的营养器官之一，通常位于地下。陆生植物主要依靠根实现固着生长。它的主要功能是吸收土壤中的水分和无机盐，将所吸收的物质运输到地上部分的茎、叶、花和果实中。根的顶端能向下生长，具有向地性，并能发生侧根，逐级分枝，向着不同方向、不同深度扩展，形成庞大的根系，将植物牢牢地固定。存在次生生长的植物，根还能进行横向的加粗生长。

一、根的形态

1. 根的类型

根据根发生的时间和部位不同，可以分成主根（main root）和侧根（lateral root）。按照根发生的位置不同，也可以把根分为定根（normal root）和不定根（adventitious root）。

种子萌发时，胚根最先突破种皮向下生长形成的根，称为主根，它是植物体上最早形成的根，又称为初生根。主根生长到一定长度时，在一定部位侧向生出许多支根，称为侧根。侧根达到一定长度时，又能生出新的侧根。因此，从主根上生出的侧根，称为一级侧根（或支根），一级侧根上生出的侧根为二级侧根，以此类推。主根和侧根均在一定的位置发生，称为定根。许多植物除产生定根外，还可以由茎、叶或胚轴上生出根，这些根发生的位置不固定，称为不定根。不定根也能不断产生侧根。农、林、园艺工作中，常常利用枝条、叶、地下茎等能产生不定根的习性，进行扦插、压条等营养繁殖。

2. 根系类型

根系（root system）是一株植物所有根的统称，按形态的不同可分为直根系（tap root system）和须根系（fibrous root system）两种类型（图 4–1）。

直根系的特点是主根粗壮，生长占优势，主要由定根组成，形成一个明显纵深生长的主干根和粗度依次减弱的各级侧根。绝大多数双子叶植物的根系是直根系类型，如毛白杨、棉花、柚木等植物的根系，其侧根的生长与母根常成锐角，使整个根系呈开展状，适合于支持和固着。

须根系的特点是主根生长缓慢或停止生长，根系主要由不定根和侧根组成，形态上可见根的粗细较为均匀，呈丛生状态。大多数单子叶植物属于须根系的类型。如水稻、小麦、玉米、高粱等禾本科植物的根系。须根系各条根的粗细近似，丛生如须，扩大了吸收面积。

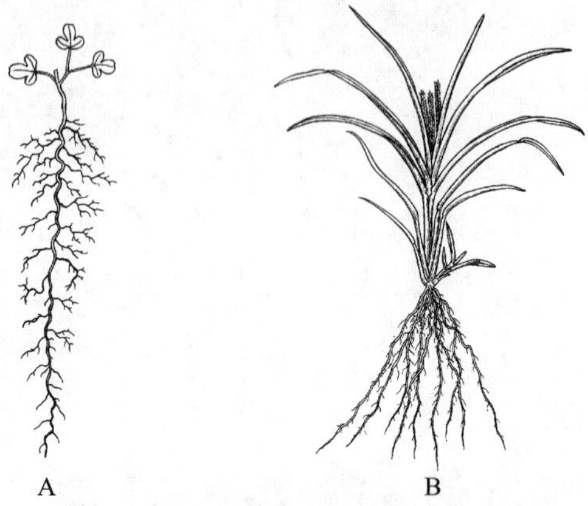

图 4-1 根系的类型
A. 直根系（拟南芥） B. 须根系（水稻）

二、根系在土壤中的生长和分布

根系在土壤中的分布状况，不仅取决于植物根系的特性，同时也受到土壤条件（如水分、温度、通气、肥力、土壤结构）等因素的影响。了解植物根系在土壤中的生长和分布状态，对于栽培植物时合理密植、间耕施肥等措施都具有指导意义。

在良好土壤条件下，植物根系的扩展范围远远大于地上部分，根系的总面积常常超出茎、叶面积的 5 ~ 15 倍。果树根系在土壤中的扩展范围，一般都超过其树冠范围的 2 ~ 5 倍。一般来说，大部分双子叶植物，如大豆、蓖麻、棉花、向日葵等直根系植物，具有发达的主根，能深入到土壤的深层，可达 3 ~ 5 m，甚至 10 m 以上，属于深根系；而须根系植物的主根生长时间短，主要由不定根和侧根组成，向水平方向生长占优势，分布于较浅的土层，属于浅根系。当然，深根系和浅根系是相对的，往往受到外界环境的影响而有所改变。同一种作物，如果生长在雨水较少、地下水位较低、土壤排水和通气良好、土壤肥沃和光照充足的地区，其根系比较发达，可达较深的土层；反之，生长在地上水位较高、土壤排水和通气不良、肥力较差的阴湿地区，其根系不发达，多分布在较浅的土层。所以，农业上常根据不同植物根的特点，将深根系和浅根系植物套种在一起，不同根系类型的植物吸收不同土层的水分和无机盐，可大大提高种植密度，增加单位面积的产量。实践证明，玉米等须根系的作物与大豆等直根系的作物间作，一般可使作物增产，同时，对于改良土壤结构、提高土壤肥力也有良好效果。农业生产上针对不同根系的特点，采用深耕改土和合理施肥等栽培措施来促进和增加不同根系植物的生长发育；如对于深根系植物可结合深耕、深施基肥促进根系的向下生长和扩大，而对于浅根系植物则可多施表面肥促使根系向周围扩张。

三、根的生理功能

1. 吸收作用

吸收土壤中的水和无机盐是根的主要功能之一。植物所需要的水基本上靠根系吸收；根还吸收土壤溶液中离子状态的矿质元素、少量含碳有机物、可溶性氨基酸和有机磷等有机物。

2. **固着和支持作用**

植物地下庞大的根系及根内发达的机械组织、维管组织的共同作用，让其能固着在土壤上，同时也是高大植物枝繁叶茂的地上部分屹立不倒的主要保障。

3. **输导作用**

根吸收的物质可通过根中的输导组织运往地上部分，又可接受地上部分合成的营养物，用于供给根的生长和多种生理活动需要。

4. **合成和分泌作用**

根不仅能合成构成蛋白所需的多种氨基酸，还能合成生长激素和生物碱等物质；此外，根还参与一些维生素和促进开花的代谢物的合成。

根能分泌近百种物质。包括糖类、氨基酸、有机酸、固醇、生物素和维生素等生长物质以及核苷酸、酶等。有些分泌物可以在生长过程中减少根与土壤的摩擦，有些分泌物可以使根形成促进吸收的表面，还有些分泌物能够作为刺激物或毒素影响其他生物生存。根的分泌物还能促进土壤中一些微生物的生长，这些微生物对植株的代谢、吸收、抗病性等都具有一定的作用。

5. **贮藏作用**

一些植物的根具有储藏营养物质的作用，可以食用、药用以及作为工业原料。番薯、木薯、粉葛根、胡萝卜、萝卜、甜菜等皆可食用，部分可作饲料。人参、大黄、当归、甘草、吐根、龙胆等可供药用。甜菜可作制糖原料。现代石油能源日趋紧张，木薯、甘薯、粉葛根等可作为能源植物，用于发酵生产乙醇等植物源燃料。

四、根的初生生长与初生结构

1. **根尖的结构及其生长**

根尖是植物根的最先端。从根顶端到着生根毛这一部分均称为根尖（root tip），长度一般为几毫米至几厘米。根尖是根的极性伸长生长以及物质、水分吸收和根内组织分化的主要场所，也是根中生命活动最旺盛的部位。根据其细胞的形态和功能不同，根尖从顶端起依次分为根冠、分生区、伸长区和成熟区（图 4-2）。各区由于功能不同，在形态结构上也表现出不同的形态特征。

（1）根冠

根冠（root cap zone）位于根尖最前端，是根特有的结构，像帽子一样套在分生区外面，由此得名。根冠由许多薄壁细胞构成，细胞形状不规则，细胞内含有丰富的内质网、高尔基

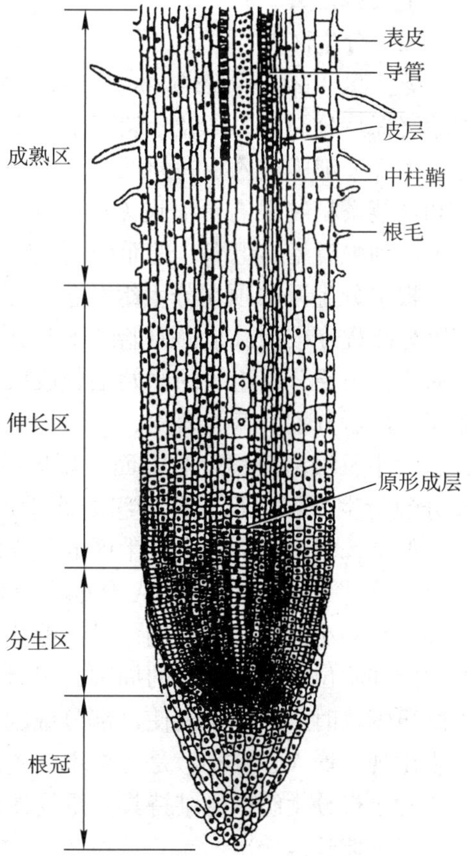

图 4-2 大麦根尖纵切图解

体、线粒体等细胞器，中央的细胞小，排列紧密，含有淀粉粒；外层细胞体积大，排列疏松，常能分泌一些富含高度水合的多糖物质和氨基酸的黏液。根生长时，根冠外层细胞与土壤颗粒摩擦，不断脱落、死亡，又由其内的分生组织细胞不断分裂补充新的根冠细胞，使根冠保持一定的形状与厚度。

根冠能保护其内的分生区，使这些幼嫩的分生组织细胞不至于暴露于土壤中。根冠黏液可以减少根尖伸长时与土壤的摩擦，有利于根尖在土壤中生长。另外，根冠黏液能溶解和螯合一些矿物质，有利于根细胞对矿物质的吸收，还可以促使周围一些微生物的生长，这些微生物的代谢有助于土壤基质中营养物质的释放。

研究发现，根冠前端细胞中的淀粉粒与根的向地性生长有密切关系，其功能类似于鱼脑中的平衡石，可以感受重力，参与控制根的向地性生长。实验表明，将根水平放置后，根尖在伸长区弯曲后继续向下生长，若将根冠切除，根的生长没有停止，但不再向下生长，直到长出新的根冠。在自然情况下，根垂直向下生长，淀粉粒沉积在根冠细胞的下部。水平放置后，根冠中淀粉粒受重力影响改变了在细胞中的位置，向下沉积，这种变化可能导致淀粉粒本身或通过影响内质网而释放钙离子运向根的近地一侧。此处钙离子量的增加又可能加强生长素的向顶运输，使其进入根尖伸长区的近地一侧，使此处细胞生长速率明显下降，而远地部分的生长只受微小影响，从而使根向地弯曲生长。现在的研究认为，根的重力反应除了受到根冠中淀粉粒的影响，同时还与根冠细胞中的内质网、高尔基体或生长素相关。

（2）分生区

分生区（meristematic zone）位于根冠的后方，由顶端分生组织细胞构成。分生区细胞始终保持分裂能力，经分裂产生的细胞一部分补充到根冠，以补偿根冠中损伤脱落的细胞；大部分细胞进入根的伸长区。同时，仍有一部分分生细胞始终存在，保持分生区的体积和功能。植物根的干细胞（stem cell，SC）位于该区，干细胞分裂产生的子细胞形成根的不同细胞类型与组织，进而构成植物的地下器官——植物根系。

根尖分生区的顶端分生组织包括原分生组织和初生分生组织。原分生组织位于前端，细胞分化程度较低，是由原始细胞及其最初的衍生细胞构成；初生分生组织位于原分生组织后方，由原分生组织的原始细胞成层分裂形成，主要包括原表皮、基本分生组织和原形成层，以后分别发育为表皮、皮层和维管柱。这些细胞已出现了初步的分化，在细胞的形状、大小及液泡化程度等方面表现出差异。Hanstein（1868）把这种原分生组织中原始细胞分裂衍生分层的现象称为组织原学说，并将各个分层分别称为表皮原、皮层原和中柱原。但是，很多植物根尖分生区的最先端中央部分，有一团细胞有丝分裂活动低于周围的细胞，这些细胞很少有DNA合成，有丝分裂处于停止状态，被称为静止中心（图4–3）。在胚根和幼小侧根原基时期，没有静止中心，在较老根中，出现静止中心。有丝分裂活跃的原始细胞位于静止中心的周围，只有在辐射或实验处理使根损伤、除去根冠或冷冻引起休眠再恢复时，才能重新使这部分细胞进行分裂。静止中心是不断变动的，可以随着发育进程出现、增大、变小，是一群不断更新的细胞群，同时还是植物激素合成的地方。静止中心对于根分生组织的维持具有重要作用。

（3）伸长区

伸长区（elongation zone）位于分生区后方2～5 mm的地方，细胞来源于分生区，细

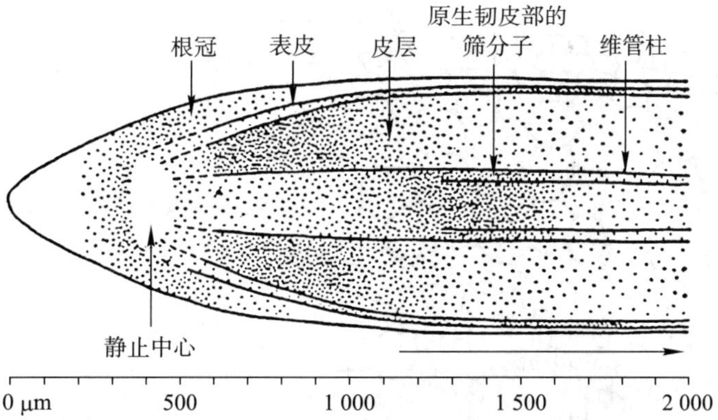

图 4–3　洋葱根尖纵切面图解

注：本图说明分生组织活动的分布，有丝分裂的频率用点的密度表示。

胞多已停止分裂，该区的细胞主要是沿根的长轴显著延伸，因此称为伸长区。此处细胞液泡化程度加强，体积增大并开始分化，细胞伸长的幅度可为原有细胞的数十倍。伸长区是初生分生组织向成熟区的过渡，逐渐分化出不同的组织，最早的筛管和环纹导管往往在伸长区开始出现。根尖伸长的主要动力来源是伸长区细胞的纵向延伸，使得根尖不断向土壤深处推进。

（4）成熟区

成熟区（maturation zone）由伸长区细胞分化形成，位于伸长区的后方。该区各部分的细胞停止伸长，分化出各种成熟组织。表皮通常有根毛产生，因此又称根毛区（root hair zone）。根毛是由表皮细胞外侧壁向外突起延伸形成的前端封闭的管状结构，成熟的根毛长 0.5 ~ 1 cm，直径 5 ~ 15 μm，不同种类植物其根毛区的单位面积包含的根毛数量有差异。如玉米的根毛约 420 根 /mm^2，豌豆的根毛约 230 根 /mm^2。根毛形成后，细胞核和部分细胞质移到了管状根毛的末端，细胞质沿壁分布，中央为一大液泡。根毛的细胞壁物质主要是纤维素和果胶质，细胞壁中的黏性物质与根毛的吸收功能相适应，使根毛在穿越土壤空隙时，和土壤颗粒紧密结合在一起。根毛的生长速度快，数目多，根毛的存在扩大了根的吸收表面。根毛的寿命较短，一般只有几天或十几天，表皮细胞也同时随之死亡。根的发育由先端逐渐向后成熟，靠近伸长区的根毛是新生的，随着根毛的延伸，根在土壤中推进，老的根毛死亡，靠近伸长区的细胞不断分化出新根毛，以代替枯死的根毛行使功能。随着根尖生长，根毛区不断进入新的土壤区域，使根毛区能够更换环境，这对于根吸收不同土壤区域的水分和养分极为有利。

2. 根的初生结构

根尖分生区的顶端分生组织经过细胞分裂、生长和分化形成各种成熟组织的过程，称为根的初生生长（primary growth）。由初生生长所产生的各种成熟组织，称为初生组织（primary tissue）。初生生长过程中形成的各种初生组织，共同构成的结构称为初生结构（primary structure）。由于根尖的成熟区已分化形成各种成熟组织，因此，从成熟区作横切面，可观察到根的初生结构。根的初生结构由外到里依次分为表皮、皮层和维管柱三部分（图 4–4）。

（1）表皮

表皮是根最外侧的一层生活的细胞，由原表皮发育而来。从根的横切面观察可知，表

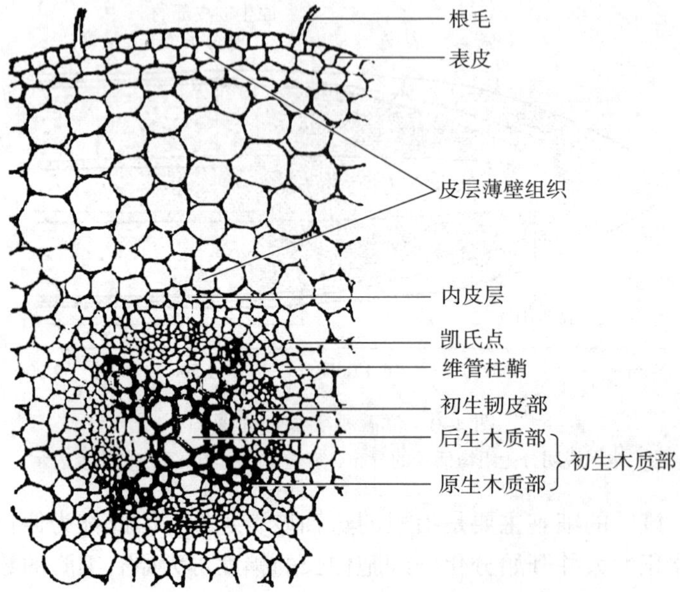

图 4–4 棉花幼根横切面，示根的初生结构

皮细胞的形态略成长方形，其长轴与根的纵轴平行。表皮细胞的细胞壁较薄，主要由纤维素和果胶组成，从而利于水分和溶质的渗透及吸收。外壁通常无或仅有一层薄的角质层，不具气孔。表皮细胞排列紧密，无细胞间隙。部分表皮细胞的外壁向外延伸形成根毛，扩大了根的吸收面积，根表皮的吸收作用比保护作用更为重要。因此，根的表皮是一种吸收组织（absorptive tissue）。

水生植物和个别陆生植物根的表皮不具有根毛，某些热带的兰科植物和一些附生的天南星科植物的气生根，其表皮亦无根毛，而是由表皮细胞平周分裂形成多层紧密排列的细胞，由此形成的结构称为根被（velamen），具有吸水、减少蒸腾和机械保护的功能。

（2）皮层

皮层（cortex）位于表皮和维管柱之间，由初生分生组织的基本分生组织发育而来，一般由多层薄壁细胞组成，在根的横切面上占较大比例。皮层薄壁细胞的体积比较大，排列疏松，有明显的细胞间隙，细胞中常贮藏着许多后含物。皮层除了有贮藏营养物质的功能外，还有横向运输水分和矿物质至维管柱的作用，一些水生植物和湿生植物的皮层中可发育出气腔和通气道等。另外，根的皮层还是合成作用的主要场所，可以合成一些特殊的物质。皮层又可进一步分为外皮层、皮层薄壁组织和内皮层三部分。

外皮层（exodermis）为多数双子叶植物皮层的最外一层或数层细胞，细胞形状较小，排列紧密，无胞间隙。当根毛枯死，表皮破坏后，外皮层的细胞壁增厚并栓化，发挥临时保护作用。

皮层薄壁组织位于内、外皮层之间，由多层薄壁细胞构成，细胞体积大，排列疏松，有明显的细胞间隙，细胞中常含有各种后含物。

皮层最内的一层细胞排列整齐紧密，无细胞间隙，称为内皮层（endodermis）。双子叶植物内皮层细胞的径向壁和横向壁（图 4–5）有一条木质化和栓化的带状增厚，称为凯氏带（casparian strip）。从横切面观察，在相邻两个内皮层细胞的径向壁上则呈现为点状结

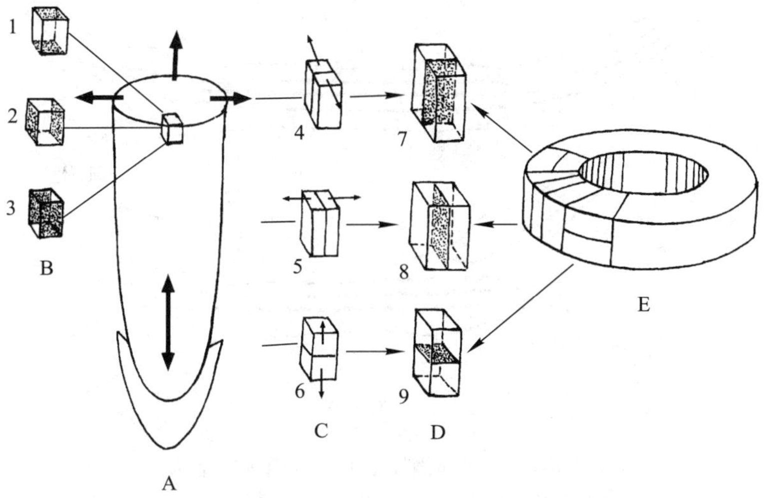

图 4-5 细胞的分裂、横向面和排列等方向图解

A. 根尖的一部分，示细胞的分裂方向对根加厚、增粗和伸长的影响（根面黑色的箭头，自上而下，示层次加厚和长度伸长） B. 细胞的壁面方向 C. 细胞的分裂和排列方向 D. 新壁或分裂面的方向 E. 根结构中细胞的各种分裂方向

1. 横向面 2. 径向面 3. 切向面 4. 切向分裂（平周分裂） 5. 径向分裂（垂周分裂） 6. 横向分裂

7. 切向壁 8. 径向壁 9. 横向壁

构，称为凯氏点（casparian dots）。凯氏带是木质和栓质沉积在初生壁及胞间层中，形成的一条连续加厚的环带，并且凯氏带与质膜紧紧附着在一起（图 4-6）。在电子显微镜下可观察到这部分结构紧密，通过质壁分离实验也显示质膜与凯氏带紧密结合，不留任何空隙（图 4-7）。凯氏带的这种特殊结构，对根内水分和物质的运输起着控制作用，使得由皮层进入维管柱的水分和矿质离子被凯氏带所阻隔，不能通过细胞间隙、细胞壁或质膜之间进入，而必须全部经过内皮层的质膜及原生质体才能进入维管柱，起到选择透性的作用。同时也减少了溶质的散失，维持维管柱内溶液的一定浓度，使水和溶质源源不断地进入维管柱。

大多数双子叶植物根的内皮层常常停留在凯氏带阶段，细胞壁不再增厚。而单子叶植物根的内皮层进一步发展，内皮层细胞的径向壁、横向壁和内切向壁全部发生木质化和栓化加厚，只有靠近皮层一侧的外切向壁较薄，在横切面上呈现马蹄形，因此将其增厚方式

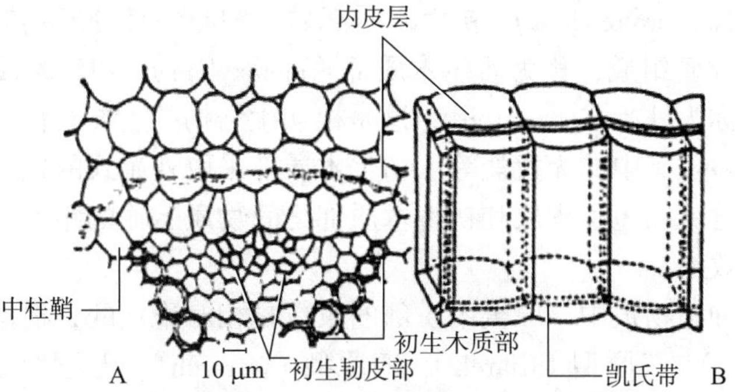

图 4-6 内皮层的结构

A. 田旋花根的一部分横切面，表示内皮层和木质部与韧皮部的相对位置，内皮层的横切面上具有凯氏带

B. 三个相邻的内皮层细胞的图解，其排列方向如图A，凯氏带在横向壁和径向壁上（全在垂周壁上），不在切向壁上

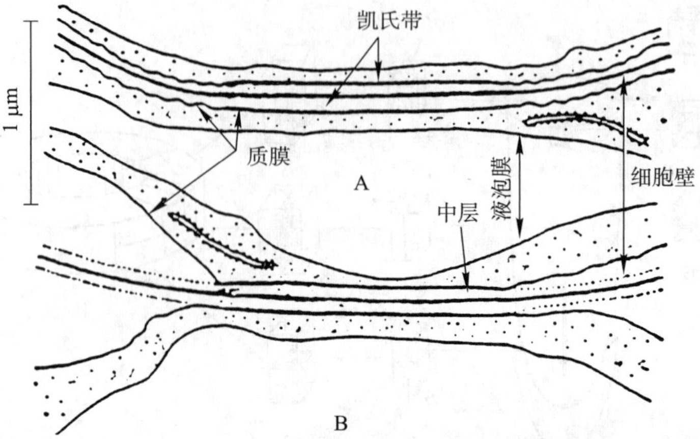

图 4-7 电子显微镜下所见的内皮层结构

A. 正常细胞凯氏带部位，质膜平滑，在其他部位，质膜呈波纹状

B. 质壁分离的细胞中，质膜紧贴在凯氏带上，而在它处，则质膜与壁分离

称为马蹄形增厚。这种情况下，靠近木质部的内皮层细胞的细胞壁并不随着皮层细胞的生长而增厚，仍保持初期发育阶段的结构，称为通道细胞（passage cell）。通道细胞在皮层与维管柱之间的物质交流中起到重要作用。

（3）维管柱

维管柱（vascular cylinder）也称中柱，是皮层以内的部分，由原形成层分裂分化产生，包括中柱鞘、初生木质部、初生韧皮部和薄壁组织等四部分。

① 中柱鞘

中柱鞘（pericycle）位于维管柱的最外部，其外侧与内皮层相接，通常由一层薄壁细胞组成，有些植物的中柱鞘也可由数层细胞组成。中柱鞘细胞排列整齐，分化程度低，具有潜在的分生能力，可以分裂产生侧根、不定芽、乳汁管、树脂道等结构。当双子叶植物的根开始次生生长时，维管形成层的一部分及木栓形成层也都来源于中柱鞘细胞。

② 初生木质部

初生木质部（primary xylem）位于根的中央，主要由导管和管胞组成，横切面呈辐射状，其紧接中柱鞘内侧的辐射角端较早分化成熟，由管径较小的环纹导管或螺纹导管组成，称为原生木质部（protoxylem）。初生木质部靠近轴心的部分成熟较晚，由管腔较大的梯纹、网纹或孔纹导管组成，称为后生木质部（metaxylem）。初生木质部这种由外向内逐渐发育成熟的方式称为外始式（exarch），这是根初生结构的重要特征。初生木质部的主要功能是输导水分及溶于其中的无机盐等。初生木质部采取外始式的发育方式，靠近中柱鞘的导管最先形成，这就缩短了皮层和初生木质部之间物质运输的距离，从而加速了由根毛所吸收物质的运输效率。

一般来说，同种植物根中，原生木质部的束数是相对稳定的，根据其数目的不同将根分成二原型（diarch）、三原型（triarch）、四原型（tetrarch）、五原型（pentarch）、六原型（hexarch）和多原型（polyarch）。大多数双子叶植物根的木质部是二原型至六原型，如萝卜、芹菜等的主根有 2 束原生木质部，为二原型；豌豆、紫云英的主根为三原型；草莓、花生的主根为四原型；苹果、茶的主根为五原型。而单子叶禾本科植物的根大多是六原型以上，为多原型。但同种植物的不同品种间或同一植物的不同根中，原生木质部的束数也会发生变化。

③ 初生韧皮部

初生韧皮部（primary phloem）主要功能是输导有机物质。初生韧皮部形成若干束分布于初生木质部辐射角之间，与初生木质部相间排列。初生韧皮部的束数在同一根中与初生木质部的束数相等，其发育方式也是外始式，即原生韧皮部（protophloem）在外方，后生韧皮部（metaphloem）在内方。前者常缺少伴胞，后者主要由筛管和伴胞组成。

④ 薄壁细胞

初生韧皮部与初生木质部之间常分布有一至几层薄壁组织细胞，在双子叶植物中，是原形成层保留的细胞，将来发育成形成层的一部分。双子叶植物根中一般没有髓，后生木质部一直分化到根的中央，但有些双子叶植物的主根直径较大，后生木质部没有分化到维管柱的中央，就形成了髓，如花生、蚕豆等的主根。

五、侧根的形成

侧根是根的分枝。不论是发生在主根、侧根或不定根上，种子植物的侧根通常是起源于中柱鞘。当侧根开始发育时，最先中柱鞘相应部位的细胞恢复分生能力，进行平周分裂（切向分裂），使细胞层数增加，因而新生的组织就产生向外的突起。随后的分裂是平周分裂和垂周分裂（径向分裂）等多方向的，这就使原有突起继续生长，形成侧根的根原基（root primordium），以后侧根原基的分裂、生长逐渐分化出新的生长点和根冠。生长点细胞继续分裂、增大和分化，并以根冠为先导向前推进。侧根起源于母根组织内部的中柱鞘。像侧根这一类起源于植物内部组织的结构称为内起源（endogenous origin）（图 4–8）。侧根可因生长素或其他生长调节物质的刺激而形成，也可因内源抑制物质的作

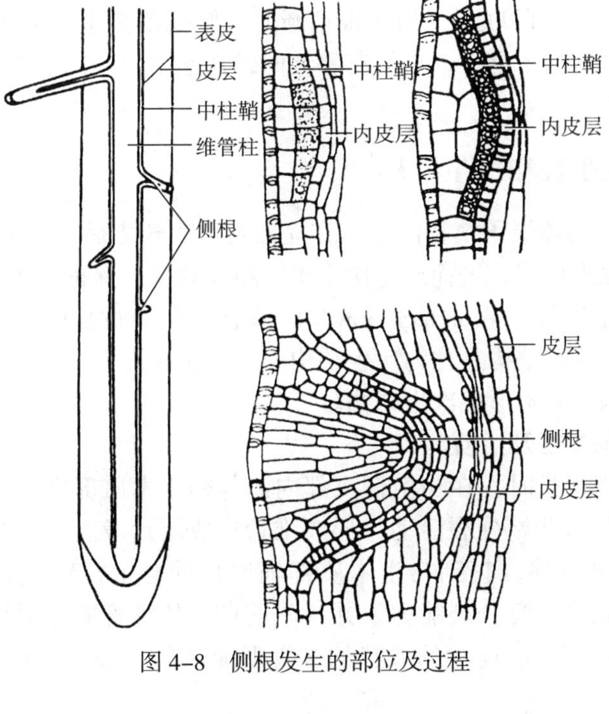

图 4–8 侧根发生的部位及过程

用，而使母根内侧根的分布和数量受到控制。侧根的发生，在根毛区就已经开始，但侧根露出母根外，深入到土壤中，却在主根根毛区以后的部分。这一特性使侧根的产生不会破坏母根的根毛，从而不会影响主根根毛的吸收功能。这是长期以来自然选择和植物适应环境演化的结果。

侧根在母根上发生的位置在同一种植物中较为稳定，通常与母根初生木质部的类型有一定关系。初生木质部为二原型的根中，侧根发生正对初生韧皮部的中柱鞘细胞，或是正对初生韧皮部与初生木质部之间的位置；在三原型、四原型等的根上，侧根正对着初生木质部发生；在多原型的根上，侧根对着初生韧皮部发生（图 4-9）。

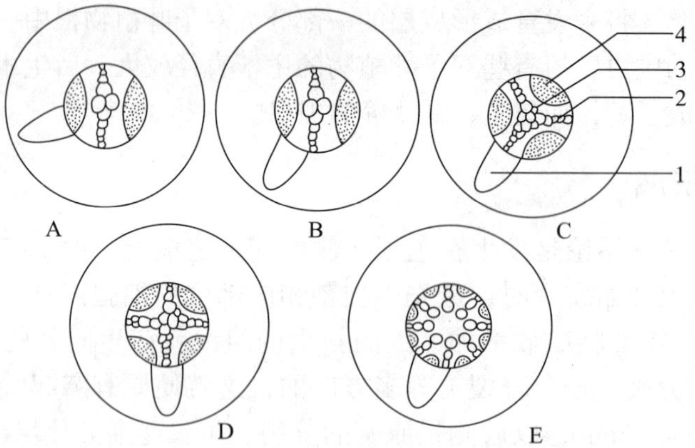

图 4-9 侧根发生部位与根的初生木质部的关系

A，B. 二原型木质部 C. 三原型木质部 D. 四原型木质部 E. 多原型木质部

1. 侧根 2. 原生木质部 3. 后生木质部 4. 初生韧皮部

主根和侧根有着密切的联系，当主根切断时，侧根则快速产生和生长。因此，在农、林、园艺工作中，利用这个特性，在幼苗移栽时常切断主根，以引起更多侧根的发生，保证植株根系的旺盛生长。

六、根的次生生长和次生结构

大多数双子叶植物和裸子植物的根，在完成初生生长之后，开始出现次生分生组织，即维管形成层和木栓形成层，进而产生次生维管组织和次生保护组织，使根不断增粗，这种生长过程称为次生生长（secondary growth）。在次生生长过程中产生的次生维管组织和次生保护组织共同组成的结构，称为次生结构（secondary structure）。大多数单子叶植物的根没有次生生长，因此并不形成次生结构。

1. 维管形成层的发生及活动

根开始进行次生生长时，在初生韧皮部内侧与初生木质部之间，由原形成层保留下来的未分化的薄壁细胞开始分裂活动，形成维管形成层片段。随后维管形成层逐渐向左右两侧扩展，并向外推移，直到初生木质部辐射角处与中柱鞘细胞相接。这时，在这些部位的中柱鞘细胞也恢复分裂能力，并与先前产生的维管形成层片段相接（图 4-10）。至此，维管形成层成为完整连续的波状的维管形成层环（cambium ring）。初生韧皮部内侧的维管形成层发生较早，分裂活动开始得早，分裂速度快，向内侧分裂产生的细胞数量多，因而维管形成层环中的这部分不断向外推移，最终维管形成层逐渐由波状的环逐渐变成较整齐的圆环。此后，维管形成层环中的各部分等速进行分裂，形成根的次生结构。

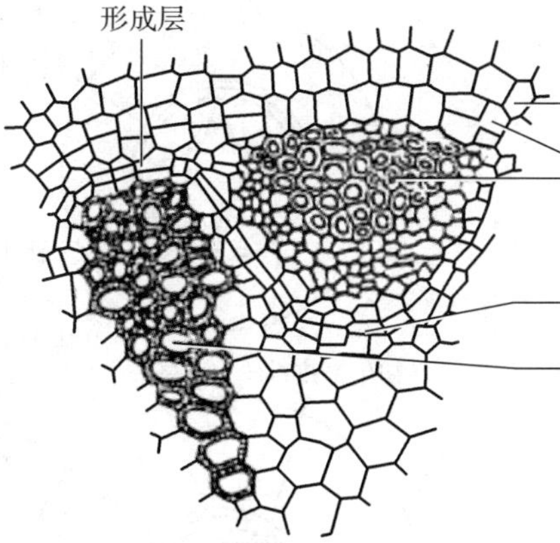

图 4-10 蚕豆幼根横切面的一部分（示形成层的发生）

维管形成层主要进行平周分裂，向内分裂产生的细胞形成新的木质部，位于初生木质部外侧，称为次生木质部（secondary xylem）；向外分裂所产生的细胞形成新的韧皮部，加在初生韧皮部内侧，称为次生韧皮部（secondary phloem）。次生木质部与次生韧皮部为内外相对排列，这与初生维管组织中初生木质部与初生韧皮部二者的相间排列的方式不同。随着维管形成层的逐渐分裂，内侧次生木质部的增加更为显著，使根的直径不断增大，维管形成层环的位置逐渐向外推移。维管形成层细胞除了主要进行平周分裂外，还进行垂周分裂，扩大其周径，以适应根不断增粗的变化。在根次生生长增粗过程中，维管形成层向内生长分化的次生木质部细胞较多，向外生长分化的次生韧皮部细胞较少。因此，细胞在根的次生结构中，次生木质部所占的比例远大于次生韧皮部。同时，早期形成的初生韧皮部由于承受内侧生长的压力，逐渐被挤毁消失，而新产生的次生木质部总是加在早期形成的木质部外侧，对早期形成的木质部影响较小，因此初生木质部能在根中央保存下来（图 4-11）。

维管形成层除了产生次生韧皮部和次生木质部外，在正对初生木质部辐射角处，由中柱鞘发生的部分形成层细胞分裂形成径向排列的薄壁细胞，称维管射线（vascular ray）。在较粗的老根中，次生木质部和次生韧皮部中都有维管射线的存在，分别称为木射线（xylem ray）和韧皮射线（phloem ray）。维管射线有横向运输水分和养料的功能。维管射线组成根维管组织内的径向运输系统，而导管、管胞、筛管、伴胞等组成维管组织的轴向运输系统。多年生双子叶植物的根，在每年生长季节内，其维管形成层的细胞分裂活跃，不断产生新的次生维管组织，使得根年复一年地增粗。

单子叶植物只有少数木本植物的根具有次生生长，如龙血树属植物的根，其维管形成层一般发生在中柱鞘或皮层深处的细胞，形成层向外产生大量次生的皮层组织，向内产生大量的基本组织，其中一部分基本组织分化为若干个成环状排列的有限维管束，每一束维管束中有次生木质部和次生韧皮部，维管束外为一圈厚壁组织构成的维管束鞘。随着次生基本组织的增厚，分化的次生维管束逐渐增多，根也随之增粗。

2. 木栓形成层的发生及活动

随着根中次生维管组织的不断增加，维管柱不断扩大，从而引起根外侧的皮层和表皮等组织的破裂。在这些组织未破裂之前，中柱鞘细胞恢复分裂能力，进行切向分裂，形成几层中柱鞘细胞，其外层的细胞形成木栓形成层（phellogen 或 cork cambium）。木栓形成层进行切向分裂，向外产生由数层木栓细胞组成的木栓层（phellem 或 cork），覆盖在根

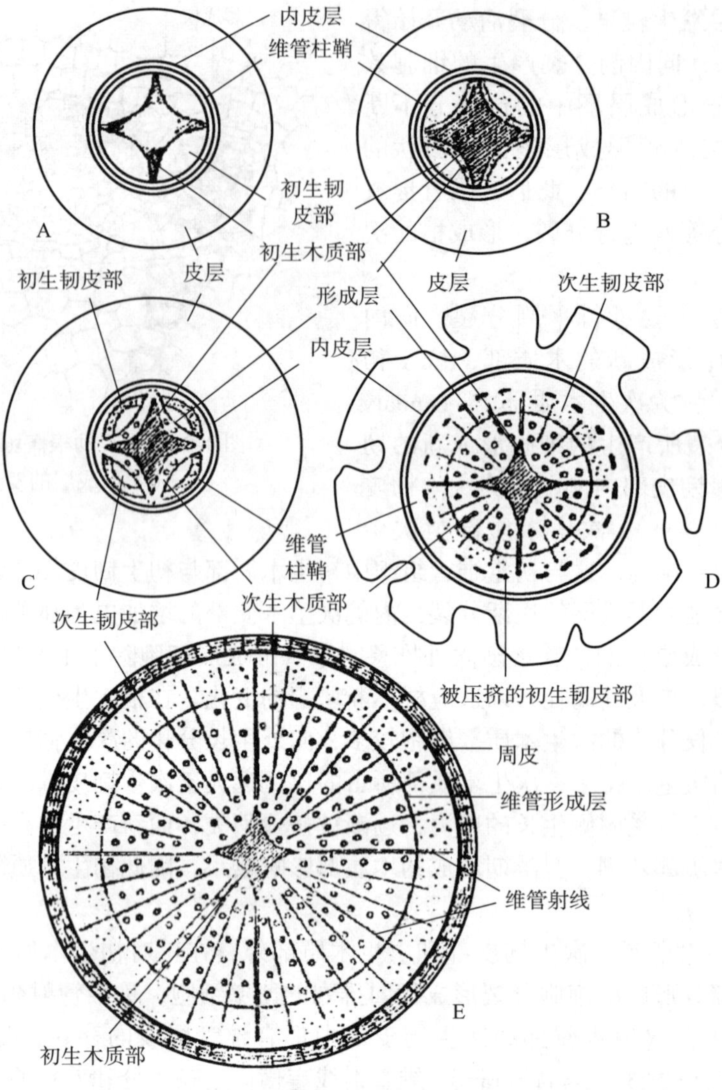

图 4-11 根的增粗生长过程图解

A. 初生结构 B. 形成层的发生 C. 形成层环的形成 D. 周皮形成，中柱鞘以外的组织被破坏 E. 次生结构

外层起保护作用；向内产生少量的薄壁细胞组成栓内层（phelloderm）。木栓形成层、木栓层、栓内层共同组成周皮（periderm）（图 4-12）。

在多年生植物的根中，维管形成层的活动延续多年，而木栓形成层则不断重新产生，以配合维管形成层的活动。其发生位置在原有木栓形成层内侧，并逐年内移，可深至次生韧皮部的薄壁组织处。因周皮逐年产生和死后的连续积累，可以形成较厚的树皮。

3. **根的次生结构**

维管形成层和木栓形成层活动的结果形成了根的次生结构，自外向内依次为周皮、初生韧皮部（常被挤毁）、次生韧皮部（含径向的韧皮射线）、维管形成层和次生木质部（含木射线）、辐射状的初生木质部（仍保留在根中央）。

（1）周皮 周皮是根加粗过程中形成的次生保护组织，由木栓形成层、木栓层和栓内

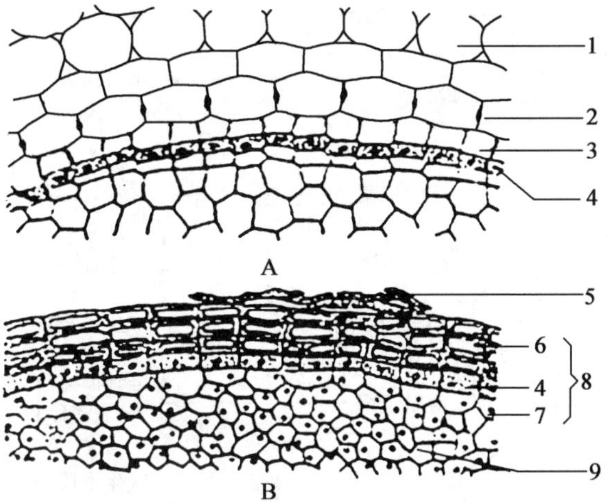

图 4-12 根的木栓形成层

A. 葡萄根中的木栓形成层由中柱鞘发生 B. 橡胶树根中木栓形成层活动的结果，形成周皮

1. 皮层 2. 内皮层 3. 中柱鞘 4. 木栓形成层 5. 皮层残留部分 6. 木栓层 7. 栓内层 8. 周皮 9. 韧皮部

层共同组成。木栓层细胞多层，排列紧密，细胞成熟后，细胞壁栓质化，其外侧的表皮和皮层因得不到水分和营养物质的供应而脱落。

（2）初生韧皮部 位于周皮的内侧，常被挤毁而只留下韧皮纤维。

（3）次生韧皮部 位于初生韧皮部的内侧。被子植物的次生韧皮部由筛管、伴胞、薄壁细胞、韧皮纤维等成分组成，径向排列的成束薄壁细胞形成韧皮射线。

（4）维管形成层 向内增生形成次生木质部，向外增生形成次生韧皮部，使根的直径不断增大。形成层的细胞分裂，除主要进行切向分裂外，还进行径向分裂，使形成层周径扩大，以适应内部的增长。

（5）次生木质部 位于形成层的内侧，与外侧的次生韧皮部相对排列。被子植物的次生木质由导管、薄壁细胞、木纤维等成分组成。其中径向排列的成束薄壁细胞形成木射线。

（6）初生木质部 位于根的中央，由于次生木质部的挤压，与次生木质部的界限不明显。

根的次生结构中以次生木质部为主，而次生韧皮部所占比例较小。这是由于新的次生韧皮部总是增加在老韧皮部的内侧，老的韧皮部由于受到内侧生长的压力而被挤压破坏，丧失作用。同时由于木栓形成层发生的位置不断内移，使外侧的韧皮部逐渐脱落。而形成层向内产生的次生木质部数量较多，新的木质部总是加在已形成的木质部的外侧，因此，已有的木质部细胞受到新形成的木质部的影响较小，使次生木质部不断增加。因此，在粗大的植物根中，几乎大部分是次生木质部，而次生韧皮部仅占较小比例。

因此，根从小到大的分化过程如图 4-13。

七、禾本科植物根的解剖结构特点

禾本科植物属于单子叶植物，没有维管形成层和木栓形成层的发生，不能进行次生生长，因此不具有次生结构，如水稻、小麦和玉米。其基本结构与双子叶植物根的初生结构相似，也分为表皮、皮层、维管柱三部分。但禾本科植物根还具有以下 4 个方面的解剖结构特点：

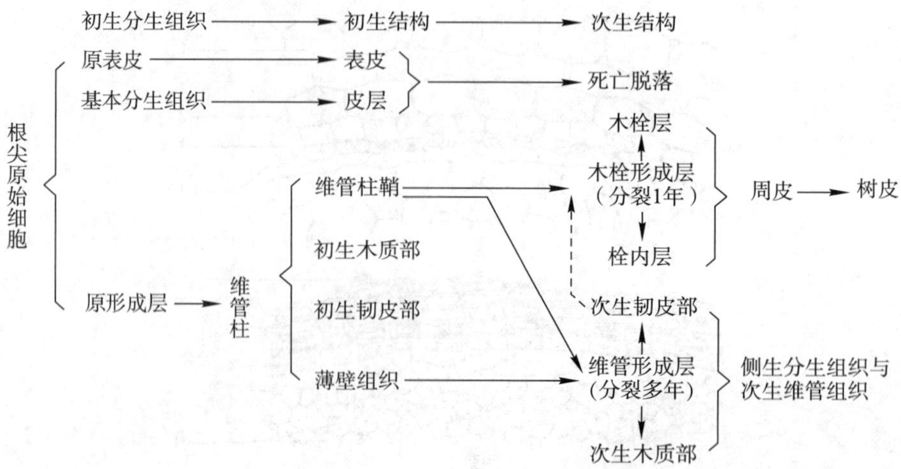

图 4–13 根组织的分化过程

（1）表皮下方的几层细胞常为厚壁细胞（外皮层）。紧贴表皮有几层细胞细胞壁加厚，常常木质化，增加其机械支持能力，如水稻的根中具有细胞壁明显加厚的厚壁细胞（图 4–14）。

（2）内皮层细胞常为五面壁加厚。内皮层细胞更为特化，径向壁、横向壁和内切向壁全部木质化和栓质化增厚，只有外切向壁仍保持薄壁状态，称为马蹄形增厚。一般正对于原生木质部处的内皮层细胞为通道细胞，起到皮层与维管柱之间物质交流的作用（图 4–15）。

（3）中柱内的薄壁细胞在发育后期都木化加厚，转为厚壁组织，增加根的机械支持能力。

（4）禾本科植物常为多原型根。原生木质部有多束，形成多个辐射角。韧皮部分布在辐射角之间。木质部和韧皮部之间无薄壁组织存在。

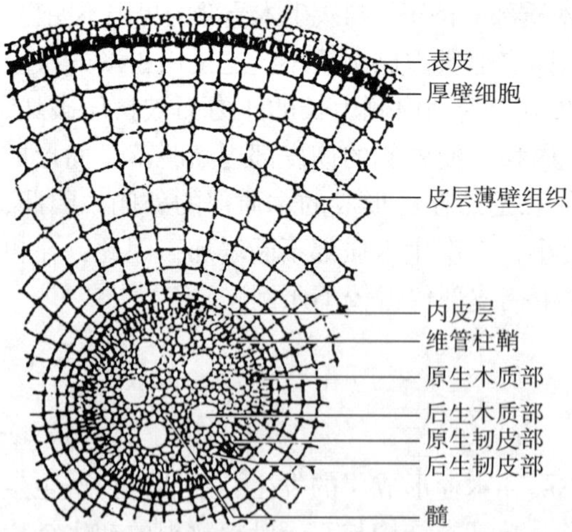

图 4–14 水稻幼根横切面

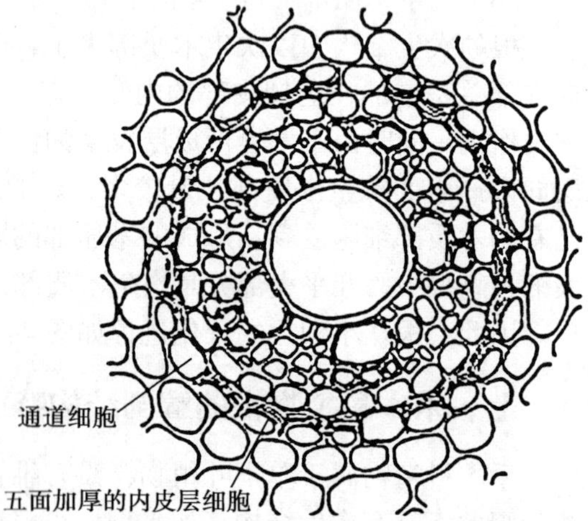

图 4–15 内皮层细胞（示五面加厚）及通道细胞

八、根瘤与菌根

高等植物的根与土壤中常见的一些微生物共同生活。植物根系能分泌多种有机质和无机质，不仅为土壤中的微生物提供营养来源，而且还会影响根际微生物的组成。反之，土壤微生物的新陈代谢活动也能够产生一些刺激生长的物质，影响着根的生长发育；微生物也可合成一些物质被高等植物所利用。这种植物和微生物之间的互利关系称为共生（symbiosis）。被子植物和微生物之间的共生关系，常见的有根瘤与菌根两种类型。

1. 根瘤

许多植物的根部会形成瘤状突起，称为根瘤（root nodule），其形状、大小因植物种类而异，是土壤中根瘤菌侵入根部形成的。

固氮根瘤是豆科植物与根瘤菌的共生结构。根瘤的形成开始于豆科植物的苗期。在幼苗时期，根毛分泌的物质吸引分布在根附近的根瘤菌，使其聚集在根毛的周围，大量进行繁殖。处在根毛周围的根瘤菌的分泌物，刺激根毛，使其顶端发生卷曲和膨胀。同时，在根瘤菌分泌的纤维素酶的作用下，使根毛细胞壁发生内陷溶解，随即根瘤菌侵入根毛细胞，并存在于根的皮层薄壁细胞中。一方面，根瘤菌从豆科植物根的皮层细胞中吸取碳水化合物、矿质盐类和水分，进行生长和繁殖；另一方面，根瘤菌把空气中的游离氮固定下来，合成含氮的化合物，供给豆科植物利用。二者各得其利（图 4–16）。

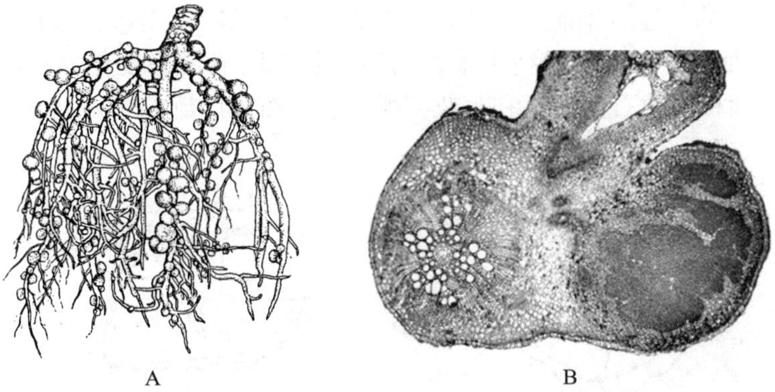

图 4–16 根瘤与根瘤菌

A. 一种豆科植物根瘤外形 B. 豆科植物根瘤结构

根瘤菌的种类很多，根瘤菌属共有十多个种。每一类群的根瘤菌常与一定种类的豆科植物共生。如豌豆根瘤菌只能在豌豆、蚕豆、苕子等植物根上形成根瘤，而不能在大豆、苜蓿等植物根上形成根瘤；大豆根瘤菌只能在大豆根上形成根瘤，却不能使豌豆、苜蓿根上形成根瘤。这种专一性现象的产生，主要是由于豆科植物的根毛所分泌的一种特殊蛋白质。不同的豆科植物分泌的蛋白质在结构上存在一定差异，从而能选择性结合根瘤菌细胞表面的多糖化合物，当宿主细胞表面的蛋白质与根瘤菌细胞表面的多糖物质进行识别后，才能建立共生关系。

由于根瘤的固氮作用，豆科植物的氮素营养供给相对充足，它们种子的蛋白质含量也比较高。根瘤菌及其所固定的含氮化合物，可以提高土壤的含氮量。据估计，地球表面每年生物固氮总量约为1亿t，而豆科植物的根瘤菌的固氮量约占全球每年生物固氮总量的55%。豆科植物的根瘤起到天然氮肥工厂的作用。因此，豆科植物可作为绿肥，在间作和轮作上有着重要的意义。播种花生、大豆等豆科作物时，可以用根瘤菌剂进行人工接种，以促进根瘤的形成。最新研究发现豆科植物也可与放线菌共生形成根瘤。

近年来，非豆科植物固氮的研究引起了人们的重视，有的非豆科植物已被用于造林固沙、改良土壤。除了不断强化这些非豆科植物的固氮能力之外，人们还想有目的地通过固氮遗传特性的转移，使某些非豆科作物也能长出根瘤进行固氮。因此，研究非豆科植物的固氮作用，对于农业生产实践具有重要意义。

2. 菌根

高等植物的根与土壤中的真菌结合在一起形成的共生体，称为菌根（mycorrhiza）。根据真菌与植物皮层细胞之间的关系，菌根可以分为外生菌根、内生菌根和内外生菌根。

（1）外生菌根（ectotrophic mycorrhiza）

真菌菌丝大部分包被在宿主植物幼根的表面，形成密集的菌丝套，只有少数菌丝伸入表皮、皮层细胞的细胞间隙中，但不侵入植物细胞中，仅在细胞壁之间延伸生长。具外生菌根菌的根尖常呈灰白色，短而粗，无根毛，在菌套表面可见许多外延菌丝。这类菌根主要存在于大多数温带森林树种，如松柏类（图4–17）、栎属、栗属、桦木属及亚热带的桃金娘科和热带龙脑香科树种的根上。

（2）内生菌根（endotrophic mycorrhiza）

真菌的菌丝大部分通过细胞壁侵入幼根皮层的活细胞内，形成不同形状的盘旋扭结，在植物幼根的表面不产生菌套。宿主植物的根一般无明显形态变化，仅在颜色上较暗一些。典型的内生菌根有欧石楠菌根和兰花菌根，但分布最广泛的还是泡囊–丛枝菌根，约

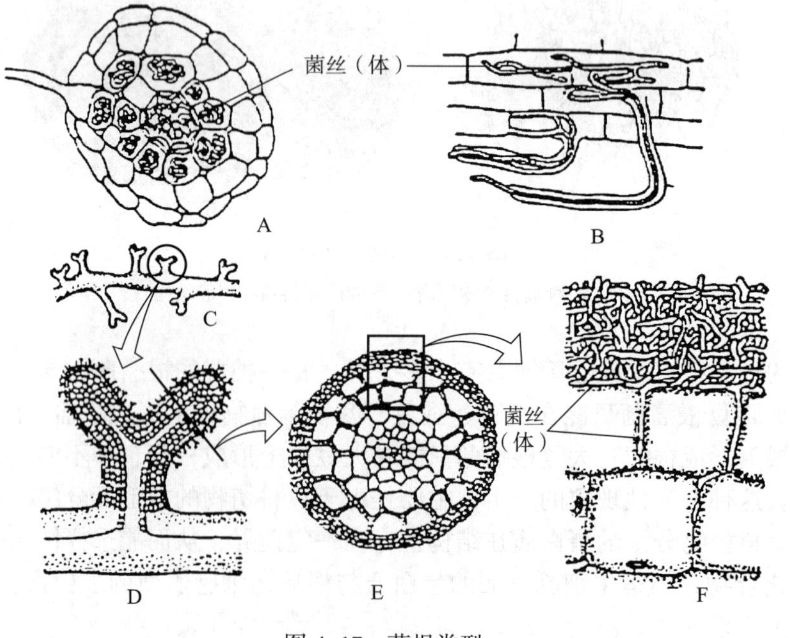

图4–17 菌根类型

A. 小麦的内生菌根的横切面 B. 芳香豌豆的内生菌根的纵切面 C. 松的外生菌根的分枝
D. 同C，分枝纵切面的放大 E. 松的外生菌根的横切面 F. 同E，一部分的放大

90% 以上的植物具内生菌根，特别是草本植物（图 4–17）和少数木本植物。

（3）内外生菌根（ectendotrophic mycorrhiza）

兼有外生菌根和内生菌根的某些形态学或生理学特征。植物幼根的表面和生活细胞内均有菌根菌丝存在。内外生菌根主要发生于松科、桦木属以及杜鹃花科植物上。真菌与植物共生后，真菌可以从植物根中得到生长发育所需的养料，而菌丝如同根毛一样，可以从土壤中吸收水和无机盐，供植物利用，促进细胞内贮藏物质的分解，增进吸收作用。菌丝还可以产生激素（如生长素类似物），对根的发育有促进作用，如松树在缺少共生真菌的土壤中，生长缓慢甚至死亡。因此，在林业上，常用人工方法进行真菌接种，提高林木存活率，以利造林的成功。现已发现两千多种高等植物能够形成菌根，其中包括造林树种，如银杏、侧柏、毛白杨和椴树等。

第二节 茎

茎（stem）是植物体地上部分的枝干，连接植物的根和枝叶。茎尖与根尖类似，具有无限生长的能力，茎尖不断生长，陆续产生侧枝和叶，构成了植物体地上部分庞大的枝系。茎与根具有类似的基本结构，但茎的结构比根要复杂。

一、茎的形态与生理功能

1. 茎的形态

茎指的是植物的主茎和以主茎为主轴的分枝的总称。种子植物的茎大多呈圆柱形，少数呈现其他形状，如莎草的茎呈三棱形，薄荷、蚕豆等植物的茎呈方柱形，仙人掌的茎呈扁平形等。随着植物的生长，茎上发生出多种侧生器官，包括叶、枝、芽、花或果。

（1）节和节间

茎上着生叶或枝条的部位称为节（node），节与节之间的部位称为节间（internode）。一般植物的节不明显，只是在叶的着生处略有突起（图 4–18）。另一些植物的节非常明显，如玉米、竹和甘蔗的节膨大形成环状结构。少数植物（如藕）的根状茎的节反而缩小。节间的长短因植物种类和植株的部位、生长阶段或生长条件而异。一些植物的茎节间缩短，甚至难以辨认，如萝卜、蒲公英和车前，茎节间极短，致使叶排列成基生的莲座状；而如玉米、竹和甘蔗等植物节间长而明显。

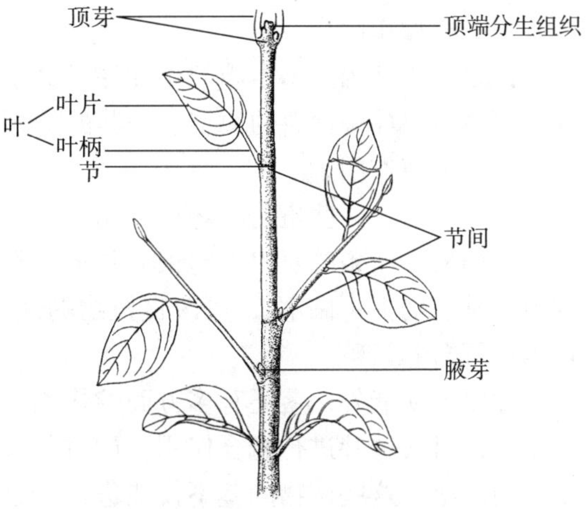

图 4–18 茎的外部形态

（2）长枝和短枝

着生叶和芽的茎，称为枝条（shoot）。在植株生长过程中，枝条延伸生长的程度影响到节间的长短。不同种的植物节间的长度是不同的。在木本植物中，枝条分为长枝和短枝，长枝指节间显著伸长的枝条，短枝则表现为节间短缩，各个节间紧密相接。苹果、梨等的植株上有长枝和短枝之分，长枝上生有节间极短的短枝（图 4–19）。短枝上能开花，形成果实，所以又称为花枝或果枝。

（3）皮孔

皮孔遍布于裸子植物和双子叶植物老茎的周皮上，是植物与外界进行气体交换的通道。在不同植物中，皮孔的形状、颜色和分布的疏密程度也有所差异。

（4）叶痕、束痕、枝痕、芽鳞痕

叶痕、束痕、枝痕、芽鳞痕均为侧生器官脱落后留下的痕迹。落叶植物的叶脱落后，在茎上留下的着生叶柄的痕迹称为叶痕（leaf scar）。叶痕的形状和颜色因物种不同而有差异。在叶痕中存在茎通往叶的维管束断离后留下的痕迹，称为维管束痕（bundle scar，简称束痕）。不同植物束痕的排列、形状及束数也各不相同。枝痕（shoot scar）是花枝或小的营养枝脱落后留下的痕迹。此外，有些植物茎上还可以见到芽鳞痕（bud scale scar），是鳞芽在生长季展开生长时，其芽鳞脱落后留下的痕迹。根据芽鳞痕的数目，可以判断枝条的年龄。例如，一个枝条上从分枝处到顶端有 2 个芽鳞痕，枝条上每年越冬会形成 1 个芽鳞痕，但当年长出的枝条上还没有形成，由此可判断该枝条为三年生。

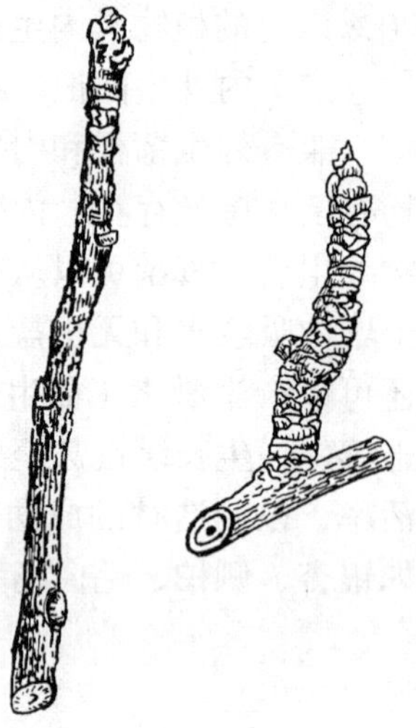

图 4–19 苹果的长枝（左）和短枝（右）

2. 茎的生理功能

（1）输导作用

茎是连接根和叶的轴状部分，其内有发达的维管组织，根所吸收的水分和无机盐以及根合成或贮藏的营养物质，都需要通过茎向上运输到叶、花和果实中；同时，叶制造的有机物通过茎向下或向上运输至根、花、果实和种子等各部分。

（2）支持作用

茎内具有发达的机械组织，是植物体的支架。主茎和各级分枝支持着叶、花和果实，使植物的叶合理分布在一定的空间，利于光合作用和蒸腾作用；使花能更好地开放以利于传粉，果实和种子更好地发育和成熟。

（3）贮藏作用

许多植物茎内的基本组织中往往贮藏了大量的营养物质。一些植物的变态茎成为特殊的贮藏器官，如马铃薯的块茎、荸荠的球茎、莲的根状茎等，都贮藏有大量的营养物质。

（4）繁殖作用

在生产上，一些植物的茎可以用于扦插、压条、嫁接等营养繁殖，在合适的生长条件下，扦插枝、压条枝长出不定根后可形成新的个体；用某种植物的枝条或芽（接穗）嫁接到另一种植物上（砧木），可改良植物的性状。如具匍匐茎的草莓，或具地下根状茎的竹，均可进行营养繁殖。

除以上功能外，茎还有多方面的作用。一些植物的叶退化、变态或早落，茎则呈绿色扁平状，可代替叶进行光合作用，如竹节蓼、假叶树和文竹等植物的叶状茎，仙人掌科植物的肉质茎，这些植物的茎不仅能进行光合作用，还兼具贮藏作用。有些植物茎变态为刺状，具有保护作用，如石榴、山楂、皂荚的茎刺。有些植物的部分枝变为卷须（如南瓜、黄瓜、葡萄等)、吸盘(如爬山虎等),以便于攀缘生长。

茎还具有多方面的经济用途,包括药用、食用、工业原料、木材等,为工农业等产业提供了丰富的原材料。例如,杜仲、白木香、桂枝、天麻、黄精等为著名的药材,甘蔗、马铃薯、芋、藕、慈姑、姜、桂皮等都是常用的食品。

3. 芽的结构及类型

(1)芽的基本结构

芽(bud)是枝条、花或花序的原始体。植物体上所有枝条、花和花序都是由芽发育来的。对由种子萌发长成的植物而言,胚芽是植物体的第一个芽,主茎是由胚芽发育而来的。在之后的生长过程中,由主茎上的腋芽继续生长形成侧枝,侧枝上形成的腋芽又继续生长,反复分枝形成庞大的分枝系统。

在植物的营养生长时期,芽通常发育成为枝叶,这种芽称之为枝芽或叶芽(leaf bud)(图 4–20)。枝芽的结构,包括顶端分生组织、叶原基(leaf primordium)、幼叶、腋芽原基(axillary bud primordium),以及由腋芽原基发育形成的腋芽,有些植物芽的最外侧还有 1 至数片叶状的起保护作用的鳞片,称为芽鳞。顶端分生组织位于枝芽的中央,将来发育形成茎内的初生结构。顶端分生组织基部有一些侧生的突起,为叶的原始体,称叶原基,叶原基在以后的发育过程中形成幼叶。腋芽原基位于每个叶原基或幼叶的叶腋,以后形成腋芽,将来发育成侧枝,因此,腋芽原基也称侧枝原基或枝原基。

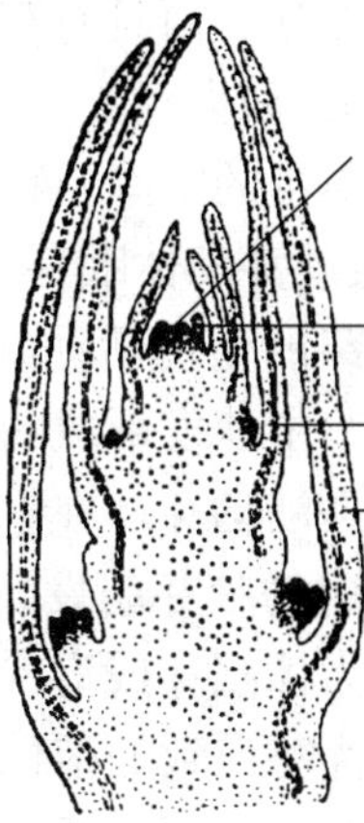

图 4–20 忍冬叶芽纵切面

当植物体从营养生长阶段转入生殖生长阶段时,开始形成花或花序的原始体,即花芽(floral bud)。花芽外观常较枝芽肥大,内含花或花序各部分的原基,但没有叶原基和腋芽原基。花芽的顶端分生组织不能无限生长,当花或花序的各部分形成后,顶端停止生长。

一些植物的芽既有叶原基和腋芽原基,又含有花部原基,外观上也较枝芽肥大,这种芽被称为混合芽(mixed bud)。例如,苹果、梨、海棠等的混合芽会发育为有叶、花或花序的枝条。

(2)芽的类型

按照芽生长的位置、性质、芽鳞的有无和生理状态,可将其分为下列几种类型。

① 定芽和不定芽

根据芽在枝上生长的位置,分为定芽(normal bud)和不定芽(adventitious bud)。定芽生长在枝上一定的位置,其中生长在主茎或侧枝顶端的芽称为顶芽(terminal bud),生长在枝的侧面叶腋内的芽称为侧芽,也称腋芽(axillary bud)。通常每一叶腋处只生有一个腋芽,但有些植物的叶腋内可生有若干个芽,彼此重叠,称之为叠生芽,如忍冬和桂花的每个叶腋有 2 ~ 3 个上下重叠的芽,位于叠生芽最下方的一个芽称为正芽,其他后生的芽为副芽;或在每个叶腋长有若干个芽,彼此并列,称为并列芽,如桃的每个叶腋有 3 个芽并生,中央一个芽称为正芽,两侧的芽称为副芽,再如紫穗槐的叠生副芽、桃的并生副芽。有的芽着生在叶柄下方,并为其基部延伸的部分所覆盖,直到叶柄脱落后,芽才显露出来,这种芽称之为柄下芽(subpetiolar bud),如悬铃木和刺槐的腋芽。

此外，还有些芽不是生于枝顶或叶腋，而是由老茎、根、叶、创伤部位，或细胞培养、组织培养形成的胚状体上产生的芽，这些在植物体上没有固定着生部位的芽称为不定芽，如甘薯、榆树、刺槐、蒲公英等自根上长的芽，桑、柳等老茎被砍伐后，在伤口周围产生的芽，落地生根叶缘上长出的芽均属不定芽。农业生产上常利用植物能产生不定芽的特性进行营养繁殖。

② 枝芽、花芽和混合芽

根据芽发育后所形成器官性质的不同，分为枝芽、花芽和混合芽。枝芽是未发育的营养枝的原始体；花芽是花或花序的原始体；混合芽将来发育为枝、花或花序。

③ 裸芽和鳞芽

根据芽鳞的有无，分为鳞芽（scaly bud）和裸芽（naked bud）。外面没有芽鳞片保护的芽称为裸芽，而具有芽鳞片保护的芽称为鳞芽或被芽。裸芽多见于草本植物（尤其是一年生植物），如大豆、棉花等，生长在热带和亚热带潮湿环境下的木本植物也常形成裸芽，而生长在温带的木本植物的芽大多为鳞芽，如杨、桑、玉兰等。

④ 活动芽和休眠芽

根据芽的生理活动状态，分为休眠芽（dormant bud）和活动芽（active bud）。能在当年生长季节中萌发形成新枝、花或花序的芽称为活动芽。一般一年生草本植物当年产生的多数芽都是活动芽。在生长季节里，温带的多年生木本植物上产生的芽，通常是顶芽和距离顶芽较近的腋芽萌发，而大部分靠近下部的腋芽往往是不活动的，暂时保持休眠状态，这种芽称为休眠芽或潜伏芽。芽的休眠是植物对逆境的一种适应，亦与遗传因素有关，或是由顶端优势导致的植株体内生长素不均匀分布所致。

在一定条件下，活动芽和休眠芽是可以相互转变的。如在生长季时，突发的高温、干旱等极端情况，会导致一些植物的活动芽转入休眠状态，形成休眠芽。在植株受到创伤（物理损伤或虫害咬食等）的情况下，休眠芽可转变为活动芽。

一个具体的芽，由于分类依据不同，可给予不同的名称。如水稻主茎顶端的芽，可称为顶芽、定芽、活动芽；芽无鳞片包裹，又可称裸芽；在幼苗开始生长的营养生长期，可称枝芽；在生殖生长期，分化发育成稻穗，又可称花芽。

4. 分枝方式

分枝是植物的基本特性之一，是植物生长的普遍现象。种子植物的分枝有多种形式，与顶芽、腋芽的生长势强弱、生长时间和寿命有关，而这种特性也取决于植物的遗传因素，有时还受环境条件的影响。种子植物常见的分枝方式有单轴分枝（monopodial branching）、合轴分枝（sympodial branching）和假二叉分枝（false dichotomous branching）。

① 单轴分枝

顶芽不断向上生长且长势旺盛，形成发达的主干。与此同时，侧芽也长成侧枝，并逐级分枝，但各级侧枝生长均不如主干，这种分枝方式称为单轴分枝，又称总状分枝。裸子植物（如松、水杉等）和部分被子植物为单轴分枝（图 4-21A，D）。单轴分支植物的主干高大挺直，往往可以形成具有经济价值的木材。一些草本植物，如黄麻等，也是单轴分枝，在农业栽培时，可以通过保持其顶端优势来提高麻类的品质。

② 合轴分枝

主茎的顶芽生长到一定时期，渐渐失去生长能力，由顶芽下部的腋芽代替顶芽生长，

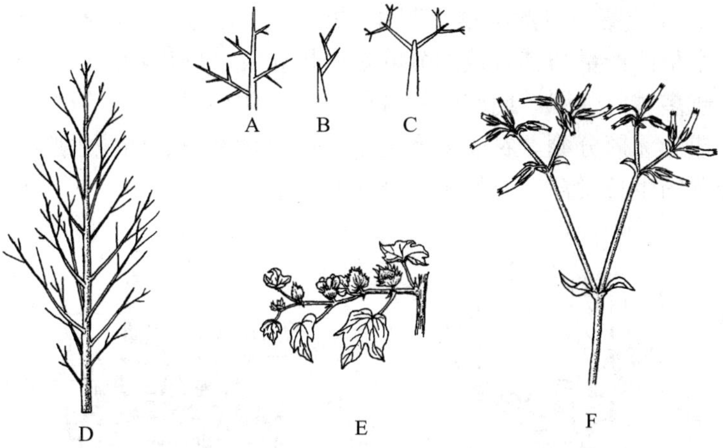

图 4-21 种子植物的分枝方式

A，B，C. 分枝方式图解（A. 单轴分枝 B. 合轴分枝 C. 假二叉分枝） D. 水杉（冬态）的单轴分枝
E. 棉合轴分枝方式的果枝 F. 卷耳的假二叉分枝

并发展为新枝。不久新枝的顶芽又停止生长，再由下面新的腋芽所代替，如此重复生长形成由许多腋芽发育而成的侧枝联合组成的枝干，称为合轴分枝。(图 4-21B，E)。在植物幼嫩时，合轴分枝呈现出显著曲折状。成年植株上部或树冠呈开展状态，有效地扩大光吸收面积，是一种相对进化的分枝方式，已知大多数被子植物，如马铃薯、番茄、苹果、杏等都是这种分枝方式。一些植物（如茶树）在幼年时为单轴分枝，成年时又出现合轴分枝。棉花植株上同时具有单轴分枝方式的营养枝和合轴分枝方式的果枝（图 4-21E）。

③ 假二叉分枝

当顶芽停止生长或分化为花芽后，由靠近顶芽的两个对生的腋芽同时发育为两条对生的侧枝（图 4-21C），其外观与二叉分枝相似，故称为假二叉分枝，假二叉分枝是合轴分枝方式的变化形式。假二叉分枝的植物包括丁香、石竹、泡桐、七叶树、卷耳（图 4-21F）等。

研究清楚芽与分枝的关系，可以在生产中更好地利用和改造植物的分枝方式。在林业方面，用材树种应选择单轴分枝的针叶树种，并可以人为地去除苗木的侧芽，减少分枝以促使顶芽生长，形成粗壮挺直的木材。在农艺实践中，通过合理的摘心、整枝，调节营养生长与生殖生长的关系，如栽培瓜类和番茄时，用摘心的方法使腋芽充分发育成侧枝，并用整枝的方法控制侧枝的数目和分布。在果树栽培上也广泛应用整枝的方法改变树形，促使早期大量结实。

④ 禾本科植物的分蘖

禾本科植物的分枝和上述分枝方式有些不同，如水稻和小麦的分枝是由地面下和近地面的节（节间极度缩短）上产生不定根和枝条，这种分枝方式称为分蘖（tiller）。

植株近地表的一段称为分蘖节，包括几个节和未伸长的节间，是分化蘖芽和蘖根（分蘖节上的不定根）的部分（图 4-22A）。分蘖节外形较膨大，节内贮有丰富的有机养料；其细胞内有大量高浓度的糖类，这不仅提高了幼苗的抗寒能力，也是幼苗越冬维持生命活动的能量来源和早春恢复生长的物质基础。在主茎上产生的分蘖叫一级分蘖，一级分蘖上产生的分蘖称为二级分蘖，以此类推（图 4–22B）。分蘖的多少与禾谷类作物的产量有很大关系。小麦和水稻的产量与其有效的分蘖数密切相关，即作物高产需要有一定数目的分蘖，但分蘖并非越多越好，因后期产生的分蘖，光合作用时间短，有机物积累较少，往往不能抽穗结实，成为无效分蘖。农业生产上常采用合理密植、调控水肥、调整播种期等措施，促进有效分蘖的生长发育，控制无效分蘖的产生。

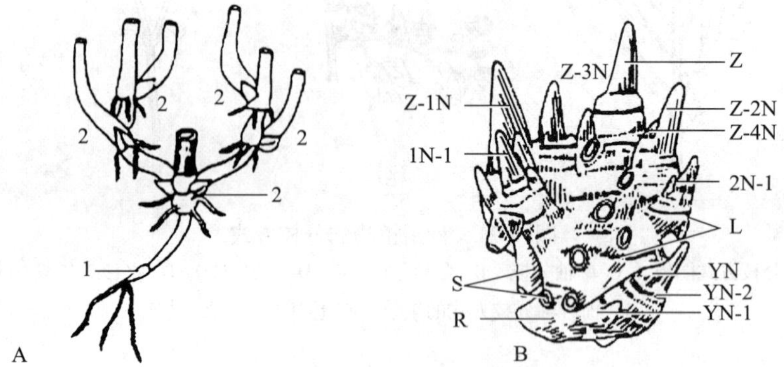

图 4–22 禾本科作物的分蘖

A. 分蘖图解：1. 具初生根的谷粒；2. 生有蘖根的分蘖节 B. 有 8 个分蘖节的幼苗（示剥去叶的分蘖节）：Z. 主茎（Z–1N、Z–2N……为一级分蘖，1N–1、1N–2……为二级分蘖，2N–1、2N–2……为三级分蘖）L. 叶痕 S. 不定根 R. 根状茎 YN. 胚芽鞘分蘖 YN–1，YN–2. 二级胚芽鞘分蘖

二、茎顶端分生组织与器官形成

1. 茎顶端分生组织

茎和根的顶端分生组织相似。经过顶端分生组织的活动产生茎的各种结构，包括茎的节和节间、叶、腋芽以及以后转变成的生殖结构。茎比根的顶端分生组织要更复杂些，这是因为叶原基的形成和侧枝的发生，都可追溯到茎顶端分生组织。因此，在讨论茎顶端分生组织的结构和活动时，也必然要涉及这些侧生器官的起源。

茎顶端分生组织的最先端部分，包括原始细胞和它紧接着所形成的衍生细胞，处于高度未分化状态，称为原分生组织。在原分生组织下面，随着不同分化程度的细胞出现，逐渐开始分化出未来可形成表皮、皮层和维管柱的分生组织，也就是它们的前身，可分别称为原表皮、基本分生组织和原形成层，总称初生分生组织。经过初生分生组织活动和分化形成植物的初生结构。因此，茎端分生组织包括原分生组织和初生分生组织（图 4–23）。

从 18 世纪中叶起，茎顶端分生组织的研究就引起植物学家的重视。以后陆续提出了多个理论，主要有组织原学说（histogen theory）、原套原体学说（tunica–corpus theory）和细胞组织分区学说三种理论，其中又以原套原体学说普遍被人们接受。该学说认为茎顶端分生组织的原分生组织包括外部的原套（tunica）和内部的原体（corpus）两个部分，组成原套的一层或几层（双子叶植物常为两层，单子叶植物则为一至两层）细胞只进行垂周分裂（径向分裂），扩大表面积，而不增加细胞层数，以后分化形成茎的表皮。组成原体的多层细胞进行着平周分裂（切向分裂）和各个方向的分裂，连续地增加体积，使茎端加大，以后分化形成茎内除表皮以外的其他组织（图 4–24）。原套原体学说认为顶端分生组

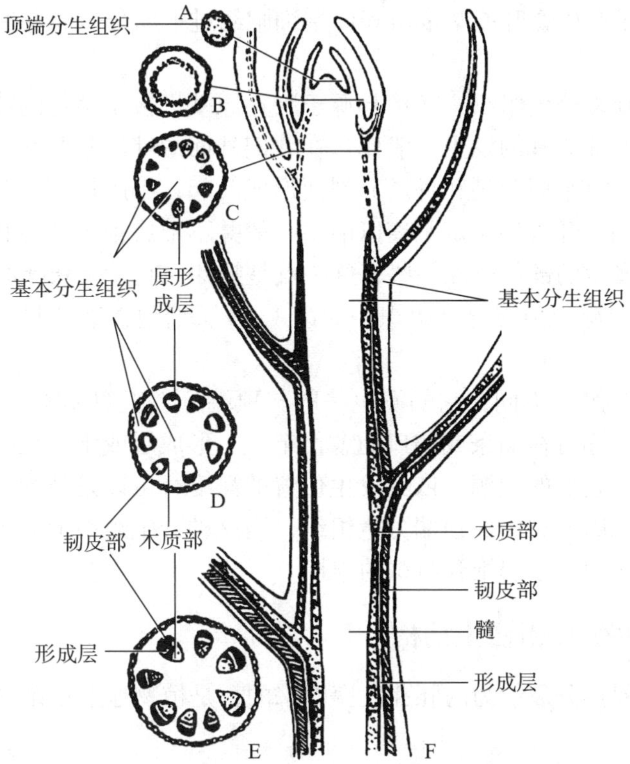

图 4-23 茎尖发育过程（A ~ F）和三种初生分生组织及初生结构部位的模式图

织的原分生组织部分在组成上并没有预先决定的组织分区，除表皮始终是由原套的表面细胞层所分化形成的以外，其他内部的各层衍生细胞的发育并不能预先知道它们将形成什么组织。

茎顶端分生组织在植物脱毒苗的生产中具有重要的应用价值。植物在生长特别是营养繁殖过程中，会感染各种病毒。受病毒侵染的植物生长缓慢、畸形、产量和品质下降。病毒一般是通过维管组织传播的，由于茎顶端分生组织被幼叶包裹，加之其细胞分裂速度快，且没有维管组织，因而病毒感染概率较低。生产中常采用离体茎尖做外植体，利用组织培养技术生产不含病毒的脱毒苗。

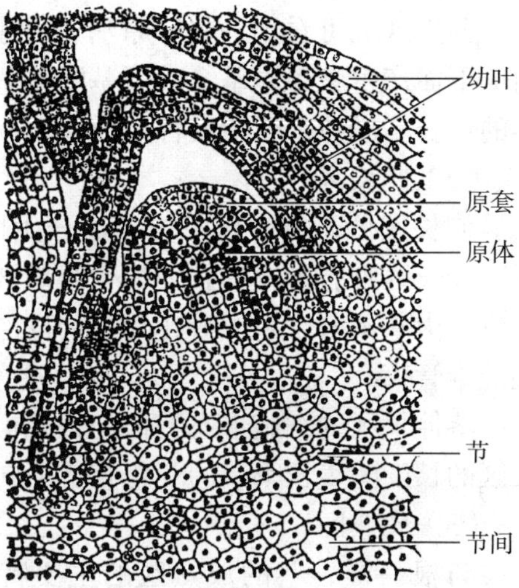

图 4-24 水稻茎尖中间纵切面，示原套、原体

2. 叶原基和腋芽原基

（1）叶的起源

叶是由叶原基发育而成的。在双子叶植物和裸子植物中，叶原基的发育起始于顶端分生组织周围区域表面的第二层或第三层细胞，这些细胞进行平周分裂形成叶原基的侧面凸起，凸起的表面层的细胞进行垂周分裂，

以扩大其面积。单子叶植物叶原基常由表面层细胞经过平周分裂而发生。

（2）芽的起源

顶芽发生在茎顶端分生组织，腋芽起源于腋芽原基。被子植物的腋芽原基大多发生于叶原基的叶腋处。腋芽原基的发生一般比包在它们外面的叶原基要晚。腋芽的起源类似于叶，叶腋处的细胞经过平周分裂和垂周分裂而形成凸起，细胞排列与茎端的相似。在腋芽形成过程中，当它们离开茎端一定距离以前，一般并不形成很多叶原基。腋芽原基发生的部位一般比叶原基发生的部位要深一些，这一点是腋芽原基发生和叶原基发生的区别。

茎上的叶和芽起源于顶端分生组织表面第1～3层细胞，这种起源的方式称为外起源（exogenous origin）。

不定芽与顶芽、腋芽不同，它的发生一般与顶端分生组织无关。它们可以在根、茎、下胚轴和叶上发生，亦可在插条或伤口的愈伤组织、形成层或维管柱的周围发生，甚至在表皮上也可能发生。它们的起源，依其发生位置的深度，可以是外起源或内起源。在不定芽开始形成时，由细胞分裂组成顶端分生组织，当这种分生组织形成第一叶时，不定芽与产生芽的原始结构之间建立起维管组织的连接。

三、茎的初生生长和初生结构

茎尖是由持续保持分裂能力的胚芽发育而来的，是植物地上枝系的主要来源。

1. 茎尖分区

茎尖没有类似根冠的结构，而是由许多幼小叶片紧紧包裹，使内部幼嫩的分生组织免受损伤。根据细胞生长发育的程度，茎尖自上而下可划分为分生区、伸长区和成熟区。分生区的基部形成了一些叶原基凸起，并有幼叶或鳞片包围覆盖，由此增加了茎尖结构的复杂性。

（1）分生区

分生区为茎尖的分生组织，包括原分生组织和初生分生组织两部分。原分生组织处于分生区的最顶端，和根尖的生长点很相似，是由一团胚性细胞（来源于胚芽细胞的分裂）所组成，茎的一切组织都是由它分裂衍生而成的。在分生区顶端后部，由原分生组织逐渐分化为原表皮、基本分生组织和原形成层3种初生分生组织。

分生区上可看到一些叶原基和腋芽原基的小突起，一般先长出的为叶原基，以后在其内侧下面产生腋芽原基。叶原基随着茎的伸长、成熟，逐渐发育为幼叶，而腋芽原基随着茎的伸长、成熟，逐渐发育为枝条。

（2）伸长区

伸长区位于分生区下方，由分生区初步分化形成，是分生组织进入成熟组织的过渡区。伸长区细胞迅速伸长，初生组织开始出现。能够观察到由原表皮分化形成排列整齐的表皮，由基本分生组织分化形成的皮层及中央部分的髓和髓射线，以及由原形成层分化形成的维管束。

茎伸长区的细胞形态特征与根相似，但长度一般比根的长，节与节间已明显可见。伸长区的长度随生长季节的变化有所不同，在生长季末，伸长区逐渐转变为成熟区。

（3）成熟区

与根一样，茎的成熟区的主要特点是各种组织的分化基本成熟，形成了茎的初生结构。

2. 双子叶植物茎的初生结构

茎的初生结构指的是由茎顶端分生组织中的初生分生组织细胞，经过分裂、生长和分化而形成的各种结构。将茎尖的成熟区横切，可以观察到双子叶植物茎的初生结构由外向内包括表皮、皮层和维管柱三部分组成（图 4–25）。

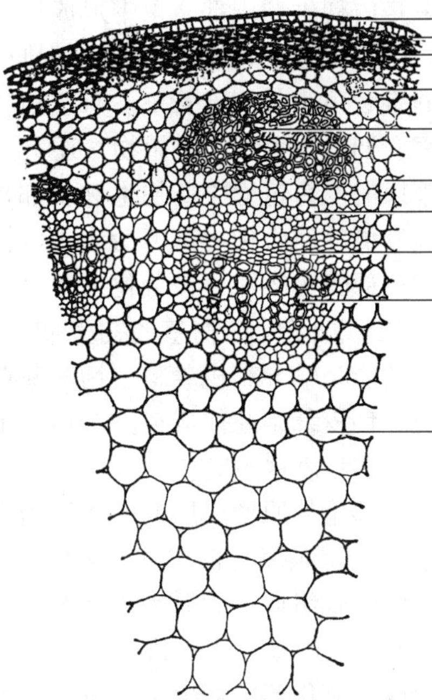

图 4–25 向日葵幼茎横切面，示茎的初生结构

（1）表皮

表皮是由初生分生组织的原表皮分化而来的，通常由一层细胞组成，排列紧密，形状比较规则，一般呈长方体形，长轴与茎的纵轴平行，是茎的初生保护组织。

表皮细胞外壁发生角质化而形成角质膜。在旱生植物茎的表皮上，角质膜显著增厚，而在沉水植物的表皮上，角质膜一般较薄或不存在。蓖麻、甘蔗等植物的茎上有时还有蜡质。角质膜和表皮毛的存在，使表皮既能起保护作用，又可防止茎内水分过度蒸腾，使植物更好地适应环境。

表皮细胞中往往分布有气孔器，可与外界进行水分和气体交换。有些植物表皮上还有表皮毛和腺毛的产生，可以反射强光，降低蒸腾，坚硬的毛可以防止动物的伤害等。

（2）皮层

皮层位于表皮与维管柱之间，为多层细胞所组成，由基本分生组织分化而成。与根的初生结构相比，皮层在茎的横切面上所占比例较小。

皮层由多种组织组成，以薄壁组织为主。最外侧的一至数层皮层细胞常含叶绿体，故幼茎外观呈绿色，并可进行光合作用。发育到一定阶段，通常靠近表皮的几层皮层细胞分化形成厚角组织，如蚕豆等方形的茎或芹菜多棱形的茎中，厚角组织常分布在四角或棱角部分，具有机械支持的作用。有些植物茎的皮层中还存在纤维或石细胞，如南瓜茎的皮层中，厚角组织与纤维同时存在。

皮层内部主要为薄壁组织，细胞较大，排列疏松，有明显的胞间隙，主要起贮藏作用。水生植物的茎，一般缺乏机械组织，但皮层薄壁组织的细胞间隙却很发达，常常形成通气组织。有些植物皮层中还有分泌腔（棉花）或乳汁管（甘薯），有些植物（如花生、桃）皮层细胞则含有晶体和单宁。通常幼茎皮层中没有典型的内皮层结构。有些植物（如蚕豆、南瓜）茎的皮层最内层，即相当于内皮层处的细胞富含淀粉粒，故称为淀粉鞘（starch sheath）。

（3）维管柱

维管柱是皮层以内的部分，由维管束、髓和髓射线等部分组成。大多数植物茎和根不同，茎的皮层和维管柱的界限不易划分，故称为维管柱，而不像根中维管柱常被称为中柱。

① 维管束

维管束是由初生韧皮部、束中形成层和初生木质部组成的束状结构，由原形成层分化发育形成。维管束在多数植物茎的节间排列成环状，由薄壁组织隔离而彼此分开。大多数种子植物的维管束为外韧维管束。有些植物维管束中的初生木质部内外都具有韧皮部，为双韧维管束，如南瓜等葫芦科植物。还有少数植物具有周韧维管束或周木维管束。

在维管束的发育过程中，初生韧皮部是从原形成层的外侧开始，由外至内进行向心发育，先形成外侧的原生韧皮部，后形成内侧的后生韧皮部，其发育方式与根相同，为外始式。原生韧皮部较为柔嫩，在分化发育过程中多被破坏，因此，初生韧皮部往往完全由后生韧皮部组成。双子叶植物茎的初生韧皮部由筛管、伴胞、韧皮薄壁细胞和韧皮纤维组成，其主要功能是输导有机养料。韧皮薄壁细胞散生在韧皮部中，常含淀粉、单宁、晶体等贮藏物质。韧皮纤维往往成束分布在初生韧皮部的最外侧（如向日葵）。植物种类不同，韧皮纤维的发达程度也不同。

初生木质部是从原形成层的内侧开始先形成原生木质部，然后向外逐渐分化形成后生木质部，这种发育顺序与根相反，为内始式（endarch）。原生木质部由环纹导管和螺纹导管以及木薄壁细胞组成，而后生木质部由管径较大的网纹导管、孔纹导管、梯纹导管和木薄壁细胞组成，有时还有木纤维。

在原形成层分化形成初生维管束的过程中，初生韧皮部和初生木质部之间保留了一层分生组织细胞，称为束中形成层（fascicular cambium）。因此，双子叶植物茎中的维管束多为无限维管束，这是双子叶植物茎进行次生生长的基础。

② 髓

位于茎中央部分的薄壁细胞称为髓，由原形成层以内的基本分生组织分化而来，所占的比例较大，细胞中常含淀粉粒、晶体和单宁，主要起贮藏作用。有些植物的髓在发育时破裂而形成髓腔（pith cavity），如伞形科和葫芦科的植物。有些植物的髓部周围部分有排列紧密的、壁较厚的小细胞，与内侧的大细胞差异很大，称为环髓带（perimedullary region），如椴树的髓。

③ 髓射线

髓射线（pith ray）也称初生射线（primary ray），指的是位于两个维管束之间连接皮层与髓的薄壁细胞，由基本分生组织分化而来。双子叶草本植物茎中的初生维管组织排列成分离的维管束，髓射线较宽且容易识别。大多数木本植物茎中的初生维管组织排列成近似圆筒状，髓射线较难辨认，仅为 1 或 2 列薄壁细胞。髓射线除具有贮藏作用外，还发挥横向运输的作用，有的髓射线细胞可脱分化形成束间形成层。

四、双子叶植物茎的次生生长与次生结构

大多数双子叶植物和裸子植物的茎，在完成初生生长基础上，会进一步进行次生生长，从而使茎不断增粗。与根相似，茎的次生结构也是由维管形成层和木栓形成层的活动所形成。其中，维管形成层的活动是茎增粗的主要原因。但是，在次生分生组织的发生与次生结构形成的某些方面，茎与根又有明显的不同之处。

1. 维管形成层的产生及其活动

多数双子叶植物和裸子植物的茎为无限外韧维管束。原形成层在分化形成维管组织

时，在维管束的初生木质部和初生韧皮部之间，留下一层具有潜在分生能力的组织，即为束中形成层，这是维管形成层的主要部分。当次生生长开始时，连接束中形成层的那部分髓射线细胞脱分化从而恢复分生能力，成为束间形成层。束中形成层由原形成层转变而成，而束间形成层则由部分束间髓射线恢复分生能力而成。束中形成层和束间形成层衔接起来，连成一个圆筒状，在横切面上观察则为圆环状，从而构成维管形成层（图 4–26）。

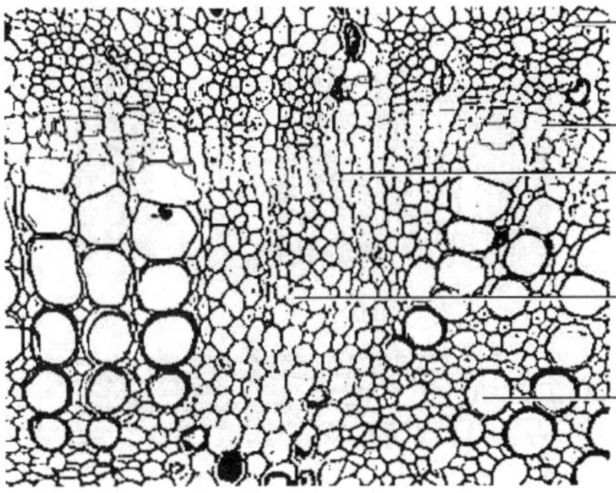

图 4–26 棉幼茎横切面的一部分（示维管形成层的形成）

组成维管形成层的细胞有两种类型：纺锤状原始细胞（fusiform initial）和射线原始细胞（ray initial）。前者是横切面扁平、纵切面两端尖斜的长纺锤形细胞，其长轴与茎的长轴相平行，故称为纺锤状原始细胞，其长度超过宽度数十倍至数百倍，切向面略宽于径向面；后者是横切面长方形，纵切面短轴方形的小细胞，主要分化为射线细胞，故称为射线原始细胞（图 4–27）。

维管形成层通过平周分裂的方式形成次生维管组织。维管形成层中的纺锤状原始细胞进行平周分裂产生的细胞，经过分化向内形成次生木质部，添加在原有的初生木质部的外侧。向外形成次生韧皮部，添加在原有的初生韧皮部的内侧，共同构成纵向的次生维管组织系统。次生木质部和次生韧皮部之间保留着维管形成层及其新衍生的数层细胞所组成的形成层区（或形成层带）。同时，射线原始细胞也进行平周分裂产生由薄壁细胞组成的维管射线（vascular ray）。其中，位于次生木质部的称为木射线（wood ray），位于次生韧皮部的称为韧皮射线（phloem ray）。

通常形成层产生的次生木质部细胞的数量，远比次生韧皮部细胞多。生长 2 ~ 3 年的木本植物茎中，绝大部分是次生木质部。纺锤状原始细胞的分裂，不断向内产生次生木质部，使茎的周径不断增粗。因此，位于次生木质部外围的维管形成层只有随之相应扩大其周径和位置外移，才能适应内部体积的增加。随着茎的增粗，射线的数量也在增加，其原因主要是形成层中射线原始细胞数量的增加。射线原始细胞的增殖分裂和细胞的扩大，也能使形成层的周径不断扩大。

2. 木栓形成层的产生及其活动

随着茎中次生维管组织的不断增加，使茎的直径不断增粗。对于多数植物来说，表皮不能分裂，也不能无限地增长和扩大体积。所以，最终将被内部生长产生的压力挤破，从而失去保护作用。与此同时，茎内近外侧一定部位的细胞，恢复分生能力，形成木栓形成

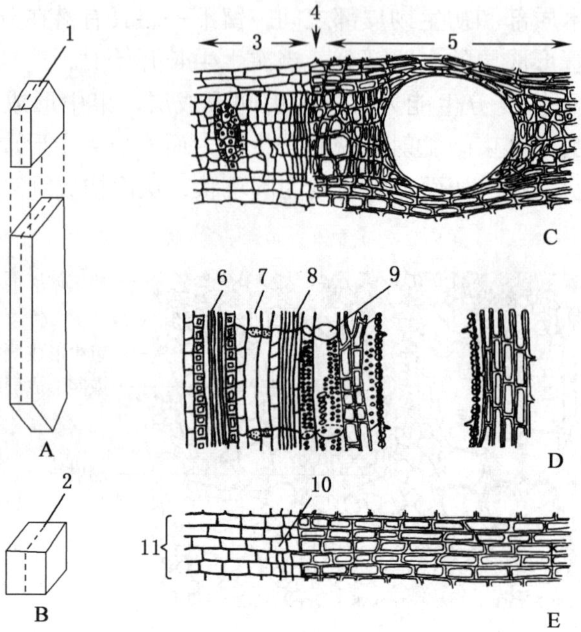

图 4-27 维管形成层及其衍生组织

A. 纺锤状原始细胞 B. 射线原始细胞 C. 刺槐茎横切面一部分 D. 刺槐茎径切面，示轴向系统 E. 刺槐茎径切面
1，2. 平周分裂 3. 韧皮部 4. 形成层 5. 木质部 6. 纤维 7. 筛管 8. 纺锤状原始细胞
9. 导管 10. 射线原始细胞 11. 射线

层。与维管形成层相比，木栓形成层结构较简单，只有一类原始细胞，在横切面上呈现出狭窄的长方形，在切向切面上呈较规则的多边形。木栓形成层以平周分裂为主，向外形成木栓层，向内形成栓内层，共同构成茎的次生保护组织——周皮（图 4-28）。

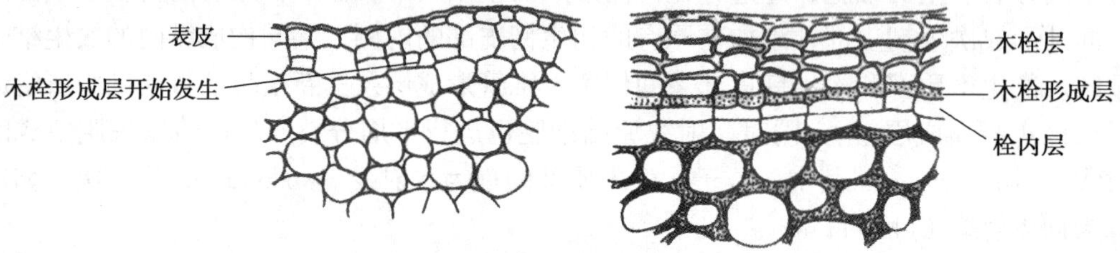

图 4-28 木栓形成层的产生及周皮的形成

茎中木栓形成层的发生和来源比较复杂，木栓形成层的起源因植物而异。通常是起源于紧接表皮的皮层细胞（如桃、杨、胡桃）。有些植物的木栓形成层起源于皮层第二、三层细胞（如刺槐），有些植物起源于皮层的深层（如棉），也有的植物发生于表皮（如苹果、梨和柳等），甚至一些植物可能在初生韧皮部中发生。

大多数植物的木栓形成层活动时间有限，不同植物木栓形成层的寿命长短不一。在一年中，木栓形成层活动持续的时间仅两三个月或略长，停止活动后，由其内侧的薄壁细胞恢复分裂能力，产生新的木栓形成层，逐年内移。较老的茎中，新的木栓形成层甚至可以发生于次生韧皮部，其外则为历年形成的周皮。

3. 双子叶植物茎的次生结构

多数双子叶植物茎与其根一样，除了顶端分生组织产生的初生结构之外，还有次生分生组织产生的次生结构，次生结构也包括次生维管组织和次生保护组织（图 4–29）。

（1）次生维管组织

① 次生韧皮部

次生韧皮部的组成基本上和初生韧皮部中的后生韧皮部相似，包括筛管、伴胞、韧皮薄壁细胞和韧皮纤维。这些组成成分都是由纺锤状原始细胞分裂、生长和分化而成，构成了次生韧皮部的轴向系统，有时还具有石细胞或乳汁管。此外，次生韧皮部中还具有韧皮射线，是由射线原始细胞向外侧分裂出的薄壁细胞作径向伸长而成，构成了次生韧皮部的径向系统。次生韧皮部中各组分的数量和排列状态常因植物种类而异。较老的韧皮射线细胞可以通过垂周分裂和切向增大，使韧皮射线呈喇叭口状（图 4–29）。

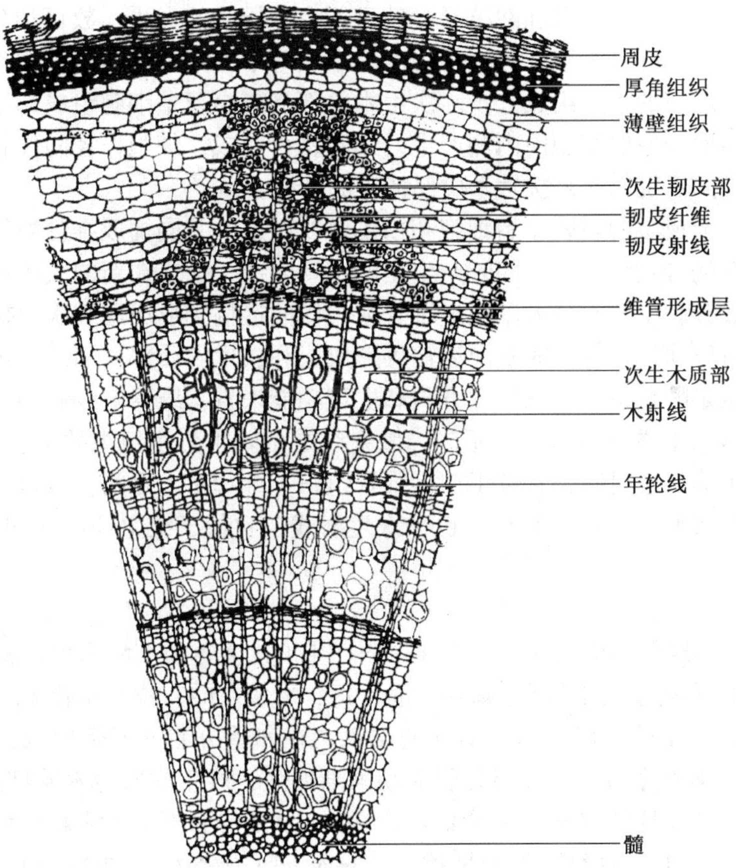

图 4–29 椴树三年生茎横切面

维管形成层产生的次生韧皮部的数量要比次生木质部的少得多，这是由于维管形成层向外侧分裂的次数比向内分裂的少。筛管的输导作用常只能维持一至两年就被新生筛管分子所更新，具有输导作用的韧皮部称为功能韧皮部，而失去输导功能的韧皮部称为无功能韧皮部。无功能韧皮部中衰老的筛管及一些韧皮薄壁细胞受内部生长的压力，渐渐被挤毁。在木本植物的老茎中，次生韧皮部也是木栓形成层发生的场所。由于木栓形成层活动形成周皮后，位于周皮外侧部分的韧皮部会因水分、养料被隔断而死亡，成为干树皮的一部分。这些原因导致茎中次生韧皮部比次生木质部少得多。

次生韧皮部形成时，初生韧皮部被推向外侧。由于初生韧皮部的组成细胞多是薄壁细胞，易被挤压破裂。所以，茎在不断加粗时，初生韧皮部除纤维外，有时只留下挤压成片段的细胞壁残余。

② 次生木质部

就木本植物来说，茎的绝大部分是次生木质部，树木越粗，次生木质部所占的比例也越大，而初生木质部和髓所占比例越小。次生木质部是树木的主要输水结构和支持结构，也是木材的来源。双子叶植物茎的次生木质部主要由导管、管胞、木薄壁组织和木纤维组成，但都有不同程度的木质化。这些组成分子都是由纺锤状原始细胞的衍生细胞发展而来，细胞的长轴都与茎平行，共同组成了次生木质部的轴向系统。次生木质部中的导管以孔纹导管最为普遍，梯纹导管和网纹导管数目不多。导管的大小、数目和分布情况，也因植物的种类而异。木纤维在双子叶植物的次生木质部中的数量比初生木质部中多，和导管一起成为次生木质部的主要组成分子。次生木质部具有由薄壁细胞组成的木射线，细胞壁常木质化。它由射线原始细胞向内侧产生的细胞发育而成，细胞作径向伸长和排列，构成了与茎垂直的径向系统，这是次生木质部特有的结构。

木射线通过形成层的射线原始细胞和韧皮射线相连，共同构成维管射线。木本双子叶植物每年产生新的维管组织，也同时产生新的维管射线，横贯在新的次生韧皮部和次生木质部内。导管或管胞中的水分可以通过维管射线横向运输到形成层和次生韧皮部，筛管中的有机养料也可以通过维管射线横向运输到形成层和次生木质部。因此，维管射线既是横向运输组织，也是贮藏组织。就排列方向和生理功能来看，维管射线和髓射线相似；但从起源、位置和数量上看，两者完全不同。髓射线是由基本分生组织的细胞分裂分化而成，是初生结构，也称初生射线，它位于初生维管组织（维管束）之间，数目一定；而维管射线来自射线原始细胞，是次生结构，也称次生射线，它位于次生韧皮部和次生木质部内，数目不固定。

③ 年轮

木本植物茎的维管形成层在一个生长季内产生的次生木质部称为生长轮（growth ring）。在茎的横切面上可看到多圈的同心圆环，通常每年形成一圈，称为年轮（annual ring）。

年轮的形成是维管形成层季节活动的结果。在四季分明的温带地区，当春季和夏季时，温度适宜，雨水充沛，形成层分裂活动渐渐增强，产生的次生木质部细胞数量增多。导管和管胞的口径大且壁较薄，木纤维含量较少，从而导致形成的木材质地较为疏松，颜色较浅，这部分次生木质部被称为早材（early wood）或春材（图 4–30）。在夏末秋初之后，气温降低，雨水减少，维管形成层活动也随之减弱。此时产生的细胞数量减少，导管和管胞口径小且壁较厚，木纤维含量较多，致使这部分木材质地致密，颜色较深，这部分次生木质部被称为晚材（late wood）或秋材（图 4–30）。一年之中，由早材到晚材的形成是逐渐过渡的；但第二年的早材与前一年的晚材之间存在明显的颜色和质地变化，因而可见明显的同心圆环。每一个圆环代表一年内形成的早材和晚材，即一年中形成的次生木质部，也就是年轮或生长轮。因此，可以通过生长轮的数目计算树木的年龄。由于植物的次

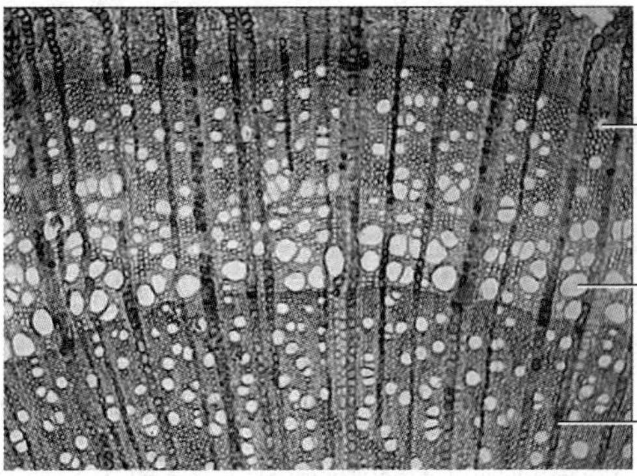

图 4-30 桃树茎横切面（示早材和晚材）

生生长是自下而上依次进行的，因此，只有最靠基部的部分的年轮才能准确地显示树木的生长年龄（图 4-31）。

热带地区没有明显的四季交替，生长在此的树木一般无生长轮。只有在干湿季交替的地区才形成生长轮，雨季维管形成层活动旺盛，形成的次生木质部结构类似早材，旱季维管形成层活动减弱，形成的次生木质部结构类似于晚材。有些植物在一年内的生长周期中，形成层的活动会出现多次生长高峰，从而形成多个生长轮，称为假年轮（false annual ring），例如柑橘属植物，一年中可产生 3 个生长轮。当气候出现异常变化或自然灾害发生时，生长轮的宽窄会发生变化。生长轮实际上是生长环境的变化在植物本身的生长状况上的反映，因此，可以结合当地气候条件和抚育管理措施对生长轮进行比较、分析，从中总结出树木快速生长的规律，并从树木生长的变化中了解当地历年及远期气候变化的情况和规律（图 4-31）。

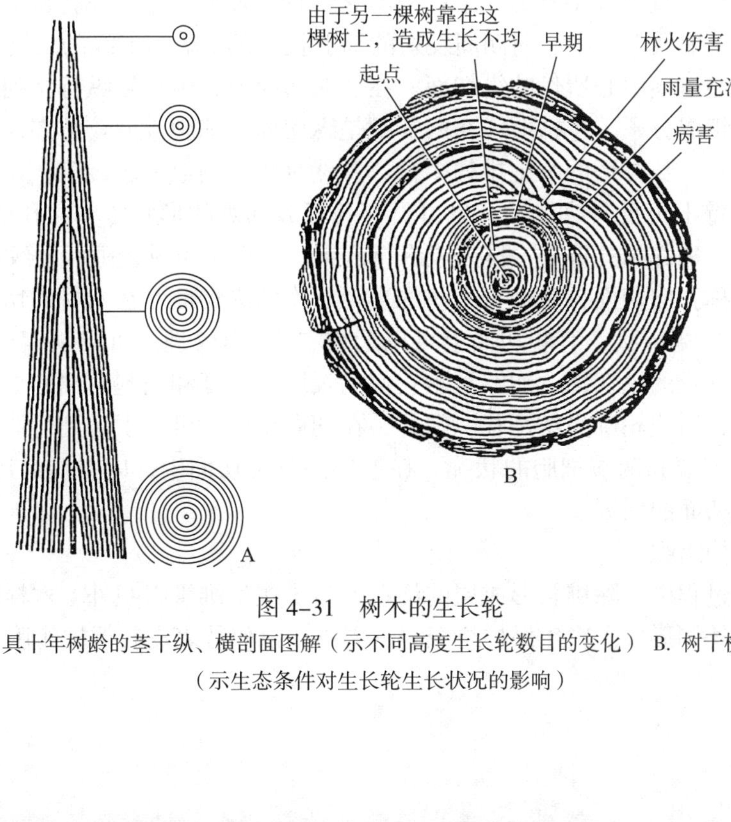

图 4-31 树木的生长轮

A. 具十年树龄的茎干纵、横剖面图解（示不同高度生长轮数目的变化） B. 树干横剖面（示生态条件对生长轮生长状况的影响）

④ 边材和心材

随着年轮的增多，茎的次生木质部常有边材（sap wood）和心材（heart wood）的区别。靠近维管形成层的次生木质部，导管和管胞具有输导功能，木薄壁细胞和木射线都是生活的细胞，因此颜色较浅，这部分次生木质部细胞称为边材。在次生木质部的内部，由于导管周围的薄壁细胞从纹孔处挤入导管腔内，形成侵填体（tylosis）堵塞导管，木薄壁细胞也由于树脂、单宁及油类等有机物的累积而死亡，失去贮藏作用，因而形成大量死细胞，此部分木质部称为心材。心材木质较坚硬，色泽较深，有较强的抗病菌、耐酸碱、防腐蚀能力，因而广泛用于建筑、家具制造等方面，具有很高的经济价值。一些植物的心材中还形成特殊的色素，使得其呈现各种色泽，如桃花心木呈红色，乌木呈黑色，因而可以用于制造高档家具和生活用品，如紫檀木、红酸枝木和花梨木的心材都可制高档红木家具。有些植物的心材由于含有特殊的次生代谢产物，可用作药材，如名贵药材檀香。

随着时间的推移，靠近心材的一部分边材会逐渐转变为心材，致使心材逐年增加。同时随着维管形成层的活动，会不断产生新的边材，从而维持边材量的稳定。在不同树木中，边材和心材的比例、心材的颜色和质地等方面也会不同。

⑤ 木材三向切面

木材的品质是选育优良用材树种的关键指标。衡量木材品质的主要标准是木材密度、年轮中早材和晚材之比、纤维长度（裸子植物则考虑管胞的长度）、螺旋纹理以及心材的占比和色泽等方面。要充分理解木本植物茎次生木质部的结构，必须从木材的三种切面，即横切面、径向切面和切向切面进行比较观察。

横切面是与茎的纵轴垂直的切面。在横切面上，生长轮为同心的圆环，可以看到导管、管胞、木薄壁细胞和木纤维等的直径和横切面形状，导管和管胞呈现大小不同的圆孔状。有的树种导管的直径大小相等，均匀分散在一个年轮中，称为散孔材，如柳树、银白杨等。有的树种导管直径大小不等，早材中的导管直径较大，称为环孔材，如刺槐、榆属等。横切面上所见射线是从中心向四周发射的辐射状线条，显示射线的长度和宽度。

径向切面是通过茎中心所作的纵切面。在径向切面上，生长轮纵行排列，构成了木材的花纹，看到的组成分子（包括射线在内）都是纵切面。细胞排列较整齐，尤其是射线细胞与茎的纵轴垂直，长方形的细胞排列多行、井然有序，颇似一段砖墙，显示了射线的高度和长度。导管壁上可见具缘纹孔，也可见穿孔板表面观的形状（单穿孔或复穿孔）。木纤维为长纺锤状，端部相互重叠，排列成纵行的束，其壁上可见缝隙状的纹孔。

切向切面也称弦向切面，是垂直于茎的半径所作的纵切面。在木材的切向切面上，生长轮纵向排列，呈宽带状，有些切面上可以形成“V”形纹理。可以观察到导管、管胞、木薄壁细胞和木纤维的纵切面，能够显示它们的长度、宽度和细胞两端的形状。但观察到射线是其横切面，射线轮廓呈纺锤状。因此，在切向切面上可以了解到射线的高度、射线的宽度、细胞的列数和两端细胞的状况。在上述的三种切面中，以射线的形状最为突出，常作为判断三种切面的依据。

（2）次生保护组织

在次生生长过程中，除维管形成层的活动产生了次生维管组织外，木栓形成层的产生及其活动在茎的外侧形成了次生保护组织——周皮，以代替表皮起保护作用。

① 周皮

木栓形成层形成以后，主要进行平周分裂，向外分裂形成木栓层，向内则形成栓内层。木栓层、木栓形成层和栓内层三者共同构成周皮，是茎的次生保护组织。木栓层细胞层数多，其细胞形状与木栓形成层类似，横切面上呈长方形，细胞排列紧密，无胞间隙。成熟时原生质体解体成为死细胞，细胞壁栓质化，不透水，不透气，因此木本植物的木栓层部分常可作软木塞、救生圈、隔音板及绝缘材料等。栓内层细胞层数较少，为薄壁细胞，可含叶绿体，多为 1 ~ 3 层细胞，有些植物的周皮甚至没有栓内层。

② 皮孔

木栓形成层形成周皮时，常在周皮上形成一种通气结构，称为皮孔，是茎与外界进行气体交换的结构。皮孔通常产生于原来茎表皮的气孔之下，此处的木栓形成层向外产生一些圆球状的排列疏松的薄壁细胞，即补充组织（或填充细胞）。随着补充组织的增多，突破了外围的细胞层而形成突破口，这个突破口即为皮孔（图 4–32）。皮孔的形成，使植物老茎的内部组织与外界得以进行气体交换。皮孔的形状、色泽、大小在不同植物中差异很大，可作为鉴定树种的根据之一。

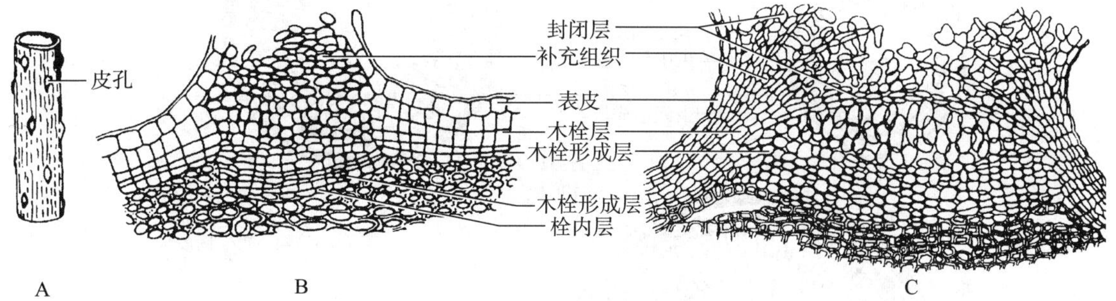

图 4–32 皮孔的结构

A. 一段茎（示皮孔的外形与分布） B. 皮孔的剖面示结构 C. 李属植物茎的外周横剖面（示封闭层）

③ 树皮

随着新的木栓形成层的活动，新产生的周皮将其外侧生活细胞（如栓内层、皮层、韧皮部等处的薄壁细胞）与内部隔绝，营养物质无法运输到这些细胞，细胞逐渐死亡，这些部分便成为无生命的硬树皮（hard bark）。硬树皮是成分复杂的复合组织，包括新的木栓层和已死的韧皮部、皮层和周皮等。硬树皮质地坚硬，常呈条状剥落，又称落皮层。硬树皮以内、维管形成层以外的部分被称为软树皮（soft bark）。软树皮是由生活细胞组成的，包括木栓形成层、栓内层和其内有功能的次生韧皮部。

生活用语中的树皮（bark）概念包括硬树皮和软树皮，是指伐木时从树干上剥下来的皮，主要指的是维管形成层以外的部分。因此，木本双子叶植物的茎一般可区分两个部分，一部分为树皮，即维管形成层以外的部分，包括硬树皮和软树皮；另一部分为木材，即形成层以内的部分，大部分为次生木质部，还有少量的初生木质部、髓射线和中央的髓。

不同植物的树皮形态特征差异较大，通常可以作为鉴定树种的重要依据。硬树皮形态的差异主要是由不同植物的木栓形成层的发生、分布及树皮组成情况的差异导致。当木栓形成层为层状或条状分布，且死亡的组织长时间不脱落时，树皮就呈现出许多深裂纵沟，如洋槐和榆。当木栓形成层发生时呈鳞片状分布，则形成鳞状树皮，如洋梨和松属。当木栓形成层呈连续的筒状分化，则树皮呈现为比较光滑，最后呈套状剥落，称环状树皮，如金银花属和葡萄属植物。一些植物属于鳞状与环状树皮的中间类型，木栓形成层为环状，当茎径增粗时，木栓层扩张破裂，树皮大片脱落，出现鳞片状光滑的斑痕，如悬铃木属和一些桉属植物。

总之，多年生双子叶植物茎从小到大发育的过程如图 4-33。

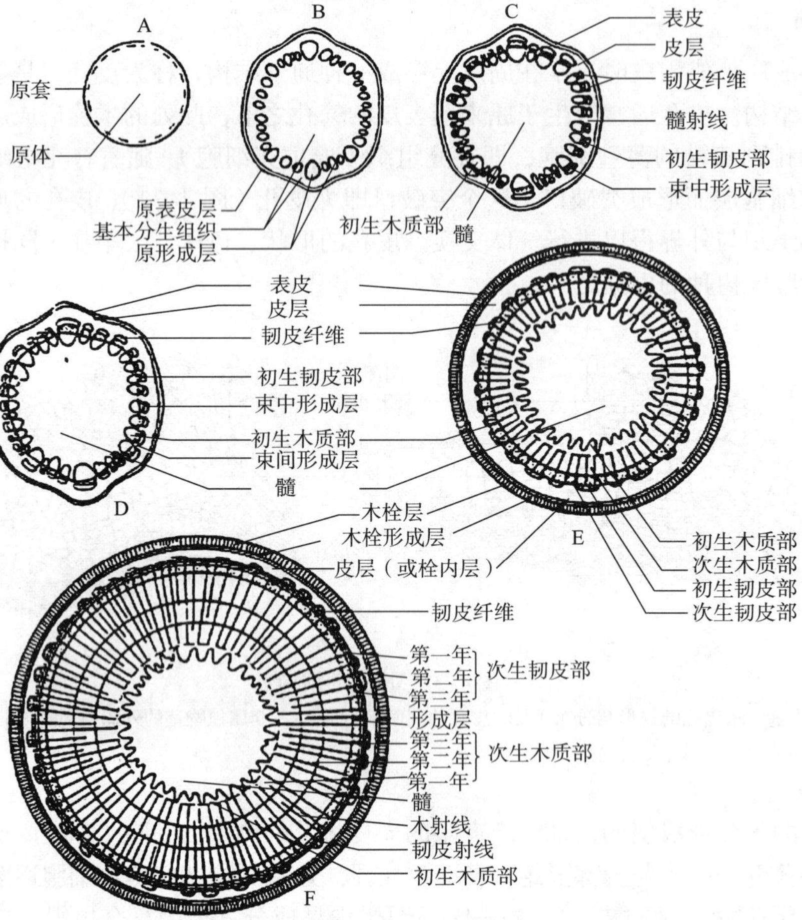

图 4-33 多年生双子叶植物茎的初生与次生生长图解

A. 初生分生组织 B. 初生结构 C. 维管形成层的产生 D. 次生木质部和次生韧皮部的产生 E. 周皮的形成 F. 次生结构

五、禾本科植物茎的结构

单子叶与双子叶植物茎尖的结构相同，但由茎尖发育形成的茎的结构则有所不同。由于单子叶植物茎结构类型较多，本书以禾本科植物为代表，展示单子叶植物茎的结构特点。

禾本科植物表皮细胞由长细胞和短细胞构成，细胞排列较为整齐，长细胞和短细胞纵向相间排列（图 4-34），表皮上还分布有少数气孔。长细胞是发生角质化的表皮细胞，短细胞包括发生木栓化的栓质细胞（suberin cell）和含二氧化硅的硅质细胞（silica cell）。

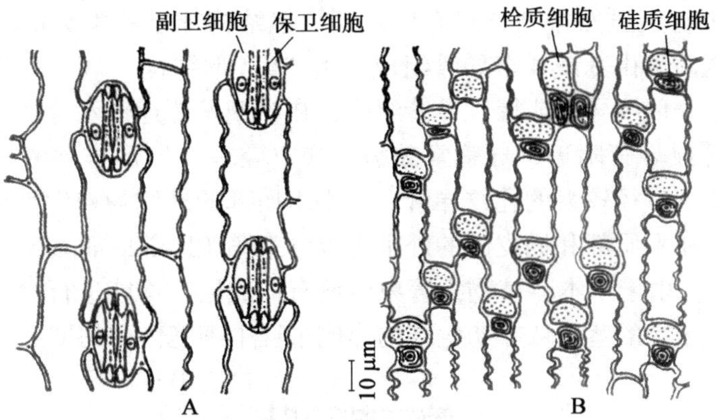

图 4–34 甘蔗茎表皮的表面观

A. 具有气孔的茎的表皮 B. 具有栓质细胞和硅质细胞的茎的表皮

表皮以内，除维管束以外的部分为基本组织。基本组织主要是薄壁细胞，越向中心，细胞越大，维管束分布在基本组织之间，因此无法划分出皮层和髓部，但基本组织兼具皮层和髓的功能。基本组织靠近表皮的部分是厚壁细胞组成的机械组织，能够增强茎的支持能力，对植物的抗倒伏发挥重要作用。禾本科植物维管束的数目很多，在有的植物茎中，维管束是散生的，如玉米、甘蔗等有实心茎的禾本科植物（图 4–35）。在另外一些植物的茎中，维管束则成内、外两轮排列，中央为髓腔，如水稻和小麦（图 4–36A，B）。

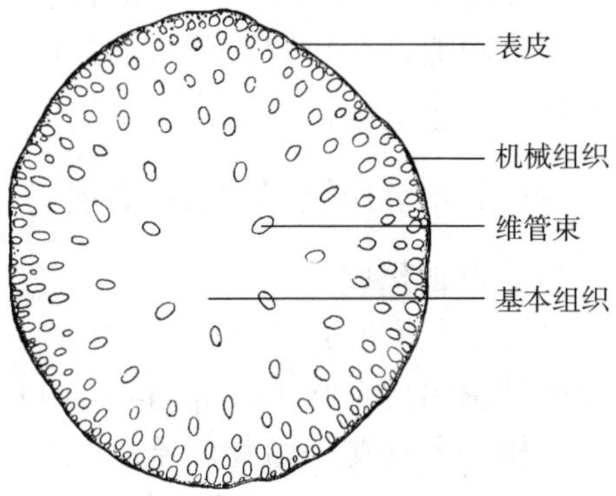

图 4–35 玉米茎节间部分轮廓图

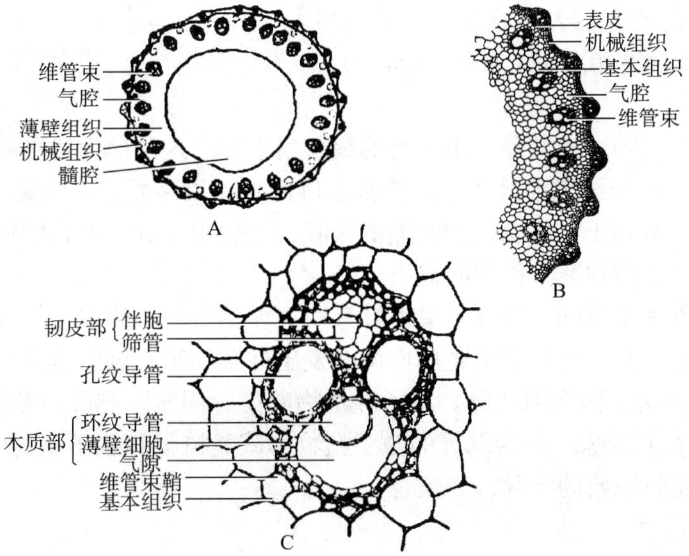

图 4–36 水稻茎横切面的一部分

A. 横切面轮廓图 B. 横切面的部分放大 C. 一个维管束的放大

不同植物的维管束虽然排列方式有所不同，但结构却是基本类似，都属于外韧维管束。维管束中的木质部由 3 或 4 个导管组成，呈“V”形结构。“V”形排列的导管下部为原生木质部，由 2 个环纹导管或螺纹导管组成，在初期发挥运输水分的功能，能随着茎的生长而拉伸，在环纹导管附近，导管常破裂形成空腔。“V”形排列的导管的两臂位置为后生木质部，有 2 个口径较大的孔纹导管。初生木质部的外侧为初生韧皮部，能观察到筛管和伴胞的存在。在木质部和韧皮部的外围为维管束鞘（bundle sheath），由一圈厚壁组织构成，（图 4-36C）。由于禾本科植物维管束内没有形成层，不能进行次生生长，所以没有次生结构。单子叶植物的茎是依靠初生结构形成过程中细胞体积的增大而实现加粗。

第三节 叶

叶（leaf）完全暴露于空气中，是植物重要的营养器官。叶形态多种多样，是鉴别植物种类的重要依据之一。典型叶的主要功能是进行光合作用和蒸腾作用。为了能够完成这些生理功能，在长期的自然选择作用下，植物叶形成了与其功能相适应的形态和解剖学特征。

一、叶的形态与生理功能

1. 叶的组成

叶一般由叶片（blade）、叶柄（petiole）和托叶（stipule）三部分组成，具有这三部分的叶称为完全叶（complete leaf）（图 4-37），如梨、桃、大红花等植物的叶。某些植物的叶仅具一或两个部分，称为不完全叶（incomplete leaf），如油菜、向日葵等的叶缺少托叶，烟草、莴苣等的叶缺少叶柄和托叶，还有些植物的叶甚至没有叶片，只有一扁化的叶柄着生在茎上，称为叶状柄（phyllode），如台湾相思（*Acacia confusa*）。

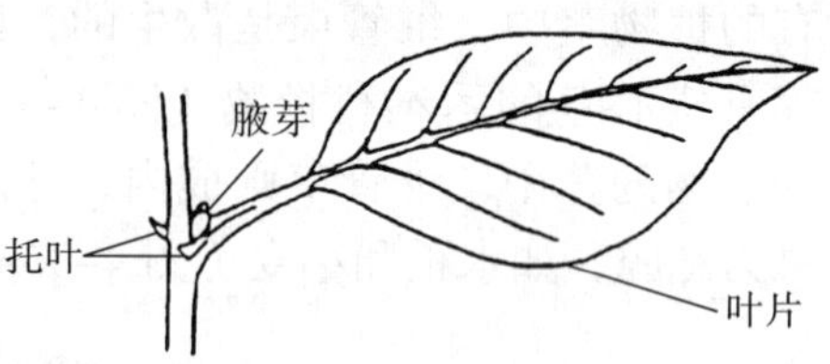

图 4-37 完全叶

（1）叶片

叶片是叶最主要的组成部分，多为薄的绿色扁平体。这种薄而扁平的形态，具有较大的表面积，能缩短叶肉细胞与叶表面的距离。叶脉处于网络状态，发挥支持和输导作用。叶片的这些特征，有利于气体交换和光能的吸收，有利于水分、养料的输入以及光合产物的输出，是对光合作用和蒸腾作用的适应。

叶片内分布着大小不同的叶脉。沿着叶片中央纵轴有一条最明显的叶脉称为主脉，其余的叶脉称为侧脉。双子叶植物由主脉向两侧发出许多侧脉，侧脉再分出细脉，侧脉和细脉彼此交叉形成网状，称为网状脉。单子叶植物的主脉明显，侧脉由基部发出直达叶尖，各叶脉平行，称为平行脉。一些低等的被子植物、蕨类植物和裸子植物叶脉作二叉分枝，形成叉状脉，是比较原始的叶脉，如银杏。

（2）叶柄

叶柄位于叶片基部，是连接叶片和茎的结构。叶柄是叶片和茎之间水分和营养物质交流的通道，还具有支持叶片的功能。叶柄通常为细长、上面略有凹槽的结构。

叶在茎上有多种排列方式，不论是互生、对生或轮生，相邻两节的叶总是呈互不重叠的镶嵌状态，这种现象称为叶镶嵌（leaf mosaic）。这是由于植物叶柄通过自身长短的变化和扭曲使叶片在空间中伸展，从而使叶片互相不遮阴，接受较多阳光，促进光合作用进行。例如，番薯的蔓生茎，由于某些叶柄的基部能弯曲生长，使各叶片表面一致向上，几乎成一个水平面，叶片能够接受更多的阳光。叶镶嵌也出现在节间短、叶簇生在茎上的植物，如白菜、萝卜、蒲公英等。这些植物的叶生长很密集，但都以一定角度彼此嵌生，并且下部的叶柄较长，上部的叶柄较短，从顶上看下去，呈明显的镶嵌形态。

各种植物的叶柄长短不一。有些植物的叶无叶柄，叶片直接生在茎上，称为无柄叶（sessile leaf），如荠菜、苦苣菜等。

（3）托叶

托叶位于叶柄和茎的连接处，通常成对而生。一般着生在叶柄基部的两侧，也有的着生在叶腋处。托叶通常都是小叶形的，也有的植物托叶很大，与叶相似，如豌豆的托叶。托叶的功能在不同植物中有所差异。一般植物的托叶具有保护正在发育的幼叶的功能，也有保护幼芽的功能，如木兰属植物。有的植物的托叶具有攀缘功能，如菝葜的托叶，刺槐的托叶可以保护植物体，豌豆的托叶可进行光合作用。大多数植物的托叶寿命较短，在叶成熟后不久就脱落了。木兰科植物（如白兰）的托叶脱落后在节上留下的环状结构称为托叶环。在观察植物的时候，要注意托叶的早落性，避免把托叶脱落的叶误认为无托叶的叶。

叶可分为单叶（simple leaf）和复叶（compound leaf）。一个叶柄上只生有一个叶片，该叶片不论是完整或分裂，都称为单叶，如女贞、棉花的叶。如果在一个叶柄上着生两个或两个以上完全独立的小叶，则称为复叶，如花生、龙眼的叶。

2. 禾本科植物的叶片

禾本科植物的叶由叶片和叶鞘（leaf sheath）两部分组成（图 4-38）。叶鞘包裹着茎秆，发挥保护茎居间生长（intercalary growth）、加强茎的支持作用和保护叶腋内幼芽的功能。禾本科植物的叶片扁平狭长呈披针形或线形，叶鞘和叶片相连接处的近轴面，有一片向上突起的膜状结构，称为叶舌（ligule）。叶舌能使叶片向外倾斜，使叶片接受更多的阳光，同时防止病原菌、害虫和雨水进入叶鞘中。一些禾本科植物（如大麦和小麦）在叶鞘上端的两侧与叶片相接处，有突出物，称为叶耳（auricle）。叶舌和叶耳的有无、大小、形状、色泽是鉴定禾本科植物品种及物种的重要依据。另有部分植物在叶片和叶鞘相连

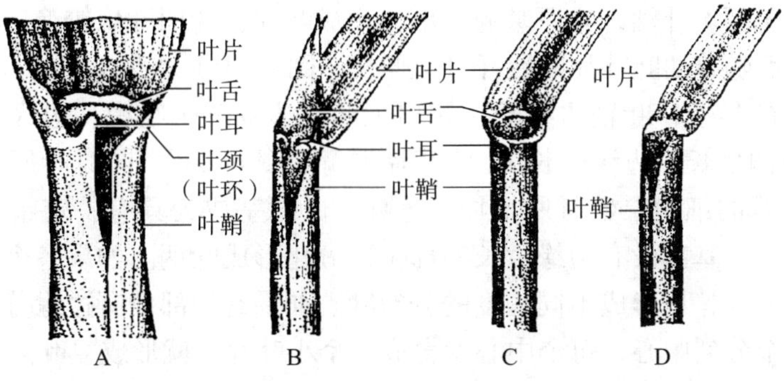

图 4-38 禾本科植物叶片与叶鞘连接交界处的形态

A. 甘蔗叶 B. 水稻叶 C. 小麦叶 D. 稗叶

处的外侧，存在色泽不同的环带，称为叶颈或叶枕。叶颈具有弹性，可延伸，可调节叶片方位。

3. 叶的生理功能

（1）光合作用

光合作用是植物利用太阳能，在光合色素和有关酶类的作用下，将二氧化碳和水转换为有机物（主要是碳水化合物），将光能转化为化学能贮存起来，同时释放氧气的过程。光合作用是地球上最大规模的将无机物转变成有机物、将光能转化成化学能的过程。光合作用释放氧气，吸收二氧化碳，从而有效地维持大气成分的平衡，为地球生物创造了良好的生存环境。

（2）蒸腾作用

蒸腾作用是植物体内的水分以气体形式散失到大气中的过程。植物所吸收的水分大约99% 通过蒸腾作用散失到大气中，只有 1% 作为植物体的构成部分。蒸腾作用对于植物生命活动具有重要意义，蒸腾作用产生的蒸腾拉力是植物吸收和运输水分的主要动力。蒸腾作用引起的上升液流，有助于将根吸收的矿质元素和根中合成的有机物转运到植物体的其他部分。另外，蒸腾作用能够降低叶片的温度，避免叶温过高，对叶片造成灼伤。

叶片还有吸收的能力，如向叶面喷洒一定浓度的肥料或农药，均可被叶表面吸收。有些植物的叶还能进行繁殖，在叶片边缘的叶脉处可以形成不定根和不定芽。当它们自母体叶片上脱离后，即可形成新的植株。如在繁殖柑橘属、秋海棠属植物时，便可采用叶扦插的方法来进行。叶也有多种经济价值，油菜和菠菜等植物的叶可食用，颠茄和薄荷等植物的叶可入药，留兰香等植物的叶可用作香料，剑麻的叶子可用于造纸，龟背竹等植物具有较高的观赏价值。

二、叶的发生及生长

叶在芽中已经开始形成，它的发育开始于茎尖生长锥基部的叶原基。叶原基初形成时，所有细胞还处于原分生组织的状态，在发育过程中，细胞逐渐过渡到初生分生组织。叶原基发生时，茎尖周缘分生组织区一定部位的表层下面一到二层细胞进行平周分裂，表层的细胞又进行垂周分裂，由此形成一个向外的突出物，即叶原基。叶原基首先进行顶端生长，顶端部分的细胞继续分裂，使整个叶原基长成为一个锥体，称为叶轴，叶轴是没有分化的叶片和叶柄。叶原基形成后，如果是完全叶，叶原基基部的细胞迅速分裂、生长、分化形成托叶，包围着叶轴，叶原基的上部分化成叶片，叶柄分化较晚。当叶片从芽中展开时才显现，以后随着幼叶叶片的展开迅速伸长（图 4–39）。

在叶轴伸长的早期，叶轴边缘的两侧出现两条边缘分生组织，边缘分生组织进行分裂，叶原基向两侧生长（边缘生长），使叶片加宽（图 4–40）。同时叶原基还进行一些平周分裂，使叶原基的细胞层数有所增加，这样，叶原基成为具有一定细胞层数的扁平形状，形成幼叶。叶轴基部没有边缘生长的部位，分化形成叶柄。如果各个部位边缘分生组织分裂的速度不一致，可形成不同程度的分裂叶。如果有的部位有边缘分生组织，有的部位无，形成若干个分裂中心，每个中心发育成一个小叶片，就形成复叶。

边缘生长进行一段时间后，顶端生长停止，当幼叶从芽中伸出，边缘生长停止，叶片部分发生近似平均的表面生长，增加幼叶的面积（居间生长），直到叶片成熟。由于不同

图 4–39 完全叶形成过程的图解

A，B. 叶原基的形成 C. 叶原基分化为上下两部分 D ~ F. 托叶原基与幼叶形成（A ~ F. 在芽中） G. 成熟的完全叶

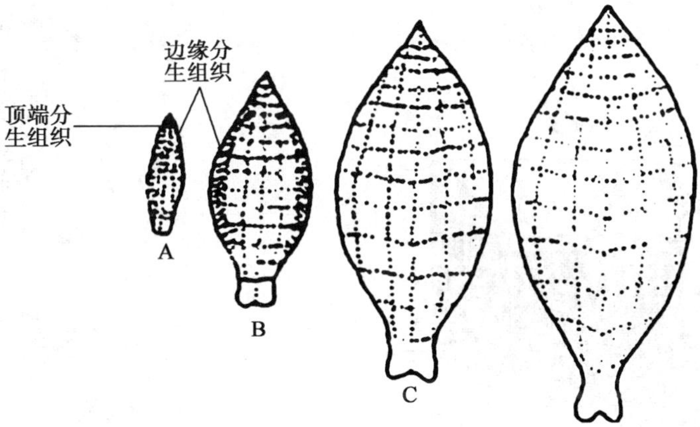

图 4–40 烟草叶的发育

A，B. 芽内的顶端生长与边缘生长 C，D. 芽外的居间生长（方格是添加标记，示近似平均的生长）

部位居间生长的速度不同，结果形成不同形状的叶，居间生长伴随内部组织的分化成熟，成熟的顺序是由叶尖至叶基。

当叶轴发育形成幼叶后，幼叶内已经没有边缘分生组织存在，这时期幼叶的表面为原表皮层，原表皮层以内是几层细胞构成的基本分生组织（叶内的基本分生组织只进行垂周分裂），基本分生组织中分布着原形成层束。在居间生长过程中，原表皮发育成表皮，基本分生组织发育成叶肉，原形成层发育成叶脉，共同构成一片成熟的叶。

三、双子叶植物叶的结构

1. 叶片的结构

双子叶植物叶片由表皮、叶肉和叶脉三部分组成，多呈扁平状，使叶片具有更大的光合面积。由于叶片上下两面受光不同，内部结构也有所差异。一般把向光的一面称为上表面（近轴面或腹面），另一面称为下表面（远轴面或背面）。大多数植物的叶片由于腹面直接对光，使得背腹两面的内部结构相应地出现差异，这种叶称为异面叶（dorsiventral leaf）或两面叶（bifacial leaf）（图 4–41）。有些植物的叶片与枝的长轴近乎平行或与地面近乎垂直，叶片两面的受光情况相似，因而内部结构也相似，这种叶称为等面叶（isobilateral leaf）。

（1）表皮

表皮来源于原表皮，覆盖着叶的表面，有上表皮和下表皮之分，近轴面的为上表皮，远轴面的为下表皮。大多数植物叶的表皮由一层细胞构成，少数植物叶的表皮是由多层细胞构成的，称为复表皮（multiple epidermis）。如印度橡胶树叶片表皮有 3～4 层细胞，夹竹桃和海桐的表皮为 2～3 层细胞组成的复表皮。表皮主要由表皮细胞、气孔器和毛状体组成（图 4–42）。

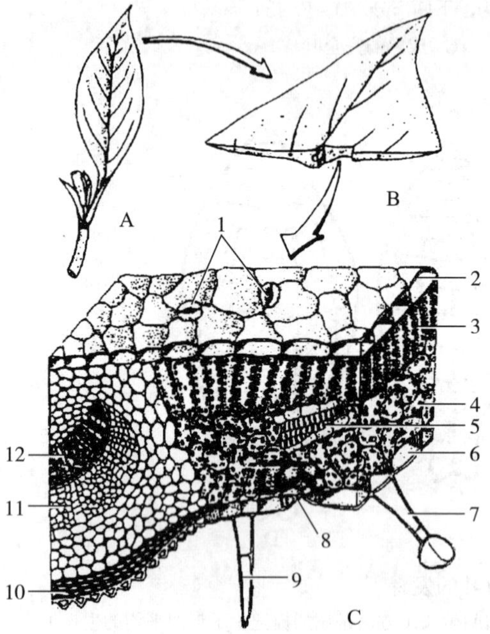

图 4–41 双子叶植物叶的解剖

A. 着生在枝条上的叶片 B. 割下叶尖放大图，表示近中肋处割取一部分 C. 近中肋部分叶片解剖结构

1. 气孔器 2. 上表皮 3. 栅栏薄壁组织 4. 海绵薄壁组织 5. 侧脉纵切面 6. 下表皮 7. 腺毛 8. 气孔 9. 表皮毛 10. 厚角组织（机械组织） 11. 韧皮部 12. 木质部

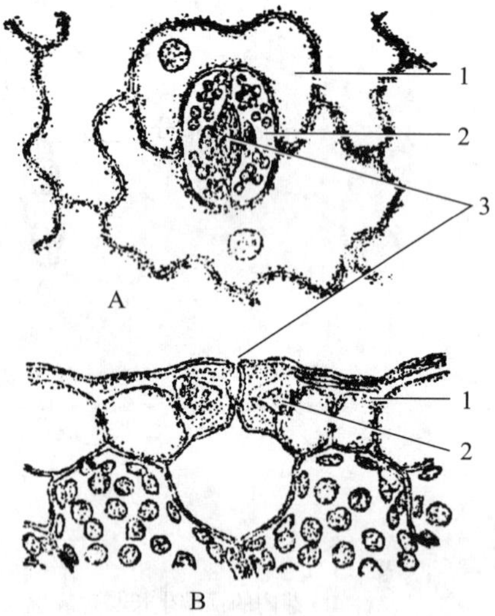

图 4–42 双子叶植物叶表皮的一部分（示表皮细胞与气孔器）

A. 表皮顶面观 B. 叶横切面的一部分

1. 表皮细胞 2. 保卫细胞 3. 气孔

① 表皮细胞

表皮细胞是表皮的主要组成成分，为生活的薄壁细胞。表皮细胞多为波纹状、边缘不规则的扁平体，细胞彼此紧密嵌合，没有胞间隙。在横切面上，表皮细胞的形状十分规则，呈扁平长方形，外切向壁较厚，并覆盖有角质膜。上表皮的角质膜一般比下表皮的发达，角质膜的发达情况常随植物的特性、生长环境和发育年龄而变化。角质膜能够减少蒸腾作用，并在一定程度上抵御病菌和异物的侵入，它具有较强的折光性，能够防止强光对叶片造成的灼伤，对热带植物而言，这种保护作用更为重要。角质膜也具有一定的透性，植物体内的水分可通过叶片表皮角质膜蒸腾散失一部分。生产上采用叶面施肥，一部分养

料通过气孔进入叶内，一部分透过表皮角质膜进入细胞。表皮细胞中通常不含叶绿体，有的植物表皮细胞含有花青素，使叶片呈现红、蓝、紫色。

② 气孔器

叶表皮上分布有许多气孔器，这与叶片光合作用和蒸腾作用密切相关。气孔器由两个肾形的保卫细胞围合而成。两个保卫细胞之间的空隙称为气孔，它们是叶片与外界环境之间交流的孔道。有些植物（如甘薯等）在保卫细胞之外，还有较整齐的副卫细胞。保卫细胞的细胞壁，在靠近气孔的部分增厚，上下方都有棱形突起，而邻接表皮细胞一侧的细胞壁较薄。叶片保卫细胞的原生质体细胞质丰富，有较多叶绿体和淀粉粒，这些特点与气孔开闭的自动调节密切相关。当光合作用累积的淀粉转变为简单的糖类时，保卫细胞中细胞液的浓度增加，保卫细胞从周围的表皮细胞吸入水分而膨胀。由于它们细胞壁厚薄不均匀，两边的延伸性不同，近气孔的细胞壁较厚，扩张较少，而邻接表皮细胞的细胞壁较薄，扩张较多，致使两个保卫细胞相对弯曲，其间的气孔裂缝得以张开。当保卫细胞失去水分，近气孔的细胞壁收缩较少而远气孔的细胞壁收缩较多，保卫细胞就萎软直立，其间的气孔裂缝得以关闭。

一般在正常气候条件下，气孔的开闭具有昼夜周期性。气孔常于晨间打开，有利于进行光合作用；午前张开到最高峰，此时，气孔蒸腾也迅速增加，保卫细胞失水渐多；中午前后，气孔渐渐关闭；下午当叶内水分渐渐增加之后，气孔再度张开；到傍晚后，因光合作用停止，气孔则完全闭合。气孔开闭的周期性，随气候和水分条件、生理状态和植物种类而有差异。了解气孔开闭的昼夜周期变化和环境的关系，对于选择根外施肥的时间具有实际的意义。

③ 毛状体

毛状体是表皮上的附属物，其类型、功能、结构因植物不同而异。如棉花叶有单细胞簇生的毛和乳头状的腺毛，在中脉背面，还有呈棒状突起的蜜腺。茶幼叶下表皮密生单细胞的表皮毛，在表皮毛周围，分布有许多腺细胞，能分泌芳香油，加强表皮的保护作用。

④ 排水器

有些植物的叶尖和叶缘有排水器。在温暖的夜晚或清晨，空气湿度较高时，叶片的蒸腾微弱，植物体内的水分就从排水器溢出，在叶尖或叶缘集成水滴，这种现象称为吐水。吐水现象是根系吸收作用正常的一种标志。

（2）叶肉

叶肉（mesophyll）由基本分生组织发育而来，分布于上、下表皮之间，主要由同化组织构成，一些植物的叶肉还有分泌腔、含晶体的异细胞和石细胞等结构。叶肉细胞因含有大量的叶绿体，是植物进行光合作用的主要场所。通常由于叶片背面和腹面受光情况不同，异面叶中，近轴面（腹面）的叶肉细胞分化为栅栏组织，远轴面（背面）的叶肉细胞分化为海绵组织。等面叶的叶肉细胞在上、下表面都有栅栏组织的分化，或者没有栅栏组织和海绵组织的分化，等面叶的背腹面颜色差别不大（图 4–43）。

① 栅栏组织

栅栏组织是一层或几层长柱形的薄壁细胞，内含有大量的叶绿体，其长轴与上表皮垂直相交，呈栅栏状排列。在叶片横切面上，栅栏组织排列紧凑，而在与表皮平行的切面上观察，栅栏组织细胞之间互相不接触或很少接触，形成发育良好的胞间隙系统，保证了每

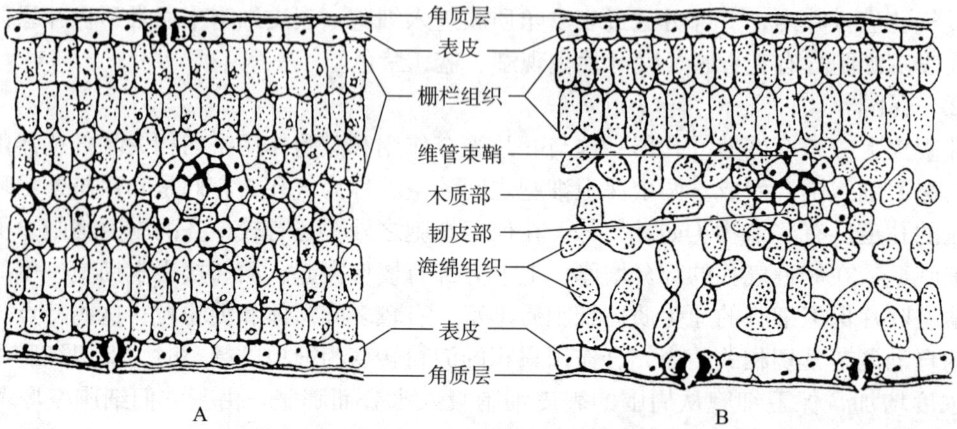

图 4-43 等面叶和异面叶的结构（引自强胜，2006）
A. 等面叶 B. 异面叶

个细胞与气体充分接触，有利于光合作用时大量的气体交换。

② 海绵组织

海绵组织分布于栅栏组织与下表皮之间，是形状不规则、含少量叶绿体的薄壁组织。细胞排列疏松，胞间隙很大，特别是在气孔内方，会形成较大的气孔下室。海绵组织细胞内含叶绿体较少，故叶片背面的颜色较浅。海绵组织的光合强度低于栅栏组织，其主要功能是进行气体交换和蒸腾作用。

（3）叶脉

叶脉（vein）是叶片内的维管束，由原形成层发育而来，在主脉和较粗侧脉的维管束周围还有薄壁组织和机械组织，是由基本分生组织发育成的。叶脉的主要功能是输导水分、无机盐和养料，并对叶片起机械支持作用。双子叶植物的叶脉多为网状脉，在叶的中央纵轴有一条最粗的叶脉，称为中脉。从中脉上分出的较小分枝为侧脉，侧脉再分枝出更小的细脉，细脉末端称脉梢。因此，双子叶植物叶片内的维管束在叶片中央平面上与叶表面平行地形成互相连接的网状系统。

主脉或大的侧脉由维管束和机械组织组成。主脉中有一到多个维管束。主脉和较粗叶脉维管束的组成与茎中维管束的组成基本相同，只是各组分的体积小一些。木质部位于近轴面，韧皮部位于远轴面。双子叶植物叶脉在木质部与韧皮部之间还有形成层，不过形成层的分裂活动微弱，只产生少量的次生结构。随着叶脉分枝，叶脉的结构越来越简单。首先是形成层和机械组织消失，其次是木质部和韧皮部的组成分子逐渐减少。细脉末端，韧皮部中有的只有数个狭短筛管分子和增大的伴胞，有的只有 1～2 个薄壁细胞。木质部中最后也仅有 1～2 个螺纹管胞（图 4-44）。

维管束的周围除了数量众多的薄壁组织之外，在脉肋的表皮层下面还常有厚角组织（如甘薯）和厚壁组织（如棉花、柑橘）的分布，加强了机械支持作用。机械组织在叶背面尤为发达，因此，主脉和较大的叶脉在背面形成显著突起。有些植物叶的边缘还分布一些排列成束状的机械组织，大大增加了叶片抵抗机械损伤的能力。

2. 叶柄的结构

叶柄的内部结构与茎相似，通过叶迹与茎的维管组织相联系。其基本结构比茎简单，

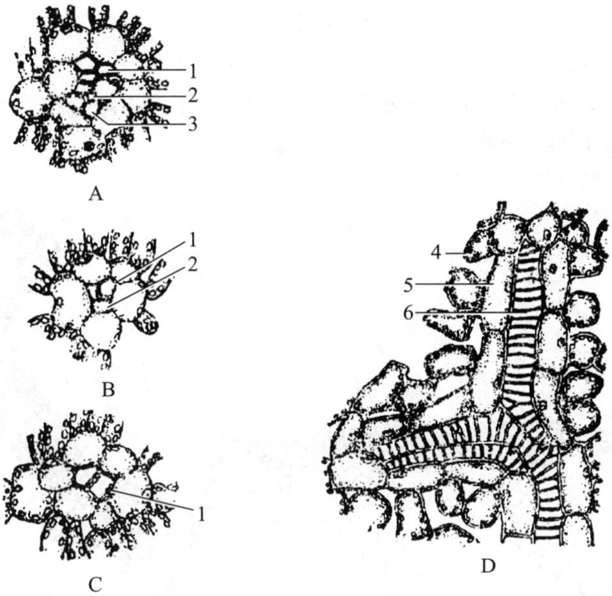

图 4-44 梨属细脉维管束结构

A. 维管束具2个管状分子、2个筛管分子和一些薄壁细胞 B. 维管束具2个管状分子和1个薄壁细胞 C. 维管束末端仅有2个管状分子 D. 维管束纵切面

1. 管状分子 2. 筛管分子 3. 薄壁细胞 4. 海绵组织 5. 边缘薄壁组织 6. 管胞

由表皮、基本组织和维管束三个部分组成。一般情况下，叶柄在横切面上常呈半月形、三角形或近于圆形。叶柄的最外层为表皮层，表皮上有气孔器，常有表皮毛。表皮内大部分是基本组织，紧贴表皮之下为数层厚角组织，内含叶绿体，有时也有一些厚壁组织。这些机械组织既能增强支持作用，又不影响叶柄的延伸、扭曲和摆动。如果是单个外韧维管束，则韧皮部存在于远轴面。如果维管束排列成一圈，则韧皮部环绕在木质部的外部（图 4-45）。

图 4-45 三种类型的叶柄横剖面

注：黑色部分为木质部

3. 托叶的结构

托叶形状各异，常为两侧对称，但也有背腹面之分，扁平。内部结构基本和叶片类似，但各部分组成更简单，分化程度较低，也可进行光合作用。

四、禾本科植物叶的结构

禾本科植物的叶片也是由表皮、叶肉和叶脉三部分组成，但各部分的结构和双子叶植物有所不同。

1. **表皮**

禾本科植物叶片表皮的结构比较复杂，除表皮细胞、气孔器和表皮毛之外，在上表皮中还分布有泡状细胞（图 4–46）。

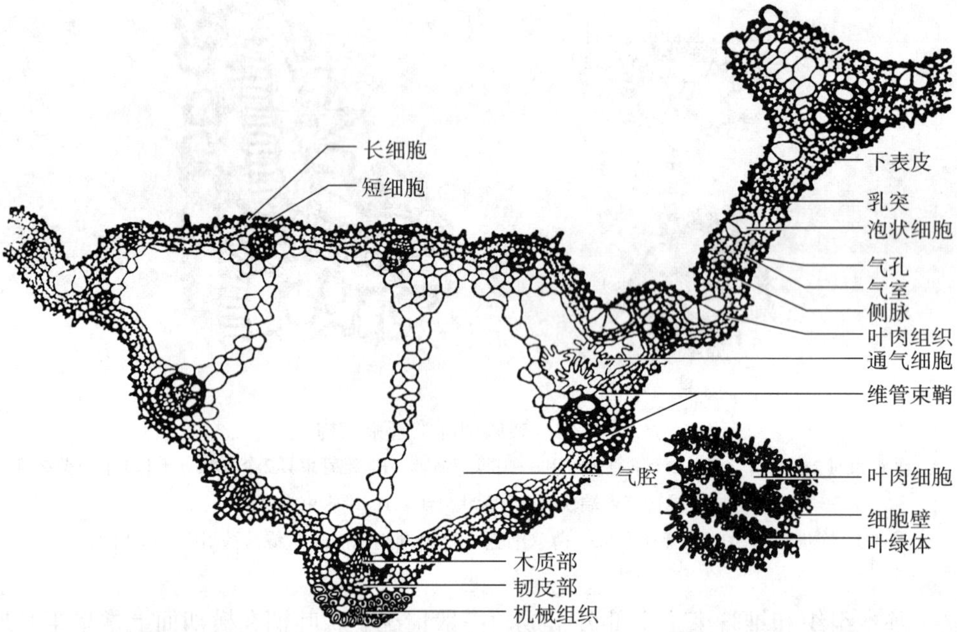

图 4–46 水稻叶的横切面

（1）表皮细胞

禾本科植物的表皮细胞包括近矩形的长细胞和方形的短细胞两类。长细胞是表皮的主要组成成分，其长轴与叶片的纵轴平行，呈纵行排列。细胞的外侧壁不仅角质化，而且高度硅质化，形成一些硅质和栓质的乳突，故禾本科植物的叶比较坚硬。长细胞也可和气孔器交互组成纵列，分布于叶脉相间处。短细胞为正方形或稍扁，插在长细胞之间，短细胞又可分为硅细胞和栓细胞，两者成对或单独分布在长细胞列中，并和长细胞交互排列（图 4–47）。硅细胞除细胞壁硅质化外，细胞内充满一个硅质块，是死细胞，栓细胞壁栓质化，它们分布于叶脉的上方。许多禾本科植物表皮中的硅细胞常向外突出，如齿状或成为刚毛，使表皮坚硬而粗糙，加强了抵抗病虫害侵袭的能力。农业生产上施用硅

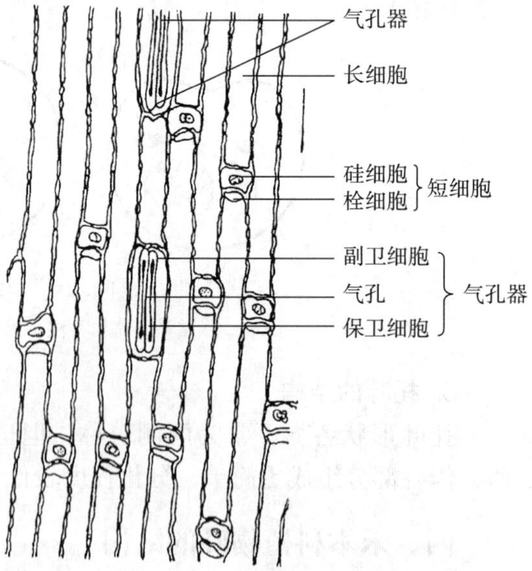

图 4–47 小麦叶表皮的结构

酸盐或采用稻草还田的措施，以利于细胞壁的硅质化和抗病虫能力的提高。

（2）泡状细胞

两个叶脉之间的上表皮中分布一些大型细胞，其长轴与叶脉平行，称为泡状细胞或运动细胞。泡状细胞常 5 ~ 7 个为一组，中间的细胞最大，两旁逐渐变小。在叶片横切面上，每组泡状细胞的排列常似展开的折扇形，泡状细胞中都有大液泡，不含或含有少量叶绿体。通常认为当气候干燥、叶片蒸腾失水过多时，泡状细胞发生萎蔫，从而导致叶片内卷成筒状，以减少蒸腾。当天气湿润、蒸腾减少时，泡状细胞又吸水膨胀，于是叶片又展开。植物叶片失水内卷，也与叶片中的其他组织的差别收缩、厚壁组织的分布、组织之间的内聚力等因素有关。在小麦、玉米、甘蔗的栽培或水稻的晒田过程中，如果发现叶片内卷，傍晚仍能复原，说明叶的蒸腾量大于根系的吸收量，这是炎热干旱条件下常有的现象。如果叶片到晚上仍不展开，这是根系吸水不足的标志，说明植物受到干旱伤害。

（3）气孔器

禾本科植物的气孔器由两个长哑铃形的保卫细胞和其外侧的一对近似菱形的副卫细胞组成。气孔器在表皮上与长细胞相间排列成纵行，称为气孔列。成熟的保卫细胞形状狭长，两端膨大，壁薄，中部细胞壁特别增厚。当保卫细胞吸水膨胀时，薄壁的两端膨大，互相撑开，于是气孔开放；缺水时，两端收缩，气孔得以关闭（图 4–48）。禾本科植物叶片上、下表皮的气孔数目几乎相等，这个特点与叶片生长比较直立、没有腹背结构之分有关。但是气孔在近叶尖和叶缘的部分却分布较多，气孔多的地方，有利于光合作用，也增强了蒸腾失水。

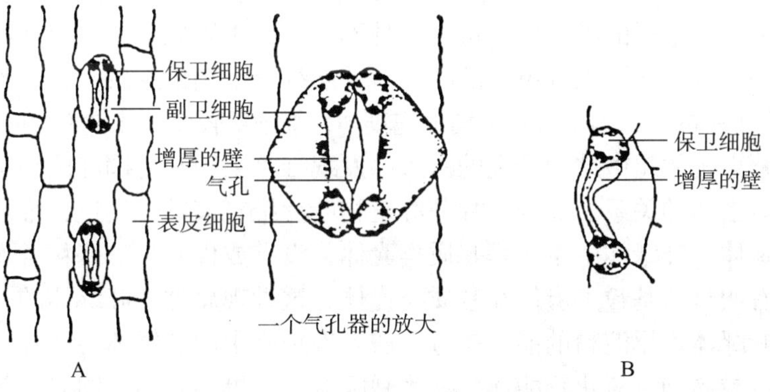

图 4–48　竹叶的表皮和气孔

A. 正面观　B. 侧面观

2. 叶肉

禾本科植物的叶肉，没有栅栏组织和海绵组织的分化，为等面叶。各种禾本科植物的叶肉细胞在形态上有不同的特点，甚至不同品种或植株上不同部位的叶片中，叶肉细胞的形态也稍有差异。叶肉细胞的细胞壁往往向内皱褶，形成具有“峰、谷、腰、环”的结构（图 4–49），这就有利于更多的叶绿体排列在细胞边缘，易于接受 CO_2 和光照，进行光合作用。当相邻叶肉细胞的“峰、谷”相对时，可使细胞间隙加大，便于气体交换。同时，多环细胞与相同体积的圆柱形细胞相比，相对减少了细胞的个数，细胞壁减少了，对于物质的运输更为有利。

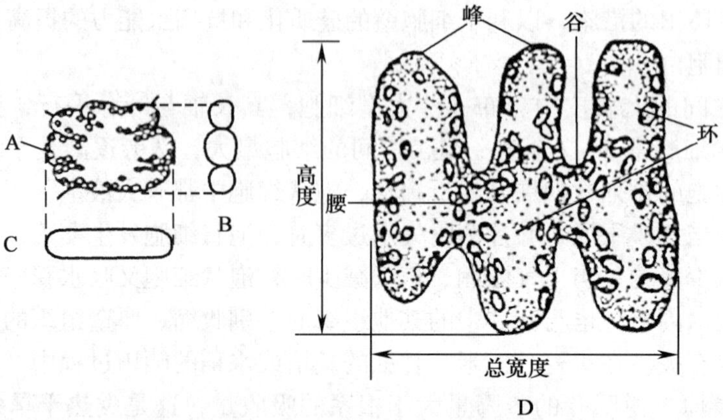

图 4–49 禾本科植物叶肉细胞形态

A ~ C. 水稻叶肉细胞形态（A. 横剖面 B. 平行于叶表的纵切面 C. 与叶表成直角的纵切面） D. 小麦一个叶肉细胞

3. 叶脉

禾本科植物的叶脉为平行脉，中脉明显粗大，与茎内的维管束结构相似，侧脉大小均匀，彼此平行。维管束均为有限维管束，没有形成层。木质部和韧皮部的排列类似双子叶植物。维管束外有 1 ~ 2 层细胞包围，形成维管束鞘，在不同光合作用途径的植物中，维管束鞘细胞的结构有明显区别。

玉米、甘蔗、高粱等 C_4 植物的维管束鞘是由单层薄壁细胞组成的，细胞较大，排列整齐，细胞内的叶绿体比叶肉细胞所含的叶绿体大，数量多。小麦和大麦等 C_3 植物的维管束鞘有 2 层细胞，水稻的维管束鞘可因品种不同而为 1 层或 2 层，但在细脉中则一般只有 1 层维管束鞘。具有 2 层维管束鞘的叶脉，外层维管束鞘细胞较大，细胞壁较薄，所含叶绿体较叶肉细胞中的少；内层维管束鞘细胞较小，细胞壁较厚，几乎不含或含少量叶绿体。

随着对维管束鞘的超微结构研究的深入，发现维管束鞘和周围叶肉细胞的组合排列状态与光合作用有密切的关系。玉米、甘蔗等植物叶片维管束鞘较发达，维管束鞘细胞内含许多较大的叶绿体，叶绿体中主要是基质类囊体，没有或仅有少量基粒类囊体，而叶肉细胞中的叶绿体有明显的基粒类囊体和基质类囊体，这种现象称作叶绿体的二型现象。维管束鞘细胞内的叶绿体积累淀粉的能力超过一般叶肉细胞中的叶绿体。此外，维管束鞘细胞中含有丰富的线粒体和过氧化物酶体（和光呼吸有关）等细胞器。同时，其外侧密接一层成环状或近于环状排列的叶肉细胞，和维管束鞘细胞包被叶脉形成同心的圈层，这种同心圈层结构称为“花环（kranz type）”结构，这些解剖结构是 C_4 植物的特征（图 4–50）。

小麦、水稻、燕麦等植物叶片的维管束鞘细胞中的叶绿体很少，其他细胞器也很少，过氧化物酶体在叶肉细胞和维管束鞘细胞中都有分布。叶肉细胞和维管束鞘细胞的叶绿体中都含有基粒类囊体和基质类囊体，没有叶绿体的二型现象，也没有“花环”结构出现。这些都是 C_3 植物叶片结构上的特征。

C_4 植物因为维管束鞘细胞结构特点及其“花环”结构的存在，能够更高效地将叶肉细胞中由四碳化合物释放出的 CO_2 再行固定还原，从而提高了光合作用效能。实验证明 C_4 植物玉米能够利用密闭容器中所有的 CO_2，而 C_3 植物则必须在 CO_2 浓度达到 0.04 mg/L 以上才能进行利用。C_4 植物可以利用极低浓度的 CO_2，甚至可以利用气孔关闭后维管束鞘细

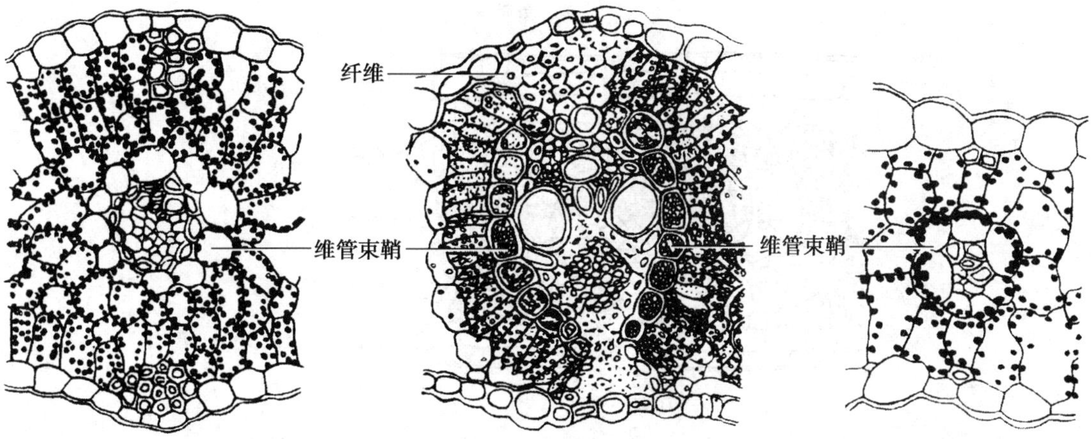

图 4–50 几种禾本科作物叶片横切面的一部分（示维管束鞘与其周围叶肉细胞的形态结构）
A. 小麦（C_3植物），具大、小两层细胞组成的维管束鞘 B. 苞茅属之一种（C_4植物），维管束鞘与其外围的一层叶肉细胞形成“花环”结构 C. 玉米（C_4植物），具一层细胞组成的维管束鞘，其细胞中含较大的叶绿体

胞呼吸时产生的 CO_2，同时，C_4 植物的光呼吸又比 C_3 植物的低。因此，C_4 植物也被称为高光效植物，C_3 植物则被称为低光效植物。不仅禾本科植物中存在 C_4 植物和 C_3 植物的区分，其他一些单子叶植物和双子叶植物中也发现 C_3 植物和 C_4 植物的存在，如莎草科、苋科、藜科等有 C_4 植物，大豆和烟草则是 C_3 植物。

五、叶的生态类型

植物叶在结构上的变异性和可塑性很大，常随环境的不同而改变。阴暗潮湿环境下生长的植物，叶肉中海绵组织很发达，表皮上角质也较少。其他如气孔器下陷、叶面表皮毛发达与否等都和环境条件有关。通常，影响叶结构的环境因素包括水、光和湿度等。根据植物生长对水分的需求，可以将植物区分为旱生植物（xerophytes）、中生植物（mesophytes）、水生植物（hydrophytes）。旱生植物能够适应相对干旱的环境，中生植物需要有充足的土壤水分和较为潮湿的空气，水生植物则需要大量的水分，植株部分或全部沉入水中生长。根据植物生长对光照的需求，可以将植物分为阳地植物（sun plant）、阴地植物（shade plant）、耐阴植物（tolerant plant）。阳地植物对阳光的需求较高，可以在阳光直射环境下生长，多生长在旷野、路边。阴地植物是在较弱光照条件下，即庇荫环境下生长良好的植物，多生长在潮湿背阳的地方，或生于密林草丛内。耐阴植物是介于阳地植物与阴地植物之间的植物，它们一般在全日照下生长最好，但也能忍受适度的庇荫。

这些植物在形态上各具特点，尤其是叶的形态结构上。

1. 旱生植物和水生植物叶的结构

（1）旱生植物的叶

适应干旱环境是旱生植物生存的首要条件，旱生植物叶片的结构有利于降低蒸腾和贮藏水分。为了降低蒸腾作用，叶通常小而厚，多茸毛。在结构上，叶表皮的细胞壁较厚，具有发达的角质层。一些旱生植物具有由多层细胞组成的复表皮，气孔下陷，如夹竹桃叶的气孔窝（图 4–51）。叶片的栅栏组织细胞层次多，海绵组织和胞间隙不发达，有较多的

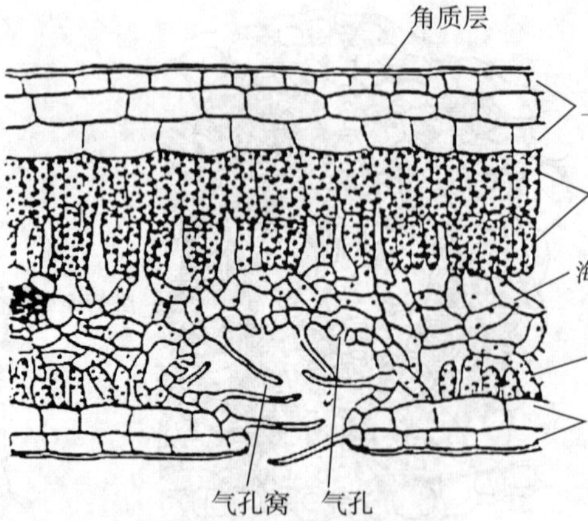

图 4–51 夹竹桃叶片的结构

机械组织。这些结构都有助于减少蒸腾面积和降低蒸腾强度，从而适应干旱环境。

另外一些旱生植物则具有发达的贮水组织，能够存储大量的水分（图 4–52），称为肉质植物（fleshy plant），如芦荟和龙舌兰，它们的叶在形态上肥厚多汁。仙人掌也是常见的一种肉质植物，其叶片退化为刺，肥厚多浆汁的部分为茎，呈绿色，代替叶进行光合作用。这些特殊结构能够储存大量水分，增强植物耐旱性。

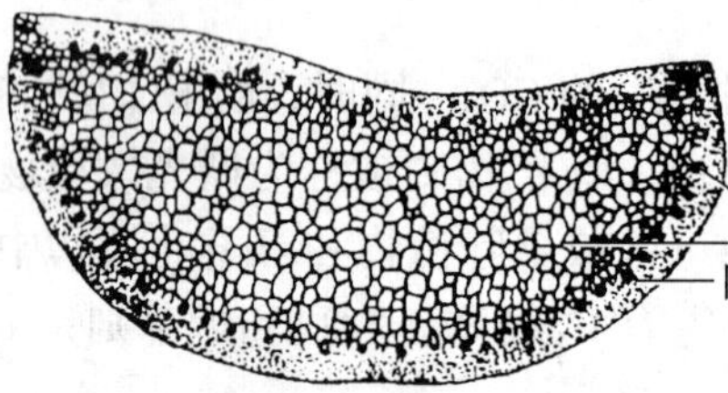

图 4–52 芦荟叶横剖面（引自徐汉卿，1995）

（2）水生植物的叶

水生植物的叶漂浮于水面或沉入水中，可以直接获得水分和溶于水中的营养物质，但不易得到所需的气体和光照。为适应水生环境，水生植物的叶片通常较薄，表皮细胞外壁不发生角质化，细胞内含有叶绿体。叶肉没有栅栏组织和海绵组织的分化，而是形成几层有发达通气组织的结构。机械组织和维管组织退化，木质部不发达（图 4–53）。浮水叶只有上表皮有少量气孔，沉水叶无气孔。沉水叶的叶片又常裂为丝状，以减少流水的冲击力，并增加与水的接触面积。

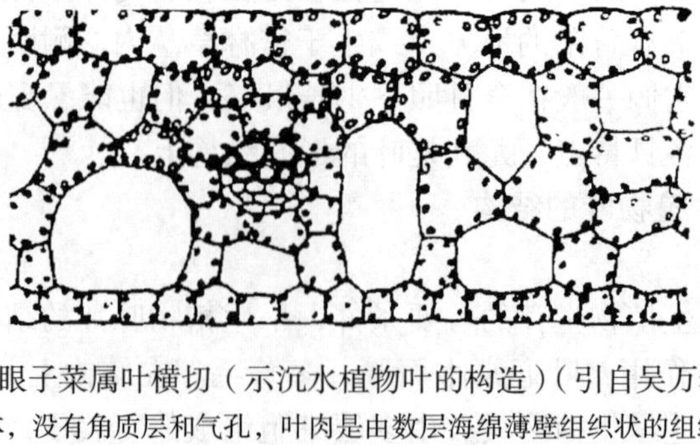

图 4–53 眼子菜属叶横切（示沉水植物叶的构造）（引自吴万春，2004）

注：表皮细胞内含有叶绿体，没有角质层和气孔，叶肉是由数层海绵薄壁组织状的组织所组成，叶内含有大气腔

2. 阳地植物和阴地植物叶的结构

（1）阳地植物的叶

阳地植物在阳光直射下，受到较强的光和热，四周空气较干燥，蒸腾作用强。因此，阳地植物的叶倾向于旱生形态。一般叶片较厚且小，表皮细胞壁和角质层较厚。栅栏组织发达，细胞的层次多，海绵组织则不甚发达，细胞间隙较小。叶脉细密而长，机械组织发达。这些都与旱生植物的形态特征类似。但是阳地植物只是倾向于旱生形态，并不等同于旱生植物。旱生植物中，有不少是阳地植物。但阳地植物中，也有很多湿生植物，甚至是水生植物。例如，水稻是水生植物，同时又是阳地植物。阳地植物的气生环境和旱生植物有些类似，但土壤环境可以大不相同，甚至完全相反。

（2）阴地植物的叶

阴地植物的叶接收到的阳光较少，倾向于湿生形态。通常叶大而薄，栅栏组织不发达，细胞间隙和叶绿体都较大，表皮细胞也常有叶绿体存在。由于阴地植物的生长环境中缺少直射光，主要依靠吸收富含蓝紫光的散射光来进行光合作用。因为叶绿素 b 对蓝紫光的吸收能力强于叶绿素 a，导致阴地植物叶中叶绿素 b 的含量大于叶绿素 a 的含量，使得叶片多表现为黄绿色。

实际上，同一种植物生长在不同的环境中，叶的结构也会发生变化。在同一植株中，因每片叶所处位置的光照不同，也会有阳叶与阴叶的差异（图 4–54）。顶部和向阳的叶为阳叶，而下部和荫蔽的叶倾向于具阴叶的特点。

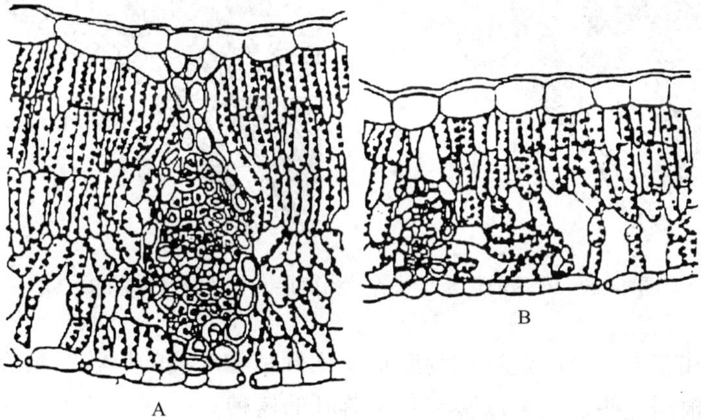

图 4–54 在向阳和荫蔽条件下的栎树叶片解剖结构

A. 阳叶 B. 阴叶

六、叶的衰老和脱落

多数植物的叶生活到一定时期便会从枝上脱离下来，这种现象称为落叶。有的多年生木本植物的叶可以生活一个生长季，冬天来临时叶全部脱落，称为落叶树，如落羽杉、柳、银杏等。落叶是植物避免环境胁迫伤害、延续物种、去除不再有功能的器官或组织的一种适应形式。冬季寒冷干旱，根系吸水困难，叶脱落可以减少蒸腾，度过不良环境时期，植物得以生存。

叶在脱落前，要经历衰老的变化，因此，衰老和脱落是两个连续的过程。叶衰老时，代谢活动降低，叶肉细胞间隙扩大，水分不足，气孔关闭早，光合速率下降，叶内同化产物和可溶性蛋白质向叶外运输量降低，叶绿素分解，只剩下叶黄素和胡萝卜素，叶片变黄。靠近叶柄基部的5～25层细胞发生细胞学和化学上的变化，形成离区（abscission zone）（图4-55）。从外表看，有的植物叶柄基部有一个浅的凹槽，有的没有凹槽，但是此处的表皮具有不同的颜色，这个部位就是离区。离区细胞和邻近细胞相比，体积小，缺乏扩张能力，离区内的维管组织通常集中在叶柄中心，机械组织不发达或没有，组织分化程度低，离区细胞常在叶片达到最大面积前就已形成。落叶前在离区范围内进一步分化产生离层和保护层。落叶之前，离区中的几层细胞形成离层，叶柄从离层处与枝条断离。有的是胞间层的果胶酸钙转化为可溶性的果胶和果胶酸而导致胞间层溶解；有的除胞间层外，还有部分或全部初生壁溶解；也有的是整个细胞，包括原生质体和细胞壁全部发生解体，结果使得离层细胞彼此分离，只有维管束还连在一起。叶柄维管束的导管失去作用，叶片干枯，在重力作用以及风吹雨打的物理作用下，叶从离层处断裂而脱落。落叶前，紧接离层下面的细胞其细胞壁木栓化，有时还有胶质、木质等物质沉积于细胞壁和胞间隙内，形成了保护层，保护叶脱落后所暴露的表面不受干旱和寄生物的侵袭。有的植物在落叶后的疤痕下继续产生周皮，增强保护作用。离层部位的周皮和茎的周皮最后相连成一整体。

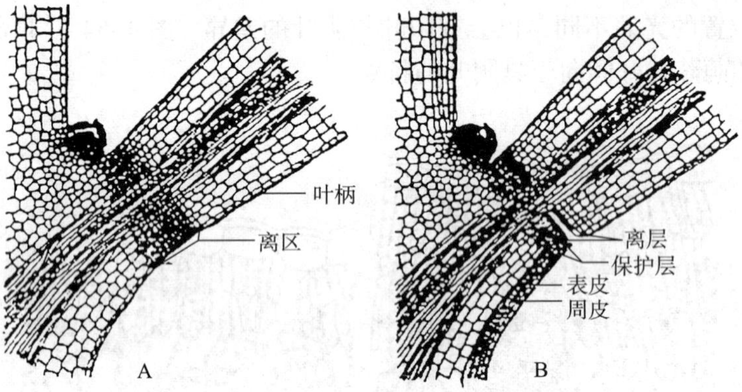

图4-55 叶落前后离区（A）和离层、保护层（B）的形成

叶脱落后，在茎上遗留的痕迹称为叶痕。不同植物叶痕的形状、束痕的数目及排列方式等各不相同，根据这些性状可以鉴定冬季落叶的树种。

第四节 营养器官的联系

植物的根、茎、叶由于行使不同的生理功能，形成了适应不同环境的形态结构特征。虽然其生理功能和形态结构有着明显的差异，但又存在于同一个植物体中，因此，其彼此间又是相互联系和统一的，表现出各器官间结构和功能的整体性。

一、营养器官间维管组织的联系

植物根、茎、叶的形态结构虽不同，但它们之间彼此相互联系，形成由皮系统、基本组织系统和维管组织系统组成的统一整体，维管组织贯穿于植物体的各个部分，构成了植

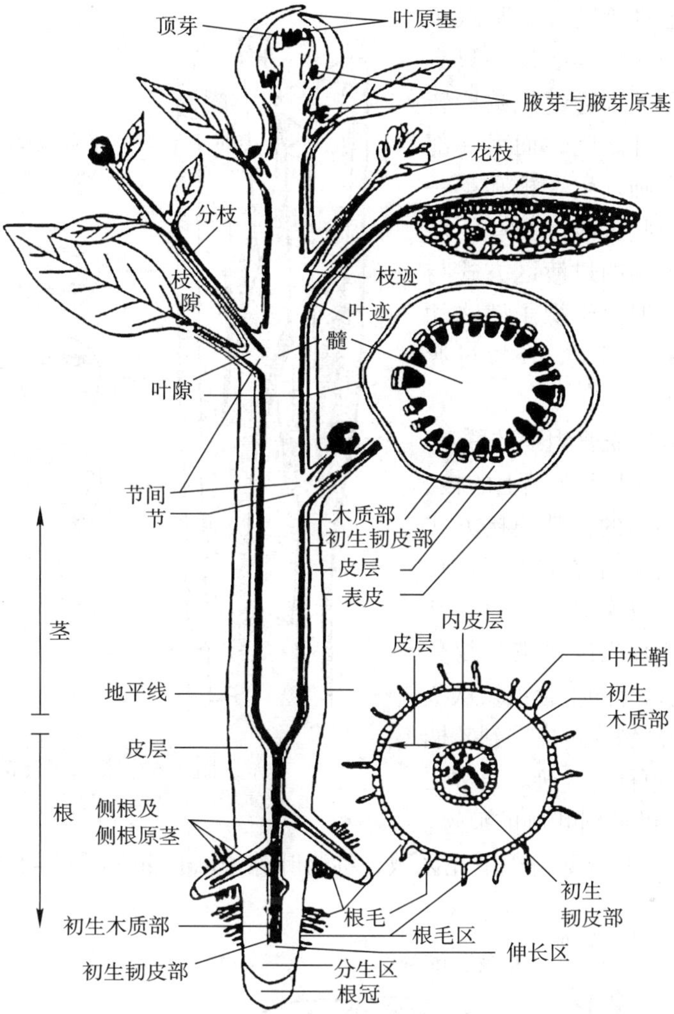

图 4–56　初生生长阶段的双子叶植物整体剖面图解

物体的骨干（图 4–56）。

1. 根和茎维管组织的联系

种子萌发时，胚轴的一端发育为主根，另一端则发育为茎，两者之间通过下胚轴相连，形成连续的植物体。在初生生长过程中，根的维管组织为外始式，其木质部和韧皮部呈辐射状相间排列。而茎的维管组织为内始式，其木质部和韧皮部为内外环状排列，二者在结构上表现出明显的差异。显然，根与茎在其连接处发生了维管组织排列的转变，这个转变区域被称为过渡区（transition zone）（图 4–57）。

通常下胚轴是根和茎的过渡区，其长短因植物种类而异，大多在 1 ~ 3 mm。有些植物的过渡区比较长，整个下胚轴都是过渡区。有些植物的过渡区特别长，其维管组织结构的转变过程可以一直延伸到子叶节，如甜菜幼苗，甚至发生在根和最初出现的营养叶之间，如豌豆、蚕豆等子叶留土型的双子叶植物。在过渡区，表皮、皮层等是直接连续的，而维管组织则按不同方式发生分叉、倒转或合并。

单子叶植物的过渡区方式与双子叶植物不同，单子叶植物的幼苗只有一片子叶，一部分的维管组织结构转变是发生在根与子叶之间，而另一部分的维管组织转变则发生在根和第一片营养叶之间，因此过渡区具有不对称的构造。裸子植物的过渡区方式与双子叶植物相似，但由于裸子植物幼苗子叶数目常在两片以上，所以过渡区方式也比较复杂。

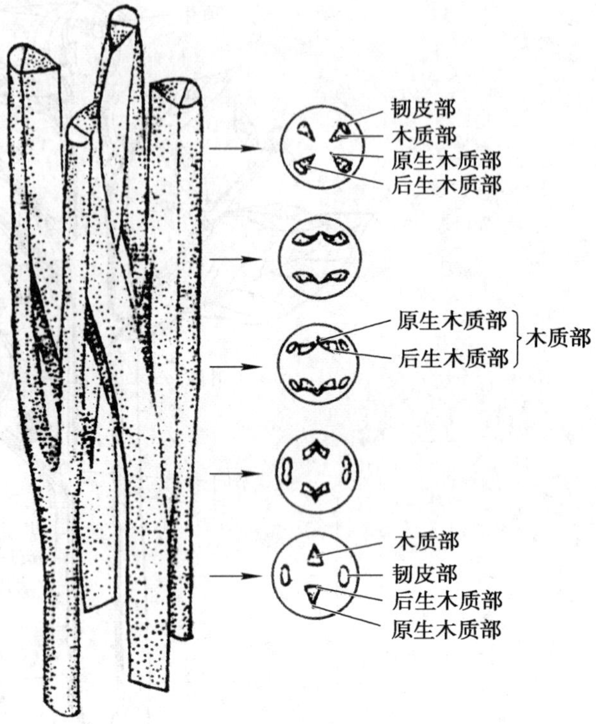

图 4-57 根茎过渡区图解

2. 茎、枝及叶间维管组织的联系

茎的维管组织与着生在其上的枝、叶的维管组织是连续的，其连接方式有一定的规律。叶着生在茎的节上，茎中维管柱在节处发生分枝，通过叶柄进入叶片，在叶片内维管束反复分枝，构成叶脉。进入叶的维管束，从茎中维管柱分枝起向外斜穿过皮层到叶柄基部，这一段维管束称为叶迹。通常在叶脱落后，叶痕上可见到叶迹的痕迹。在叶迹上方出现一个有薄壁组织填充区域，称为叶隙（leaf gap）（图 4-58）。

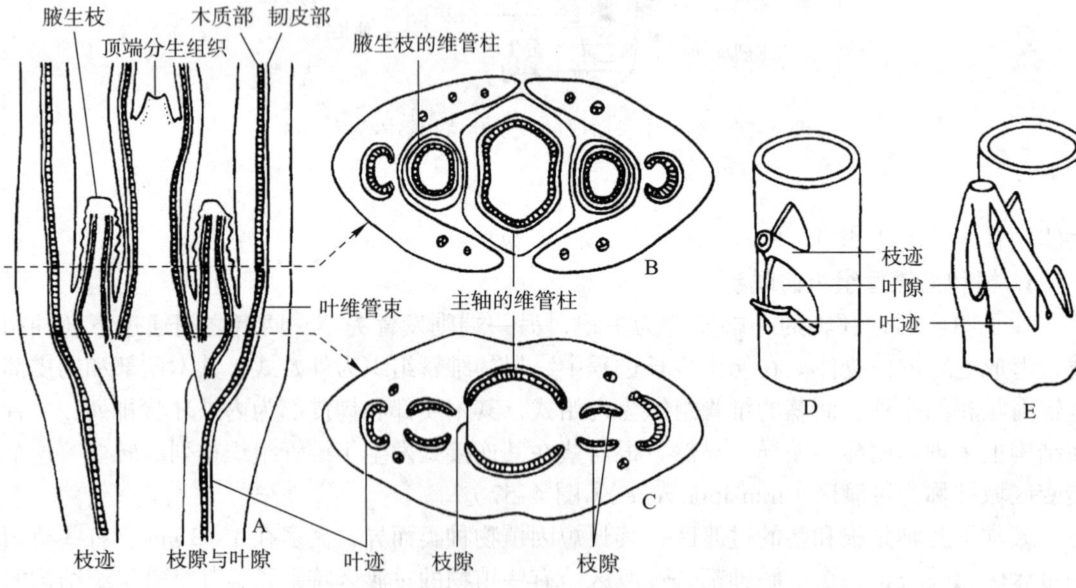

图 4-58 双子叶植物茎与分枝、茎与叶之间的结构联系图解

A. 茎、分枝、叶纵剖面 B. 茎节上部的横剖面 C. 茎节横剖面（C图中的两个枝迹连成B图枝中的筒状维管柱，C图中的三个叶迹分叉为B图叶片中的网状叶脉） D，E. 茎维管柱的立体图解，示单叶隙与单叶迹（D）及三叶隙与三叶迹（E）

各种植物的叶迹伸入叶柄的方式不同，有的是由茎中维管束伸出后，在节部直接进入柄与叶维管束相连；有的是从茎中维管束伸出后，与其他叶迹汇合，并沿着皮层上升过一节或多节，然后才进入叶柄与叶维管束相连。植物种类不同，叶迹的数目往往不同，但对于一种具体的植物而言，叶迹数目是一定的。

茎和枝的联系与茎和叶的联系相似，维管组织是通过枝迹连接在一起的。枝迹是指由茎维管柱分出，通过皮层进入枝的一段或几段维管束。在枝迹的上方也保留一个由薄壁组织填充的区域，称为枝隙。枝迹与叶迹有所不同，它发生在叶迹的上方，并由产生分枝的节上伸出，而不是穿越数节后再伸入枝中。枝迹伸入分枝后连合在一起，形成和茎相同形式的维管束。

由此可见，植物体内的维管组织是连续的。枝迹、叶迹和根－茎过渡区成为连接不同营养器官之间的纽带，通过它们构成了植物体完整的维管组织系统，从而保证了植物体生活所需的有机物质、水分、矿质元素等物质的运输和贮藏。

二、营养器官生长的相关性

植物营养器官之间不仅在结构上密切联系、相互贯通，而且在生长上也是相互依赖、相互制约的。

1. 地下部分（根）和地上部分（茎和叶）的相关性

植物地下部分和地上部分所处的外界环境不同，所承担的生理功能既有分工又有协作，在物质交流和供应关系上存在着相互促进和相互制约的关系。从发育过程看，种子萌发后，总是根先生长，当根生长到一定程度时，胚轴和胚芽才伸出土壤形成地上部分，表明根系的初步发展，为地上茎和叶的生长奠定了基础；以后地上茎和叶的发展又为根系的扩大生长创造了条件。从物质的吸收和转化看，地下根系从土壤中吸收水分、矿质营养，并在根中合成氨基酸、细胞分裂素、赤霉素等物质，这些物质从根内向上运输，为地上器官形成新细胞提供物质条件；地上的茎和叶能够合成有机物、维生素、吲哚乙酸等物质，并向下运输到根中，维持根系正常生长发育。健全的根系是植物地上部分生长繁茂的前提，繁茂的枝叶是根系生长的保证。“根深叶茂，叶多根好”“树大根深，本固枝荣”等描述正是对地上与地下部分生长紧密联系的生动反映。

在农业生产中，根冠比是衡量生长状况的常用指标之一，它是指植物地下部分与地上部分的鲜重或干重的比值，其大小反映了植物地下部分与地上部分的相关性。根冠比不仅与内在的遗传因素有关，还受到外界环境（如土壤水分、养分等）的影响。例如，根、茎、叶生长对水分的需求不同，水分不足往往对地上部分生长的影响比对根系的影响更大。若根系生长在潮湿的土壤中，植物生长所需水分容易满足，地上部分则完全依靠根系供给水分。但当土壤水分降低时，根生长受到的抑制相对较小，而地上部分（茎和叶的生长）受到的影响较大，此时的根冠（根重／茎、叶重）比值增高；相反，当土壤水分过多时，通气条件差，根系生长受到限制，而地上部分水分供应充足，生长旺盛，根冠比值降低。因此，在农业生产中，根据作物的种类、发育时期等，采取各类技术措施协调地上部分与地下部分的生长，改变根冠比值，提高作物产量和质量。

2. 顶芽和分枝的相关性

植物的顶芽生出主茎，腋芽生出分枝。顶芽和腋芽的发育是相互制约的。通常主茎顶芽生长快，而腋芽受到一定程度的抑制，不能发育成侧枝或生长很慢。这种顶端生长占优势而腋芽生长受抑制的现象，称为“顶端优势”。顶端优势强弱因植物种类而异，松、柏等植物主干顶端优势很强，近顶端侧枝生长缓慢，远离顶端的侧枝生长较快，从而形成宝塔形树冠（如雪松）；玉米、高粱、向日葵等植物也具有明显的顶端优势，但水稻、小麦等植物顶端优势则很弱。顶端优势产生的原因，目前主要是从营养供应和激素影响两个方面来解释。前者认为顶芽代谢活动强烈，输导组织发达，构成了“代谢库”，垄断了大部分营养物质，故顶端优先生长。后者认为植株顶端形成的生长素，可通过极性传导向基部运输，使腋芽附近的生长素浓度升高，而腋芽对生长素的敏感性大于顶芽，故使其生长受到抑制。

了解和掌握顶芽和腋芽间的制约关系，对指导农业生产具有重要的意义。在农、林、园艺生产中，可根据不同农作物的特点，采取必要的措施，保留或抑制顶端优势，从而提高作物产量和品质。果树生产上的修剪、整形、抹芽等技术措施就是利用顶端优势的原理，以获得高产的植株。

第五节 营养器官的变态

植物营养器官的形态、结构与其执行的生理功能是相适应的。在自然界中，由于环境的变化，一些植物器官因适应某种特殊环境而改变其生理功能，并进一步引起形态结构的适应性改变，这种现象称为变态（modification）。这些发生改变的器官称为变态器官。营养器官的变态是植物长期适应特殊环境条件而形成的稳定的、可遗传的变异，与病理的或偶然的变化有明显的区别。

一、根的变态

根可以发生各种变态，主要有贮藏根、气生根和寄生根 3 种类型。

1. 贮藏根

贮藏根常见于二年生或多年生的草本双子叶植物。其外观肥大，呈肉质化，富含淀粉及其他糖类。发达的薄壁组织是其营养物质的主要贮藏场所，维管组织常散生其间。贮藏的营养物质可用于植株的开花结实或作为营养繁殖、萌生新植株的营养源。根据来源又分为肉质直根和块根两类。

（1）肉质直根

这种类型的变态根是由两部分发育而成的，其上部多是由下胚轴发育形成的，肥大的胚轴顶端在营养生长期间还着生节间很短的茎和莲座叶；而下部是由主根发育形成的，着生有不等数量的侧根，肥大的主根构成了肉质直根的主体，胡萝卜、萝卜、甜菜等的肉质根都属于这一类型。这些变态根在外部形态上极为相似，但它们的形成及结构特征是不同的（图 4–59）。

胡萝卜、萝卜的主根均为二原型，它们在发生次生增粗生长后，在结构上出现明显的差异。胡萝卜肉质直根增粗生长与一般植物的次生加粗生长相似，是形成层活动的结果，但在增粗的主根中，大部分为次生韧皮部，韧皮薄壁组织十分发达，是营养物质的主要贮藏场所；次生木质部形成的数量较少，以木薄壁组织为主，产生的导管分子较少。萝卜肉

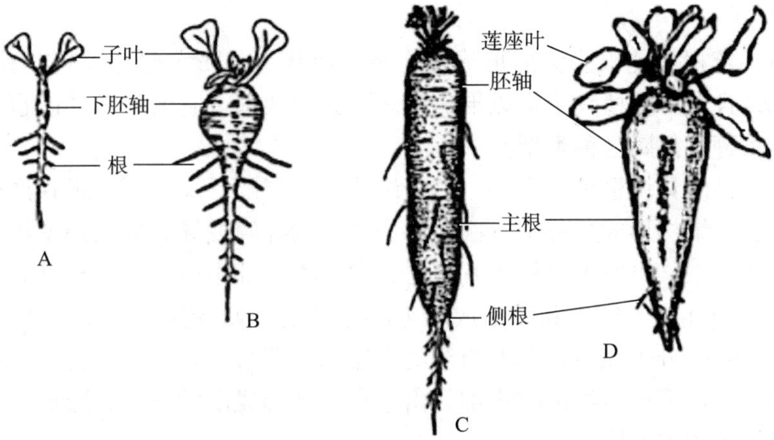

图 4-59　几种肉质根的形态
A，B. 萝卜肉质根的发育与外形　C. 胡萝卜肉质根　D. 甜菜的肉质根

质直根的次生加粗生长与胡萝卜有所不同，其维管形成层活动产生大量的次生木质部和较少量的次生韧皮部，木薄壁组织占主要部分。除了正常的形成层活动外，在次生木质部中，还有一些木薄壁细胞恢复分裂能力，形成分散的副形成层（accessory cambium）或额外形成层（supernumerary cambium）。副形成层是指在正常维管形成层之外又产生的新形成层，它与正常的形成层一样，向内产生木质部，向外产生韧皮部，这种结构有时称为三生结构。由额外形成层产生的木质部和韧皮部，也相应地被称为三生木质部和三生韧皮部。显然，萝卜肉质根增粗生长是维管形成层和额外形成层活动的结果（图 4-60）。

甜菜根与萝卜、胡萝卜根的加粗方式不同。它在形成层活动产生次生结构后，中柱鞘部位的薄壁细胞转变为额外形成层，形成三生木质部和韧皮部，并呈环形排列。在额外形成层产生的薄壁组织中，可以继续产生新的副形成层，位于维管束韧皮部的外方，并进一步形成新的维管组织。这样依次不断的活动的结果，最终形成了一轮维管组织和一轮薄壁组织相间排列而成的多层同心环结构。在甜菜的肉质直根中，连同最初的形成层可达 8 ~ 12 层或更多。

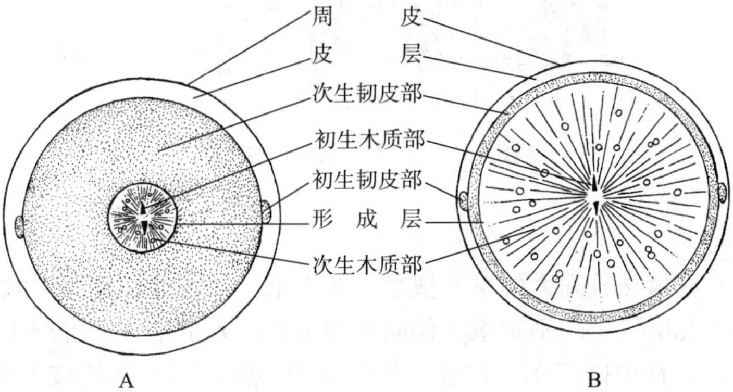

图 4-60　萝卜与胡萝卜的贮藏根的结构
A. 胡萝卜贮藏根横剖面简图　B. 萝卜贮藏根横剖面简图

（2）块根

块根是由不定根或侧根膨大后形成的，多呈块状。其膨大部分没有茎和胚轴的部分，完全由根形成，且在一株植物上可以形成许多膨大的块根。它的主要功能也是贮藏营养物质，如甘薯、番薯等都属这种类型。

甘薯是最常见的具块根植物之一。由于维管形成层的活动，不定根在产生次生结构后开始膨大。在次生结构形成过程中，次生木质部中的导管或导管群被薄壁组织隔开，星散分布于次生木质部中。当块根进一步发育时，次生木质部中被隔开的导管和导管群周围的薄壁细胞恢复分裂能力，产生新的形成层（额外形成层），新形成层向着导管和导管群方向产生含有少量管状分子和大量薄壁组织的木质部，背着导管和导管群方向产生含有少量筛管、乳汁管和大量薄壁组织的韧皮部。由于产生新形成层的活动，形成了含有大量薄壁组织（贮藏组织）的肥大块根。

2. 气生根

暴露于地面或生长在空气中的根称为气生根。根据其生理功能的不同又可分为支柱根、攀缘根和呼吸根（图 4–61）。

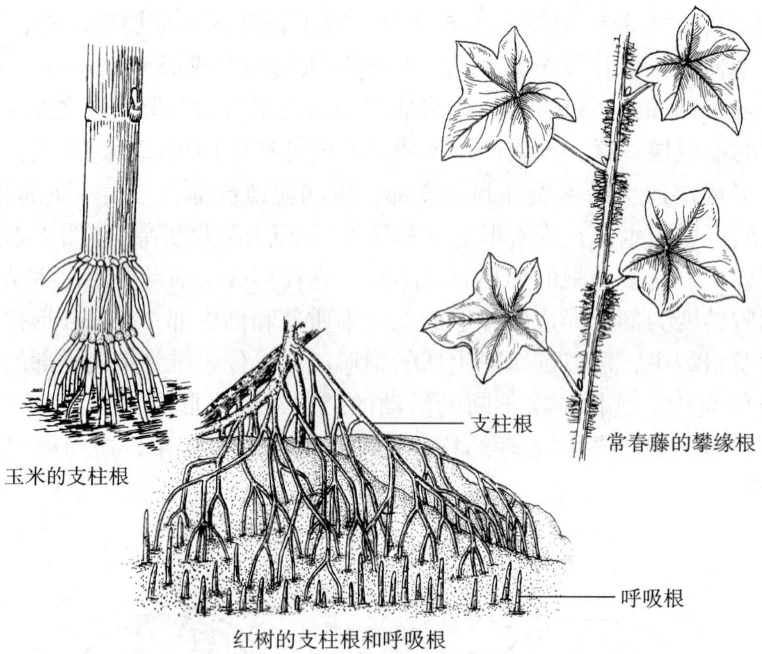

图 4–61　几种植物的气生根

（1）支柱根

一些具浅根系且植株较高大的草本植物，如玉米、高粱等在拔节后抽穗前，在近地面的几个节上可环生几层气生的不定根，作向地性生长而入土中，并可产生侧根，具有支持植株的作用。此外，在中国广东、福建一带生长的榕树，可以从树枝上生出一些不定根，垂直向下生长，到达地面后钻入土壤内，形成对树冠的有力支撑。像这类具有支持作用的不定根称为支柱根。

（2）攀缘根

一些藤本植物，如常春藤、爬山虎等，其茎细长，不能够独自直立，这类植物的茎上常产生许多短的、顶端扁平、易于攀附的不定根。它们可以固着于其他植物或墙壁上，攀缘上升，这类不定根称为攀缘根。攀缘根常能够分泌一种黏液，可黏着在墙壁或其他物质上，借以使自身攀附直立。

（3）呼吸根

一些生长在热带沿海或沼泽地带的植物，如红树、落羽杉等植物，其根部被掩埋在淤泥里，通气十分困难，因此一部分根从土壤中垂直向上生长，伸入至空气中，这种伸出地面的根称为呼吸根。呼吸根的表面有呼吸孔，内部有发达的通气组织，可以通过呼吸孔和通气组织将空气输送到地下根，供给地下根进行呼吸作用。

3. 寄生根

有一些植物营寄生生活，其茎上生长出很多的不定根，它们可以从寄主体内吸收水分及营养物质，以维持自身的生活，这些不定根称为寄生根（parasitic root）或吸器（haustorium），如菟丝子（图 4–62）。在农业生产中，这些寄生植物通过吸器缠绕在寄主植物的茎上，使寄主植物植株矮小、发育不良甚至死亡，造成经济损失，因此，必须将寄生植物及时清除。

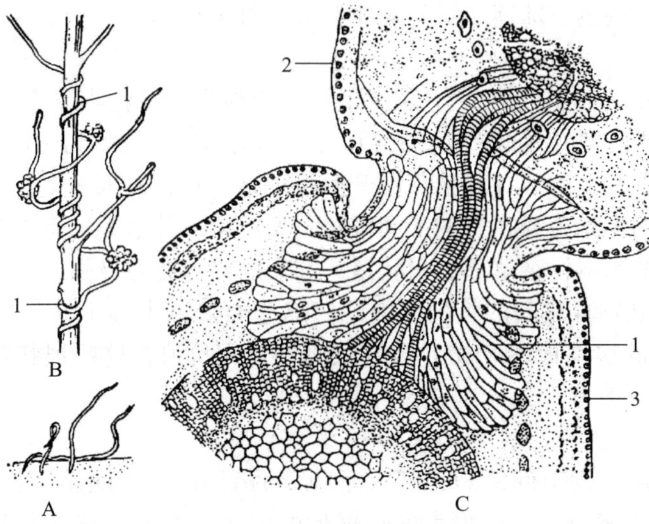

图 4–62　菟丝子

A. 菟丝子幼苗　B. 菟丝子寄生在柳枝上　C. 菟丝子根伸入寄主茎内的横切面

1. 寄生根　2. 菟丝子茎横切面　3. 寄主茎横切面

二、茎的变态

茎的变态类型较多，按发生的位置可分为地下茎的变态和地上茎的变态。

1. 地下茎变态

植物的茎一般生长在地上，但一些植物的部分茎是长期生长于地下的，称为地下茎。这些地下茎尽管仍具有茎的结构特征，但其功能主要以贮藏和营养繁殖为主。地下茎的变

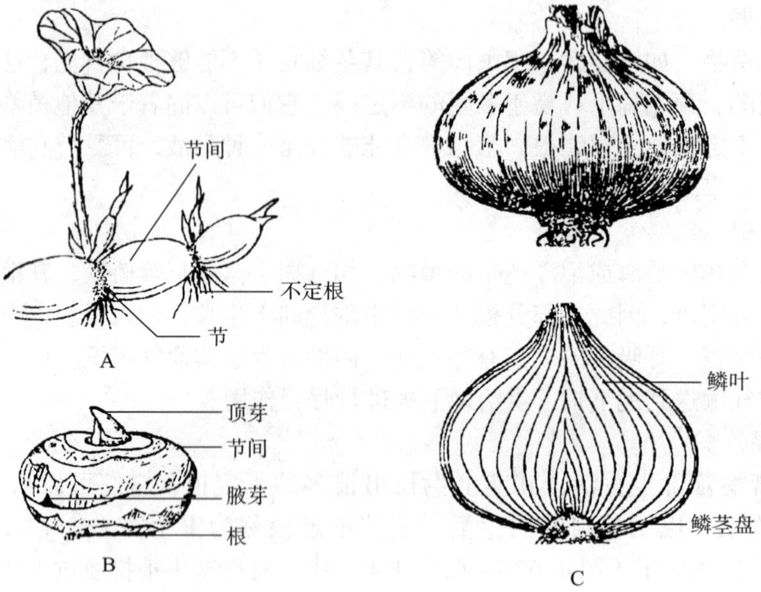

图 4–63 茎的变态（地下茎）

A. 莲的根状茎 B. 荸荠的球茎 C. 洋葱的鳞茎，上示外形，下示纵切面

态常见的有根状茎、块茎、球茎、鳞茎 4 种类型（图 4–63）。

（1）根状茎

根状茎（rhizome）是蔓生在一定深度土层下类似根的变态茎。其特征表现为：具有明显的节和节间，节上着生有非绿色的退化叶（称为鳞叶），鳞叶内生有腋芽，同时节上可产生不定根。根状茎上的顶芽和腋芽展开后可垂直、倾斜或水平生长，形成新的地上茎或根状茎。根状茎的形态各异，有的节间较长，如芦苇，甘草等；有的节间短而肥厚，如姜、薯蓣等。常见的禾本科杂草都有根状茎，它们的繁殖能力极强，在翻耕割断后，每一小段上的腋芽能独立发育成新的植株，因此铲除这类杂草十分不易。有些药用植物的根状茎内可积累大量的次生代谢产物，有着很高的药用价值，这些根状茎可作为药材开发利用。

（2）块茎

块茎（stem tuber）为节间缩短、膨大呈肉质的变态茎。由地下茎的顶端形成，如马铃薯等。马铃薯的块茎为一短而膨大的近球形的肉质茎，贮藏有大量的淀粉。它是由植株基部的腋芽发育后产生的地下茎的顶端膨大后形成。块茎的顶端生有顶芽，周围分布有许多凹陷，称为芽眼，每一个芽眼下面可见鳞叶脱落后留下的叶痕。芽眼在块茎上呈螺旋状排列。芽眼内通常生有 3 至多个芽，但仅其中的 1 个芽可发育，其他芽均为休眠芽（图 4–64）。

块茎的内部结构与地上茎相似，但各组织形成的量却不同。马铃薯块茎在形成时，髓部的薄壁细胞恢复分裂能力，数目增多，髓的体积逐渐增大，将维管束环向外推移。随后皮层、木薄壁组织、韧皮薄壁组织也相继恢复分裂活动，产生大量的薄壁细胞，这些薄壁组织细胞构成了块茎的大部分。同时，表皮和皮层外侧细胞转变为木栓形成层，进一步活动产生周皮。成熟块茎的内部结构有周皮、皮层、外韧皮部、木质部、内韧皮

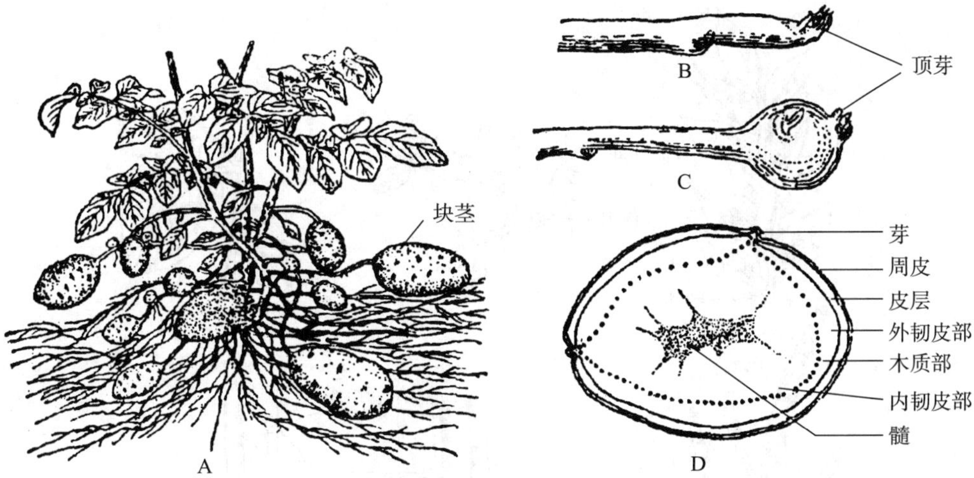

图 4–64　马铃薯的块茎

A. 植株外形　B，C. 地下茎端积累养料膨大成块茎　D. 块茎横剖面简图

部和位于中央的髓。

（3）鳞茎

鳞茎（bulb）是一些节间缩短，并由肥厚的肉质或膜质的鳞叶包围的扁平或圆盘状的地下茎。鳞茎多见于单子叶植物，如百合、洋葱、蒜等。百合的鳞茎呈圆盘状，四周具瓣状的肉质鳞叶，鳞叶间具腋芽。洋葱的鳞茎也包围着鳞叶，但不成显著的瓣，而是整片地将茎紧紧包裹，外侧的几片鳞叶成膜质保护着内侧的肉质鳞叶，鳞叶间具腋芽；在鳞茎盘的下端可以产生不定根。大蒜的鳞茎与洋葱也有区别，前者肉质膨大的部分是腋芽（即大蒜瓣），鳞叶长成后变为干燥膜质包被着腋芽，而后者肉质膨大的部分是鳞叶，腋芽不甚发育。

（4）球茎

球茎（corm）为节间缩短、膨大为球形或扁球形的肉质地下茎。一些球茎是由地下茎的顶端发育而成的，如荸荠、慈姑。球茎的顶端有粗壮、显著的顶芽，节及节间明显，节上常见干膜状鳞片叶和腋芽，球茎贮藏大量的营养物质，可用于营养繁殖。也有些植物的球茎是由茎的基部膨大发育成的，如唐菖蒲，其球茎由数片棕色纤维质的鞘状鳞叶包被，将鳞叶剥去，可见数个围绕着球茎周围的圆形鳞叶痕和数个大型腋芽。腋芽展开后长出营养叶和花枝，形成新苗，在新苗主茎的基部可以继续形成一膨大的新球茎。新球茎长成后，营养叶的基部转变成为棕色纤维质的鞘状鳞叶，包被着新球茎。随着新球茎的发育，老球茎逐渐萎缩。

2. 地上茎变态

常见的地上茎变态类型主要有茎卷须、茎刺、叶状枝和肉质茎（图 4–65）。

（1）茎卷须

一些攀缘植物的茎细长，不能直立，其茎的一部分往往变成卷须状，攀缘在附近的植物或物体上，借以帮助植株直立，称为茎卷须（stem tendril）或枝卷须。例如，葡萄、南瓜等，卷须产生的位置或与花枝相当，或生于叶腋内。

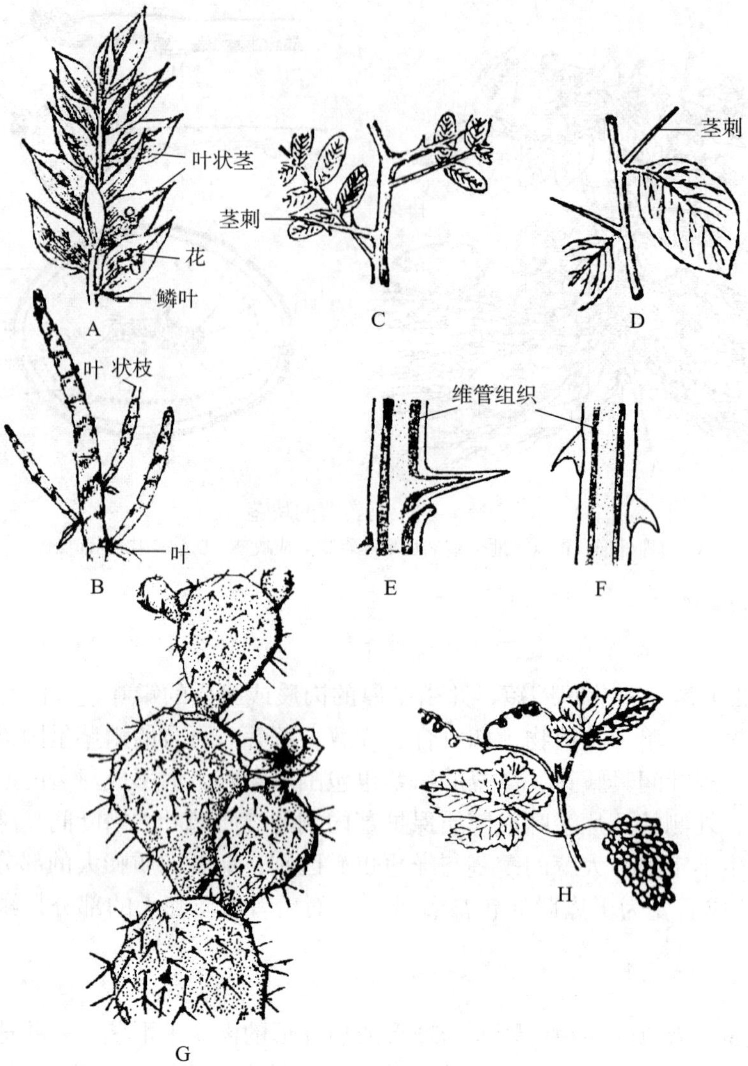

图 4-65 茎的变态（地上茎）

A，B. 叶状茎（A. 假叶树 B. 竹节蓼） C，D. 茎刺（C. 皂荚 D. 山楂） E. 茎刺 F. 皮刺 G. 仙人掌的肉质茎 H. 葡萄的茎卷须

（2）茎刺

石榴、山楂、皂角树等植物的枝可以变态成刺状，称为茎刺（stem thorn）或枝刺。茎刺生于叶腋，由腋芽发育而来，不易脱落，具有保护植物免受动物侵害的作用。有些植物（如蔷薇、月季等）的茎上也有刺状物，但这些刺状物并非茎刺，而是由茎表面突起形成的皮刺。

卷须和刺状物可能是由茎变态形成的，也可能是从叶变态而来。区别卷须和刺状物究竟是何者的变态，主要是根据它们在茎上着生的部位判断，有时也可以根据卷须和刺状物上有无节与节间来区分。

（3）叶状茎

有些植物的叶退化，失去了叶的功能，其茎扁化或成针状，并进行光合作用，这类变态茎称为叶状茎（phylloid），如天门冬、竹节蓼、假叶树等。假叶树的叶状枝看起来和普通的叶无显著差别，只是到了夏季开花时，从叶状枝的近中部生出鳞片状苞片，又在苞片的腋部生出花来，从而证明了它是变态的茎而不是叶。

（4）肉质茎

肉质茎是一种多汁的、肥大肉质的变态茎。如仙人掌类植物的肉质茎有球状、块状、棱柱状等形态，内部含有丰富的水分和营养物质，并具叶绿体，可代替叶进行光合作用，而其上着生刺状的叶。

三、叶的变态

叶的可塑性很大，它是植物器官中最容易受环境影响而发生各种变态发育的器官。下面介绍几种常见的变态叶（图 4–66）。

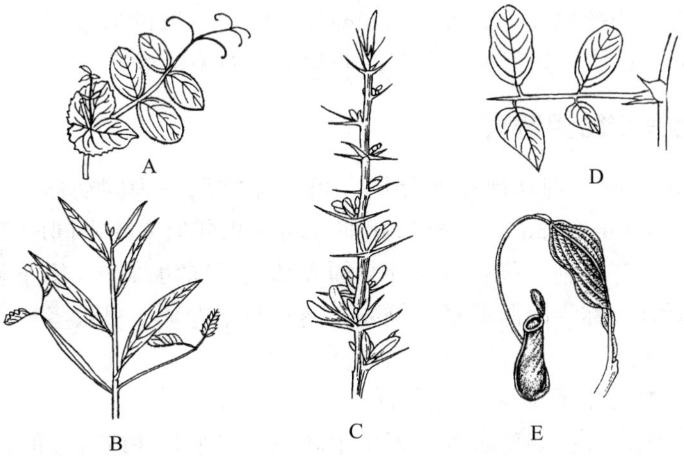

图 4–66　几种变态叶

A. 豌豆的叶卷须　B. 叶状柄（金合欢属）　C. 小檗的叶刺　D. 洋槐的托叶刺　E. 猪笼草的捕虫叶（叶柄的变态）

1. 鳞叶

叶的形态特化或退化且成鳞片状，称为鳞叶（scale leaf）。一些种类的鳞叶是存在于木本植物的鳞芽外的芽鳞片，常呈褐色，具有茸毛或黏液，有保护芽的作用，又称为芽鳞；另一种是变态茎上着生的退化的叶（鳞片），有肉质和膜质两种。

2. 叶刺

仙人掌属植物的叶全部变态成针刺状，称为叶刺（leaf thorn）。叶刺是这类植物对于干旱环境条件的一种适应形式，既可以减少水分的蒸发，又可以保护植物免遭动物吞食。另外像刺槐、酸枣等植物的托叶也可变态成硬刺，小檗属的叶变态成针刺形（图 4–66C），这些都是叶刺。

3. 叶卷须

某些攀缘植物的叶片或托叶，或复叶的一部分小叶片能够变态成卷须状，有助于植株攀附在附近植物或物体上，这种变态叶称为叶卷须（leaf tendril），如豌豆的复叶顶端一部分小叶片变成卷须状，西葫芦整个叶片可变态成为卷须状，中药土茯苓是托叶变态成卷须状。叶卷须的结构与功能与茎卷须基本一致。

4. 苞片和总苞

生长在花下面的变态叶，称为苞片（bract）。苞片数目多且聚生在花序外围的称为总苞（involucre）。苞片和总苞片有保护花芽或果实的作用。

5. 叶状柄

有些植物叶片不发达，而叶柄转变为扁平的叶片状，具有叶的功能，称为叶状柄（phyllode）（图 4-66B）。金合欢属植物，初生的叶是正常的羽状复叶，以后产生的叶，叶柄发达，仅有少数小叶。最后产生的叶，小叶完全消失，仅具叶状柄。如台湾相思只在幼苗时出现几片正常的羽状复叶，以后产生的叶，其小叶完全退化，仅存叶状柄。

6. 捕虫叶

自然界中有一类植物被称为食虫植物。这类植物生有一种特殊的变态叶，它能捕捉小型动物，并且能分泌消化液把捕捉到的动物分解消化，然后加以吸收，以获取所缺乏的氮元素。这种变态叶称为捕虫叶（insect catching leaf）。捕虫叶的形态有的成瓶状，如猪笼草（图 4-66E）；有的为囊状，如狸藻；而有的如盘状，如茅膏菜。

四、同功器官和同源器官

根据器官的来源或生理功能是否相同，可将器官划分为同功器官（analogous organ）和同源器官（homologous organ）。凡外形相似、功能相同但来源不同的变态器官，称为同功器官。例如，茎刺与叶刺、茎卷须与叶卷须等都属于同功器官。凡外形与功能不同，而来源相同的变态器官，称为同源器官。例如，茎刺与茎卷须、根状茎与鳞茎等，它们功能不同，但都是茎的变态。

通常可根据下列几方面判别变态器官的起源。

（1）根据其着生位置：如变态刺，若生于叶腋，原来腋芽或分枝的位置，可判断为枝条变态；若生于叶的两侧，即为托叶的变态。萝卜、甜菜的变态部位占据了原来主根与胚轴的位置，可推测它们是与这两种器官同源。

（2）根据变态器官上的侧生器官或构造的类型：如萝卜主根变态的部分生有成列的侧根，姜的地下块茎有明显的节与退化的叶，皂荚的刺具有分枝等。

（3）根据内部结构：一些变态器官开始常有正常的初生生长与结构，如甘薯块根，可根据其横切面的中央具有外始式的、辐射排列的多束木质部而判断其与根同源。莲的根状肉质茎具有辐射对称结构，维管束为外韧，又有明显的节与节间，则确定为茎的同源器官，而鳞叶的外形与结构皆为两侧对称，为叶的同源器官。

（4）从发生判别：追溯器官的发育早期是最准确的方法。如马铃薯最初由地面腋芽发展为向地下生长的地下茎，地下茎的顶端有数个节与节间膨大而形成变态的块茎。有的植物在同一植株上可看到某种器官发生变态的各个过渡类型，如小檗叶变态为叶刺。

第六节 营养器官的繁殖及其在生产上的应用

植物的繁殖指的是植物从自身产生新的个体来延续后代。植物的繁殖可以分为营养繁殖、无性繁殖和有性繁殖三种方式。营养繁殖是由根、茎、叶等营养器官形成新个体的一种繁殖方式，其繁殖特点为植物营养体的一部分脱离母体（或不立即脱离母体）而长成新个体，这是植物系统演化中出现的初级繁殖方式。

在农、林、园艺等生产实践中，可利用植物营养器官的繁殖特性，直接利用块根、块茎、鳞茎、球茎、根状茎等进行繁殖，或人为地进行分离、扦插、压条、嫁接等方法来大量繁殖和培育优良的作物品种。

1. 分离（分株）

由植物体的根状茎、根蘖、匍匐茎等长成的新植株，人为地加以分割，使其与母体分离，如草莓。

2. 扦插

一般是插枝，有的还可以插叶和插根。

3. 压条

把枝条的一部分埋入土中（这部分的枝条切有伤口或剥掉部分树皮）（图 4–67）。此外还有高空压条。

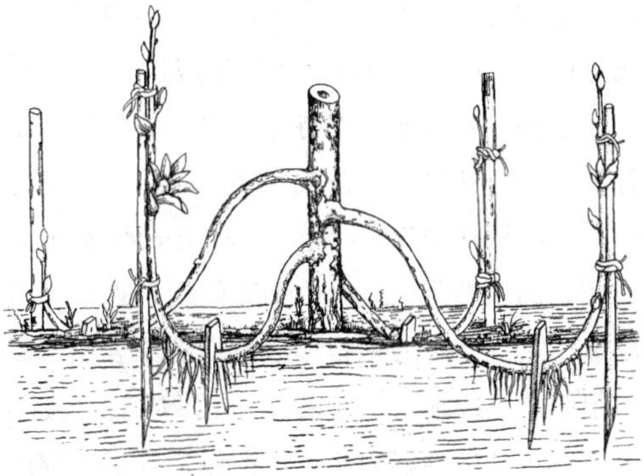

图 4–67　压条繁殖

4. 嫁接

将一株植物上的枝条或芽体，移植到另一株带根的植株上，使两者彼此愈合，共同生长在一起。保留根系的、被接的植物称为砧木，接上去的枝条或芽体称为接穗。

营养繁殖能够保持植物亲本的优良品质，增进植物的抗寒性、抗旱性和抗病虫害的能力，使植物提早成熟，解决无效种子、短寿命种子或靠种子繁殖困难的植物的繁殖。

5. 微繁殖（组织培养繁殖）

微繁殖是在完全可控的培养条件下，用植物体营养器官的一部分（主要是茎尖、叶等，称为外植体）在试管或培养瓶中通过组织培养的方式，培养出根和芽，形成完整的试管苗，然后移出，通过一段时间的适应性栽培后（炼苗），进入大田栽培。微繁殖具有时间短、可工厂化大量繁殖、效率高等特点，是农业生产上较好的一种人工繁殖方式。例如，中国的香蕉苗已全部实现组织培养繁殖。

小 结

植物体是由各种器官组成的。器官是由多种组织构成的、具有特定形态和功能的结构单位。根据生长阶段和功能的不同，被子植物的器官可分为营养器官和生殖器官。营养器官包括根、茎、叶，它们共同担负植物体的营养生长活动。

根主要的生理功能为吸收、固着、支持、输导、合成和分泌。最早形成的根是种子萌发后，胚根形成的主根，在其上产生侧根，它们由特定的部位产生，称为定根。而在茎、叶、老根或胚轴上产生的根称为不定根。一株植物所有根的总和称为根系，根系的类型包括直根系和须根系。

从根顶端到着生根毛处这一区域称为根尖。根尖自下而上可分为根冠、分生区、伸长区和成熟区。

根冠是根的重力感应区。分生区是根的顶端分生组织所在部位，包括最前端的原分生组织和由其衍生形成的初生分生组织，由它们形成根的初生结构。伸长区是根向下生长的主要部位，也是组织形成和分化的部位。成熟区是根的结构、功能分化成熟的区域，形成了根的初生结构。

根的初生结构包括表皮、皮层和维管柱三部分。表皮是初生保护组织。皮层较为发达，由薄壁细胞构成，主要具有横向运输和贮藏功能。皮层的最内一层称为内皮层，其上有特殊的凯氏带结构，是根吸收的水分、无机盐进入维管柱的选择性屏障。维管柱以维管柱鞘为界限，包括初生木质部和初生韧皮部以及它们之间的薄壁细胞，少数根中间尚具有髓。放射状排列的木质部和与其相间排列的韧皮部的发育方式都是外始式。

大多双子叶植物的根可通过次生生长产生根的次生结构。次生分生组织的维管形成层发生于初生木质部与初生韧皮部之间的薄壁细胞，以及正对初生木质部辐射角处的维管柱鞘细胞。维管形成层向内产生较多的次生木质部，向外产生次生韧皮部，使根逐渐增粗。次生分生组织的木栓形成层最早产生于维管柱鞘细胞，其向外产生木栓层，向内产生栓内层，三者共同组成周皮。较老的根次生结构由外向内依次是周皮、次生韧皮部、维管形成层、次生木质部和初生木质部。

茎的主要功能为支持、运输、储藏和繁殖等。茎上有节、节间，节上生叶和芽。着生芽和叶的幼茎称为枝条。芽是枝、花或花序的雏体。茎的分枝方式主要有单轴分枝、合轴分枝、二叉分枝和假二叉分枝，禾本科植物较为特殊的分枝方式称为分蘖。

茎的顶端分生组织位于芽的生长点中，其最顶端为原分生组织，在被子植物中可分为原套和原体两部分，它们衍生的细胞形成下方的原表皮、基本分生组织和原形成层三种初生分生组织，由这些初生分生组织产生的细胞经分裂、分化形成茎的初生结构。

双子叶植物茎的初生结构包括表皮、皮层和维管柱三部分。表皮为初生保护组织，皮层在横切面上所占的比例较少，皮层外部近表皮处常为厚角组织，以增加茎的机械支持强度，而内侧为大的薄壁细胞，无典型的内皮层。维管柱由维管束、髓和髓射线组成。一般双子叶植物茎的维管束排成环状，它自外向内包括初生韧皮部、束中形成层和初生木质部，这种维管束被称为无限外韧维管束。髓射线是连接皮层和髓的薄壁细胞带，也是维管束之间的间隔带，主要进行横向运输和贮藏。

禾本科植物茎的结构由表皮、机械组织、基本组织和维管束构成，没有皮层、维管柱、髓的划分。同时维管束内无形成层，为有限外韧维管束，其初生木质部的导管在横切面上呈“V”形排列，具有维管束鞘。

双子叶植物茎的次生生长是由次生分生组织——维管形成层和木栓形成层的活动而引起的。茎的维管形成层由束中形成层（维管束中原形成层的保留）和束间形成层（髓射线与束中形成层相对的部分恢复分裂能力形成）两部分连接而成，由纺锤状原始细胞和射线原始细胞两种细胞构成。维管形成层主要进行切向分裂（平周分裂），向外产生次生韧皮部，向内产生较多的次生木质部。茎的次生结构与初生结构的不同主要表现在：次生维管组织既有纵向运输系统（导管、管胞、筛管、筛胞），也有横向运输系统（维管射线）。维管形成层的季节性活动使得茎的次生木质部出现了早材和晚材，由此产生了生长轮（年轮）。

茎的木栓形成层一般是从皮层、表皮或韧皮部等部位产生，与根的次生结构明显不同。木栓形成层只分裂一年，每年新木栓形成层可在原有木栓形成层的内侧产生。新木栓形成层以外所积累的死亡组织称为死树皮（硬树皮），新木栓形成层与维管形成层之间由韧皮部构成的部分，称为活树皮（软树皮），两者合称树皮。老茎的次生结构自外到内为周皮、次生韧皮部、维管形成层、次生木质部、初生木质部和髓。禾本科植物的茎没有次生生长，但有些植物可通过初生分生组织的增厚活动进行初生增粗生长。

高等植物的叶由叶原基发育而来。它一般由叶片、叶柄和托叶三部分组成，其中，叶片是光合作用和蒸腾作用进行的场所。而禾本科植物的叶则由叶片和叶鞘组成，有的在叶片与叶鞘相接处还有叶舌、叶耳和叶环。

被子植物的叶片结构由表皮、叶肉和叶脉三部分组成。表皮由表皮细胞、气孔器和表皮毛等结构组成，除发挥保护作用外，还控制着气体交换和水分的蒸腾。叶肉为同化组织，根据叶肉组织是否分化成栅栏组织和海绵组织，叶可分为异面叶和等面叶。各级叶脉的结构各不相同，主脉或较粗的侧脉由维管束和机械组织组成，而细脉结构逐渐简化。

多数植物都有落叶现象，这是植物长期适应环境季节变化的结果。落叶时在近叶柄基部的几层细胞形成离区，随后在离区内分化产生离层和保护层，叶柄就从离层处断离。

植物营养器官的维管组织，从根的根毛区通过过渡区和茎相连，再通过枝迹和叶迹与枝、叶相连，构成完整的维管系统，成为植物体的骨干，共同完成输导和支持等功能。

植物器官的变态是植物长期适应某种特殊环境而产生的可遗传的改变，其形态、结构和生理功能都发生巨大变化。营养器官的变态在根、茎、叶中都有不同的类型。营养器官的变态又分为同功器官与同源器官两类。

复习思考题

1. 什么是器官？植物器官分为哪几大类？
2. 按发生部位不同，植物的根可分为哪几种？
3. 什么是根系？棉花、水稻的根系分别属于何种类型？为什么？
4. 根尖各个分区的细胞结构特点和主要功能分别是什么？根毛有哪些形态结构特点与水分吸收相适应？
5. 根在土壤中为什么能够不断伸长生长？
6. 双子叶植物根的初生结构在根尖的什么位置？由外至内依次说明根初生结构各部分的结构特点和功能。
7. 双子叶植物根的次生结构是如何产生的？都由哪些结构构成？老根次生结构中有哪些初生结构的保留？
8. 水稻和小麦根的初生结构与双子叶植物根的初生结构有哪些不同？
9. 说明侧根产生的部位及产生的过程。
10. 什么是根瘤和菌根？两者对植物各有什么作用？
11. 茎与根在外部形态上有哪些区别？
12. 被子植物的茎尖顶端分生组织由哪几部分构成？它们如何形成茎的初生结构？
13. 什么是芽？其有哪些结构？有哪些类型？
14. 试列表比较双子叶植物根和茎初生结构的异同。
15. 双子叶植物茎的次生结构是如何形成的？它由外至内分为哪些部分？
16. 双子叶植物茎的次生结构与初生结构有什么不同？
17. 什么是生长轮？生长轮是如何形成的？什么是假年轮？
18. 什么是边材和心材？其在结构和功能上有什么区别？
19. 植物学上的树皮和林业生产上的树皮在构成上有什么不同？

20. 什么是完全叶和不完全叶？禾本科植物的叶由哪几部分组成？

21. 双子叶植物与单子叶植物在叶的结构上有哪些不同？

22. 什么是等面叶？什么是异面叶？

23. 从结构上看，C_3 和 C_4 植物在维管束鞘结构及其与叶肉的关系上有什么不同？

24. 旱生植物叶和水生植物叶的结构各有什么特征？试以此说明植物为适应环境形成的结构与功能的关系。

25. 什么是落叶？落叶的原因是什么？

26. 根、茎、叶之间的维管组织如何形成一个连续的整体？

27. 什么是营养器官的变态？根、茎、叶各有哪些主要的变态类型？结合农作物和果蔬植物中常见的变态加以说明。

28. 举实例说明同功器官与同源器官的概念。

29. 什么是营养繁殖？请举例说明。

30. 什么是分离、扦插、压条和嫁接？请分别说明这些营养繁殖方法的解剖学原理。

第五章

被子植物的繁殖和繁殖器官

第一节　植物的繁殖及繁殖方式

一、植物的繁殖

植物的生命活动周期是由两个互相依存、互相制约的过程构成的。一方面，植物体必须维持个体本身的生存；另一方面，植物体又必须产生新的个体，维持该种群的延续和发展。植物个体的生存期是有限的，不论植物的寿命长短，最终都会趋向衰老，直至生命结束。所以，植物体生长发育到一定阶段，必然通过一定方式，由旧个体产生新个体，以延续其种族生存。植物这种由旧个体产生新个体以延续其种族发展的现象，称为繁殖（reproduction）。植物通过大量繁殖增加后代的个体数量，并在自然选择中保留了适应生存的后代，使种群得以繁衍。人类也通过植物繁殖获得大量优良品种，使物质生活更加丰富。

二、植物的繁殖方式

植物的繁殖有多种方式，通常可分为营养繁殖（vegetative propagation）、无性生殖（asexual reproduction）和有性生殖（sexual reproduction）三大类型。

（一）营养繁殖

营养繁殖，指植物营养体的一部分脱离母体（或不立即脱离母体）而长成新个体。这是植物系统演化中出现的初级繁殖方式。许多低等植物采用营养繁殖，如单细胞的细菌的裂殖、酵母菌的出芽、水绵藻丝的断裂等。高等植物也具有这种初级繁殖方式，如一些被子植物的变态营养器官——块根、块茎、鳞茎、球茎、根状茎等都具有繁殖的功能，上述各种营养繁殖都属于自然营养繁殖。在农林生产实践上，人们利用营养器官能形成不定根、不定芽的特性，人为地采用扦插、压条、嫁接和组织培养及细胞培养等方法，培育并大量繁殖优良品种，这种营养繁殖则属于人工营养繁殖。

（二）无性生殖

植物在生活史的某一阶段能产生一种具有繁殖能力的特化细胞，称为孢子（spore）。孢子脱离植物体后，在适宜的环境下直接萌发形成新植株，这种繁殖方式称为无性生殖

(asexual reproduction)，也称为孢子生殖(spore reproduction)。以孢子进行繁殖是藻类、菌类、苔藓和蕨类植物的主要繁殖方式。被子植物虽然也能产生孢子(珠心中的大孢子和花粉囊中的小孢子)，但它们的孢子是通过减数分裂产生的，同时不能脱离母体而独立生活，只能进行异养的寄生生活。所以，被子植物中不能划分出自然的无性生殖。

无性生殖和营养繁殖的子代与亲代具有完全相同的基因，因而其遗传特性也完全相同，是一种克隆。其可以快速产生大量后代，有利于种群繁衍。但是子代的基因型与母代相同，因而往往不能产生新的性状和功能，也就限制了其对环境的适应能力。

(三)有性生殖

有性生殖是植物体中利用特定的生殖结构，通过减数分裂产生特殊的、有性别差异的生殖细胞，这种生殖细胞被称为配子(gametes)，由两性配子结合，形成合子(zygote)或受精卵(fertilized egg)，再由合子或受精卵发育为新个体。由于合子具备了双亲的遗传性，同时在形成配子时会发生基因重组，形成新的基因型和功能，因此增强了后代的生活力，使其获得了更广泛的适应性，是一种最进化的繁殖方式。

三、被子植物的有性生殖

被子植物主要以有性生殖为繁殖手段，其有性生殖过程是在特殊的结构——花中进行的。同时，生殖过程中出现双受精作用和胚胎被子房包被等进化特性，更有利于保证种群的生存和发展，使植物的有性生殖达到较为完善的阶段，是植物界最进化、最高级的繁殖方式。

被子植物从种子萌发形成幼苗，经过一系列的生长发育达到成花的生理状态后，即由营养生长阶段进入生殖生长阶段，在植物体一定部位发育出花芽，然后开花、传粉、受精与结实，形成种子。种子通过各种途径的传播，获得适宜的条件后，即萌发形成新植株，从而使其种群得以延续和发展。花、果实和种子均与植物的生殖有关，因此称其为生殖器官(reproductive organ)。

果实和种子是被子植物有性生殖的产物，同时也是很多农作物的主要收获对象。因此，研究被子植物生殖器官的形态、结构和发育过程，在农林生产上具有重要意义。

第二节 被子植物的生殖器官——花

花(flower)是被子植物特有的生殖器官，是形成雌、雄生殖细胞和进行有性生殖的场所。在植物的个体发育过程中，花的分化标志着植物从营养生长转入生殖生长。传统的植物学认为，从形态发生和解剖结构特点来看，所谓花即是节间极度缩短以适应生殖功能需求的变态枝条，花的各组成部分都是叶的变态。这种学说目前已被分子生物学的证据所证实。通过在拟南芥和金鱼草中的研究发现，花器官的形成发育受到许多基因的网络调控，特别是花各个部分的发生都受到不同基因在转录水平上的调控，这些基因的缺失会造成花器官不能正常发育。现已通过花发育的分子调控模型(ABCDE 模型)来清楚地阐明花发育的分子调控机制。

一、花的组成和结构

一朵典型的花由花柄、花托、花萼、花冠、雄蕊群和雌蕊群组成。花托上有密集的节，不育和可育的变态叶呈几轮排列在花托上。外面两轮不育变态叶为花萼和花冠，是花的包被部分，总称为花被。花被以内的两轮可育变态叶分别构成雄蕊群和雌蕊群，是花产生雌、雄配子的部位，是花的主要生殖结构（图 5–1）。

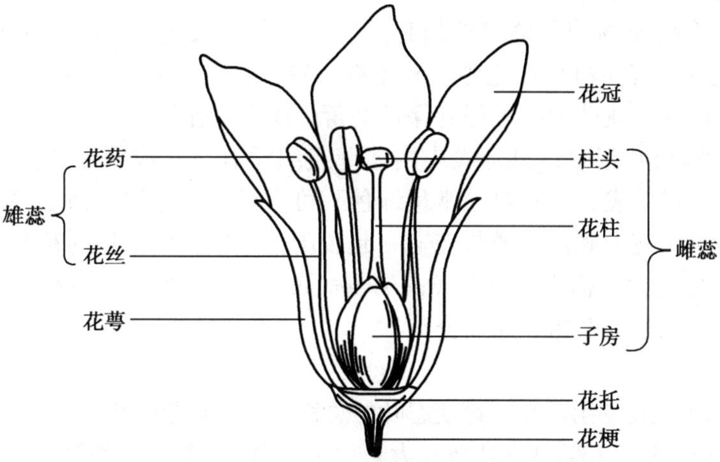

图 5–1　花的基本组成部分

（一）花梗和花托

花梗也称为花柄（pedicel），是着生花的小枝，并使花朵展布于一定的空间位置，也是花朵与茎相连的通道。花柄的结构与茎相似，表皮内有基本组织和维管组织系统，维管束成束状分布于基本组织中。当果实形成时，花柄发育为果柄。花柄的长度常随植物而异，有的植物甚至无花柄。有的植物花柄上生有变态叶，称为小苞片（bracteole）。

花托（receptacle）位于花柄顶端，是花萼、花冠、雄蕊、雌蕊着生的部位。在多数植物（如白菜）中，花托稍微膨大。但不同植物的花托形态变化很大，例如，玉兰的花托伸长呈圆柱状，草莓的花托肉质化隆起呈圆锥形，莲的花托膨大呈倒圆锥形，蔷薇、桃的花托呈杯状，柑橘的花托扩为盘形，花生的花托在雌蕊（子房）基部形成短柄状，在花完成受精后能迅速伸长，形成雌蕊柄或子房柄（gynophore），将子房推入土中，发育为果实。

此外，有些植物的花托在花冠至雌蕊之间的部分特别发达，形成花盘，如柑橘的花盘呈盘状，位于子房之下。许多植物的花托上生有蜜腺（nectary），如白菜。

（二）花被

花被（perianth）是花萼（calyx）和花冠（corolla）的总称。有些植物的花萼和花冠形态极相似而不易区别，也统称为花被，其每一片称为被片（或花被片，tepal），如百合、白兰。花被有保护雌蕊和雄蕊的作用。

1. 花萼

花的最外一轮不育变态叶总称为花萼（calyx），由若干萼片（sepal）组成。花萼的类型主要分为离萼（chorisepal）和合萼（gamosepal）两种类型。

（1）离萼

萼片彼此完全分离，如白菜、茶。

（2）合萼

萼片之间多少合生，彼此连合成整体，其基部连合的部分称为萼筒（calyx tube），上部分离的部分称为萼裂片（calyx lobe），如花生、烟草。

不同植物花萼的形态差异很大。有些植物的萼片大且具有色彩，类似花瓣，有吸引昆虫传粉的作用。有些植物的花萼向外凸起形成一种管状或囊状突起，称为距（spur），如凤仙花、旱金莲等。有些植物在花萼外面还有一轮萼状变态叶，称为副萼（epicalyx），如棉花、朱槿、草莓等。花萼和副萼都有保护幼蕾、幼果的作用。

一般萼片结构与叶相似，只是表皮内薄壁组织没有分化成明显的栅栏组织和海绵组织，维管组织也不如叶发达。花萼通常呈绿色，可进行光合作用，为子房的发育提供营养物质。花萼一般早于花冠脱落，或与花冠一起脱落。但也有些植物的花萼开花后留存，直至果实成熟并随之增大，称为宿存萼（persistent calyx），如番茄、棉花。有些植物的花萼变成冠毛，有助于果实的散布，如蒲公英。

2. 花冠

花冠（corolla）是花的第二轮不育变态叶的总称，位于花萼内侧，由若干花瓣（petal）组成，排列为一轮或几轮。花瓣通常比萼片大。很多植物的花瓣由于细胞含有花青素或有色体而呈现各种艳丽色彩。花瓣表皮细胞常含有各种挥发油，使花冠散发出各种香气或特殊气味，花瓣蜜腺可以分泌蜜汁。有些植物的花瓣基部延长可形成距，花冠是花最显著的部分，除具有保护雌蕊、雄蕊的作用外，其色彩和散发的气味还具有吸引昆虫协助传递花粉的作用。

按花瓣离合情况，花冠可分为离瓣花冠（choripetal）和合瓣花冠（synpetal）两种类型。

（1）离瓣花冠

花瓣彼此完全分离，这种花也称为离瓣花（choripetalous flower），如白菜、桃。

（2）合瓣花冠

花瓣下部合生或全部合生，合生部分称为花冠筒（corolla tube），上端分离部分称为花冠裂片（corolla lobe），这种花也称为合瓣花（synpetalous flower），如南瓜、番茄。

（三）雄蕊群

雄蕊群（androecium）是一朵花中所有雄蕊（stamen）的总称，位于花被的内方，一般直接生在花托上，也有植物的雄蕊基部着生于花冠或花被上。

典型的雄蕊包括花药和花丝两部分。花药（anther）生于花丝（filament）顶端，一般由4个花粉囊组成，分为两半，中间以药隔相连。花粉囊内形成花粉粒。花丝细长，支持花药，使之伸展于一定的空间，以利于花粉的散布。

雄蕊的数目和形态类型变化很大，常随植物不同而异。有些植物的雄蕊很多而无定数，如莲、桃、苹果、棉花等；有些植物的雄蕊数目少且常有定数，如垂柳的雄蕊2枚，小麦、香附子的雄蕊3枚，菠菜、菱的雄蕊4枚，甜菜、亚麻的5枚，水稻、百合的6枚，石竹的10枚。从进化的角度看，雄蕊多而不定数是比较原始的，数少而有定数是比较进化的形态。

（四）雌蕊群

雌蕊群是一朵花中所有雌蕊（pistil）的总称，位于花中央或花托顶部。典型的雌蕊由柱头（stigma）、花柱（style）和子房（ovary）三部分组成。构成雌蕊的基本单位为心皮（carpel），它是被子植物特有的具生殖功能的变态叶。由一个心皮两侧边缘向内卷合或数个心皮边缘互相连合而成为雌蕊。

（五）禾本科植物的花

禾本科植物的花的形态和结构比较特殊，与一般花的形态不同。现以小麦为例说明禾本科花的结构。

小麦的花穗是一个复穗状花序，在穗的主轴上着生许多小穗（spikelet），每一小穗基部有 2 片坚硬的颖片（glume），靠穗状花序总轴外部的称为外颖，近轴的称为内颖。颖片之内有几朵花，一般基部的二三朵能正常发育、结实，称为能育花（fertile flowers）；上部的几朵为发育不完全的不育花（sterile flower）。每朵能育花的外面有 2 片鳞片状的稃片包住，外面的一片称为外稃（lemma），是花基部的苞片，里面的一片称为内稃（palea）。有的小麦品种，外稃的中脉明显延长成芒（awn）。内稃里面有 2 片小的囊状突起，称为浆片（lodicule）。内稃和浆片是由花被退化而成的。开花时，浆片吸水膨胀，使内外稃张开，露出花药和柱头。花的中央有 3 枚雄蕊和 1 枚雌蕊。雄蕊花丝较长，花药较大，开花时，常悬垂花外；雌蕊具 2 个羽毛状柱头，花柱不显著，子房一室。不育花只有内外稃，没有雄蕊和雌蕊（图 5–2）。

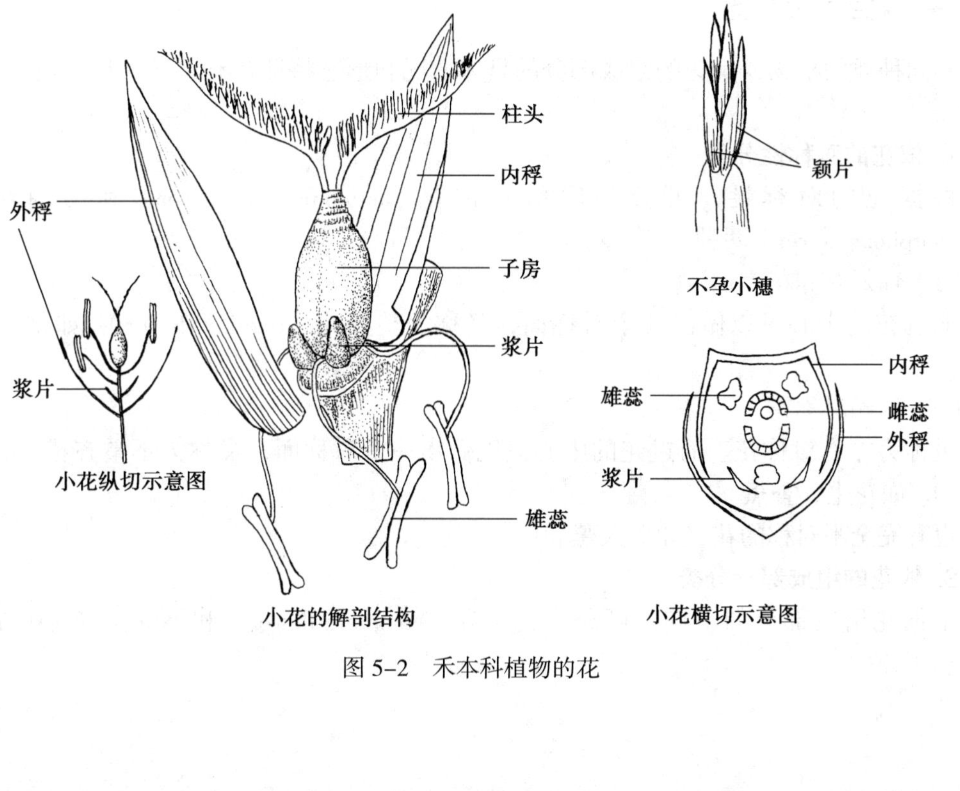

图 5–2 禾本科植物的花

水稻的花基本和小麦的花相同，主要区别在于水稻花有6枚雄蕊，且颖片上有硬毛（图5-3）。禾本科植物的花的主要特点是小花花被退化，以小穗为基本单位组成花序。

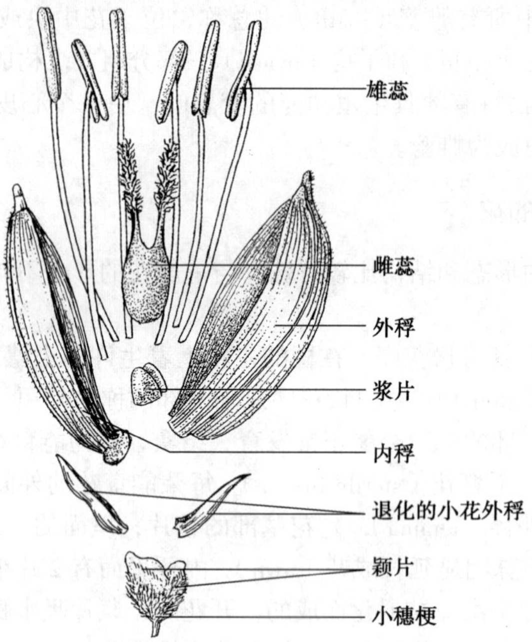

图5-3 水稻小穗的组成

二、花的类型及花序

（一）花的主要类型

不同种类的植物，其花的组成部分的具体情况和形态特征常有差异，致使花有不同的类型。

1. 依花的对称性分类

根据花的对称性，可分为辐射对称花（actinomorphic flower）和两侧对称花（zygomorphous flower）两种。

（1）辐射对称花

通过花的中心可以做出几个对称面，又称为整齐花（regular flower），如桃、百合、朱槿。

（2）两侧对称花

也称为左右对称花。通过花的中心只能做出一个对称面，又称为不整齐花（irregular flower），如花生、香蕉。

也有完全不对称的花，如美人蕉。

2. 依花的组成部分分类

根据花组成部分的不同，可分为完全花（complete flower）和不完全花（incomplete flower）两种。

（1）完全花

具有花萼、花冠、雄蕊群和雌蕊群4个组成部分的花，如桃、茶、花生。

（2）不完全花

花萼、花冠、雄蕊群和雌蕊群4个部分中，缺少其中1或多个部分的花，如荔枝、桑、玉米。

3. 依花被的不同分类

根据花被的不同，可分为两被花（dichlamydeous flower）、单被花（monochlamydeous flower）和无被花（naked flower）三种。

（1）两被花

既有花萼又有花冠的花为两被花（dichlamydeous flower），如白菜、花生。

（2）单被花

只有一轮花被，通常是仅有花萼的花，如荔枝、桑；或花萼、花冠同形无法区分的花，如白兰、百合。

（3）无被花

花萼和花冠都缺少的为裸花（naked flower）或者无被花（achlamycleous flower），如柳、木麻黄、一品红。

4. 依雌雄蕊的有无分类

根据雌雄蕊的有无，可分为两性花（bisexual f1ower）、单性花（unisexual flower）和无性花（neutral flower）三种。

（1）两性花

具有发育完全的雄蕊和雌蕊的花，如水稻、花生。

（2）单性花

仅有雌蕊或雄蕊的花，如黄瓜、玉米。单性花中，只有雌蕊而缺少雄蕊或有退化雄蕊（pistillode）的，称为雌花（pistillate flower）；反之，只有雄蕊而缺少雌蕊或仅有退化雌蕊的，称为雄花（staminate flower）。一植株上同时生有雌花和雄花，称为雌雄同株（monoecisms），如南瓜、玉米、蓖麻；雌花和雄花分别生于不同植株上，称为雌雄异株（dioecism），如番木瓜、菠菜、构树。

在同一植株上或在同种植物不同的植株上，具有单性花和两性花的，称为杂性花（polygamy）。雌花、雄花和两性花同生于一植株上的，称为杂性同株（polygamo-monoecism），如芒果、荔枝。雌花和雄花分别与两性花生于不同植株上的，称为杂性异株（polygamo-dioecism），如南酸枣。

（3）无性花

无性花又称为中性花或无蕊花，指既无雄蕊也无雌蕊或两者均发育不完全的花，如向日葵花序边缘的花。

（二）花序

花可以单生于枝顶或叶腋部位，如玉兰、牡丹、桃等，称为单生花。大多数植物的花则按一定的方式和顺序着生于一个分枝或不分枝的总花柄上，形成花序（inflorescence）。花序的总花柄或主轴称为花序轴（rachis），亦称为花轴。花序中没有典型的营养叶，有时仅在每朵花的基部形成一小的苞片（bract）。有些植物的花序，其苞片密集组成总苞（involucre），位于花序的最下方。花序可分为多种类型（见第八章形态学基础知识）。

三、花芽分化及花的发育

（一）花芽分化

植物在营养生长过程中，感受了一定的光周期、温度、营养条件等调节发育的刺激，其一些芽的分化发生了质的变化，在茎上一定部位的顶端分生组织（生长锥）有的不再产生叶原基，而分化出花的各部分原基或花序各部分原基，最后发育形成花或花序，即为花芽分化。花芽的出现是被子植物从营养生长进入生殖生长的重要标志。在花芽的分化过程中，顶端分生组织从无限生长变成有限生长，也是一个顶端分生组织的最后一次活动。

花芽分化时，芽的顶端生长锥（顶端分生组织）产生明显的形态学变化和细胞生理学变化。在形态学上，在生殖生长时期，顶端分生组织表面积明显增大，有些植物，如桃、梅、棉、水稻、小麦、玉米等的生长锥出现伸长，基部加宽，呈圆锥形；但也有某些植物，如胡萝卜等伞形科植物的生长锥却不伸长，而是变宽呈扁平头状。以后，随着花各器官原基（萼片原基、花瓣原基、雄蕊原基和心皮原基）或花序各部分的依次发生，生长锥的面积又逐渐减小，当花中心的心皮和胚珠形成之后，顶端分生组织则完全消失（图5–4）。从生长锥的组织结构来看，花芽分化时，茎端生长锥的表面有一层或数层细胞加速分裂为花分生组织的外套层，而生长锥中部的细胞分裂慢，细胞变大，出现大液泡，为花分生组织的内体。

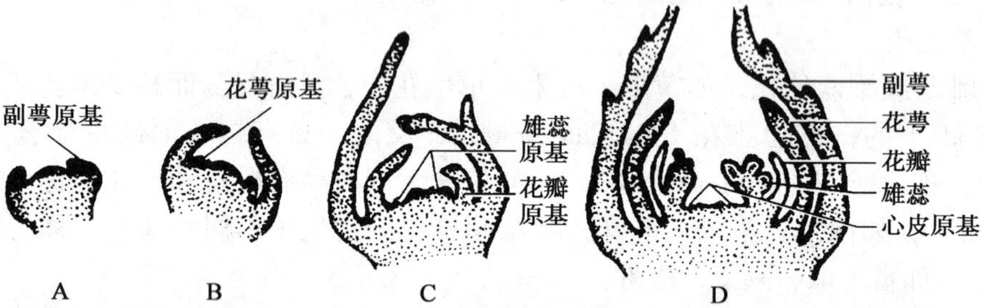

图 5–4 棉花芽的分化过程

A. 副萼原基的分化 B. 花萼原基的分化 C. 花瓣、雄蕊原基的分化 D. 心皮原基的分化

从细胞生理学上看，在向生殖生长转化的过程中，顶端生长锥中，细胞的高尔基体、线粒体数量增加，琥珀酸脱氢酶活性加强，表明呼吸强度增大。同时，可溶性糖也增多，特别是氨基酸和蛋白质含量增加，核糖体数量增多，核酸的合成速率加快，从而提高了细胞分裂的频率，花器官原基渐次形成。

不同植物的成花年龄差别很大。一年生植物，如辣椒、茄子在播种后一个月便已接受环境条件的诱导而开始花芽分化。一些二年生植物，第一年主要是营养生长，第二年就可以完成生殖生长。多年生的木本植物常要生长多年，如桃为3年，苹果、梨一般为3～4年，梅为5年，才可以进入生殖生长，而竹则需数十年之久才开始花芽分化。大多数多年生木本植物和草本植物到达成熟期后能够年年再次成花，但竹类一生中只能开花一次，开花后植株往往死亡。

植物进入成花年龄后，不同植物花芽分化的时间又与特定季节、环境条件和植物生长状况有关。相同植物或同一品种，在同一地区，每年花芽分化时期大致接近。许多果树的花芽在开花前数月便已分化完成。如桃、梅、梨、苹果等一般的落叶树种，从开花前一年的夏季即开始花芽分化，以后转入休眠，到次年春季，未成熟的花部继续发育直至开花。柑橘、油橄榄、荔枝等春夏开花的常绿树木，其花芽分化大多在冬季或早春进行；而秋冬开花的种类，如油菜、茶等则在当年夏季进行花芽分化。此外，同株植物中每朵花的分化时间也因枝条的类型和花芽的位置而有先后。

（二）花的发育过程

在前期花分生组织产生分化的基础上，花开始分化发育，同时形成花器官的各个部分。双子叶植物花和单子叶植物花的发育过程如下。

1. 双子叶植物的花芽分化

根据花芽分化时的形态变化，可以分为以下几个时期：生殖生长锥分化初期、萼片原基形成期、花瓣原基形成期、雄蕊原基形成期和雌蕊原基形成期（图 5–5）。当植物进入生殖生长锥分化初期时，茎尖生长锥迅速伸长，向上突起呈圆锥形，而后顶部逐渐增宽变平（若为花序原基，则生长锥增大呈半圆形或圆锥形）。随后，生长锥下部周围的细胞分裂较快，形成一些小突起，这就是萼片原基（sepal primordium）。而后萼片原基向内伸长弯曲，成为萼片。在萼片原基形成后期，在其内侧依次分化形成花瓣原基（petal primordium）、雄蕊原基（stamen primordium）和雌蕊原基（pistil primordium）。雌蕊原基由1至数个心皮原基（carpel primordium）组成，心皮原基向上生长，再以各种方式卷合或并合成为雌蕊。花各器官原基的分化一般是由外向内按花萼、花冠、雄蕊、雌蕊的顺序进行，但也因植物不同而稍有变化，如油菜、龙眼是花冠最后分化；石榴是雄蕊最后分化；

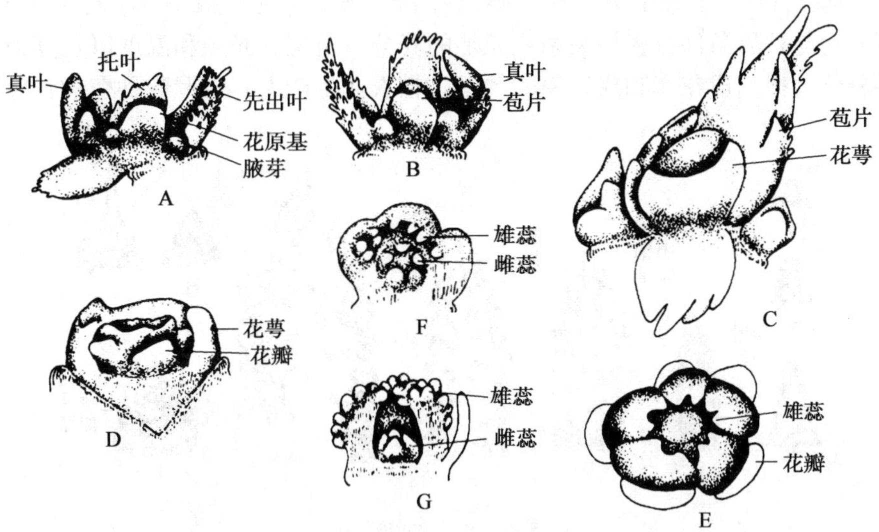

图 5–5 棉花的花芽分化过程

A. 花原基分化期 B. 苞片分化期 C. 花萼分化期 D. 花瓣分化期 E. 雄蕊分化期
F，G. 雌蕊分化期（F. 顶面观 G. 侧面观）

牡丹有多轮雄蕊，各轮分化顺序自内向外离心地进行。

花序的发生与花相似，通常是花序基部或外侧的总苞最早分化，然后向顶或自外向内进行各花的分化。

2. 禾本科植物的幼穗分化

禾本科植物的花芽发育形成花序，其花芽分化一般称为幼穗分化。

（1）水稻的幼穗分化

水稻的圆锥花序由穗轴、枝梗及许多小穗组成。小穗由2片极退化的颖片及3朵小花组成，而下部2朵小花退化，仅剩1枚退化外稃，只有顶端小花能育。水稻植株进入生殖生长时，首先是茎尖生长锥增大并伸长，在生长锥周围逐渐出现一些环状突起，即为苞叶原基。以后，自下而上地在各个苞叶原基腋部分化出一次枝梗原基，这些枝梗原基的发育顺序却是自上而下地进行。因此，由位于最上部的一次枝梗原基先分化出二次枝梗原基，再渐次往下由下部的一次枝梗原基分化出二次枝梗原基。而在每一个一次枝梗上，二次枝梗原基自下而上地产生。幼穗进一步分化时，最上部的一次枝梗顶端先分化出一个小穗原基，再渐次由下部的一次枝梗和二次枝梗的顶端各分化出一个小穗原基。每个枝梗其余的小穗原基均按自下而上的顺序产生。因此，各个枝梗顶端第二个小穗原基是最迟分化的。小穗原基各部分的分化顺序是：先出现2个颖片原基及2朵退化小花的外稃原基，再依次产生能育小花的外稃、内稃、浆片和雄蕊原基，最后产生雌蕊原基。

（2）小麦的幼穗分化

小麦的穗状花序在穗轴两侧着生许多无柄小穗，每个小穗由数朵小花组成。小麦幼穗的分化过程与水稻基本相似，其主要不同点是：小穗原基的分化在生长锥的中部开始，再以向基和向顶的次序分化。所以，位于穗轴最下部和最上部的小穗发育最慢，且最下部的多在发育过程中退化。小穗的分化先在基部分化出颖片原基，然后在小穗轴两侧自下而上地分化形成小花原基。小花的分化依次形成外稃原基、内稃原基、浆片原基、雄蕊原基和雌蕊原基。每个小穗原基能分化出数朵小花，但上部小花的雌、雄蕊常退化成不孕小花（图5–6）。

花芽分化与外界条件有密切关系，充足的养分、适宜的光照和温度以及其他条件均是促进花芽分化、提高成花率和成果率的关键。在农业生产上，掌握各种植物花芽分化的时

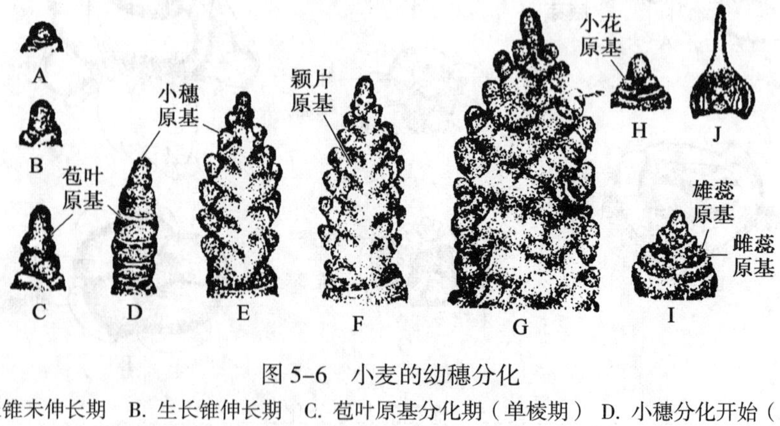

图5–6 小麦的幼穗分化

A. 生长锥未伸长期 B. 生长锥伸长期 C. 苞叶原基分化期（单棱期） D. 小穗分化开始（二棱期） E. 小穗分化末期 F. 颖片分化期 G. 小花分化期 H. 一个小穗正面观 I. 雄蕊分化期 J. 雌蕊形成期

间和规律以及对各种条件的要求，适时地采取相应的措施，如施肥、修剪、灌溉以及植物激素的应用等，均可达到促进或控制花芽分化的目的。

第三节　雄蕊的结构和发育

花芽分化过程中，雄蕊原基经细胞分裂、分化，体积逐渐增大，由原来的近球形，慢慢变成长方体（顶面观呈长方形），而后顶端膨大发育为花药，基部伸长形成花丝。花丝的结构较简单，最外一层为表皮，内为薄壁组织，中央有一维管束贯穿，直达花药之中。开花时，花丝以居间生长的方式迅速伸长，将花药送出花外，以利于花粉散播。花药是雄蕊的主要部分，通常由 4 个（少数植物为 2 个）花粉囊组成，分为左、右两半，中间由药隔相连，来自花丝的维管束进入药隔之中。花粉囊是产生花粉粒的地方。花粉成熟时，花药开裂，花粉由花粉囊内散出而传粉。

一、花药的结构与发育

（一）花药的结构

1. 表皮

表皮是花药最外一层生活细胞，包围整个花药，在花药四角部分则成为花粉囊壁的最外层（图 5–7）。成熟花药的表皮细胞横切面略呈扁平形状，外表面有明显的角质层，起保护作用。表皮上常有气孔分布。

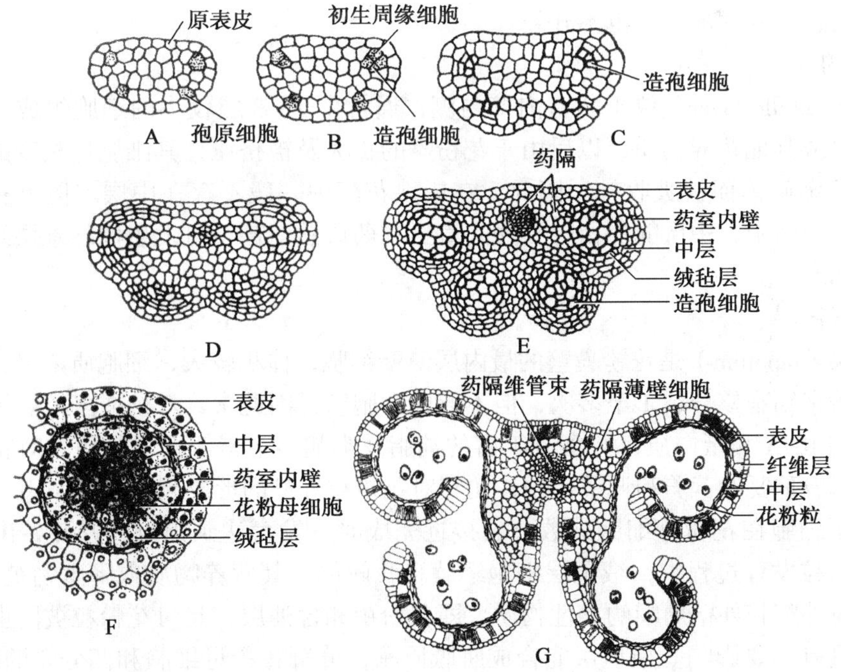

图 5–7　花药的发育与结构（引自李扬汉，1984）

A ~ E. 花药发育过程　F. 一个花粉囊，示花粉母细胞　G. 已开裂的花药，示成熟花药结构

2. 药隔

药隔（connective）位于花药中央，是4（或2）个花粉囊及花丝相连接的部分，由药隔薄壁组织包围着的药隔维管束组成（图5-7）。药隔维管束由花丝维管束延伸而来，而其周围发达程度不同的药隔薄壁组织细胞在开花前往往含有淀粉粒，两者可为花药发育提供水分和养料。

3. 花粉囊

花粉囊（pollen sac）由花粉囊壁及其包围着的花粉囊室（药室）和花粉（pollen）组成（图5-7）。完全分化时期的花粉囊壁结构，由外至内依次为表皮、药室内壁、中层和绒毡层。表皮如前所述，药室内壁、中层和绒毡层随花药发育和成熟过程而发育成熟或消失。

（1）药室内壁

药室内壁（endothecium）位于表皮内方，通常只有一层细胞。初期，细胞贮藏大量淀粉及其他营养物质。花药发育至成熟时，贮藏的营养物质消失，细胞径向扩展，多数植物的药室内壁此时发生特殊增厚，即除外切向壁外，其余5面壁均有斜纵向的条纹状或螺旋状次生加厚，加厚的物质主要是纤维素和少量木质素。由于细胞壁发生的这种加厚，药室内壁也称为纤维层（fibrous layer）。花药每一侧两个花粉囊之间的纤维层是不连续的，在两者连接处常保留几列薄壁细胞，花药成熟时由此处开裂，称为裂口（stomium）。纤维层的细胞壁加厚特性有助于花药开裂。开花时花药暴露在空气中，由于干燥失水，纤维层收缩，外切向壁因没有加厚而形成较多的皱褶，由于纤维层收缩产生的拉力，导致花粉囊在裂口处开裂，花粉囊贯通，花粉即从裂缝中散出。也有的植物药室内壁的细胞壁不发生条纹状加厚，如番薯、芭蕉、番荔枝等。对于孔裂花药植物、水生植物和闭花受精植物，其花药药室内壁不发生加厚，也不开裂。

（2）中层

中层（middle layer）位于药室内壁内侧，通常由1～3层较小的细胞组成。初期，细胞含有淀粉或其他营养物质，以后由于花粉囊的扩大及被挤压，其细胞伸长变成扁平状或梭状，并逐渐解体而被吸收掉。因此，在成熟花药中一般不存在中层。但也有例外，例如，在百合花药中，中层能保留较长时间直至花药成熟，甚至可发生像纤维层细胞壁那样的条纹状加厚。

（3）绒毡层

绒毡层（tapetum）是花粉囊壁的最内层薄壁细胞，体积较大，细胞质浓厚，初期为单核细胞，后来细胞核分裂1至多次，但不形成细胞壁，因此常具双核或多核。绒毡层细胞含有较多的RNA和蛋白质，并含有丰富的油脂及类胡萝卜素等营养物质，对花粉粒的形成和发育起着重要的营养和调节作用，尤其对花粉粒外壁的形成起着重要作用。

绒毡层细胞在花粉母细胞减数分裂接近完成时，发育达到顶点，并开始出现退化现象。在花粉粒发育过程中，绒毡层细胞继续自我解体，其营养物质或降解物被吸收利用，形成花粉粒外壁和外壁周围的黏性物质，即花粉鞘和含油层，其对花粉粒被昆虫黏附从而实现传粉具有重要影响。绒毡层能合成胼胝质酶，分解花粉母细胞和四分体的胼胝质壁，使小孢子彼此分离。如果绒毡层发育不正常，胼胝质酶活动不适时，如过早或过迟释放胼胝质酶，就会导致花粉母细胞减数分裂不正常，引起花粉败育。绒毡层还能合成蛋白质，并输送到花粉粒外壁上，这是一种识别蛋白，在花粉与雌蕊相互作用时，产生不亲和反应的识别作用。现认为绒毡层细胞的退化是一种细胞的程序化死亡过程。

当花粉粒发育完成时，花药也已成熟。此时，由于中层和绒毡层解体消失或仅存痕迹，多数花粉囊壁只剩下表皮和纤维层结构。

（二）花药的发育

1. 花药发育的过程

从横切面观察，由雄蕊原基发育形成的幼小花药，最初由原表皮包围着其内的基本分生组织组成，结构简单呈近圆形。后来，由于花药4个角隅的细胞分裂较快，使花药具有四棱的外形。进一步发育时，原表皮细胞进行垂周分裂，发育形成表皮，包围整个花药。随着基本分生组织细胞分裂活动的进行，其中部分化出原形成层，由它分化形成药隔维管束。其周围的基本分生组织则形成大量的药隔薄壁组织，与药隔维管束共同构成药隔。同时，在四棱花药的角隅分化出一列或几列孢原细胞（archesporial cell），由孢原细胞进一步分裂发育形成花粉囊，并产生花粉（图5–7）。

2. 花粉囊壁的发育

花粉囊壁的发育起于孢原细胞的分裂。在幼花药四角表皮内方的一列或几列孢原细胞比其他细胞大，细胞质浓，径向延长并有更为显著的细胞核，分裂能力强。孢原细胞的数目在不同植物中有所不同。大多数被子植物的花药，其每个角隅有多列孢原细胞，因此在花药横切面上可看到多个；少数被子植物如小麦、棉花等，其花药每个角隅处只有一列孢原细胞，这样在花药横切面上只看到一个。

孢原细胞进行一次平周分裂，形成内外两层，外层为初生周缘细胞（primary parietal cell），内层为初生造孢细胞（primary sporogenous cell）。

初生周缘细胞进行平周分裂和垂周分裂，产生3～5层呈同心圆排列的细胞，由外至内依次分化形成药室内壁、中层和绒毡层，三者与花药表皮的相应部分共同组成花粉囊壁。

在花粉囊壁形成的同时，初生造孢细胞不经分裂或进行少数几次分裂，形成花粉母细胞（pollen mother cell），或称为小孢子母细胞（microspore mother cell）。每个花粉母细胞经过减数分裂形成4个小孢子（microspore），小孢子进一步发育形成花粉粒（pollen grain），贮存在花粉囊里面（图5–7，图5–8）。

（三）产生小孢子的减数分裂

减数分裂（meiosis）是植物有性生殖过程中发生的一种特殊有丝分裂，也称为成熟分裂（maturation division）。在被子植物中，减数分裂是产生单核花粉粒（小孢子）和单核胚囊（大孢子）的有性生殖分裂。减数分裂的全过程包括两次连续的分裂，一个母细胞分裂形成4个子细胞。由于DNA和染色体只在减数分裂前间期（premeiotic interphase）复制加倍一次，在两次分裂之间的间期（interkinesis）没有复制加倍，所以，每个子细胞染色体数（以 n 表示）比原来母细胞的染色体数目（$2n$）减少了一半，只含有一组染色体，称为单倍体，减数分裂因此得名。

减数分裂是由两次连续的分裂构成，这两次分裂分别称为减数分裂的第一次分裂（以“减数分裂Ⅰ”表示）和减数分裂的第二次分裂（以“减数分裂Ⅱ”表示），两次分裂又各

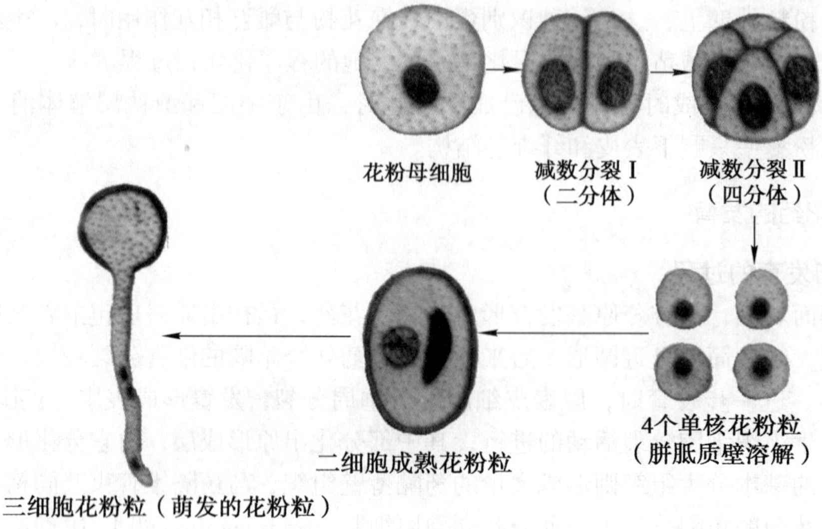

图 5-8 小孢子的产生及发育

分为前期、中期、后期、末期 4 个时期，现分述如下（图 5-9）。

1. 减数分裂Ⅰ（meiosis Ⅰ）

（1）前期Ⅰ（prophase Ⅰ）

此期经历时间长，染色体变化复杂，又可细分为 5 个时期。

① 细线期（leptotene）

染色质凝缩开始形成染色体，染色体呈细丝状出现，细胞核及核仁有所增大。

② 偶线期（zygotene）

染色体逐渐缩短变粗。同源染色体（homologous chromosome）两两成对靠拢，进行配对，这种现象称为联会（synapsis）。所谓同源染色体，即一条来自父本，一条来自母本，两条形状、大小相似，基因顺序相同的对应染色体。由于联会，同源染色体纵向地连接在一起，称为二价体（bivalent）。因含有 4 条染色单体，也称为四联体（tetrad）。

③ 粗线期（pachytene）

染色体继续缩短变粗。位于二价体中间的 2 条染色单体，即非姊妹染色单体（non-sister chromatid）在一处或几处相同位置上发生横断，然后染色单体相应位置的片段互换，使彼此带有对方的

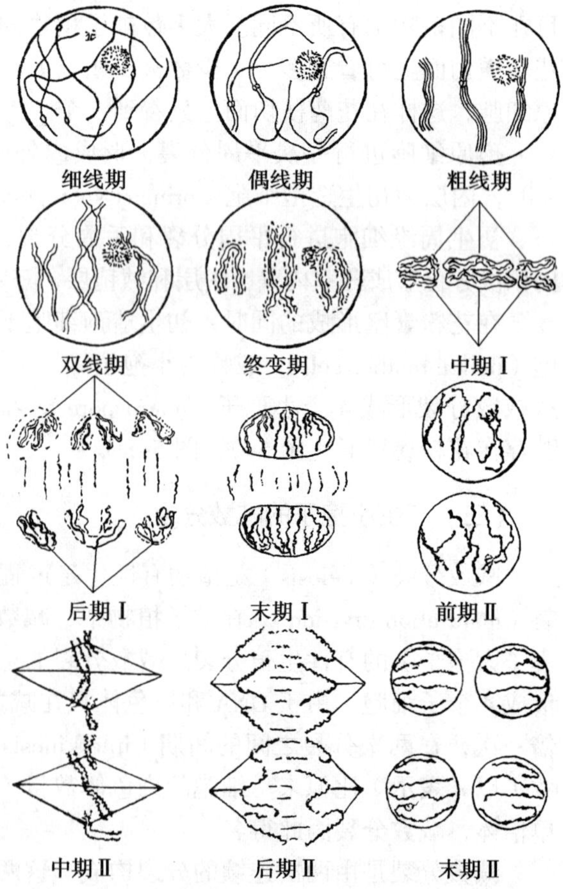

图 5-9 减数分裂全过程

片段，发生了遗传物质的交换，从而改变了原有的基因组合。减数分裂的这一特征对生物的遗传和变异具有重大意义。同源染色体这种非姊妹染色单体片段互换和再结合的现象，称为交换（crossing over）。

④ 双线期（diplotene）

同源染色体开始彼此分离，只有交换后的一些接触点仍相交在一起，这些接触点称为交叉（chiasma）。二价体此时呈现“X”“V”“O”及数字“8”等形状。这个时期可清楚地看到每个二价体的 4 条染色单体。双线期染色体缩至更粗、更短，核仁体积变小。

⑤ 终变期（diakinesis）

染色体继续缩短，表面变光滑，二价染色体常分散排列在核膜内侧。这个时期为计算染色体数最清楚的时期。以后，二价体逐渐分开，仅以端部的一个交叉点相连接。终变期末，核膜、核仁相继消失，开始出现纺锤丝。

（2）中期Ⅰ（metaphase Ⅰ）

染色体凝缩至最短、最粗。二价体分别以交叉点排列在细胞中部的赤道面上，两个着丝点分列于赤道面两侧，纺锤体形成。中期Ⅰ也是观察、研究染色体的适宜时期。

（3）后期Ⅰ（anaphase Ⅰ）

二价体的 2 条同源染色体从交叉处分离，分别向两极移动。此时，每条同源染色体仍含有 2 条姊妹染色单体，因此，移向每个极区只有 1 条同源染色体，染色体数目只有母细胞染色体的一半。

（4）末期Ⅰ（telophase Ⅰ）

染色体分别到达两极。有些植物此时会有核膜形成，染色体解旋伸展；而另一些植物则不形成核膜，染色体不解旋分散，直接进入减数分裂Ⅱ。

有的植物在第一次分裂末期形成 2 个子核后，在 2 个子核之间形成细胞板，发生胞质分裂，将母细胞分隔成 2 个子细胞，2 个子细胞因连在一起而称为二分体（dyad），如水稻、玉米。有些植物要在第二次分裂后才发生胞质分裂，即第一次分裂没有形成二分体，直接形成四分体（tetrad）。

2. 减数分裂Ⅱ（meiosis Ⅱ）

第一次分裂结束后，经过一个短暂的分裂间期，或者没有分裂间期而紧接着进行第二次分裂。第二次分裂前不发生 DNA 加倍和染色体复制，分裂过程的主要特征是姊妹染色单体分离和产生 4 个单倍体的子细胞。第二次分裂过程与一般有丝分裂基本相似，各期主要特征如下。

（1）前期Ⅱ（prophase Ⅱ）

伸展的染色体又螺旋化缩短变粗，核膜再度消失。不解螺旋的染色体经很短前期Ⅱ，或直接进入中期Ⅱ。

（2）中期Ⅱ（metaphase Ⅱ）

染色体以着丝点排列在赤道面上，纺锤体形成。

（3）后期Ⅱ（anaphase Ⅱ）

着丝点分裂，姊妹染色单体（sister chromatid）分离，分别移向两极。

（4）末期Ⅱ（telophase Ⅱ）

染色体到达两极并解旋，核膜、核仁出现，形成 4 个子核，每个核中含有一套完整的单倍染色体组。最后，胞质分裂完成，形成了4个一群的子细胞，它们未分离前称为四分孢子（tetraspore）或四分体（tetrad）。

紧接核分裂后的胞质分裂较有丝分裂复杂。被子植物花粉母细胞减数分裂的胞质分裂（cytokinesis）有连续型和同时型两种方式（图5-10）。

连续型（successive type）：减数分裂末期Ⅰ形成二分体，末期Ⅱ时再在二分体各自的细胞中产生细胞板，形成四分体。由于第二次分裂面与第一次分裂面垂直，故四分体排列成一个平面。新细胞壁的发育为离心式，即胼胝质先在细胞板中央沉积，再向四周扩展，直至与母细胞的胼胝质壁相接。连续型存在于大多数单子叶植物如水稻、玉米、小麦中，以及少数双子叶植物如金鱼藻、夹竹桃中。

同时型（simultaneous type）：减数分裂末期Ⅰ不产生细胞板而形成一个双核细胞，没有二分体时期。在减数分裂末期Ⅱ，两个核同时分裂形成4个子核，并同时在4个子核之间产生细胞板，形成四分体。因新细胞壁互不垂直，四分体可排列成四面体，也可形成其他形状。新细胞壁的发育为向心式，即先在4个子核间发生成膜体，接着花粉母细胞的质膜向心内折，胼胝质从近绒毡层一侧的壁开始，逐渐向四分体的中央积累，把母细胞同时分隔成为4个子细胞。同时型存在于大多数双子叶植物如花生、茶、棉花中，以及少数单子叶植物如兰科、灯芯草科、莎草科植物中。

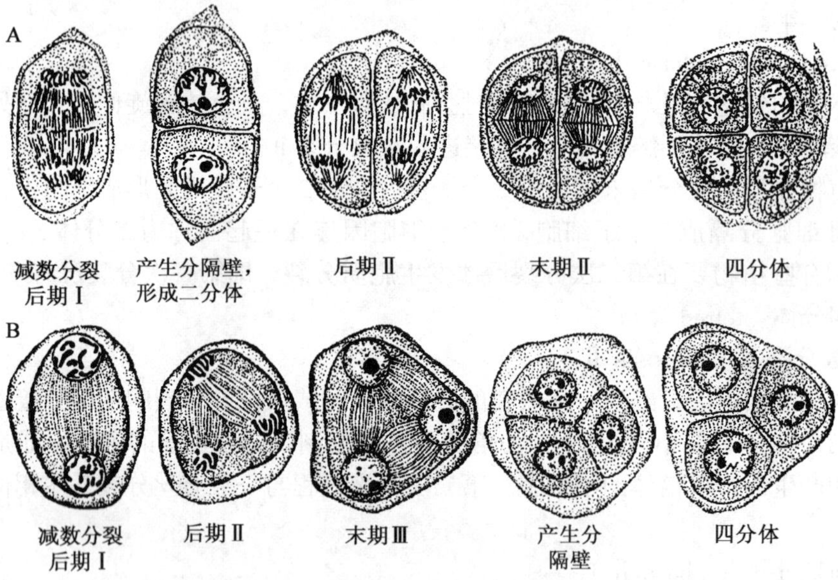

图5-10 小孢子母细胞减数分裂的胞质分裂类型（引自胡适宜，2007）
A. 小麦的连续型胞质分裂 B. 蚕豆的同时型胞质分裂

减数分裂的结果使二倍体（2*n*）的孢子体（sporophyte）细胞转变为单倍体（*n*）的配子体（gametophyte）细胞，为保证受精后植物细胞遗传物质的稳定奠定了基础。同时，由于发生了染色单体片段的交叉互换，致使子细胞所含的遗传物质彼此各不相同，为后代的遗传变异奠定了基础。

减数分裂持续时间的长短，在不同植物中有很大差异，如矮牵牛12 h、荠菜18 h、小麦 24 h、麝香百合 192 h、延龄草可达 274 h。在减数分裂各个时期，通常前期 I 所需时间最长，其余各期较短。

植物在减数分裂期间对环境条件的变化很敏感，低温、干旱、光照不足、缺少营养或氮肥过多等，都会影响减数分裂的正常进行，从而影响花粉粒的形成，降低结实率。因此，这一时期是生产上重要的管理阶段。

经过减数分裂的花药，表皮开始由无色转变为该种植物花药特有的颜色，如梨为紫红色、桃为黄色渐变红色等。

（四）花粉粒的发育和结构

1. 花粉粒的发育

花粉粒由花粉母细胞经过减数分裂后发育形成。减数分裂前，花粉母细胞排列紧密，早期具有一般的纤维素壁。相邻花粉母细胞之间有直径 1 ~ 2 μm 的胞质管（cytoplasmic channel）彼此连接，整个花粉囊内的花粉母细胞群形成一个合胞体（syncytium）。这种连接现象与花粉囊中花粉母细胞的减数分裂同步化有关，也与营养物质、生长物质的迅速运输及分配有关。减数分裂过程中，在花粉母细胞质膜外沉积大量胼胝质并形成胼胝质壁，使胞间连丝和胞质管被阻断，原有的纤维素壁也随之解体。减数分裂结束时，在四分体周围及各细胞之间均有胼胝质壁包围或分隔。而四分体细胞通过基因重组与分离，在遗传上多少有所不同，由于胼胝质壁的低透性控制着细胞之间的物质交流，因此可保持四分体细胞之间的独立性。在大多数植物中，四分体只维持一个短暂时期。随着胼胝质壁的溶解，子细胞彼此分离，成为 4 个各含一个细胞核的花粉粒，这是花粉粒的早期阶段，称为单核花粉粒或小孢子（microspore）。小孢子经过分裂、生长、发育成为成熟花粉粒（pollen grain）。

（1）营养细胞、生殖细胞和精子的形成

初形成的单核花粉粒（小孢子）细胞壁薄，细胞质浓厚，细胞核位于中央（图 5-11）。进一步发育时，单核花粉粒从绒毡层分泌物或降解物中吸取养分和水分，细胞逐渐变成圆球形，体积增大，并形成中央大液泡，细胞核移向靠近细胞壁的位置（单核靠边期）。之后，细胞核经过 DNA 复制，在近壁处进行一次不对称的有丝分裂，形成 2 个子核。贴近花粉细胞壁的子核为生殖核（generative nucleus），靠近大液泡的子核为营养核（vegetative nucleus）。胞质分裂时，细胞板呈弧形，并且弯向生殖核一侧。单核花粉粒被分隔为大小悬殊的 2 个细胞，大的为营养细胞（vegetative cell），小的为生殖细胞（generative cell），2 个细胞之间有胼胝质壁分隔。

最初，生殖细胞呈凸透镜形或半球形，紧贴着花粉细胞壁。而后，细胞逐渐从与花粉细胞壁的连接处分离，向内转移、收缩，细胞逐渐变圆。最后，整个细胞脱离细胞壁，游离到营养细胞的细胞质中。此时，由于胼胝质壁消失，生殖细胞成为一个仅被其本身的质膜及营养细胞的质膜包围的（即有两层质膜包围）裸细胞浸没在营养细胞之中，细胞也变成纺锤形。

精子是生殖细胞再经过一次有丝分裂形成的。有些植物的 2 个精子在花粉粒中就形成了，有些却是在花粉释放后，在萌发后的花粉管中再经过有丝分裂形成。因此，当花药成熟时，传粉前的花粉粒可能是 2 个细胞的，也可能是 3 个细胞的，分别称为二细胞型花粉

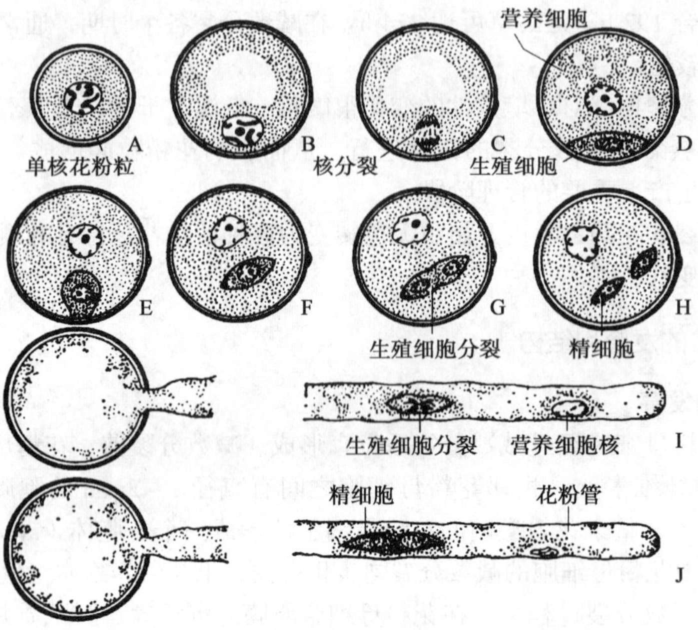

图 5-11 花粉粒的发育与花粉管的形成（引自李扬汉，1984）

A. 幼期单核花粉粒 B. 后期单核花粉粒（单核靠边期）C. 单核花粉粒的核分裂 D、F. 二细胞时期，D. 示营养细胞和生殖细胞 E. 示生殖细胞开始与花粉内壁分离 F. 示生殖细胞游离存在于营养细胞的细胞质中 G，H. 3-细胞型花粉，其生殖细胞分裂，形成两个精细胞 I，J. 2-细胞型花粉，其生殖细胞在花粉管中分裂，形成两个精细胞

和三细胞型花粉，它们通常又被称为雄配子体（male gametophyte），精细胞则称为雄配子（male gametes）。大部分被子植物（70% 的种类）的成熟花粉为二细胞型花粉，如棉、桃、茶、柑橘、百合等；少数植物的成熟花粉为三细胞型花粉，如白菜、水稻、玉米、小麦、向日葵等（图 5-11）。

（2）花粉壁的形成

花粉壁有内外两层。花粉四分体形成不久，花粉壁即开始发育。单核花粉粒吸收绒毡层提供的物质，在胼胝质壁与质膜之间先沉积纤维素，形成初生外壁（primexine），继而在初生外壁的基础上发育形成厚的花粉外壁（exine）以及外壁表面的各种纹饰。有些地方不产生外壁而留下一定形状、一定数目的孔隙或沟槽，是将来花粉萌发时花粉管向外突出生长之处，因此称为萌发孔（germinal pore）或萌发沟（germinal furrow）。原有的胼胝质壁随着外壁的形成而消失。与此同时，花粉粒本身合成纤维素、半纤维素、果胶质、蛋白质等物质，在外壁内侧沉积，形成了花粉粒的内壁（intine）。

至此，由单核花粉粒发育成含有 2 个细胞或 3 个细胞的花粉粒。花粉粒及其萌发形成的花粉管即是被子植物的雄配子体。

2. 成熟花粉粒的形态结构

成熟的花粉粒由两层壁和 2～3 个细胞组成。

（1）花粉粒的形态和花粉壁的结构特征

花粉粒的形状和大小随植物种类而不同，如水稻、小麦、玉米、柑橘、桃等的花粉粒为圆球形，油菜、桑、百合、梨等的花粉粒为椭圆形，茶的花粉粒为三角形，凤仙花的花粉粒为四角形等（图 5–12）。花粉粒的大小差异很大，小的如紫草科植物，其花粉粒直径只有 4 ~ 5 μm；大的如南瓜的花粉粒直径达 150 ~ 200 μm；大多数植物的花粉粒直径在 15 ~ 50 μm。有些植物的幼期单核花粉粒始终保留在四分体中，发育为含 4、8、16、32、64 个花粉粒的复合花粉。这种复合花粉见于杜鹃花科、夹竹桃科、豆科、灯芯草科等的一些属种中。

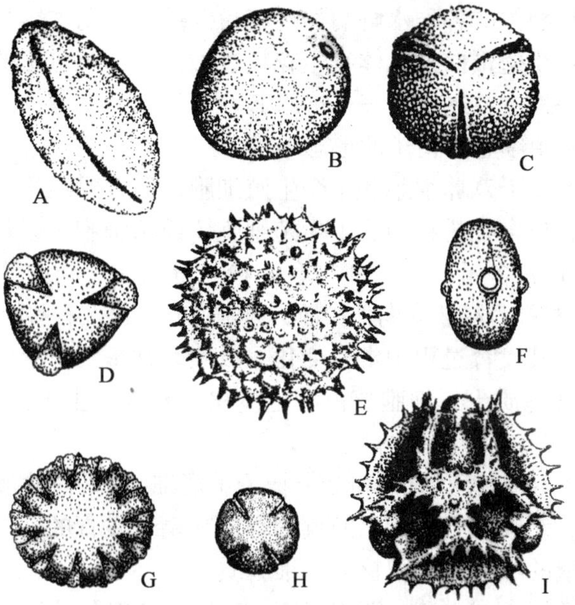

图 5–12　不同植物的花粉粒形态

A. 美国鹅掌楸　B. 牛尾草　C. 美洲山毛榉　D. 苹果　E. 棉花　F. 茗子　G. 芝麻　H. 柑橘　I. 药用蒲公英

成熟花粉粒的壁可明显区分为外壁和内壁两层。

花粉外壁较厚，硬而缺乏弹性。有些植物的花粉外壁表面是光滑的，如黄瓜、玉米、油菜；有些则形成各式雕纹（sculpture），如穴、颗粒、疣、小刺、柱状突起、条纹、波纹、网纹等。花粉粒上存在着未覆盖外壁而仅有内壁的孔或沟，称为萌发孔或萌发沟，是花粉萌发时花粉管长出的部位。萌发孔（沟）的形状、构造、位置、数目、大小等特征因植物种类而异。有的只有萌发孔，有的只有萌发沟，有的两者均有。例如，禾本科植物花粉大多只有一个萌发孔，小麦花粉萌发孔下有盖状结构；油菜等十字花科植物花粉有 3 条萌发沟，梨、苹果、烟草的花粉在 3 条萌发沟中有孔，棉的花粉有多达 8 ~ 16 个萌发孔，陆地棉甚至多达 24 个；而樟科植物花粉却无萌发孔。一般来说，多数单子叶植物花粉具有 1 个萌发孔（沟），多数双子叶植物花粉具有 3 个萌发孔（沟）。花粉外壁的主要成分为孢粉素（sporopollenin），此外，还有纤维素、类胡萝卜素、类黄酮素、脂类及蛋白质等。孢粉素是类胡萝卜素氧化产物的聚合物，其理化性质极为稳定，有很强的抗高温、抗高压、抗酸和抗生物分解的能力，花粉外壁的雕纹因此能够长期保存在泥炭中甚至化石中。花粉外壁表面常涂覆着溶有类胡萝卜素的花粉鞘（pollenkitt）含油层（tryphine），使花粉呈现黄色。外壁含有的蛋白质使花粉具有黏性，适于虫媒传粉。

花粉内壁位于外壁的内侧，较薄、软而有弹性。内壁的主要成分为纤维素、果胶质、半纤维素和蛋白质。内壁包围着营养细胞原生质体，在萌发孔处内壁有所增厚，在花粉萌发前封闭萌发孔。

花粉无论外壁和内壁，都含有生物活性蛋白质和酶类。外壁蛋白质由绒毡层制造并转运而来，是由孢子体起源的，具有基因型的特异性，传粉后在与柱头相互识别的过程中起主要作用。内壁蛋白质则是由花粉粒本身制造，由配子体起源，主要含有与花粉粒萌发以及花粉管穿入柱头生长相关的各种水解酶类。花粉壁蛋白或酶类容易在湿润后释放到周围环境中。现已查明，花粉壁蛋白是人体发生花粉过敏症（枯草热）的主要过敏原，如豚草属花粉内壁中就含有一种主要过敏原——抗原 E。

（2）营养细胞、生殖细胞和精子的形态结构

二细胞型花粉含有 1 个营养细胞和 1 个生殖细胞，两者的结构有很大差异，功能也不同。营养细胞体积大，包含花粉粒中除了生殖细胞（或精细胞）以外的所有部分，有大液泡和丰富的细胞器，RNA 含量较高，并富含淀粉、蛋白质、脂肪等营养物质。营养核结构疏松，核膜上有较多核孔，核质常向外扩散，通常没有核仁。有些植物的营养核呈瓣裂状。

生殖细胞的形状在其发育过程中常有变化，成熟时常呈纺锤状或长椭圆形。生殖细胞体积小，无细胞壁，细胞质少，细胞核占细胞体积的 80%。生殖核结构紧密，核孔较少，有 1 ~ 2 个核仁。

三细胞型花粉含有 1 个营养细胞和 2 个精子（精细胞）。各种植物的精子有特定的形态，如椭圆形、球形、纺锤形、弧形、螺旋形等。在精子发育的不同时期，其形状可能发生变化。精子也是无壁的细胞，细胞核大，细胞质少。

生殖细胞和精子直接参与生殖，营养细胞的功能与花粉管的形成和生长有关。

花粉粒的形状、大小，外壁雕纹，萌发孔（沟）的有无、形状、数量和分布等特征，构成了花粉粒的外部形态。这些特征是由基因控制的，在各种植物中非常稳定，常常是植物科、属甚至种的特征。由于孢粉素的理化性质极为稳定，以其为主要成分的花粉外壁可长久维持其形态特征。因此，花粉成为古植物学、地质学以及植物系统演化和植物分类研究的重要依据，在蜜源植物鉴定、煤矿和石油勘探以及医学甚至刑侦等各个领域都具有一定的应用价值。有关花粉和孢子的形态、散布以及分析、利用等方面的研究，已成为一门专门的学科，称为孢粉学（palynology）。现将花药及花粉粒的发育过程归纳如下。

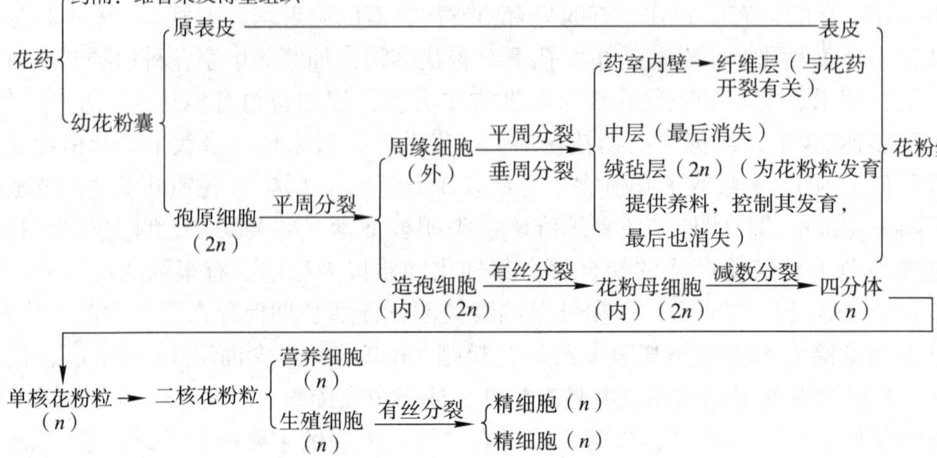

3. 雄性生殖单位

20 世纪 80 年代以来，随着现代科学技术的发展，特别是电子显微镜技术和电子计算机技术的应用，人们发现某些被子植物的三细胞型花粉中营养核和精子之间联系极为密切，两精子之间在形态结构和遗传上存在差异，从而提出了“雄性生殖单位”的概念。有研究者认为，在被子植物的有性生殖过程中，一对精子和营养核构成了一个功能复合体，它们的所有雄性核和细胞质的遗传物质——DNA 包容在一起成为一个完整的传递单位。在二细胞型花粉的植物中，雄性生殖单位的概念用于成熟花粉粒或花粉管中营养核和生殖细胞形成的联合体。雄性生殖单位新的功能可能是作为传送精细胞的装置，使精细胞有序地到达雌性的靶细胞（卵细胞）。

二、花粉的生活力

花粉寿命的长短因植物种类不同而有差异，一方面由遗传因素所决定，另一方面受环境的影响。一般来说，在自然条件下，绝大多数植物的花粉维持受精能力的时间是很有限的，从花药散出后只能存活几小时、几天或几个星期。例如，茄的花粉在夏季可存活 1 d，在冬季可存活 3 d；在干燥凉爽的条件下，柑橘花粉可存活 40 ~ 50 d，苹果花粉可存活 10 ~ 70 d；而水稻花粉一般只能存活 3 ~ 5 min。研究发现，花粉寿命表现出如下规律：一是亲缘相近的植物，花粉寿命长短也接近：二是二细胞型花粉的生活力比三细胞型花粉的强；三是木本植物花粉的寿命比草本植物的长。影响花粉生活力最重要的外界因素是相对湿度、温度和气体环境，因此可通过控制这几个因素以保持花粉的生活力。一般低温、干燥、低氧、高二氧化碳等条件有利于降低花粉的代谢水平，使花粉处于休眠状态以延长其寿命。根据不同作物的具体情况，创造适宜的贮藏条件，最大限度地延长花粉寿命，对实行人工授粉和有性杂交育种工作具有重要的意义。例如，利用液态氮创造 -196℃超低温、真空和冷冻干燥的技术，可使花粉寿命大幅度延长。冬小麦一些品种的花粉在这种条件下贮藏保存 1 年后，并在用于授粉前迅速解冻，其结实率可达 49% ~ 64%；苹果花粉保存 2 年之久，仍如新鲜的花粉一般；苜蓿花粉在 -21℃真空贮藏，经 11 年后尚有一定的生活力。

花粉的生活力与植物育种和栽培密切相关，因为在进行远距离或不同开花期的亲本杂交育种时，不得不利用贮藏的花粉。因此，研究花粉的生活力和花粉的贮藏条件在育种工作中是很重要的。

三、花粉败育和雄性不育

由于外界条件和内在因素的影响而形成无生殖能力的花粉，称为花粉败育（abortion）。温度过高或过低、水分亏缺、光照不足、施肥不当、环境污染、药剂处理等均可能导致花粉败育。花粉败育的原因是多方面的。如果败育发生在花芽分化初期，常表现为雄蕊退化、花药畸形或无花粉形成；如果败育发生在四分体时期之前，多表现为花粉母细胞减数分裂异常，有的花粉母细胞相互粘连，有的是分裂过程中产生落后染色体，以致出现不正常四分体；若败育发生在单核期或接近双细胞期，则往往缺乏淀粉积累，原生质解体，花粉粒空瘪。

在正常的自然条件下，个别植物体也会产生花药或花粉不能正常发育的现象，称为雄性不育（male sterility）。雄性不育的植物常表现为花药瘦小萎缩、花药内不产生花粉、没有生活力等。这种特性在农业生产上具有重要意义，利用这一特性，可在杂交时免去人工去雄的操作，节省大量人力。目前，由于杂种优势在育种上的广泛应用，雄性不育系（与保持系、恢复系配套）的培育已成为提高作物产量的有效手段。特别是随着对水稻温敏型和光敏型不育系的研究和利用，水稻的三系育种方式已变成更简约和低耗的两系育种方式。

第四节 雌蕊的发育与结构

一、雌蕊的发育与结构

（一）雌蕊的发育

雌蕊由一个或多个心皮组成（图 5–13）。当花芽分化形成心皮原基后，心皮原基向上生长，以不同方式单独或联合纵向卷合形成雌蕊（图 5–14）。有的植物的心皮始终保持分离，因此发育形成单雌蕊（simple pistil，即一朵花中只有一个心皮）或离心皮雌蕊（apocarpous pistil，即一朵花中有多个分离的心皮）。有的植物多个心皮彼此以边缘连合，发育形成复雌蕊（compound pistil），也称为合心皮雌蕊（syncarpous pistil）。心皮卷合成雌蕊后，心皮边缘愈合的部分称为腹缝线（ventral suture），心皮中间相当于叶片中脉的部分称为背缝线（dorsal suture）。背缝线有一条较大的维管束，称为背束（dorsal carpellary

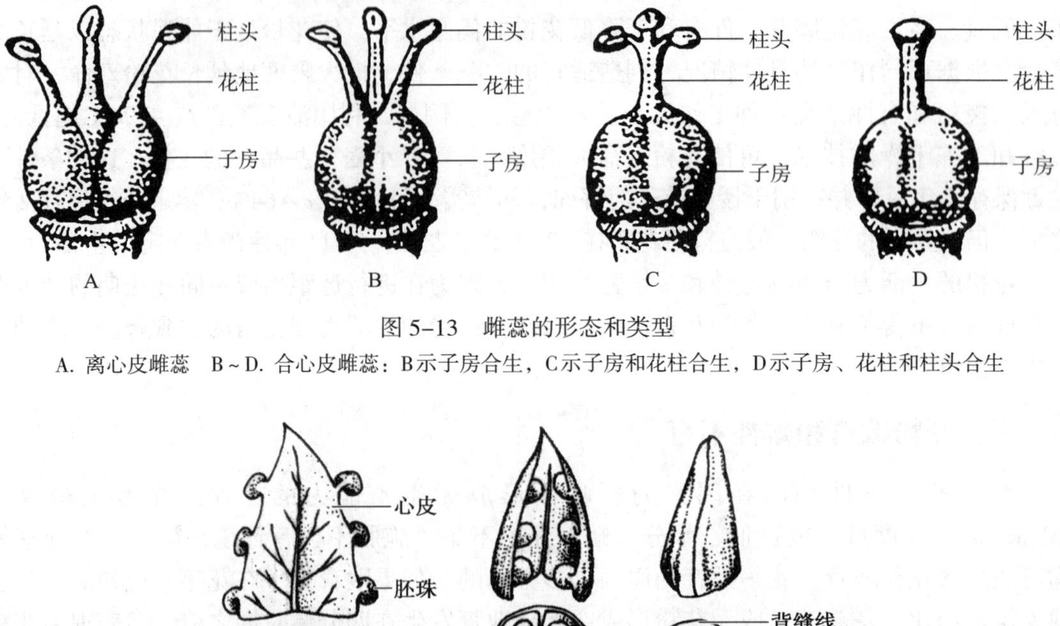

图 5–13 雌蕊的形态和类型

A. 离心皮雌蕊 B ~ D. 合心皮雌蕊：B示子房合生，C示子房和花柱合生，D示子房、花柱和柱头合生

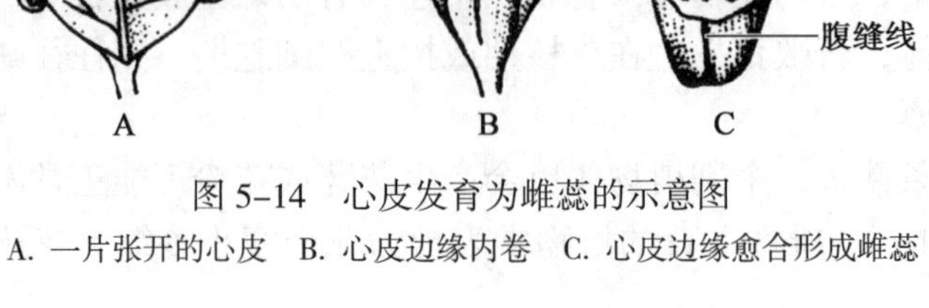

图 5–14 心皮发育为雌蕊的示意图

A. 一片张开的心皮 B. 心皮边缘内卷 C. 心皮边缘愈合形成雌蕊

bundle)。腹缝线两侧各有一条较小的维管束，称为腹束(ventral carpellary bundle)。背缝线和腹缝线的数目均与心皮的数目相同。雌蕊形成后，其顶部为柱头，中部为花柱，基部膨大部分为子房。

(二)雌蕊的结构

1. 柱头

柱头(stigma)是承受花粉的地方，也是传粉后与花粉相互识别、选择及萌发的场所，常稍膨大或扩大成各种形状。柱头一般具有较大的细胞，表皮细胞常延伸为乳突状或毛状，形成特殊的表面结构，适于“捕捉”花粉并为花粉萌发提供必要的水分。雌蕊成熟后，有的植物柱头有分泌物溢出使柱头湿润，有利于黏着花粉并为花粉萌发提供必需基质，这样的柱头称为湿柱头(wet stigma)，如烟草、茄、苹果、矮牵牛等的柱头。柱头分泌物的成分随植物种类不同而不同，主要为水分、脂质、糖类、酚类化合物、氨基酸和蛋白质。有的植物柱头没有分泌物，称为干柱头(dry stigma)。干柱头在被子植物中最为常见，如油茶、石竹、棉、柿及禾本科植物等的柱头。干柱头表面有一层亲水蛋白质薄膜，其主要成分为蛋白质(糖蛋白)、糖类、酶和脂质，传粉后由于蛋白质的亲水性，可通过其下层的角质层孔隙吸取水分；或在酶的作用下，柱头表面的毛状细胞解体而得到水分，使花粉能正常萌发。这层蛋白质膜也是不亲和系统的识别反应部位。

2. 花柱

花柱(style)是柱头和子房之间较细的部分，是花粉萌发后花粉管伸长生长进入子房的通道。有的植物花柱内有1至多条管道状结构，称为花柱道(stylar canal)。花柱道内表面有1层或2~3层细胞，具有传递细胞的特征，这样的花柱称为空心型花柱(hollow style)。有的植物花柱没有花柱道，但花柱中央有特殊细胞群组成的引导组织(transmitting tissue)，引导组织细胞通常狭长柱状或梭状，细胞间隙大，其中充满含糖类、蛋白质等成分的分泌液，这样的花柱称为实心型花柱(solid style)。花粉管沿花柱道或引导组织的胞间隙生长、通过，花柱道细胞和引导组织均可为花粉管的生长提供营养物质和某些趋化性物质。但也有一些植物实心花柱没有分化出引导组织，如水稻、小麦，花粉管通常从花柱中央的薄壁细胞间隙穿过。

3. 子房

子房(ovary)是雌蕊基部膨大成囊状的部分。横切面上由子房壁、子房室、胚珠和胎座组成(图5-15)。

子房壁(ovary wall)是由心皮构成雌蕊时形成的厚薄不等的壁。子房壁内、外两面均有表皮(相当于叶片的上、下表皮)，表皮上有气孔和表皮毛等结构。内、外表皮之间为薄壁组织和维管束。

子房内有1至多个腔室，称为子房室(locule)。子房室的数目因植物种类不同而不同，主要取决于心皮数目以及心皮的愈合情况。单雌蕊的子房仅有1室，如豆类。复雌蕊(合心皮雌蕊)的子房，如果心皮彼此以边缘相连而不向内包卷，则形成1个子房室；如果心皮边缘向内卷入，在子房中央相互连合，相邻心皮卷入部分相互合并成为隔膜(septum)，则形成多个子房室。如百合子房由3个心皮连合，形成3个子房室。

胚珠(ovule)是种子的前身，包藏于子房室内，一般着生于子房壁腹缝线内侧或子房

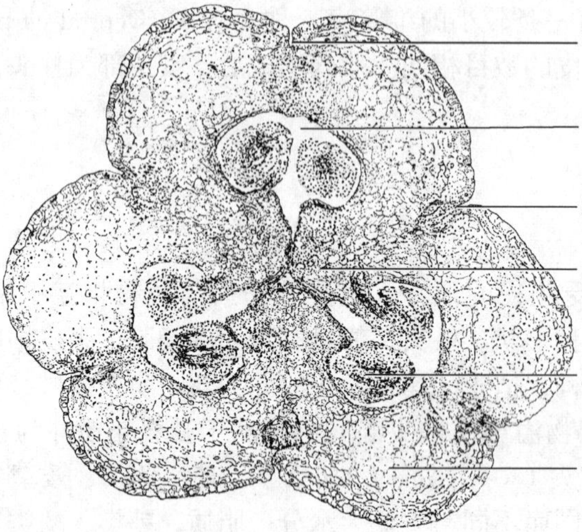

图 5-15 子房的结构

中轴的特殊位置上。胚珠的数目因植物种类不同而有很大差异，有的植物 1 个子房只形成 1 个胚珠，而有的植物可形成几个、几十个甚至几千个胚珠不等。胚珠在子房壁或中轴上着生之处，称为胎座（placenta）。由于心皮的数目和愈合方式不同，胎座可分成多种（见第八章形态学基础知识）。

二、胚珠的发育与结构

发育成熟的胚珠由珠柄、珠心、珠被、合点、珠孔等几部分组成（图 5-16）。

胚珠是由胎座上的胚珠原基发育而成的。随着雌蕊的发育，首先，胎座表皮下的一些细胞进行平周分裂，产生一团突起，成为胚珠原基。原基的前端发育成为珠心

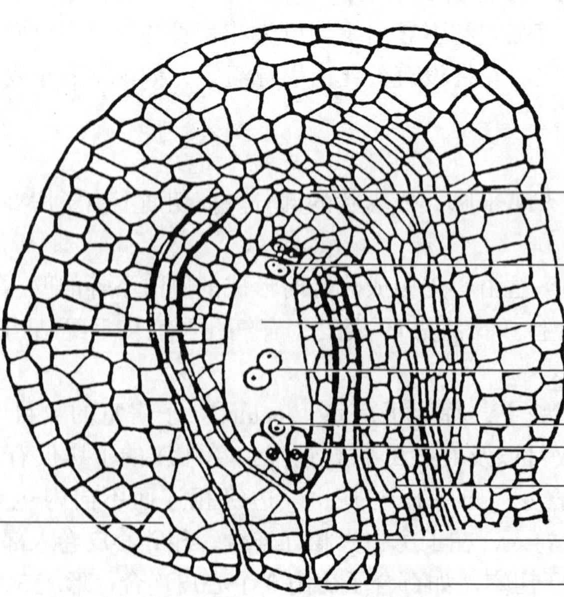

图 5-16 胚珠的结构

（nucellus），是胚珠中最重要的部分，而后在珠心中发育出胚囊，而胚囊周围则由发达的珠心细胞围绕。原基的基部发育成为珠柄（funicle）。靠近珠心基部的表皮细胞分裂较快，形成环状突起，逐渐向上生长扩展，发育成为珠被（integument）。珠被将珠心包围，仅在珠心前端留下一孔，称为珠孔（micropyle）。许多双子叶合瓣花植物，如番茄、向日葵等，以及一些离瓣花植物，如胡桃等，只有1层珠被；有的植物有2层珠被，如水稻、小麦、百合、桃、油菜等。有2层珠被的胚珠发育时先形成内珠被（inner integument），后形成外珠被（outer integument）。在珠心基部，珠被、珠心、珠柄三者连合的部位称为合点（chalaza）。心皮维管束分支由胎座经过珠柄到达合点，其输送养料进入胚珠，最后经合点进入珠心（图5–17）。

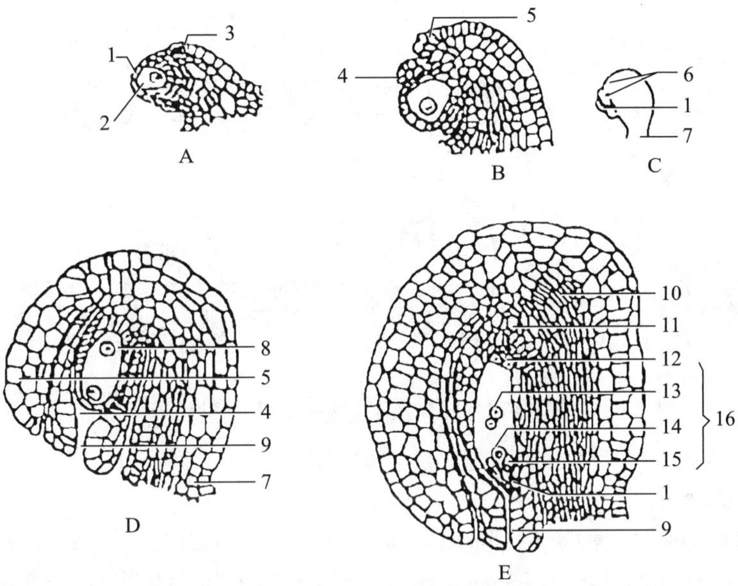

图5–17 百合胚珠的发育过程（改自李扬汉，1984）

A. 胚珠原基，示胚囊母细胞形成，内珠被开始发育 B. 早期胚珠，单核胚囊已形成，外珠被开始发育 C. 早期胚珠整体外形 D. 二核胚囊和两层珠被形成 E. 成熟胚珠

1. 珠心 2. 胚囊母细胞 3. 刚发育的内珠被 4. 内珠被 5. 外珠被 6. 珠被 7. 珠柄 8. 二核胚囊 9. 珠孔 10. 原形成层 11. 合点 12. 反足细胞 13. 极核 14. 卵细胞 15. 助细胞 16. 成熟胚囊

胚珠发育过程中，由于胚珠各部分生长不均等原因，导致胚珠本体有不同的形态，并且在珠柄上着生的方位也不同，从而形成了不同类型的胚珠（见第八章形态学基础知识）。

三、胚囊的发育与结构

（一）胚囊的形成与发育

胚囊是被子植物有性生殖过程中产生的雌配子体，其内产生的雌配子（卵子），是胚珠珠心中最重要的结构。

1. 胚囊的发生

胚囊在珠心组织中发育形成（图5–17，图5–18）。最初，珠心是一团相似的薄壁细胞。随着珠被的发育，在靠近珠孔一端（珠心前端）的珠心表皮下，形成了一个体积较大、细胞质浓厚、细胞核大且显著的孢原细胞（archesporial cell）。孢原细胞进一步发育形成胚囊母细胞（embryo sac mother cell），其发育形式随植物种类不同而不同。很多被子植物如棉花等，其孢原细胞进行一次平周分裂，形成内、外两个细胞，内侧为造孢细胞（sporogenous cell），外侧为周缘细胞（parietal cell）。周缘细胞继续分裂增加珠心的细胞层数，进而形成厚珠心胚珠（crassinucellate ovule）（珠孔端珠心细胞有多层）。造孢细胞经多次有丝分裂成为胚囊母细胞，并被珠心组织推向珠心深处。也有很多被子植物如向日葵、百合、水稻、小麦等，其孢原细胞直接长大成为胚囊母细胞，这样位于珠孔端的珠心细胞只有一层，就形成薄珠心胚珠（tenuinucellate ovule）。

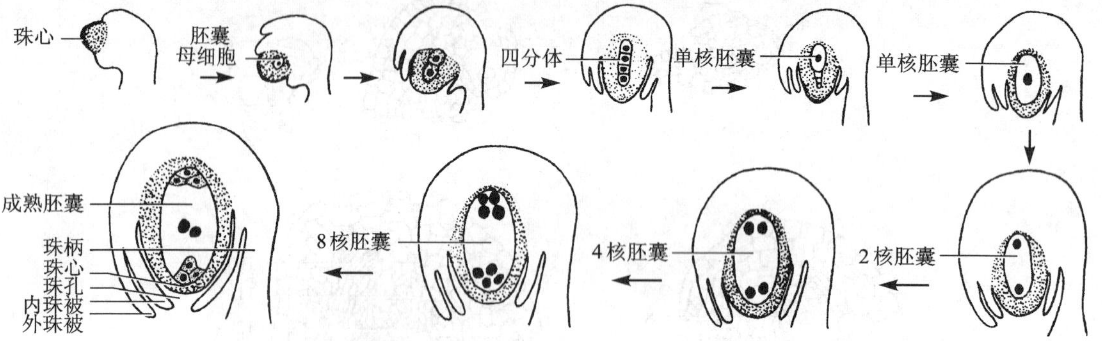

图 5-18 胚珠及蓼型胚囊的发育过程

2. **胚囊的形成**

胚囊母细胞也称为大孢子母细胞（megaspore mother cell），经过减数分裂形成4个具有单倍染色体（n）的大孢子（megaspore）。根据不同植物参与形成胚囊的子细胞（大孢子）核数目的不同，被子植物胚囊的发育类型可分为单孢型、双孢型和四孢型。重点阐述单孢型胚囊的形成（图5-18，图5-19）。

减数分裂后，大孢子四分体通常排成一纵行，靠近珠孔端的3个大孢子退化消失，只有向着合点端的1个大孢子发育形成胚囊。这个大孢子从珠心组织吸取营养物质开始长大，最初只含有1个细胞核，称为单核胚囊。不久，细胞核连续进行3次有丝分裂。第一次分裂形成具有2个细胞核的二核胚囊，2个核分别移向胚囊的两端，胚囊中央则形成大液泡。随着胚囊的长大，2个核各自分裂2次，共形成了8个细胞核，在胚囊的两端各有4个核。8个核处于共同的细胞质中，暂时不形成细胞壁，称为八核胚囊。胚囊接近成熟时，每端各有1个核移向胚囊中部，互相靠拢，这2个核称为极核（polar nucleus）。一些植物的2个极核保持这种状态直到受精；另一些植物的2个极核不久即互相融合，成为1个双倍体的核，称为次生核（secondary nucleus）。极核或次生核与周围的细胞质一起组成胚囊中央的大型细胞，称为中央细胞（central cell）。在胚囊合点端的3个核之间产生细胞壁，分化形成3个反足细胞（antipodal cell）。珠孔端的3个核也形成3个细胞，其中1个分化为卵细胞（egg cell），另外2个分化为助细胞（synergid）。至此，单核胚囊经过分裂、生长和分化，已发育成为含有7个细胞的成熟胚囊，这就是被子植物的雌配子体（female

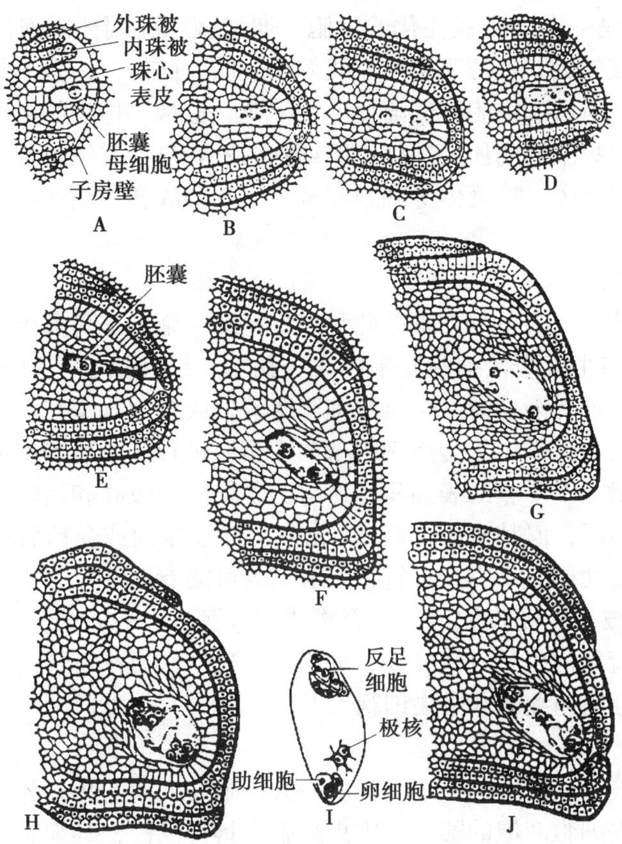

图 5-19　水稻胚珠及胚囊的发育（引自李扬汉，1984）

A. 内珠被、外珠被发育，胚囊母细胞形成　B ~ D. 胚囊母细胞减数分裂，四分体形成　E. 四分体近珠孔端的3个细胞退化，近合点端的一个发育成单核胚囊　F. 二核胚囊形成　G. 四核胚囊形成　H. 八核胚囊形成　I. 成熟胚囊形成　J. 成熟胚囊

gametophyte），其中的卵细胞就是有性生殖中的雌配子（female gamete）。上述胚囊由减数分裂后的单个大孢子发育而来的方式，最初是在一种蓼科植物中发现并加以详细描述的，所以又称为蓼型（polygonum type）胚囊。蓼型胚囊是被子植物中最常见的一种胚囊发育形式，约 81% 的科属胚囊的发育类型为该型。

（二）成熟胚囊的结构

虽然胚囊的发育方式不同，但大多数被子植物的成熟胚囊的结构是相同的。成熟的蓼型胚囊通常由 1 个卵细胞（n）、2 个助细胞（n）、3 个反足细胞（n）和 1 个中央细胞（$2n$）组成（图 5-20）。

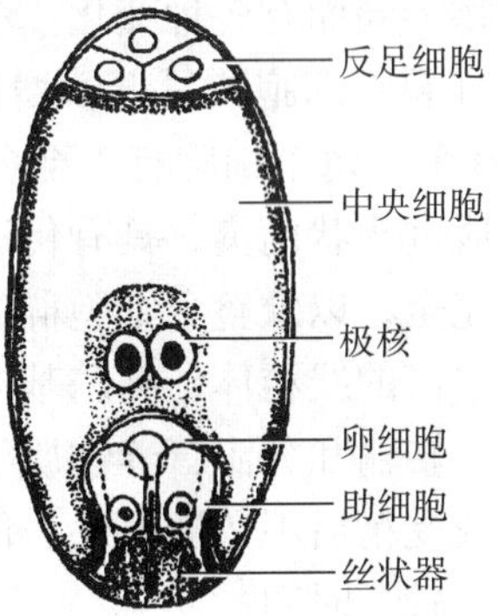

图 5-20　成熟胚囊的结构模式图

1. 卵细胞

卵细胞是胚囊中最重要的组成部分，是有性生殖的雌配子。分化成熟的卵细胞近梨形，位于珠孔端，与 2 个助细胞成三角形排列，三者合称为卵器（egg apparatus）。卵细胞是一个高度极性化的细胞，卵细胞珠孔端被液泡占据，细胞质通常集中在合点端，细胞核较大，也位于合点端或偏于一侧。此外，许多植物的卵细胞近珠孔端的细胞壁最厚，近合点端的细胞壁逐渐变薄。棉花、玉米等植物的卵细胞合点端的细胞壁消失，只有质膜与中央细胞的质膜邻接。卵细胞在发育早期有较多的细胞器，成熟时，线粒体、内质网、高尔基体、核糖体等细胞器减少，其合成和代谢活动也较低。卵细胞经受精后发育成胚。

2. 助细胞

助细胞位于珠孔端，两个助细胞彼此紧靠着。助细胞也是高度极性化的，在合点端常有一个大液泡或许多小液泡，细胞质集中在珠孔端，细胞核位于中央或偏向珠孔端。细胞壁由珠孔端到合点端逐渐变薄，合点端细胞壁消失或变为蜂窝状，珠孔端细胞壁向内延伸形成不同形状的突起，类似于传递细胞壁的内褶，被称为丝状器（filiform apparatus）结构。这种结构大大增加了质膜的表面积，这与营养物质的吸收和运转有关。助细胞含有丰富的细胞器，代谢活跃，但其寿命较短，一般在胚囊受精前或受精后不久即退化消失。

目前对助细胞的功能尚不完全了解，一般认为可能有以下几个方面的作用：一是经过珠孔区从珠心、珠被等处吸收和运送营养物质进入胚囊；二是合成和分泌某些趋化物质和酶类，引导花粉管定向生长进入胚囊，如 Ca^{2+}；三是作为花粉管进入并释放内容物的场所，并有助于精子移向卵细胞和中央细胞。

3. 中央细胞

中央细胞是胚囊中最大型的一个细胞。中央细胞高度液泡化，胚囊成熟过程中体积的增大主要是由于中央细胞液泡的膨大。中央细胞也具有极性，其细胞壁较复杂且发生各种变异，通常与卵器相邻处只有质膜，没有细胞壁；与珠心细胞相邻处细胞壁较厚且无胞间连丝，并常向细胞腔内形成许多指状突起，可从珠心或珠被吸收营养，或分泌消化酶；与反足细胞相接触的细胞壁较薄且有胞间连丝。在成熟胚囊中，两个极核相互靠拢，或融合为一个二倍体的次生核，极核或次生核常被许多细胞质索悬挂在高度液泡化的细胞中央，或位于紧邻卵器的细胞质中。

中央细胞含有丰富的细胞器和大量的营养物质，其极核或次生核受精后形成初生胚乳核，而后分裂发育形成胚乳。因此，中央细胞是胚乳的前身，可将其视为胚乳的母细胞。

4. 反足细胞

反足细胞是胚囊中变化最大的细胞，不但细胞数目差异很大，而且在细胞结构上也因植物不同而有各种变化。多数植物具有 3 个反足细胞，但也有些植物的反足细胞形成后继续分裂，细胞数目继续增加，如小麦、玉米有 20 ~ 30 个反足细胞，竹类的反足细胞多达 200 个。每个细胞有 1 至多个细胞核。玉米等植物的反足细胞在与珠心相邻的细胞壁上常形成乳头状内突，具有传递细胞的特征。在玉米等植物反足细胞的分裂过程中，胞质分裂不完全，以致整个细胞群的原生质体部分或完全地连接在一起，形成合胞体。反足细胞含有丰富的线粒体、高尔基体等细胞器，代谢活动非常活跃，一般认为对胚囊的发育具有吸收、转输和分泌营养物质等多种功能。反足细胞通常是存活时间较短的细胞，在胚囊受精前或受精后不久即退化；但也有一些植物的反足细胞在形成后体积增大、数目增多，且可生存较长时间。

现将胚囊发育过程归纳如下。

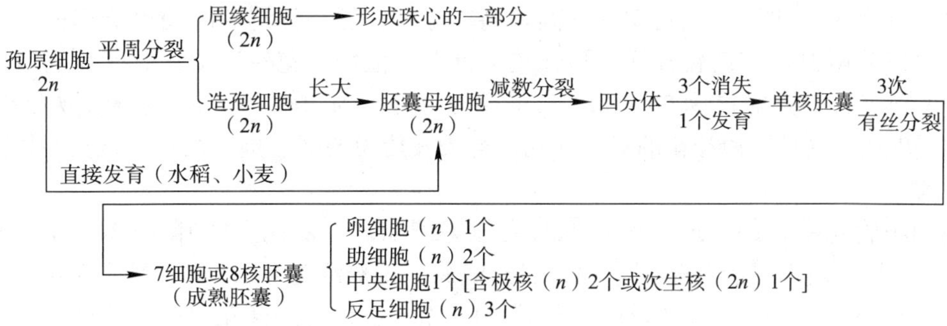

第五节　开花、传粉和受精

一、开花

当花中雄蕊的花粉和雌蕊子房中的胚囊（或两者之一）成熟后，原来紧包着的花萼和花冠（或花被）展开，露出雄蕊和雌蕊，这种现象称为开花（anthesis）。在开花过程中，雄蕊花丝迅速伸长并挺立，雌蕊柱头或分泌柱头液，或裂片张开，或羽毛状的柱头的毛状物突起等，以利于接受花粉。

不同植物的开花年龄、开花季节和开花期（blooming stage）长短，以及一朵花开放的具体时间，因种类和环境不同而不同。一般一、二年生植物一生中仅开花一次，结实后植株枯萎死亡。多年生植物在达到开花年龄后，每年都能按时开花结实，并延续多年。

多年生植物开花的年龄有很大差异，如桃 3～5 年、柑橘 6～8 年、桦木 10～12 年、麻栎 10～20 年、椴树 20～25 年，以后则每年开花。竹类虽为多年生植物，却一生只开一次花，开花后即死去。植物的开花季节也因植物不同而异。多数植物在早春至春夏之间开花，也有的在盛夏开花，如莲；有些植物在秋季甚至深秋、初冬开花，如茶、油茶及枇杷等。有些园艺植物几乎四季都能开花，如月季、天竺葵等。冬季和早春开花的植物有的是先花后叶，如蜡梅、迎春、梅、玉兰等；也有的花叶同时开放，如梨、桃等；但绝大多数植物为先叶后花。

在开花季节，一株植物从第一朵花开放到最后一朵花开毕所经历的时期称为开花期（blooming stage）。各种植物开花期的长短取决于植物的特性、营养状况以及外界环境条件，如纬度、海拔高度、气温、光照、湿度等。早稻的开花期为 5～7 d，晚稻为 9～10 d，小麦为 3～6 d，柑橘为 6～12 d，花生、番茄、番木瓜、兰科植物等的开花期可持续 1 至数月。栽培植物的花期与品种的特性、营养状况以及外界条件等有着密切的关系。

一株植物上第一朵花开放的时间称为初花期，最后一朵花开放的时间为终花期。盛花期是指植物有 50% 以上的花盛开的时期。广义的花期也可以用来描述一群植物，如盛花期可以指 50% 以上植株都开花的时期。研究植物的花时和花期对人工授粉、杂种优势的研究和利用有重要意义。

大多数植物的开花都有一定的昼夜周期性。在正常的气候条件下，许多禾本科植物的花一般从上午 7—8 时开始开放，11 时左右最盛，午后减少。植物每天开花的时间常与气候条件有关，如果天气晴朗、气温较高、湿度较低，开花的时间可能提前，开花数多；反之，阴雨天气、气温较低，则开花常推迟。植物开花对温度、湿度相当敏感，例如，水稻开花的最适温度为28～30℃，最适相对湿度为70%～80%，玉米则为20～28℃和65%～90%。虫媒植物开花的昼夜周期性与为其传粉的蜂、蝇、蝴蝶、蛾类的昼夜活动规律有关。

不同植物每朵花的开放时间也有长有短。例如，小麦花只能开5～30 min，水稻为1～2 h，南瓜、西瓜等晨开午闭，棉花晨开晚蔫，番茄约为4 d，桃、梨约为4～8 d，某些热带兰科植物一朵花开放的时间可长达80 d以上。植物的开花习性是长期适应形成的遗传特性，与原产地的各种生态条件有密切的关系。生态条件的变化，如纬度、海拔高度、气温、光照、湿度、营养状况等的变化都可能引起植物开花的提早或推迟。

在水稻、小麦、玉米和大麦等作物的杂种优势的研究和利用中，亲本的可育系和不育系往往存在花时、花期不遇等问题，二者开花不同步一直是杂种优势研究和应用，特别是杂交制种的关键障碍。

水稻等禾本科作物的开花是由小花中的两枚浆片的吸胀和萎缩决定的。浆片吸胀膨大后，将外稃推开，颖花开放。浆片吸胀后的体积越大，开花张角也越大，越有利于柱头外露和传粉受精，反之，则不利；浆片萎缩，则颖花关闭。与可育系相比，不育系花期迟、花时滞后、开花张角小、开闭花持续时间长、小花张开后多数不完全闭合，以及杂种结实率低、籽粒畸形等均与开花过程浆片调节的行为异常有关；浆片的行为研究成为调控花时和开花过程的关键因素。

二、传粉

成熟的花粉以各种不同的方式传到雌蕊柱头上的过程，称为传粉（pollination）。传粉是受精的必要前提，是种子植物有性生殖过程中的重要环节。

植物传粉的方式有自花传粉（self-pollination）和异花传粉（cross-pollination）两种。

（一）自花传粉及其生物学意义

1. 自花传粉的定义及特征

自花传粉是指成熟花粉粒传到同一朵花的柱头上，并能受精结实的现象。但在生产实践中，自花传粉的含义较广泛，农作物的同株异花间的传粉和果树栽培上同品种异株间的传粉，均称为自花传粉。如水稻、小麦、豆类、柑橘、桃、枇杷、番茄等都是自花传粉植物。豌豆、落花生的花尚未开放，花蕾中的成熟花粉粒就直接在花粉囊中萌发长出花粉管并进入子房，把精子送入胚囊完成受精，这是典型的自花传粉，称为闭花受精（cleistogamy）。在自然界中，即使是异花传粉的植物也会有部分植株或部分花朵在异花受粉无法实现的条件下进行自花传粉。

2. 自花传粉的生物学意义

自花传粉是物种在不利条件下繁衍种群的一种特性，具有繁殖保障（reproduction assurance）效应，它能减少和稳定种群内的遗传变异，增加种群间的遗传分化，进一步降低自然选择的作用强度，加快新物种形成的进程。

自花传粉植物具有3个方面的特点：①两性花，花的雄蕊常常紧挨着雌蕊，且花药开裂面朝向雌蕊，花粉易于落在自花的柱头上；②雌雄同时成熟，雄蕊的花粉囊和雌蕊的胚囊发育成熟进程基本一致；③雌蕊的柱头对自花的花粉萌发和花粉管中雄配子的发育没有任何障碍（即没有自交不亲和现象）。

（二）异花传粉及其生物学意义

1. 异花传粉的定义

异花传粉是一朵花的花粉粒借助生物或非生物媒介传到另一朵花的柱头上，并能受精结实的过程。玉米、瓜类、向日葵、梨和苹果等都是异花传粉植物。在异花传粉过程中，花粉一定要借助外力为媒介，将花粉传到另一朵花的柱头上。最普遍的传粉媒介是风媒（anemophily）和虫媒（entomophily）。

2. 异花传粉的主要方式

（1）风媒传粉

风媒传粉就是借助风力来传送花粉，稻、玉米、松、板栗等都是风媒传粉的植物，它们的花称为风媒花（anemophilous flower）。风媒花的花被一般很小或退化，无鲜艳的颜色，也无芳香或特殊的气味，无蜜腺，有的集生成柔软下垂的柔荑花序，有的花丝细长，易为风吹摆动散布花粉，有的柱头呈羽毛状以利于扩大接受花粉的表面积。同时，风媒传粉的植物产生的花粉多，花粉细小、光滑、干燥且质轻，适于随风传播，其有效传粉范围一般为 300～500 m。风媒植物大多在早春开花，且多在叶发育前或与叶发育成熟同时开花。

（2）虫媒传粉

虫媒传粉即借助昆虫传送花粉，这样的花称为虫媒花（entomophilous flower）。虫媒花的花冠通常大而显著，具有鲜艳的颜色，有芳香或特殊的气味，或具有蜜腺。此外，虫媒花的花粉粒较大，外壁粗糙，有各种纹饰，具黏性，易于黏附在昆虫体上，随昆虫的活动而传播。虫媒花的大小、结构和蜜腺的位置，也常与传粉昆虫的大小、体形、口器结构和行为相互适应。因此，虫媒花的形态千姿百态，有些变得十分奇特，特别是兰科植物在系统演化过程中，与特定的昆虫朝着特定的方向演化出特殊相互适应的结构，这种植物与传粉昆虫之间的互相促进、共同进化的现象称为协同进化（coevolution）。

（3）其他传粉方式

植物传粉的方式除风媒、虫媒外，还有少数是靠水或鸟传粉的，分别称为水媒（hydrophily）传粉和鸟媒（ornithophily）传粉。有一些哺乳动物如蝙蝠、猴子、猩猩也可为植物传粉。

3. 异花传粉的生物学意义

异花传粉在植物界普遍存在，且在生物学意义上比自花传粉更具有优越性。因为异花传粉的精、卵细胞分别来自不同的花或不同的植株，它们所处的环境条件差异较大，遗传性差异也较大，相互融合后，其后代具有较强的生活力和适应性，抗逆性更强。所以，在长期的进化过程中，异花传粉逐渐得到发展，成为大多数植物的传粉方式。而自花传粉的精、卵细胞来自同一朵花，它们产生的环境条件基本相似，遗传性差异较小，所形成的后代生活力和适应性都较差。栽培作物若长期连续地进行自花传粉若干年后（如小麦 30～40 年、大豆 10～15 年）会因逐渐衰退减产而变得毫无栽培价值。可见，“自花传粉有害，异花传粉有益”，是自然界的一个规律。

植物从自花传粉至异花传粉是进化的一种趋势，但事物总是一分为二的。异花传粉虽然对后代有益，但往往受到自然条件的限制，如花期恰遇低温、久雨、风暴等气候条件变化，这对风媒或虫媒传粉都会造成不利影响；或因雌蕊、雄蕊成熟期不一而导致花期不遇，减少了传粉的机会，从而影响结实。自花传粉方式虽不及异花传粉进化程度高，但在自然界中仍有不少自花传粉植物存在，这是因为在花期缺乏异花传粉所必需的风、虫、水、鸟等媒介时，这些植物用自体受精方法来繁衍后代，总比不能繁殖或繁殖很少有利。实际上，异花传粉植物在条件不具备时也存在自花传粉现象。同样，自花传粉植物在一定条件下也可进行异花传粉，如棉花以自花传粉为主（60%～70%），也有部分花朵进行异花传粉（30%～40%）。水稻也是自花传粉植物，但也有1%～3%的花进行异花传粉。

（三）植物对异花传粉的适应

由于长期的自然选择和演化，植物的花形成了许多适应异花传粉的特性。

1. 单性花

具有单性花（unisexual flower）的植物必然是异花传粉的植物，如雌雄同株的玉米、瓜类、蓖麻等，以及雌雄异株的菠菜、石刁柏、番木瓜、杨、柳、杜仲等。这是植物通过性别的分离来实现异花传粉。

2. 雌蕊、雄蕊异熟

雌蕊、雄蕊异熟（dichogamy）指一株植株或一朵花上的雌蕊和雄蕊成熟时间不一致，是植物为完成异花传粉使雌雄性别在时间上的分离。有些植物具有两性花，但雌蕊、雄蕊的成熟有先后，从而排除了自花受精的可能性。如玉米、向日葵、苹果、梨等，它们的雄蕊比雌蕊先成熟，而马兜铃、柑橘等却是雌蕊比雄蕊先成熟。

3. 雌蕊、雄蕊异长

雌蕊、雄蕊异长（heterogony）是指有的植物的花为两性花，但同一植株上有两种花，一种为雌蕊的花柱长而雄蕊的花丝短，另一种为雌蕊的花柱短而雄蕊的花丝长，这是植物为实现异花传粉使雌雄性别在空间上的分离。传粉时，常是长花丝的花粉传到长花柱的柱头上或短花丝的花粉传到短花柱的柱头上才能受精，这样可以减少或避免自花传粉的机会。类似的还有在姜科（Zinggiberaceae）豆蔻属（*Amomum*）和山姜属（*Alpinia*）中发现的一种运动远交机制——花柱卷曲现象（flexistyly）。

4. 自花不孕

自花不孕（self-sterility）是指花粉粒落到同一朵花或同一植株花的柱头不能受精结实的现象，是植物特有的生理上专性远交机制。自花不孕有两种情况：一种是花粉粒落到自花的柱头上根本不能萌发，如向日葵、荞麦等；另一种是自花的花粉粒虽能萌发，但花粉管生长缓慢，不及异花的花粉管生长快，做不到自花受精，如玉米、番茄等（进行玉米等自交系培育时，必须在人工授粉后套袋隔离）。此外，某些豆科植物的花粉粒对自花柱头有毒害作用，引起柱头凋萎，以致花粉管不能生长。

5. 雌雄异位

雌雄异位（herkogamy）既可以指花内雌雄异位，即同一朵花内的雌蕊、雄蕊空间的分离，也可以指花间雌雄异位。花间雌雄异位主要有三种形式：雌花、雄花同株，雌花、两性花同株及雄花、两性花同株。花内雌雄异位是指同种个体只产生一种两性花，但花中雌蕊、雄蕊的空间排列位置不同，可避免自花传粉。百合科的嘉兰属（*Gloriosa*）植物开花时，雌蕊的花柱基部在近子房处呈直角状，向外折伸，远离雄蕊，以避免自花传粉；玄参科的某些植物的粗大而分裂的柱头紧盖在花药之上，传粉者进入花中不可避免地会碰到柱头，而柱头一旦被接触就反卷曲露出花药；小檗属（*Berberis*）的雄蕊贴着花被，远离雌蕊的花柱、柱头。昆虫采蜜时触动雄蕊，6 枚雄蕊弹出，花粉散落在昆虫身上。此外，异型花（herkogamy）和花柱对生（enantiostyly）等也属于雌雄异位。

（四）农业上对传粉规律的利用

根据植物的传粉规律，人为地加以利用和控制，除了可以提高作物的产量和品质外，还可培育新的品种。

1. 人工辅助授粉

异花传粉植物传粉时需要一定的外界条件，但在农业生产上常常因为条件不良，如没有风、温度太低、风雨太大等限制了昆虫的活动，或雌花、雄花成熟期相差较远，使传粉机会减少，作物结实率因此降低，造成减产。为了保证产量，常采用人工辅助授粉的方法，以弥补传粉的不足。同时，人工辅助授粉后，柱头上的花粉粒数量增加，所含激素总量也增加，酶反应加强，产生群体效应，从而促进花粉粒的萌发和花粉管的生长，提高受精率，增加产量。

对不同作物有不同的人工辅助授粉方法，一般是先从雄蕊上采集花粉，然后撒到雌蕊柱头上，或者把收集的花粉在低温和干燥的条件下加以贮藏，留待以后再用。

2. 自花传粉的利用

自花传粉有引起后代衰退的不利一面，但也有提纯作物品种的有利一面。例如，在玉米的育种工作中，一个重要的环节是培育自交系，即根据育种目标，从优良的品种中选择具有某些优良性状的单株，进行人工自花传粉（即自交），经过连续 4～5 代严格的自交和选择后，其生活力虽有所衰退，但在苗色、叶型、穗型、穗粒、生育期等方面达到整齐一致时，就能成为一个稳定的自交系。利用两个这种纯化的优良自交系配制的杂种（即单交种）具有显著的增产效益。

三、受精

雌雄性细胞即卵细胞和精细胞互相融合的过程称为受精（fertilization）。由于被子植物的卵细胞位于胚珠的胚囊内，精细胞位于成熟花粉粒或其萌发形成的花粉管内，故被子植物的受精包括从花粉落到柱头上，萌发生长形成花粉管并进入胚囊，释放出精子至精卵完成融合的一系列复杂过程。

（一）花粉粒的萌发和花粉管的生长

1. 花粉粒的萌发

传粉后，落在柱头上的花粉粒首先与柱头相互识别（recognition），生理性质上亲和（compatible）的花粉粒发生水合反应，得到柱头液的滋养，吸收水分，呼吸作用迅速增强，蛋白质的合成显著增加，细胞内部物质增多，导致花粉粒内部压力增大，使其内壁从萌发孔处向外突出形成花粉管，这个过程称为花粉粒萌发。完成萌发后，花粉粒的内含物全部移入花粉管中，并集中在花粉管的顶端。若为二细胞型花粉，当营养核和生殖细胞移入花粉管后，生殖细胞在花粉管内分裂形成2个精子；若为三细胞型花粉，则营养核和2个精子一起进入花粉管（图5–21）。花粉粒及其萌发形成的花粉管就是被子植物的雄配子体。

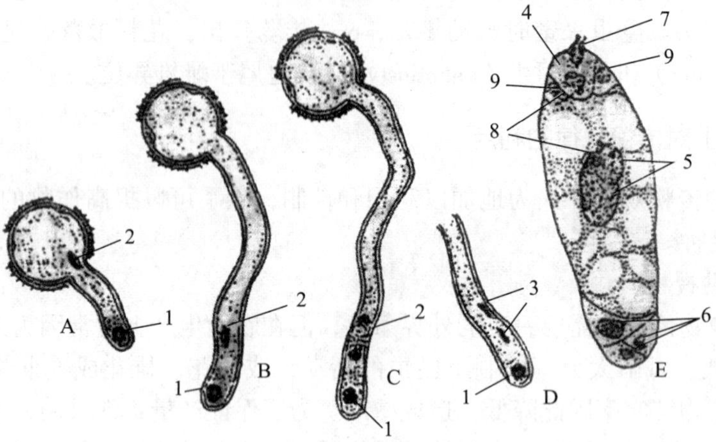

图5–21 被子植物花粉管的生长和双受精

A ~ D. 花粉管的生长和精子的形成 E. 头巾百合的双受精

1. 营养核 2. 生殖细胞 3. 精子 4. 卵 5. 极核 6. 反足细胞 7. 花粉管末端 8. 精子 9. 助细胞

2. 花粉管的生长

花粉管伸出后，在角质酶、果胶酶等的作用下，花粉管穿过柱头乳突的已被侵蚀的角质膜，经乳突的果胶质–纤维素壁，向下进入柱头，沿着花柱向子房延伸。在空心花柱中，花粉管常沿着花柱道表面的黏性分泌物生长；在实心花柱中，花粉管常在引导组织细胞间隙的分泌物中生长（如番茄），或在引导组织厚而疏松并富含果胶质的细胞壁中生长（如棉花），或从细胞壁与质膜之间穿过（如菠菜）。花粉管在生长过程中，除消耗自身贮藏的物质外，还从花柱中吸取大量的营养物质，用于花粉管的生长和新壁的形成。

花粉管通过花柱到达子房后，一般沿着子房的内壁或经胎座继续生长，直达胚珠。油茶等大多数植物的花粉管是经过珠孔穿过珠心组织进入胚囊进行受精的，称为珠孔受精（porogamy）。但也有些植物的花粉管是经过合点区（如榆、胡桃）或珠被（如南瓜）穿过珠心组织进入胚囊进行受精的，称为合点受精（chalazogamy）或中部受精（mesogamy）。

现发现花粉管在生长过程中，无论采取什么途径，最后总是准确地到达胚珠，进入胚囊。目前的研究认为，雌蕊组织中存在某种物质能使花粉管产生向化性生长，即诱导花粉管的定向生长。有学者认为，雌蕊中存在的钙离子梯度是向化性的动力；也有学者认为，花粉管的向化性生长可能是包括硼在内的几种物质综合作用的结果。现已通过生物技术手段，发现并确定了两种富含半胱氨酸的蛋白质多肽是花粉管定向生长的诱导物。

花粉管生长的速度因植物种类和环境条件不同常有差别，木本植物一般较慢。从花粉粒萌发到花粉管进入胚囊所需的时间，小麦、水稻为20 ~ 30 min，柑橘约为30 h，胡桃约为72 h，栓皮栎和麻栎约为14个月。影响花粉管生长速度的外界条件主要是温度，在适宜的温度范围内，温度增高，生长速度也相应加快。如小麦的花粉管在10℃时2 h可到达胚珠，20℃时只需 30 min，30℃时仅需 15 min。此外，花粉生活力的高低、亲本亲缘关系的远近、花粉粒数量的多少，都会影响花粉管的生长速度。

（二）双受精及其生物学意义

1. 双受精的过程

研究证明，花粉管进入胚囊的途径，通常是从一个退化助细胞的丝状器基部进入助细胞的细胞质中，然后花粉管近末端处破裂形成一小孔，花粉管内的两个精子和其他内含物由小孔喷泻而出，形成一股细胞质流，将精细胞送到卵细胞和中央细胞之间的位置。其中一个精子与卵细胞融合，形成受精卵或称为合子（zygote）；另一个精子与中央细胞的两个极核（或一个次生核）融合，形成初生胚乳核（primary endosperm nucleus）。这种由两个精子分别与卵细胞和中央细胞受精的现象，称为双受精（double fertilization）。双受精是被子植物特有的现象（图 5-22）。

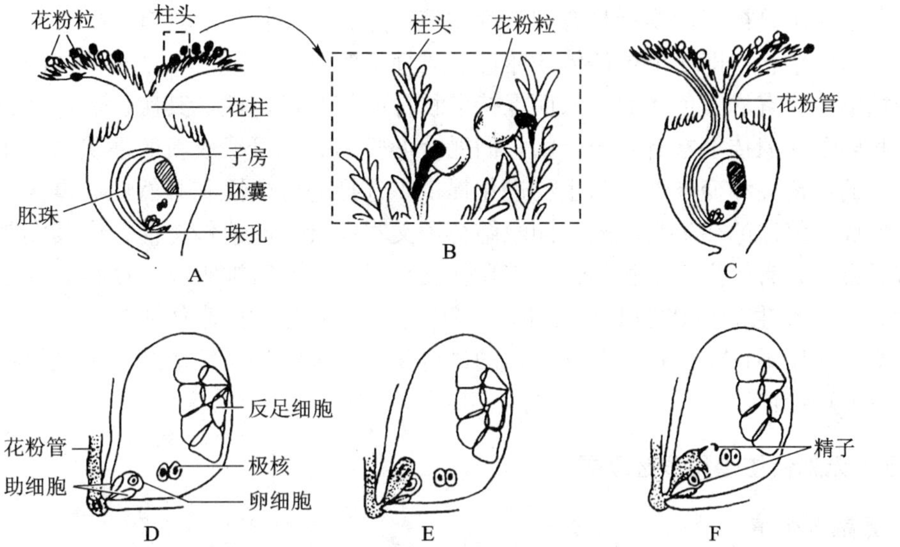

图 5-22 小麦的传粉和受精（引自李扬汉，1984）

A. 花粉粒在柱头上萌发 B. A图右上方虚线方框内的放大 C. 传粉后数小时雌蕊的纵切面
D. 花粉管到达珠孔处 E. 花粉管的尖端已进入胚囊 F. 花粉管尖端破裂，其中2个精子已释放出来

在双受精过程中，两个精细胞到达卵细胞与中央细胞之间的无壁区，一个精子的质膜与卵细胞的质膜融合，然后精核进入卵细胞，再与卵细胞的核膜融合，核质进入卵核并与其核质融合，随后两个核仁融合为一个大核仁，精、卵细胞受精完成，形成一个具有二倍染色体的合子。合子将来发育成胚。另一个精细胞在中央细胞近珠孔端无壁区与其互相融合，精核进入中央细胞，与中央细胞的极核或次生核融合，其过程与精、卵融合的过程基本相似。精核与极核融合时，先与一个极核融合，然后再与另一个极核融合。中央细胞受精后，形成具有三倍染色体的初生胚乳核，将来发育成胚乳。

在双受精过程中，精、卵融合开始较早，但历时较长，所以精子与极核的融合反而较早完成。双受精完成后，胚囊中的助细胞和反足细胞一般相继消失。

2. 受精的选择性

植物受精作用的全过程中始终贯穿着选择作用。从传粉开始，柱头与花粉之间即进行相互识别；而伸入花柱中的多条花粉管通常只有生活力强、生长迅速的1条进入胚囊。少数植物中有时出现2或3条花粉管先后进入胚囊，但最后仍然只有1条花粉管中的精细胞与卵发生融合，其余花粉管均被同化吸收。在受精时，卵细胞又总是选择生理上和遗传上最适合的精细胞来完成受精过程，以产生生活力最强的后代。卵细胞对于精细胞的选择性是植物在整个生活过程中对外界环境条件选择现象中的普遍规律之一。

受精的选择性是自然选择的进化表现。达尔文曾经指出，植物如果没有受精选择，就不可能充分得到异体受精的利益，也不可避免自体受精或近亲交配的害处。

开花、传粉和受精的规律是植物遗传和育种工作的理论基础。生产实践上广泛采用人工辅助授粉、混合花粉授粉、蕾期授粉、离体受精等方法，以克服自交和杂交不亲和现象，选育良种，提高结实率，获得生活力强的后代。

3. 双受精的生物学意义

双受精作用是被子植物所具有的有性生殖特点，在生物学上具有重要意义。首先，精子与卵细胞的结合，即2个单倍体的雌性、雄性细胞融合，形成1个二倍体的合子，恢复了各种植物体原有的染色体数，从而保持了物种的相对稳定性。其次，经过减数分裂形成的精子和卵子在遗传上常有差异，由它们融合形成的后代可形成新的性状，从而极大地丰富了后代的遗传性和变异性，为生物进化提供了选择的可能性和必然性。再次，精子与极核融合形成三倍体的初生胚乳核，同时结合了父本和母本的遗传特性，由其发育形成的胚乳具有异质性，有较高的生物活性。其在胚发育或胚萌发时被吸收，使得胚的生长发育更有活力，这样产生的后代的变异性更大、生理上更活跃、生活力更强、适应性更广。所以，双受精作用不仅是植物界有性生殖的最进化、最高级的受精形式，也是植物遗传和育种学的重要理论依据。

（三）无融合生殖和多胚现象

1. 无融合生殖

被子植物正常的有性生殖是由两性配子融合的细胞发育成胚。但在有些植物的胚囊里，不经精卵融合而产生胚和种子，这种现象称为无融合生殖（apomixis）。它虽发生于有性器官中，但无两性细胞的融合；虽然不经精卵融合，但却仍然形成胚，以种子形式繁殖，而并非通过营养器官进行繁殖。

无融合生殖现象已在被子植物36科、300多个种中发现，形式多样，主要有下列几种类型。

（1）孤雌生殖（gynogenesis）

又称单雌生殖、雌核发育，即卵细胞不经受精作用直接发育成胚的现象。在玉米、小麦、烟草等植物中曾有报道。

（2）孤雄生殖（androgenesis）

又称单雄生殖、雄核发育。即精核进入卵细胞后不与卵细胞融合，卵核退化，精核单独发育成胚的生殖方式。

（3）无配子生殖（apogamy）

即由助细胞或反足细胞直接发育成胚的现象。在水稻、玉米、棉、亚麻等植物中有过报道。

上述三种无融合生殖方式所产生的胚以及由胚发育成的植株都是单倍体，无法进行减数分裂，生活力弱，几乎是完全不育的。但如果通过各种手段使其染色体加倍，形成纯合二倍体，则可应用于育种中。

（4）无孢子生殖（apospory）

即由珠心或珠被细胞直接发育成胚的现象，如柑橘属植物。它们所产生的胚是二倍体，由胚发育形成的植株也是二倍体，有正常的生殖能力，可以产生后代。

2. 多胚现象

在1个胚珠中产生2个或2个以上胚的现象，称为多胚现象（polyembryony）。多胚现象产生的原因很多，有的由合子胚本身分裂成2至多个胚，然后各部分独立发育成胚，如兰科植物和百合科的郁金香；有的在1个胚珠中形成2个胚囊而形成多胚，如桃、梅；更多的是除了合子胚外，胚囊中的助细胞（如菜豆）和反足细胞（如韭菜）也发育成胚，但这种来源的胚常常难以成熟。在某些植物中，胚囊外面的珠心或珠被细胞也可直接进行细胞分裂，形成一些不定胚（adventive embryo）。这些不定胚与合子胚同时并存，如柑橘的种子中可存在4或5个甚至更多的胚，其中只有1个是来源于受精卵的合子胚，其余均为来源于珠心的不定胚（珠心胚）。通常，珠心胚无休眠期，出苗快，比合子胚优先利用种子的营养物质，因而由珠心胚长成的珠心苗也比较健壮，并能基本保持母本品种的优良性状，还可避免因重复无性繁殖而发生的衰退。因此，优良品种的珠心苗在生产上很有实用的意义。

第六节　种子的发育与结构

双受精之后，合子发育成胚，初生胚乳核发育成胚乳，珠被则发育成种皮，大多数植物的珠心、助细胞和反足细胞则被吸收而消失，整个胚珠发育成种子。各种植物的种子在形状、大小和结构上具有较大差异，但其发育过程却是大同小异的。

一、胚的发育

卵细胞受精后，合子便产生一层纤维素壁，进入休眠状态。休眠期的长短因植物不同而不同，一般水稻为4～6 h，小麦为16～18 h，茶树为5～6个月，秋季开花的植物常可越冬。其实，合子在休眠期并非真正的休眠，而是在发生着一系列的变化，其细胞器增加并重新分布，极性加强，成为一个代谢活跃、高度极性化的细胞。在合子的合点端往往有浓密的细胞质、丰富的细胞器，细胞核也位于这一端；而在合子的珠孔端，则分布着一个大的液泡，细胞质较少，合子的这种极性的产生，是随后合子不等分裂和胚胎发育形成差异化的基础。合子进行第一次分裂后，形成2个细胞的原胚。从二细胞原胚至器官分化之前的胚胎发育阶段，称为原胚（proembryo）时期。在此阶段，双子叶植物与单子叶植物之间有相似的发育形态，但在其后的胚分化过程及成熟胚的结构上则有差异。

（一）双子叶植物胚的发育

现以荠菜为例，说明双子叶植物胚的发育过程（图 5-23）。

合子经过休眠之后即进行分裂，开始发育。第一次分裂是不均等的横分裂，形成一个大的基细胞（basal cell）和一个小的顶细胞（apical cell），基细胞位于近珠孔端，经过几次连续的横分裂后，形成一单列的多细胞胚柄（suspensor）。胚柄把胚推向胚囊内部，以利于原胚在发育中吸收周围的营养物质。顶细胞先进行二次纵分裂（两次分裂面相互垂直），形成 4 个细胞，然后各个细胞再横向分裂一次，成为八分体。此后，八分体经过各

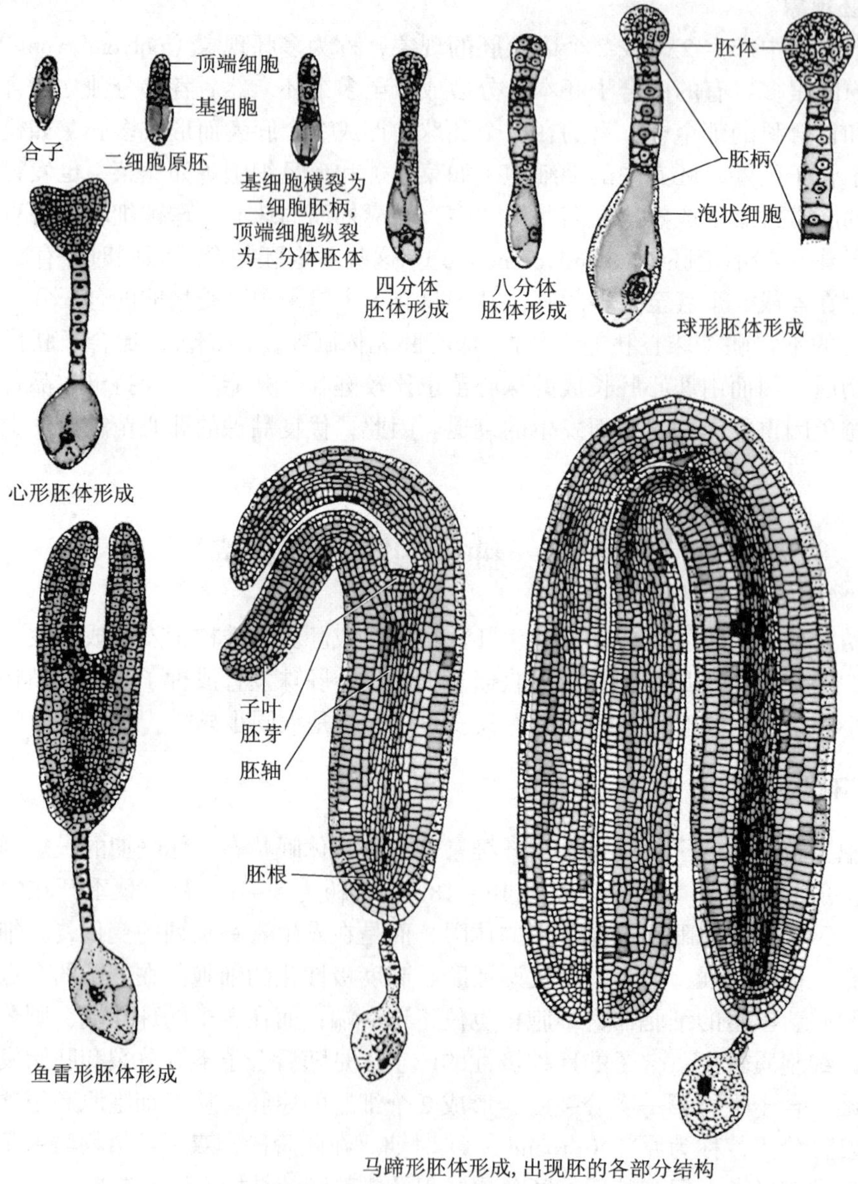

图 5-23 荠菜胚胎发育过程

个方向的连续分裂，形成多细胞的球形原胚。球形原胚再进一步扩大，在其顶端的两侧细胞分裂较快，形成2个突起，即为子叶原基，此时称为心形胚。随后，2个子叶原基发育为2片子叶，在子叶之间的基部凹陷处分化出胚芽。与此同时，球形原胚的基部细胞和与它相连的一个胚柄细胞也不断分裂，一起分化为胚根。胚根与子叶之间的部分即为胚轴，此时胚体呈鱼雷状，称为鱼雷胚。此时，幼胚分化完成。随着幼胚的发育，胚轴伸长，子叶顺着胚囊弯曲，形成马蹄形的胚。至此，胚已发育成熟。胚柄除了把胚推送到胚乳中外，还有吸收营养的作用，等到胚体完成发育过程，胚柄就逐渐退化消失。合子是新植物体的第一个细胞，而胚则是新植物体的原始体。

根据胚柄的有无、基细胞和顶细胞是否参与形成胚柄以及最初几次分裂方向的不同，双子叶植物胚的发育有不同的类型，上述为十字花科型，此外尚有紫菀型、茄型、石竹型、藜型等主要类型。

（二）单子叶植物胚的发育

单子叶植物胚和双子叶植物胚的发育过程，在原胚期以前是基本相似的，只是在胚分化之后，单子叶植物的胚只有一个子叶发育。在单子叶植物中，禾本科植物的胚比较特殊。现以小麦为例，说明它的发育过程（图5-24）。

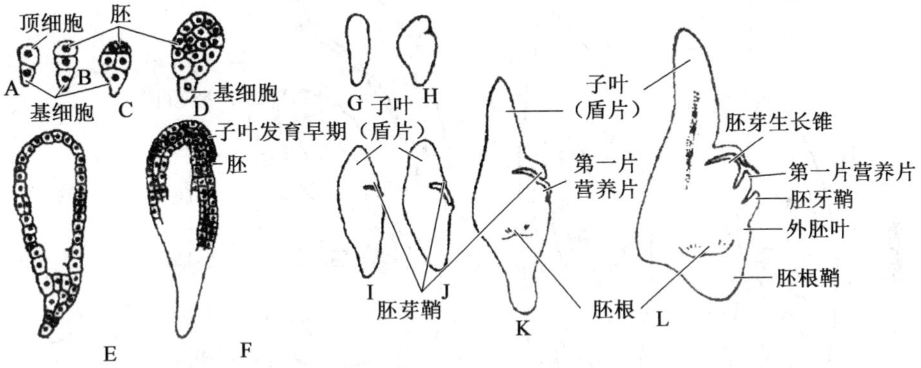

图5-24 小麦胚的发育

A~F. 小麦胚初期时的纵切面，示发育的各个时期 G~L. 小麦胚发育过程图解

小麦合子的第一次分裂常是倾斜的横分裂，形成1个顶细胞和1个基细胞。接着2个细胞各自再分裂一次，形成4个细胞的原胚，此原胚经过分裂和扩大，形成梨形胚。此后，在梨形胚的上部一侧出现一个凹沟，使原胚的两侧出现不对称的状态，胚分化由此开始。凹沟以上部分将来形成盾片的主要部分和胚芽鞘的大部分；凹沟的下面即胚的中部，将形成胚芽鞘的其余部分和胚芽、胚轴、胚根、根冠、胚根鞘和外胚叶；凹沟的基部主要形成盾片的下部和胚柄。

水稻胚的发育过程与小麦相似（图5-25）。

无论是双子叶植物还是单子叶植物，它们的成熟胚都分化出胚芽、胚轴、胚根和子叶4个部分。禾本科植物在胚芽和胚根之外还有胚芽鞘和胚根鞘的特殊结构。胚芽包括生长锥、叶原基和幼叶。胚根顶端为生长点和覆盖在其外的幼期根冠。胚轴是连接胚芽和胚根的短轴，子叶着生于其上。胚轴一般分为两部分，由子叶到第一片真叶之间的部位称为

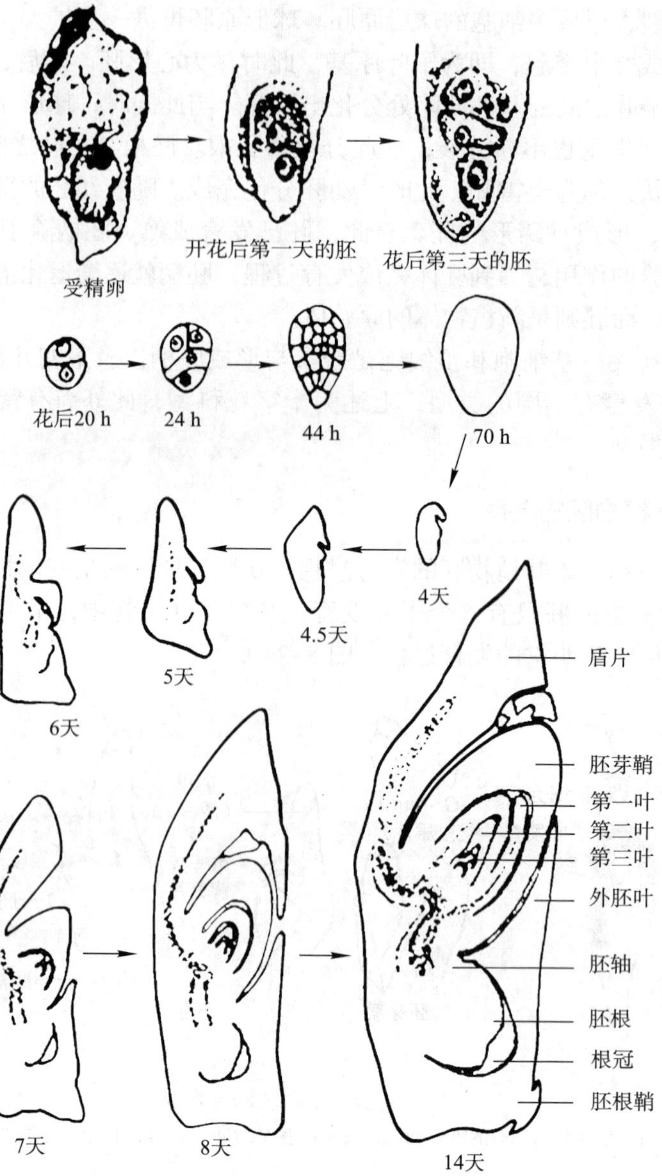

图 5-25 水稻胚的发育过程

上胚轴（epicotyl）；子叶和胚根之间的部位称为下胚轴（hypocotyl），下胚轴通常简称为胚轴。在不同的植物里，子叶的数目和生理功能不完全相同。成熟胚只有 1 片子叶的称为单子叶植物，如水稻、小麦、玉米、芭蕉、百合、葱等；有 2 片子叶的称为双子叶植物，如豆类、瓜类、番茄、苹果、樟、桉等。裸子植物的子叶数目不定，通常 2 片以上，如银杏为 2 或 3 片子叶，松树具有多片子叶，可称为多子叶植物。关于子叶的结构，在不同植物的种子中，常随主要生理功能而异。大豆的子叶主要起贮藏养料的作用，其子叶肥厚，除了在 2 个子叶相接处的表皮内侧有 2 或 3 层栅状细胞外，其余部分均为充满蛋白质、脂肪等物质的薄壁细胞。有的种子的子叶在种子萌发后露出土面，进行短期的光合作用；当真叶出现后，子叶就开始枯萎了。

二、胚乳的发育

胚乳是为胚提供养料的特化组织。被子植物的胚乳是由极核或次生核受精后形成的初生胚乳核发育而成的，一般是三倍体。初生胚乳核不经休眠随即开始核分裂。因此，胚乳的发育早于胚的发育，为幼胚的发育提供养料。胚乳的发育方式一般有核型、细胞型和沼生目型三种方式。

1. 核型胚乳

在胚乳发育过程的游离核时期（free nuclear stage），初生胚乳核的第一次分裂以及其后一段时间的核分裂均不伴随形成细胞壁，许多胚乳核呈游离状态分布在胚囊中。随着核的增加和液泡的扩大，胚乳核常被挤至胚囊的周缘形成一薄层。游离核的数目随植物种类不同而不同。待发育到一定阶段，通常先在胚囊边缘的胚乳核之间出现细胞壁，然后由外向内逐渐形成胚乳细胞。以这种方式形成的胚乳称为核型胚乳（nuclear endosperm）（图 5–26）。核型胚乳在单子叶植物和双子叶离瓣花植物中普遍存在，是被子植物中最普遍的胚乳发育形式，水稻、小麦、玉米、油菜、苹果等均属此类型。

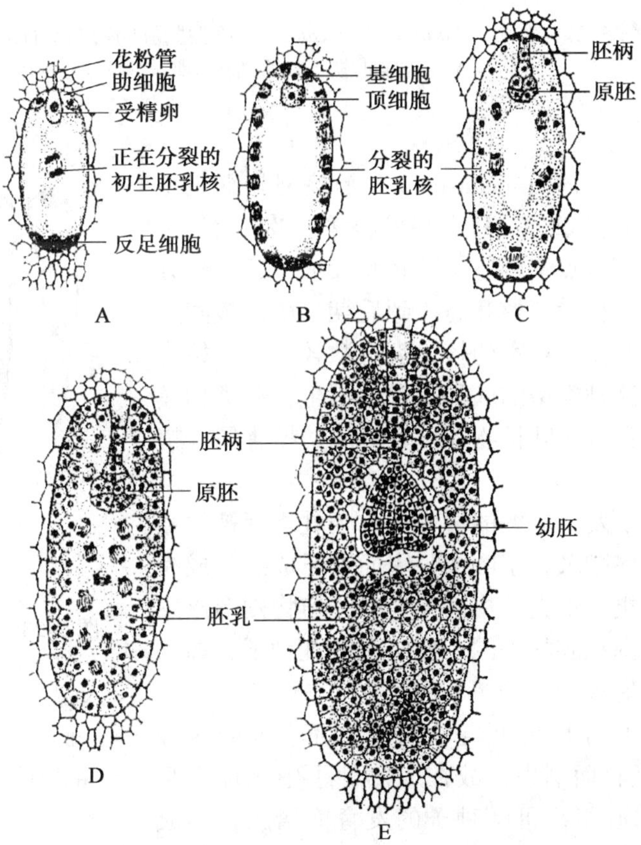

图 5–26 双子叶植物核型胚乳的发育过程

A. 初生胚乳核开始分裂 B. 胚乳核继续分裂，在胚囊周缘形成许多游离核，同时受精卵开始分裂
C. 游离核更多，由边缘逐渐向中部分布 D. 由边缘向中部逐渐产生胚乳细胞
E. 胚乳发育完成，胚仍在继续发育中

2. 细胞型胚乳

细胞型胚乳的初生胚乳核每次分裂后，都随之进行胞质分裂，产生细胞壁，形成胚乳细胞。所以，胚乳自始至终都是细胞形式，没有游离核时期，称为细胞型胚乳（cellular endosperm）。如番茄、烟草、芝麻等大多数双子叶合瓣花植物的胚乳发育均属此类型（图 5-27）。

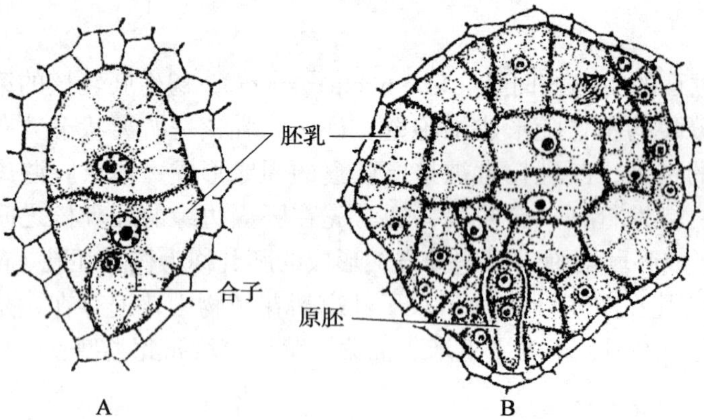

图 5-27 矮茄（*Solanum demissum*）细胞型胚乳的初期发育图
A. 二细胞时期 B. 多细胞时期

3. 沼生目型胚乳

沼生目型胚乳（helobial endosperm）是核型与细胞型之间的中间类型（图 5-28）。初生胚乳核第一次分裂后，胚囊被分成珠孔室和合点室两室。珠孔室较大，这一部分的核进行多次分裂，呈游离核状态。到后期，游离核间产生细胞壁，形成细胞。合点室的核分裂次数较少，并始终保持游离核状态。这种类型的胚乳多限于沼生目种类如泽泻、慈姑等，但少数双子叶植物如虎耳草属、檀香属等植物也属于这种类型。

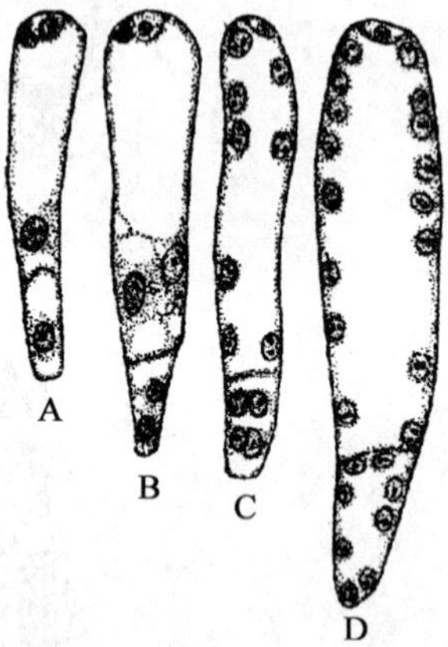

图 5-28 沼生目型胚乳的发育
A. 胚乳细胞第一次分裂，形成2个细胞，上端一个已产生2个游离核
B ~ D. 示上、下端的2个细胞均进行核分裂，产生多个游离核

许多植物在种子发育成熟的过程中，胚乳逐渐被发育中的胚所吸收，养料贮藏在子叶中，因而种子成熟时成为无胚乳种子，如豆类、瓜类、柑橘等。有些植物则形成发达的胚乳组织，包围在胚的外围，形成有胚乳种子，如水稻、小麦、玉米、蓖麻等。

一般情况下，由于胚和胚乳的发育，胚囊外的珠心组织被胚和胚乳吸收而消失，故在成熟种子中无珠心组织。少数植物的珠心组织可随种子的发育而增大，形成一种类似胚乳的贮藏组织，称为外胚乳（perisperm），如苋属、石竹属、甜菜、菠菜、咖啡等植物的成熟种子中有外胚乳而无胚乳，胡椒、姜的成熟种子中既有胚乳又有外胚乳（图 5-29）。

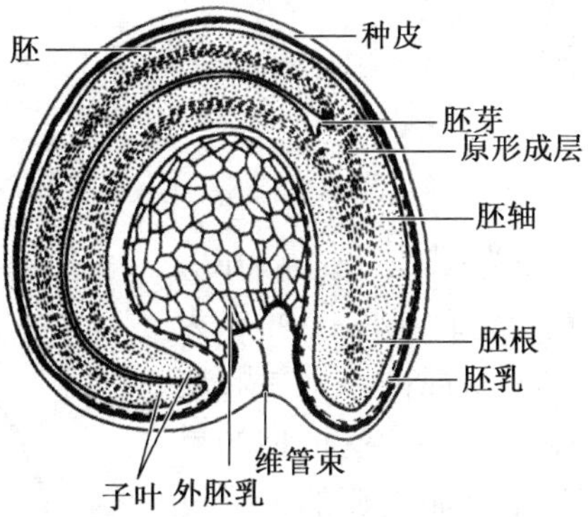

图 5-29　甜菜种子纵切（示种子中的外胚乳）

三、种皮的发育和结构

随着胚和胚乳的发育，胚珠体积增大，珠被发育成包围在胚和胚乳外面的保护层，称为种皮。具有一层珠被的胚珠形成一层种皮，如向日葵、番茄等。具有两层珠被的胚珠常形成两层种皮（外种皮和内种皮），如蓖麻、油菜、棉花等。而有些植物其内珠被或外珠被在种子发育过程中被吸收而消失，只有一层珠被发育成种皮，如大豆、蚕豆、南瓜的种皮由外珠被发育而来，而水稻、小麦的种皮则由内珠被发育而来。

被子植物的种皮多数是干燥的，但也有少数种类是肉质的，如石榴种子外表皮细胞发育为肉质可食部分。肉质种皮在裸子植物中较常见，如银杏的外种皮就是肥厚肉质的。外种皮一般坚硬而厚，有各种色泽和花纹或其他附属物，如棉的外种皮的表皮细胞向外突出伸长并增厚，形成“纤维”，即棉絮。种皮上常有种脐和种孔。种脐是种子成熟时，从种柄处脱落而在种皮上遗留下的痕迹。种孔来自胚珠上的珠孔。内种皮一般薄而柔软。水稻只有一层内种皮，其细胞内若含有色素，则成为红米或黑米。

有些植物的种皮外面还有假种皮，由珠柄或胎座发育而成。如荔枝、龙眼果实的可食部分是由珠柄发育而来的假种皮，苦瓜、番木瓜种子外面的肉质附属物则是由胎座发育而成的假种皮。

第七节　果实的发育、结构与传播

经过开花、传粉和受精之后，在胚珠发育为种子的同时，花的各部分都发生了显著的变化。花萼枯萎或宿存，花瓣和雄蕊凋谢，雌蕊的柱头、花柱枯萎，而子房却在传粉、受精作用以及种子形成过程中所合成的激素的刺激下不断生长、发育，膨大形成果实（fruit），花梗则成为果柄。有些植物的果实单纯由子房发育而成，这类果实称为真果（true fruit），如水稻、小麦、花生、柑橘、桃、茶的果实。有些植物的果实除子房外，还有花托、花萼甚至整个花序都参与发育，这类果实称为假果（pseudocarp 或 false fruit），如苹果、梨、菠萝、瓜类等的果实。

一、果实的发育与结构

（一）真果的结构

真果的结构比较简单，外为果皮（pericarp），内含种子。果皮是由子房壁发育而成的，可分为外果皮（exocarp）、中果皮（mesocarp）和内果皮（endocarp）三层。果皮的厚度不一。有些植物的果实，其三层果皮的分界并不明显，如番茄的中果皮和内果皮并没有明显分界。一般来说，外果皮较薄，常有气孔、角质层、蜡被和表皮毛等。中果皮和内果皮的结构和质地则因植物种类不同而有较大的变化。桃、李、杏的中果皮主要由富含营养的薄壁细胞组成，成为果实中肉质多汁的可食部分，而其内果皮由细胞壁增厚并高度木化的石细胞组成坚硬的核（图 5–30）。柚、柑的中果皮疏松，其中分布有许多维管束（俗称“橘络”），内果皮膜质，内表面分布有由表皮毛发育而成的多汁肉囊，为食用部分。花生、大豆等果实成熟时，果皮干燥收缩成膜质或革质。水稻的糙米和小麦、玉米的籽粒都是果实，其果皮与种皮结合紧密，难以分离，称为颖果（图 5–31）。

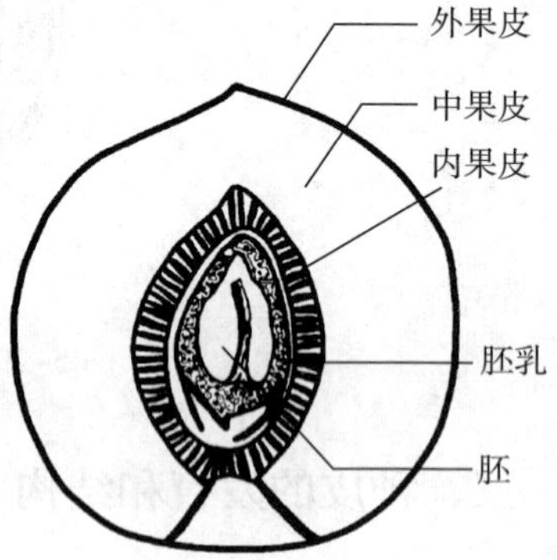

图 5–30 桃的果实纵切，示真果的结构

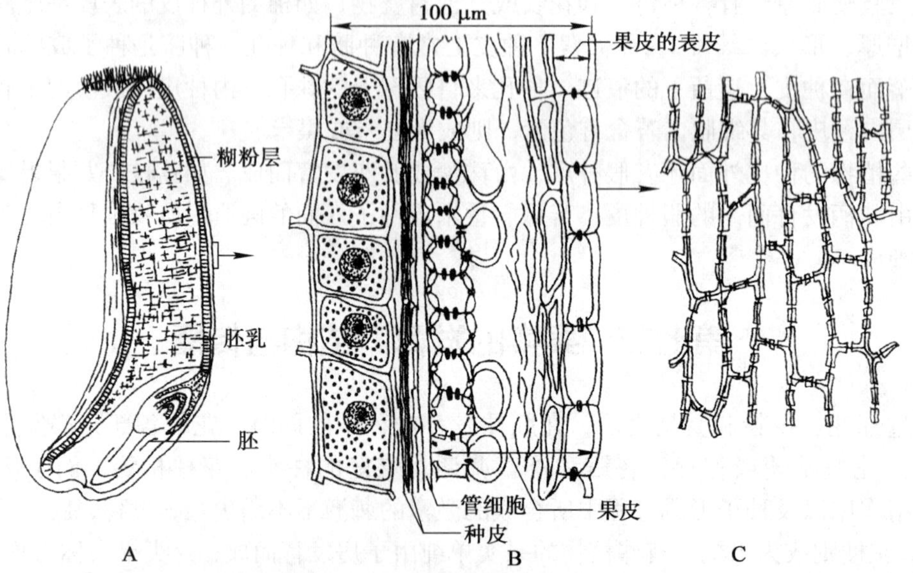

图 5–31 小麦的颖果纵切及果皮结构

A. 小麦的颖果 B. 果实纵切面 C. 果皮表皮层表面观（引自 Esau，1977）

（二）假果的结构

假果的结构相对较为复杂，除子房发育而成的果皮外，还有其他部分参与形成果实。

如苹果、梨的食用部分主要是由其特殊的花托（即被丝托、被丝杯、托附杯、托杯、花管，hypanthium）和花萼愈合发育而来的，位于中心的小部分才是由子房发育形成的（图 5–32）；南瓜、冬瓜等假果的食用部分主要为果皮；而西瓜的食用部分主要是胎座。因此，假果一般无法区分出如同真果的外、中、内三层果皮。

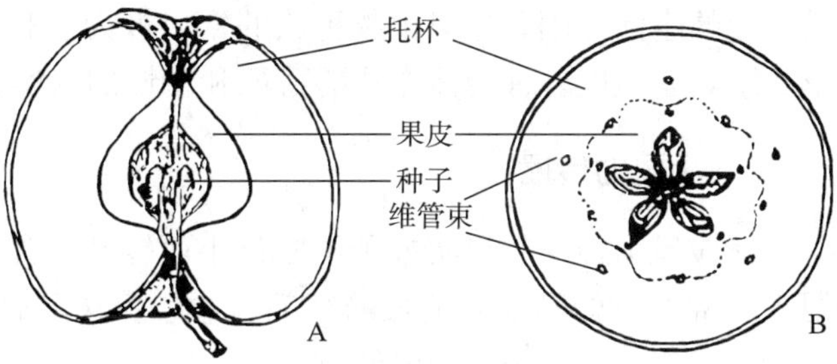

图 5–32　苹果果实的结构和发育
A. 果实纵切面　B. 果实横切面

在果实发育过程中，果实颜色和细胞内的物质也发生变化。在幼嫩的果实中，果皮细胞含有叶绿体和较多的有机酸、丹宁等，故幼果呈绿色，且带有酸涩味道。成熟时，果皮细胞中叶绿素分解，花青素或有色体形成并积累，使糖分增多，有机酸减少，故成熟的果实往往是色艳而味甜。

二、单性结实与无籽果实

一般情况下，受精后子房才能发育成果实。但有些植物不经受精作用也能结实，这种现象称为单性结实（parthenocarpy）。单性结实的果实内因胚珠没有受精而不能发育成种子，所以成为无籽果实。

单性结实有两种情况：一种是子房不经过传粉或其他的刺激，便能发育成无籽果实，这种现象称为天然单性结实（natural parthenocarpy），也称为自发单性结实（autonomous parthenocarpy）。如香蕉、葡萄、柑橘、柠檬等某些品种均可形成无籽果实，这些果实品质优良，是园艺上的优良品种。另一种是子房必须经过人工授粉或者诱导刺激才能形成无籽果实，称为刺激性单性结实（stimulative parthenocarpy），也称为诱导单性结实（induced parthenocarpy）。如用马铃薯的花粉刺激番茄的柱头，用爬墙虎的花粉刺激葡萄的柱头，用苹果的花粉刺激梨的柱头等，都能得到无籽果实。此外，低温和高光强度可以诱导番茄产生无籽果实，短光周期和较低的夜温亦可导致瓜类出现单性结实。

单性结实在一定程度上与子房所含的植物生长激素的浓度有关，所以农业生产上常用类似的植物生长激素诱导单性结实。如用 0.003% ~ 0.01%（体积百分数）的吲哚乙酸和 2,4–D 等的水溶液喷洒番茄、西瓜、辣椒等临近开花的花蕾，或用 0.001%（体积百分数）的萘乙酸喷洒葡萄花序，都能得到无籽果实。单性结实必然产生无籽果实，但无籽果实并非全是单性结实的产物。因为有些植物在受精以后，胚珠在发育过程中受阻而不能形成种子，也能产生无籽果实。

三、果实的类型

果实是被子植物有性生殖的产物。根据果实的发育特征可将其分为单果、聚合果和复果三类（详见第八章形态学基础知识）。

四、果实与种子的传播

植物的果实和种子成熟后，借助外力或自身的弹力，将果实和种子传到远方，以扩大其后代的生活范围，这对植物种族的繁衍极为有利。在长期的自然选择过程中，各种植物形成了具有适应各种传播方式的特征和特性的果实和种子。

（一）风力传播

适应风力传播的果实或种子多是小而轻的，常具翅或毛。如苦买菜、蒲公英的果实有冠毛，棉、柳的种子有细长的绒毛，榆、枫杨、槭的果实和大花紫薇、松的种子有翅等，都能随风飘扬，传至较远的地方。

（二）水力传播

水生植物和沼泽植物的果实和种子多具有疏松的结构，适于漂浮在水面，借水力传播。如莲的花托具有疏松组织，形成“莲蓬”，能运载果实浮于水面。热带海边生长的椰子，其外果皮和内果皮坚实，可防止海水的侵蚀，中果皮疏松、富有纤维，利于果实随水漂流散布。水渠边许多杂草如苋属、藜属等，它们的果实或种子散落水中，可顺水流至他处。

（三）动物和人类的活动传播

借动物（包括人类）的活动传播的果实和种子，往往具有刺、钩、绒毛等附属物，可黏附于人的衣服和动物的皮毛上，随人或其他动物的活动而携带至他处，如鬼针草、苍耳、肖梵天花、土牛膝等植物的果实具有钩刺。另外，一些植物的果实和种子被动物吞食后，由于其具有硬质的果皮或种皮，因而不受消化液的腐蚀，种子可随粪便排出后散布，如番茄、番石榴的种子和稗草的果实。

（四）果实本身的弹力传播

有些植物的果实由于果皮各层细胞含水量不同，果实成熟时，各层干燥收缩的程度也不同，因此可发生爆裂而将种子弹出，如凤仙花、香膏萼距花和绿豆的果实成熟后能自动开裂，弹放出种子。喷瓜的果实成熟后，在顶端形成一裂孔，当果实收缩时，可将种子喷到远处。

第八节 被子植物的生活史

一、被子植物的生活史

被子植物的生命活动，一般从上代个体产生的种子开始。成熟的种子在适宜的条件下萌发形成具有根、茎、叶的植物体，经过一段时间的营养生长后，在一定部位分化出花芽，形成花朵，然后在雄蕊的花药里产生花粉粒，在雌蕊子房的胚珠内形成胚囊，花粉和胚囊又分别产生雄性的精细胞和雌性的卵细胞。经过传粉、受精后，子房发育成果实，其中的胚珠发育成新一代种子。从种子萌发开始、到新一代种子形成为止是被子植物典型生活史或生活周期（life cycle）。严格来说，生活史循环的生物学起点是受精作用形成的合子。水稻、小麦、玉米、番茄、花生等一年生和二年生植物，在种子成熟后，整株植物枯死。而芒果、荔枝、柑橘、茶等多年生植物，则要经过多次结实后，才衰老枯死。

二、被子植物生活史的主要阶段和特征

在被子植物的生活史中有两个基本阶段：一个是孢子体阶段，另一个是配子体阶段。孢子体阶段从受精后形成的合子开始，直至雌蕊、雄蕊分别形成胚囊母细胞（大孢子母细胞）和花粉母细胞（小孢子母细胞）为止。这一阶段植物体的细胞染色体数目是二倍（2*n*）的，故称为二倍体阶段，也称为无性世代（asexual generation）。孢子体阶段在被子植物生活史中占大部分时间。配子体阶段从胚囊母细胞和花粉母细胞经减数分裂分别形成单核胚囊（大孢子）和单核花粉粒（小孢子）开始，直至胚囊发育成具有 7 个细胞的成熟胚囊（雌配子体）和花粉粒发育成含有 3 个细胞的成熟花粉粒或花粉管（雄配子体）为止。这个时期的染色体数目是单倍的，故称为单倍体阶段（*n*），也称为有性世代（sexual generation）。配子体阶段占生活史中极短的时间，且不能脱离二倍体植物而独立生活。此后，精、卵融合（受精）形成合子，合子发育成新一代的胚，染色体又恢复二倍数，生活周期进入新的二倍体阶段，完成一个生活周期。在被子植物的生活史中，二倍体的孢子体阶段（无性世代）和单倍体的配子体阶段（有性世代）有规律地交替出现的现象，称为世代交替（alternation of generation）。在被子植物的世代交替中，减数分裂和双受精作用是整个生活史的关键，也是两个世代交替的转折点（图 5–33）。

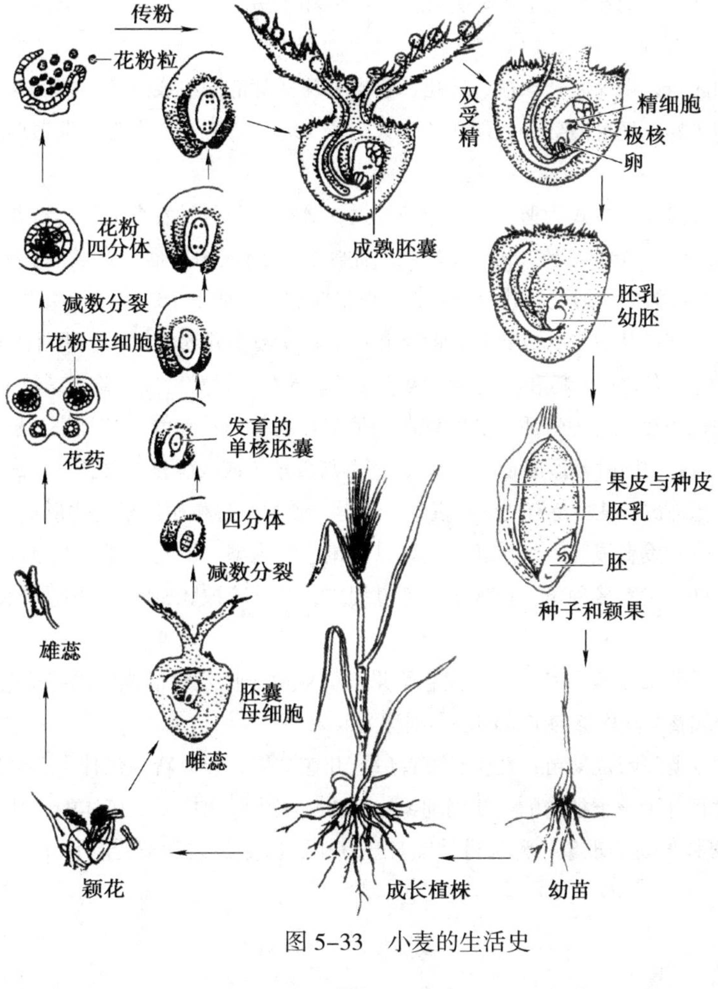

图 5–33　小麦的生活史

小 结

植物的繁殖有多种方式，通常可区分为营养繁殖、无性生殖和有性生殖三大类型，而有性生殖是最进化的生殖方式。

花是适应生殖作用的变态短枝。典型的被子植物的花由花梗、花托、花萼、花冠、雄蕊群和雌蕊群组成。具有花萼、花冠、雄蕊和雌蕊的花称为完全花，缺少其中任何部分的花称为不完全花。禾本科植物的花由2枚浆片（鳞被）、3或6枚雄蕊和1枚雌蕊组成。小花由1枚外稃和1枚内稃包被着1朵花组成。小穗由着生在小穗轴上的2枚颖片和1至多朵小花组成。

雄蕊是花的一个重要组成部分，由花丝和花药组成。花药由表皮、花粉囊和药隔组成。花粉囊内可产生许多花粉母细胞，花粉母细胞（$2n$）经过减数分裂形成许多单核花粉粒，即小孢子（n）。成熟的花粉粒有包含1个营养细胞和1个生殖细胞的二细胞型花粉及包含1个营养细胞和2个精子的三细胞型花粉两种类型。花粉囊壁由表皮、药室内壁（纤维层）、中层和绒毡层组成。纤维层的作用与花药开裂有关，绒毡层对花粉粒的形成和发育起着重要的调节作用。花粉粒成熟时，中层和绒毡层常退化、解体而消失，此时花粉囊壁一般仅存表皮和纤维层。

雌蕊是花的另一个重要组成部分，由1至多个心皮卷合或并合而成。心皮是构成雌蕊的单位，是具有生殖作用的变态叶。雌蕊在形态上可分为柱头、花柱和子房三部分。子房是果实的前身，子房室内藏有胚珠。

胚珠是种子的前身，由珠心、珠被、珠孔、合点和珠柄等部分组成。珠心内通常可产生1个胚囊母细胞，胚囊母细胞（$2n$）经过减数分裂形成4个大孢子（n），其中1个大孢子发育形成胚囊，其余3个大孢子退化消失。

大多数植物的胚囊发育方式为蓼型：大孢子经过3次有丝分裂后发育成为含有8个核或7个细胞的成熟胚囊，其珠孔端有1个卵细胞（n）和2个助细胞（n）组成的卵器，合点端有3个反足细胞（n），胚囊的中部是一个大型的中央细胞，其中含有2个单倍体的极核或1个二倍体的次生核。

当花中雌蕊、雄蕊或其中之一成熟后，即可开花。花粉粒由花粉囊散出，借外力作用传到雌蕊的柱头上，称为传粉。传粉有自花传粉和异花传粉两种方式。异花传粉对后代有益，是较进化的传粉方式。

花粉粒与柱头识别后，生理性质亲和的则萌发形成花粉管。花粉管经花柱进入胚珠的胚囊并释放2个精子，其中一个与卵细胞融合形成合子（$2n$）；一个与极核（或次生核）融合，形成初生胚乳核（$3n$），这就是双受精作用，是被子植物特有的受精现象，也是植物界有性生殖的最进化形式。

合子以不同的方式发育成胚；初生胚乳核多以核型、细胞型、沼生目型三种方式发育成胚乳；珠被发育为种皮，整个胚珠发育成种子。在种子发育过程中，胚乳若被胚所吸收，则形成无胚乳种子，否则为有胚乳种子。

受精后，子房发育成果实，其子房壁发育为果皮。仅由子房发育形成的果实称为真果；除子房外，还有花的其他部分或整个花序参与形成的果实则称为假果。

被子植物由种子萌发形成幼苗，经生长发育后，开花结果，形成新一代种子。由种子到新一代种子形成所经历的全过程称为被子植物的生活周期或生活史。在生活史中，二倍体的无性世代和单倍体的有性世代有规律地交替出现的现象，称为世代交替。其中，减数分裂和双受精作用是两个世代交替的转折点。

复习思考题

1. 名词解释：营养繁殖、无性生殖、有性生殖、花、心皮、减数分裂、联会、二分体、四分体、开花、传粉、自花传粉、异花传粉、受精、双受精、多倍体、核型胚乳、细胞型胚乳、无融合生殖、多胚现象、真果、假果、孢子体、配子体、有性世代、无性世代、世代交替。

2. 被子植物典型的花由哪些部分组成？为什么说雌蕊、雄蕊是花的重要组成部分？

3. 禾本科植物的花、小花、小穗各由哪些部分组成？

4. 一般花芽的分化过程是怎样的？

5. 请简述花药的结构及花药发育的过程（即由孢原细胞平周分裂至花药成熟的过程）。花粉囊壁的各种结构在花药发育的不同时期有何作用？

6. 减数分裂过程的主要特点是什么？为什么同一个母细胞经过减数分裂形成的 4 个子细胞所含遗传物质常有差异？有何生物学意义？

7. 花粉粒是怎样形成和发育的？二细胞型花粉和三细胞型花粉的组成如何？营养细胞、生殖细胞（或精细胞）在结构上有何特点？

8. 成熟胚珠的结构是怎样的？胚珠各部分与种子的结构有何关系？

9. 蓼型胚囊是如何发育的？成熟胚囊的结构怎样？

10. 简述被子植物双受精过程及其生物学意义。

11. 被子植物的胚是如何发育的？

12. 果实有哪些主要类型？

13. 植物通常有哪几种营养繁殖方式？各有什么特点？

14. 什么是雄性不育？其在生产上都有哪些应用？

第六章

裸子植物的营养器官和生殖器官

裸子植物是一群介于蕨类植物和被子植物之间的高等植物。它们既是最进化的颈卵器植物，又是较原始的种子植物。裸子植物生殖器官中无子房结构，胚珠裸露，着生在大孢子叶上，形成裸露的种子而不形成果实，故称为裸子植物（gymnosperm）。裸子植物的营养器官和生殖器官与被子植物有一定的区别。在裸子植物大多数种类中，木质部内只有管胞而无导管与纤维，韧皮部有筛胞而无筛管和伴胞；生殖器官为大、小孢子叶球，没有形成真正的花。小孢子叶球能产生带气囊的小孢子；大孢子叶球具有胚珠，在其中发育大孢子及雌配子体。经过传粉和受精，即开始进行胚胎发育，最后形成成熟的种子。

裸子植物分布于世界各地，有很多是森林的重要组成树种，常见的如松属、云杉属、落叶松属、杉属等。很多具有较高的经济价值，是森林工业、材产化学的重要来源，也常作为绿化观赏树种供庭院栽培。

第一节　裸子植物的营养器官

裸子植物的孢子体发达，在生活史中占绝对优势。多数种类为常绿乔木，少落叶，极少为亚灌木，有长枝和短枝之分。裸子植物营养器官的组织结构中，维管系统发达，在根和茎中多为无限外韧维管束呈环状排列成网状中柱，具有形成层和次生结构，其维管组织比被子植物的维管组织简单。除了麻黄科和买麻藤科植物以外，木质部中只有管胞而无导管和纤维；韧皮部中有筛胞而无筛管和伴胞。叶针形、条形、披针形、鳞形，极少数呈带状，在长枝上常螺旋状排列，在短枝上簇生；叶表面有较厚的角质层；气孔常呈带状分布。

一、裸子植物根的结构

裸子植物的根尖与大多数被子植物的根尖一样，可分为根冠、分生区、伸长区与成熟区（根毛区）。大多数裸子植物的根，不仅有伸长生长产生的初生结构，而且还有增粗生长产生的次生结构。木质部中没有导管，只有管胞，由管胞承担输导水和无机盐的功能。韧皮部中没有筛管和伴胞，只有筛胞，由筛胞承担输导有机营养物质的功能。

（一）根的初生结构

在根毛区作一横切面，根的初生结构可以明显地区分出表皮、皮层及维管柱等部分（图 6–1）。不少松杉类植物的部分初生根还与真菌共生，形成外生菌根。

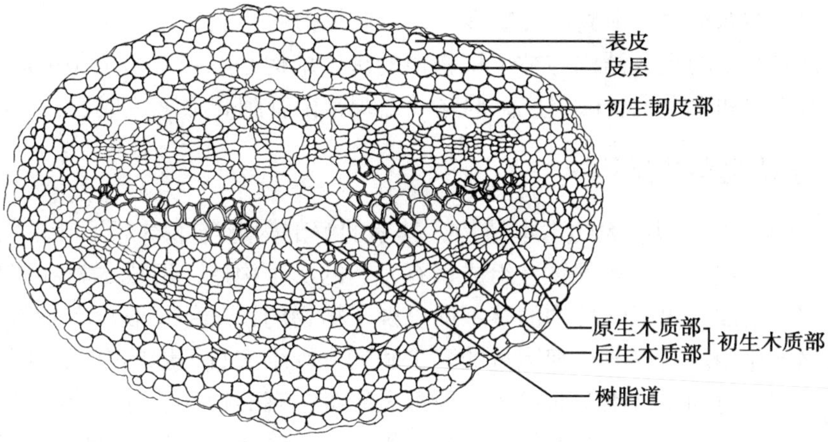

图 6–1　松属植物根的初生结构

1. 表皮

表皮由一层等径的、排列较紧密的薄壁细胞组成，多数表皮细胞向外伸长形成根毛。根毛的寿命不长，几天后即死亡。随着根端原始细胞及分生组织细胞不断地分裂分化，又陆续产生新的根毛，以替代老根毛行使吸收功能。

2. 皮层

皮层由多层薄壁细胞组成，细胞排列较疏松，具有胞间隙，细胞中常含有淀粉粒及染色较深的单宁类物质。皮层的最内层为内皮层，这层细胞排列紧密，多数细胞的径向及横向壁上具有栓质化增厚的凯氏带，可与其他部分区别开来。

3. 维管柱

维管柱在根的中央部分，由原生的和后生的木质部、韧皮部以及一些薄壁细胞构成。在维管柱的外圈，由数层薄壁细胞组成维管柱鞘，侧根就是从正对木质部束两侧的维管柱鞘细胞发生的。初生木质部有 2～5 束（油松），呈辐射状排列。在松属中，部分植物的初生木质部束可多达 7 个。初生韧皮部分别间隔在初生木质部束之间。在初生木质部束的外缘，常有小的轴向树脂道分布。在维管柱的中央，有许多大的薄壁细胞构成的髓部，其细胞中含有大量的淀粉粒，有的还含有单宁类物质。

（二）根的次生结构

松树根的次生生长是次生分生组织维管形成层和木栓形成层活动的结果。开始进行次生生长时，维管形成层最初由韧皮部束内侧的薄壁细胞开始分化（图 6–1）；同时，正对在原生木质部辐射角的维管柱鞘细胞也逐渐分化成具有分生能力的维管形成层细胞，并与初生韧皮部束内侧的形成层细胞相接，在根的横切面上呈圆环状。由于维管形成层细胞不断地平周分裂，向内形成次生木质部，向外产生次生韧皮部。这时初生韧皮部已被挤毁，初生木质部则被推向中央髓的周缘，在老根中已不易辨认。

根的初生结构中，表皮和皮层并不是一种稳定的结构，当根的次生生长开始以后，表皮和皮层的细胞逐渐解体，成为碎片脱落。这时，由维管柱鞘较外面的细胞恢复分生能力，形成木栓形成层。木栓形成层细胞平周分裂，向外产生木栓层，向内形成栓内层，三者合称为周皮。在老根中，由周皮代替表皮，行使保护的功能。

裸子植物根产生的次生结构与被子植物根的次生结构基本相似，也是由周皮、次生韧皮部、维管形成层和次生木质部组成，但输导组织常由管胞和筛胞组成。

二、裸子植物茎的结构

裸子植物绝大多数为高大的木本植物，其茎的解剖构造与木本双子叶植物的茎相似，初生结构也是由表皮、皮层和维管柱组成；有发达的次生构造，形成木材和树皮，只是木质部与韧皮部的组成与双子叶植物的茎不同。裸子植物的韧皮部一般没有筛管和伴胞，而以筛胞执行输导作用。韧皮薄壁细胞量的多少和韧皮纤维或石细胞的有无，因植物种类不同而不同，如侧柏有韧皮纤维，而松树一般都无纤维，有的种类还分布有树脂道。木质部一般没有导管，只有管胞，无典型的木纤维，管胞兼具输导水分和支持的双重作用。木射线仅由薄壁细胞组成，或含有射线管胞（ray tracheid）。木薄壁细胞有或无因种而异，如松无木薄壁细胞。有的种类木质部内亦有树脂道。由于次生生长形成的木材主要由管胞组成，因而木材结构均匀细致，与双子叶植物的木材的构造也有差异，裸子植物木材中也有年轮，心材和边材分化。

（一）茎的初生结构

以裸子植物松科针叶树为代表。裸子植物针叶树茎的初生结构由表皮、皮层、维管柱组成（图 6–2）。表皮由初生分生组织的原表皮发育而来，是一层排列紧密的等径细胞。皮层大多由薄壁细胞组成，具胞间隙，细胞高度液泡化，部分细胞含叶绿体、单宁及树脂类物质。在皮层组织中常具有树脂道，呈分散或环状分布。维管柱由维管束、髓和髓射线组成，每一维管束由初生韧皮部、束中形成层和初生木质部组成，髓射线由分布在维管束之间的薄壁细胞组成，呈辐射状排列。髓部位于茎的中央部分，其薄壁细胞的胞间隙较大。在髓部的最外层，常有一层环髓带。

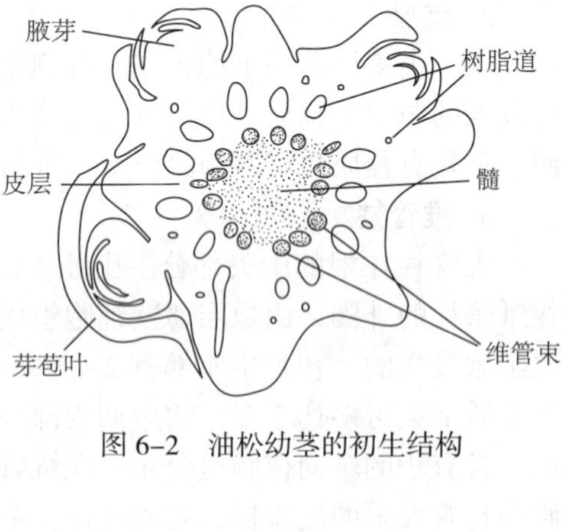

图 6–2 油松幼茎的初生结构

（二）茎的次生结构

裸子植物的茎都是木本的，其结构和双子叶植物的木本茎大致相同，二者都由周皮、维管组织和髓部组成。维管组织由次生韧皮部、维管形成层、次生木质部组成（图 6–3）。由于形成层有持续性分裂能力，可以产生次生结构，使茎逐年加粗，并有显著的年轮（图 6–4）。

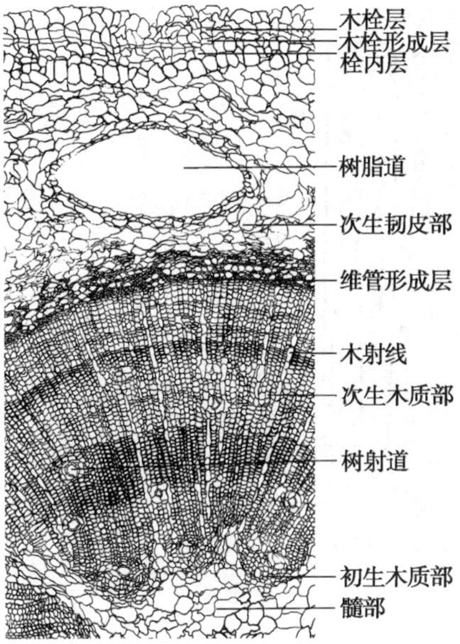

图 6-3　松属植物茎的次生结构

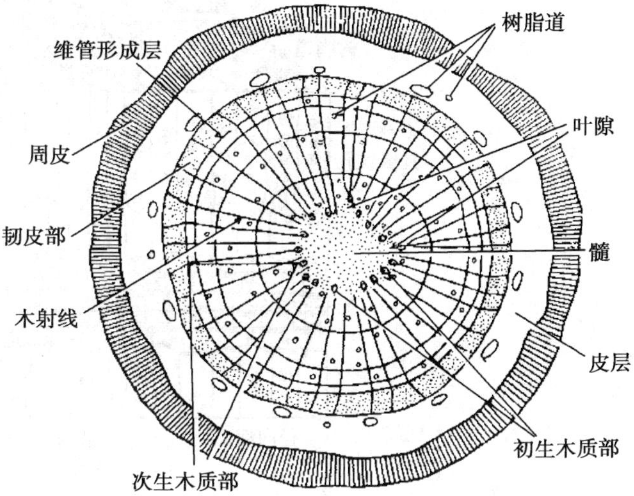

图 6-4　油松茎的次生结构

裸子植物的韧皮部主要由筛胞组成，无伴胞，韧皮薄壁组织较少，常含有淀粉、单宁、树脂等物质；韧皮纤维有（如侧柏）或无（如白松），铁杉及冷杉属的韧皮部则有石细胞。

多数裸子植物的次生木质部由管胞和木射线组成，一般无导管（只有麻黄属、买麻藤属、百岁兰属有导管），无典型的木纤维，木薄壁组织很少。

在茎的横切面上，次生木质部的管胞为四边形或多边形，排列整齐。由于缺乏导管，所以在木材的切面上没有大而圆的导管腔，故称为无孔材（non-porous wood）。但根据管胞腔的大小，仍有早材与晚材的区别，因而生长轮清晰可见。管胞是裸子植物木材的输导组织，兼有机械支持作用，因此，针叶树木材的机械强度取决于管胞的大小及胞壁的厚度。管胞在径向切面上是排列紧密的梭状细胞，管胞壁上有具缘纹孔，其中早材的管胞纹孔大而多，晚材的管胞纹孔小而少。

针叶树木材的木射线，通常是单列的（很少有二列，如落羽松属），因此在茎横切面上射线很窄（图 6-5）。针叶树无异型射线（仅有横卧而无直立的射线细胞），但除射线薄壁细胞外，常有射线管胞存在，如松属、云杉属、落叶松属、铁杉属、黄杉属的射线。射线管胞（ray tracheid）是厚壁长形的死细胞，壁上有具缘纹孔（bordered pit），在射线中成横卧排列。松属射线管胞的次生壁常增厚成齿状。

裸子植物的形成层有纺锤状原始细胞与射线原始细胞两类，单斜面的非叠生形成层（nonstoried cambium）大都为纺锤状原始细胞。

大多数裸子植物具有树脂道，分布在各器官中，在茎的横切面上次生木质部中的树脂道常呈大而圆的管腔，散布在管胞之间。树脂道纵向排列，与茎轴平行成纵行管道，也有存在于射线中成横行排列的。树脂道是一种裂生分泌道，它的周围由一圈称为上皮细胞的分泌细胞所包围，上皮细胞向胞间隙形成的管道分泌树脂。云杉属树脂的上皮细胞具有木化的厚壁，而松属则是薄壁的。

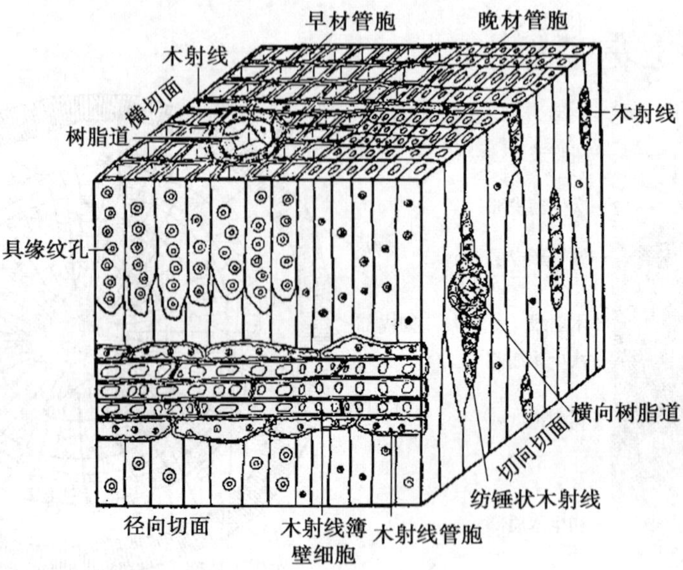

图 6-5 马尾松木材立体结构图解

三、裸子植物叶的结构

裸子植物的叶对环境不如被子植物敏感，因此叶子的结构也不如被子植物多样。裸子植物叶的结构比被子植物简单，大多数裸子植物的叶是常绿的，只有少数是落叶的，如落叶松属、金钱松属、银杏等。除了银杏、买麻藤外，裸子植物的叶通常比较狭细，成针状、鳞片状或条形；叶面积较小，具有旱生结构的特征。下面以松属的针状叶为例，说明裸子植物叶的一般结构。

松属植物叶均为针状，2 ~ 5 针成束生长于不发育的短枝上，因为整个叶束是圆柱形的，所以单个针叶常因每束针数不同而使横切面的形状成半圆形（如马尾松）、三棱形（如华山松）等。

通过松属针叶作横切面，从外到内可以看到以下几部分（图 6-6）。

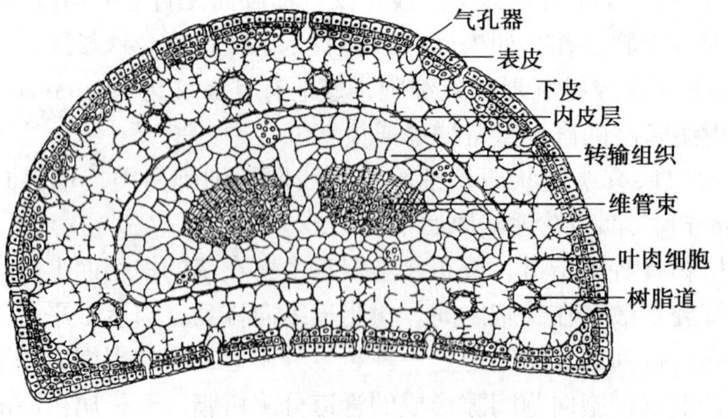

图 6-6 海岸松（*Pinus pinaster*）针叶横切面

1. **表皮系统**

表皮系统包括表皮、下皮及气孔器等结构。在横切面上，表皮由一层连续的砖形细胞组成，包围在叶的周围，无上、下表皮的区别，细胞壁显著增厚，细胞腔很小，但也有少数针叶表皮由薄壁细胞组成。表皮细胞外面覆盖着发达的角质层。在叶的转角处表皮细胞的角质层较厚。

在表皮内方有一至多层厚壁细胞，称为下皮（hypodermis），有些种类表皮与下皮形态相同，如华山松及白皮松；有些则不相同，如黑松及油松。下皮细胞的层数，依种类不同而异，在转角处的层数较多。

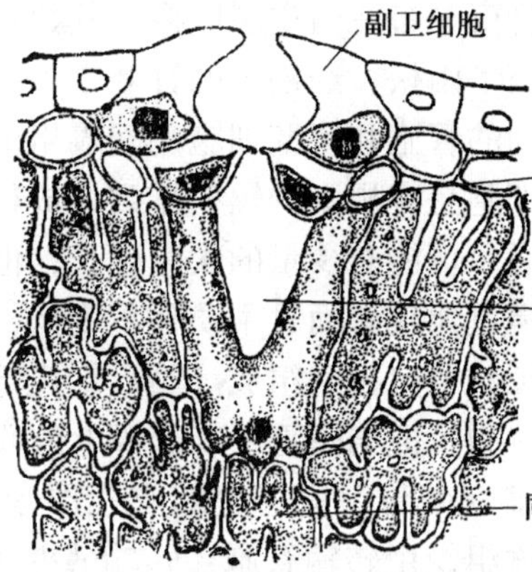

图 6–7 马尾松叶的气孔器

气孔纵行排列，气孔如果从表皮下陷到下皮内，则称为内陷气孔，由一对保卫细胞及一对副卫细胞组成。保卫细胞呈椭圆形，先端有喙，侧壁与下皮相连；而副卫细胞在保卫细胞的外面，侧壁与表皮细胞相连（图 6–7）。保卫细胞与副卫细胞的壁均有不均匀加厚并木质化。内陷气孔形成下陷的空腔，空腔可阻止外界流动的干燥空气和气孔的直接接触，是一种减少叶肉水分蒸腾的旱生适应。

2. **叶肉**

松属的叶肉细胞由细胞壁内褶、伸入细胞腔内，叶绿体沿着皱褶分布，叶肉细胞没有栅栏组织和海绵组织的分化，位于下皮层以内。叶肉细胞壁内褶增加了叶绿体在细胞中排列的面积，增加了光合作用面积。叶肉组织内分布着树脂道。树脂道的数目和分布位置，根据种的不同而异，可以作为分类的参考依据。如马尾松、赤松的树脂道与下皮层相接，称为外生树脂道；湿地松的树脂道与内皮层相接，称为内生树脂道；红松、黑松的树脂道在叶肉组织中间，既不与下皮层相接，也不与内皮层相接，称为中生树脂道；还有少数种类，如热带松的树脂道既与下皮层相接，也和内皮层相接，称为横生树脂道（图 6–8）。

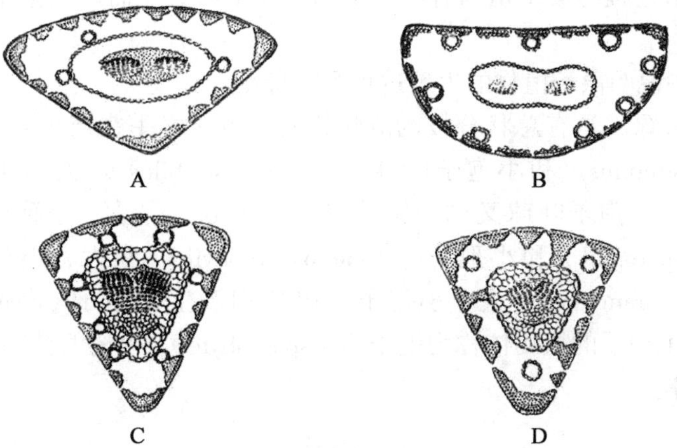

图 6–8 松属叶树脂道生长的位置

A. 内生 B. 外生 C. 横生 D. 中生

3. 维管束

针叶的维管束与叶肉之间有明显分化的内皮层（endodermis）。内皮层紧接叶肉成环状围绕着维管束，因此，维管束与叶肉组织之间有明显的分界。内皮层由圆形或椭圆形的厚壁细胞组成，排列比较整齐，无细胞间隙，成熟后细胞壁木化，径向壁上有明显的凯氏点，细胞内含有淀粉粒。

维管束分布在内皮层以内，其数目随种类而异，如云南松、油松的针叶中央有 2 个维管束，而华山松、红松等的针叶中央则只有 1 个维管束。维管束的木质部在近轴一面，由径向排列的管胞和薄壁细胞相间隔组成。木质部由原生木质部和后生木质部组成。后生木质部的细胞是有规则的辐射排列，成行的木薄壁细胞与管胞交替排列。在针叶的初生生长停止以后，可能有少量的次生生长，但是大部分木质部是后生木质部。管胞的壁虽有次生加厚，但是比较薄而且木质化程度低，壁上有具缘纹孔。韧皮部位于远轴面，由筛胞和韧皮薄壁细胞径向排列组成。靠近韧皮部有一些具浓厚细胞质的细胞，称为蛋白细胞，功能类似于伴胞，但与筛管没有起源上的联系。

在维管束与内皮层之间有几层紧密排列的转输组织（transfusion tissue）包围着维管束，转输组织由转输管胞、转输薄壁组织等组成。转输管胞（transfusion tracheid）是死细胞，壁较厚，并有具缘纹孔。转输薄壁组织是具有原生质体的生活细胞，成熟以后为单宁所充塞。转输组织是一个裸子植物叶共有的特征，被认为与维管束和叶肉组织之间的水分和营养物质运输有关。有些种类在转输组织中还分布着树脂道。

上述松属针叶解剖结构上的特征，如具有下皮、内陷气孔、内皮层及转输组织等，在其他松柏类植物中也存在，只是在数量上有差别。大多数松柏植物没有折叠的叶肉细胞，而另一些种类具有栅栏组织，如冷杉属、杉木属、紫杉属、银杏及苏铁等。

第二节 裸子植物的生殖器官

裸子植物的有性生殖过程与被子植物非常相似，同样要经过传粉、受精产生种子。它们是在进化过程中的不同阶段出现的两类植物，裸子植物比被子植物原始，所以裸子植物的生殖器官及生殖过程与被子植物有明显不同，如不形成花而产生孢子叶球；胚珠裸露，不形成果实等。

现以松属为例说明裸子植物的生殖过程及其特点。

通常高大、常绿、具有总状分枝的成年松树，每年春季在当年生的枝条上形成大孢子叶球（ovulate strobilus）和小孢子叶球（staminate strobilus）。大孢子叶球又称为雌球花（female cone），小孢子叶球又称为雄球花（male cone）。大、小孢子叶球上分别具有大孢子叶（megasporophll）和小孢子叶（microsporophyll），在大、小孢子叶上分别形成大、小孢子囊（sporangium），大、小孢子囊内分别产生大孢子（megaspore）和小孢子（microspore）。产生孢子的植物体称为孢子体（sporophyte），松树的植物体从个体发育的角度来说就是孢子体。

一、大、小孢子叶球的结构和发育

（一）小孢子叶球

在春季，松树新萌发枝条的基部形成许多长椭圆形、黄褐色的小孢子叶球。小孢子叶球由多数膜质的小孢子叶组成。小孢子叶呈螺旋状排列在一个长轴上（图 6–9A）。在小孢子叶的下面形成 2 个并列的长椭圆形的小孢子囊（图 6–9B），小孢子囊又称为花粉囊（pollen sac）。小孢子囊有由数层细胞构成的囊壁，幼时囊中充满核大而细胞质浓的造孢细胞，造孢细胞进一步分裂发育形成圆球形的小孢子母细胞（花粉母细胞）。小孢子母细胞经减数分裂形成 4 个细胞，称为四分体。四分体再分开，发育成 4 个小孢子（花粉粒），小孢子是单倍体细胞。

松树的小孢子（花粉粒），具有两层壁，外壁和内壁。外壁上有网状花纹，且在一侧相对的位置上形成两个膨大的气囊，称为翅（wing）。小孢子靠气囊被风传播。初形成的小孢子具一核。

（二）大孢子叶球

小孢子叶球形成的同时，在新枝顶端形成数个大孢子叶球，呈椭圆形球果状，幼时浅红色，以后变绿。大孢子叶球由木质鳞片状的大孢子叶（珠鳞）和不育的膜质苞片（bract）成对螺旋状排列在一长轴上而组成（图 6–10）。

每一大孢子叶的上表面靠近基部形成并列的两个胚珠。在松杉柏类植物中，具有胚珠的鳞片称为珠鳞（ovuliferous scale）。胚珠由珠被和珠心两部分组成。珠被包在珠心组织的外面，在珠心顶端处的珠被留下一个小孔，称为珠孔。珠心由一团幼嫩的细胞组成。在珠心深处形成大孢子母细胞，大孢子母细胞进行减数分裂，形成 4 个大孢子（油松中有时形

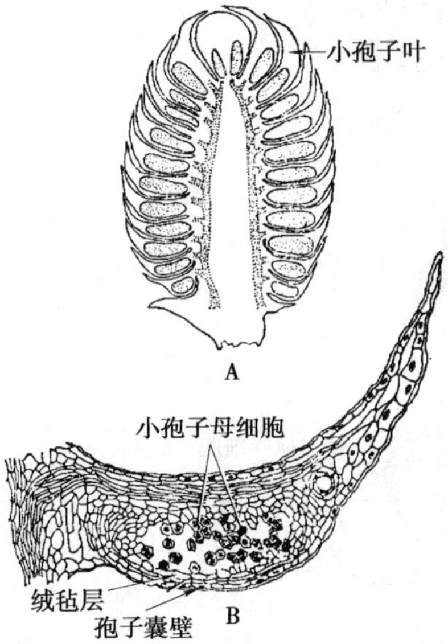

图 6–9　油松小孢子叶球纵剖面（A）和小孢子叶纵切面（B）

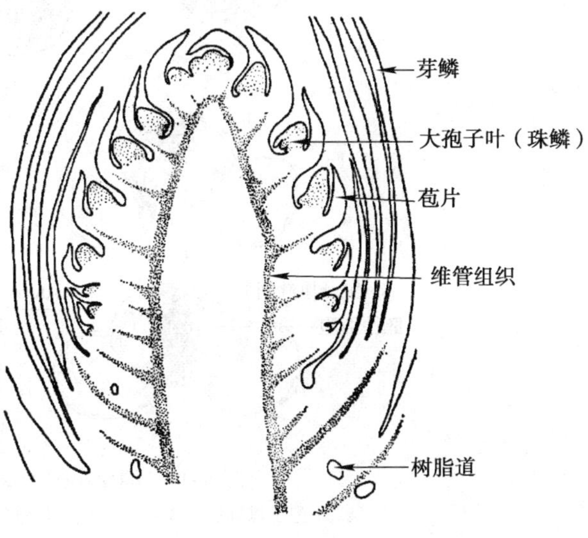

图 6–10　油松大孢子叶球纵切面

成3个），在珠心组织内排成直行，其中仅远离珠孔的一个成为可育的大孢子。大孢子为单倍体细胞。

二、雌、雄配子体的构造和发育

孢子萌发形成配子体（gametophyte），配子体能够产生配子——精子和卵。因此，孢子应是配子体的原始细胞。

1. 雄配子体

小孢子（花粉粒）发育形成雄配子体（microgametophyte），它们在小孢子囊内已经开始萌发，单核的小孢子分裂为两个细胞，其中较小的一个称为第一原叶细胞（prothallial cell），较大的一个称为胚性细胞。胚性细胞分裂形成第二原叶细胞和精子器原始细胞（antheridial initial），精子器原始细胞再分裂一次形成一个粉管细胞（tube cell）和一个生殖细胞（generative cell）。此时，小孢子已成熟，这种具有4个细胞，即第一原叶细胞、第二原叶细胞、粉管细胞和生殖细胞的成熟小孢子也就是雄配子体。随着发育，第一、第二原叶细胞逐渐消失，仅留下粉管细胞和生殖细胞继续发育，生殖细胞紧贴花粉壁，呈双凸透镜状；粉管细胞占据了花粉的大部分体积，胞质稀，核仁明显（图6–11）。

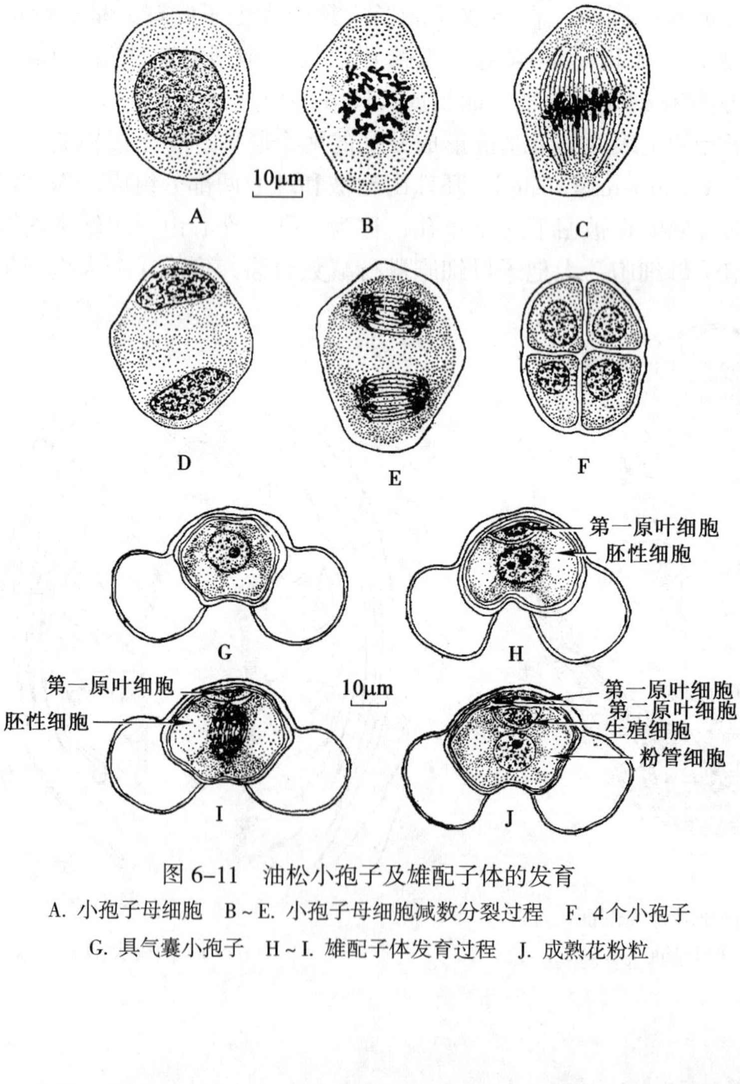

图6–11 油松小孢子及雄配子体的发育

A. 小孢子母细胞 B～E. 小孢子母细胞减数分裂过程 F. 4个小孢子

G. 具气囊小孢子 H～I. 雄配子体发育过程 J. 成熟花粉粒

2. 雌配子体

胚珠中的大孢子是雌配子体（megagametophyte）的原始细胞。大孢子经多次分裂形成许多游离核，经过冬季，到第二年春天，游离核外逐渐形成细胞壁，使雌配子体成为多细胞的结构。雌配子体始终在珠心组织内发育。裸子植物的雌配子体也称为胚乳。在雌配子体的近珠孔端形成 3 ~ 5 个颈卵器（archegonium）。颈卵器是裸子植物的雌性生殖器官。每一个颈卵器具有数个颈细胞（neck cell）和一大型的中央细胞（central cell），中央细胞在受精前分裂成卵细胞和腹沟细胞（ventral canal cell），但后者迅速退化消失（图 6–12）。

裸子植物的颈卵器和较其更原始的苔藓、蕨类植物的颈卵器相比，表现了进一步的缩小和退化，变得更加简化，雌雄配子体均无独立生活的能力，完全寄托在孢子体上。

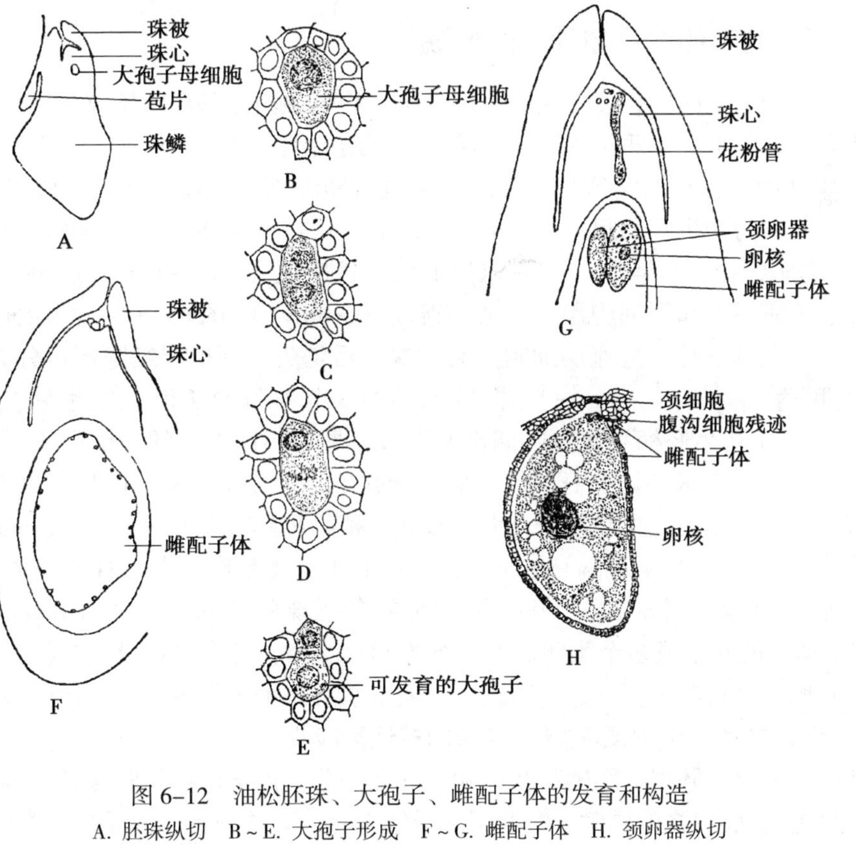

图 6–12 油松胚珠、大孢子、雌配子体的发育和构造

A. 胚珠纵切 B ~ E. 大孢子形成 F ~ G. 雌配子体 H. 颈卵器纵切

三、传粉与受精

小孢子成熟后由小孢子囊散出传到胚珠的过程称为传粉。松属植物以及其他绝大多数裸子植物都是风媒传粉，且松属植物传粉通常在晚春进行。当小孢子成熟时，小孢子囊开裂，小孢子逸出，随风散布，有翅的小孢子很轻，可随风飘至远方。与此同时，大孢子叶球轴稍伸长，大孢子叶球的珠鳞彼此分开，胚珠分泌出一种黏液，由珠孔溢出，称为传粉滴（pollination drop）。小孢子落到珠孔，被分泌的黏液吸引进入珠心组织顶端，此时，珠鳞闭合，雌球花下垂。小孢子在分泌物的刺激下萌发生长出花粉管。花粉管穿过珠心组

织到达颈卵器。在花粉管生长过程中，生殖细胞分裂为二，大的一个称为体细胞（body cell），小的一个称为柄细胞（stalk cell）。体细胞分裂形成两个精子。

此时，颈卵器的颈细胞和腹沟细胞已经消失。花粉管到达颈卵器内，先端破裂，释放出两个精子，其中一个精子消失，另一个具功能的精子与卵细胞融合，完成受精作用形成合子。由于合子是由两个单倍体的性细胞——精子和卵融合而成的，因此从合子开始又恢复成为二倍体细胞，在精子到达卵细胞之前，花粉管内的粉管细胞及柄细胞除对花粉管的生长起作用外，以后作为营养物质被吸收而消失。

裸子植物从传粉到受精之间的时间间隔一般是比较长的，如油松、白皮松、贝壳杉约需 13 个月左右，日本金松约 14 个月，红杉约 6 个月，杉木约 3 个月，华北落叶松从传粉到受精仅约 40 天。

四、胚与胚乳的发育和种子的形成

受精后，合子经两次分裂形成 4 个自由核，移至颈卵器基部，排成一层，再经一次分裂产生 4 个核，分上、下两层排列，每层 4 个，随后细胞壁开始形成，但上层 4 个细胞的上部不形成细胞壁，从而使这些细胞的细胞质与卵细胞质相通，称为开放层（opentier），下层 4 个细胞称为初生胚细胞层（primaryembryo celltier）。随后，下层细胞连续分裂两次，形成 16 个细胞，排列成 4 层，分别称为上层、莲座层（rosette tier）、胚柄层（suspensor tier）（初生胚柄层）和胚细胞层，组成原胚（proembryo）（图 6-13）。上层细胞初期有吸收作用，但不久即解体；莲座层细胞分裂数次之后消失；胚柄层细胞不再分裂，但伸长，形成初生胚柄（primarysuspensor）；将最先端的 4 个细胞伸长形成次生胚柄（secondary suspensor）。由于初生胚柄和次生胚柄迅速伸长，形成多回卷曲的胚柄系统；而胚细胞层的最前端的细胞发育成胚体本身，但它们可能并不是形成 1 个胚，而是在纵面彼此分离，单独发育成胚，造成裂生多胚现象。大多数裸子植物都具有多胚现象（polyembryony），一种是裂生多胚现象（cleavage polyembryony），即有 1 个受精卵，在发育过程中胚原细胞分裂为几个胚的现象（图 6-13）。另一种是简单多胚现象（simple polyembryony），即由于 1 个雌配子体上的几个或多个颈卵器的卵细胞同时受精，各自发育成 1 个胚，从而形成多个胚。在胚胎发育过程中，通过胚胎选择，通常只有 1 个（很少有 2 个或更多）幼胚正常分化、发育，成为种子中成熟的胚，其余的被逐渐吸收。

成熟的胚分化为胚根、胚轴、胚芽和子叶几部分。裸子植物的胚常具有多数子叶（通常 7～10 枚）。在胚发育的同时，雌配子体继续发育，形成胚乳（未受精的产物）。珠心组织则逐渐被吸收，胚柄萎缩，残留在种子内，与胚根相连。珠被发育成种皮，种皮分为 3 层：外层肉质（不发达）、中层石质和内层纸质。这样，整个胚珠发育形成一粒种子。

裸子植物的种子是由 3 个世代的产物组成的，胚是新的孢子体世代（$2n$），胚乳是雌配子体世代（n），种皮是老的孢子体（$2n$）。受精后，大孢子叶球也随之增大形成球果（cone），珠鳞木化，称为种鳞（seminiferous scale）。同时珠鳞的部分表皮分离出来形成种子的附属物，即翅（图 6-14），以利风力传播。胚珠形成的种子裸露在种鳞上（图 6-14），裸子植物即因此而得名。种子萌发时，主根先经珠孔伸出种皮，并很快产生侧根，初时子叶留在种子内，从胚乳中吸取养料，随着胚轴和子叶的不断发展，种皮破裂，子叶露出，而后随着茎顶端的生长，产生新的植物体。

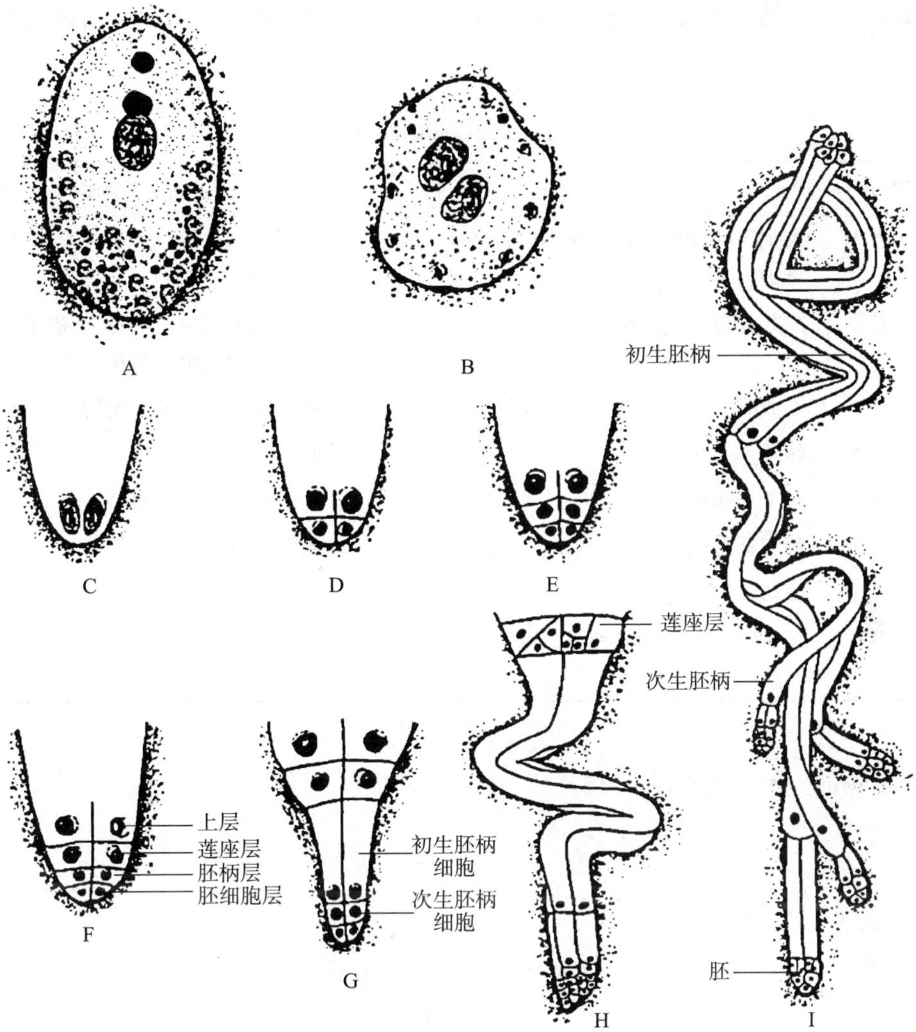

图 6–13　松属卵细胞受精及原胚发育

A. 正在受精的卵细胞　B. 受精卵一分为二　C. 4细胞原胚　D. 8细胞原胚　E. 12细胞原胚　F. 16细胞原胚　G.初生胚柄细胞伸长及次生胚柄细胞形成　H. 原胚下端开始分裂（裂生多胚）　I.裂生后所形成的4竞争胚系列

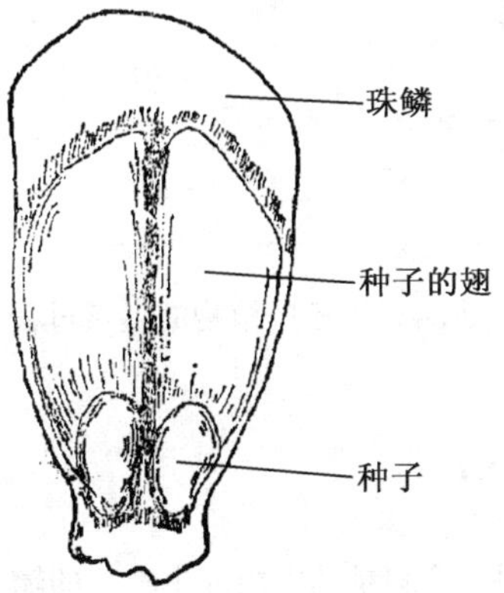

图 6–14　松属的种鳞及种子

松属植物从开始产生大、小孢子叶球到种子形成，约需两年时间，各阶段的发育进程如表 6–1。

表 6–1 松属植物的发育进程

发育时间		大孢子叶球	小孢子叶球
第一年	春季	大孢子叶球出现，胚珠形成；产生大孢子母细胞	小孢子叶球出现，产生小孢子母细胞
	夏季	减数分裂形成大孢子	减数分裂形成小孢子；小孢子成熟后从小孢子囊中散出；传粉
	秋季	形成雌配子体	小孢子萌发，形成花粉管
	冬季	休眠	休眠
第二年	春季	雌配子体进一步发育	花粉管生长并形成精子
	夏季	颈卵器形成，受精	花粉管生长，受精
	秋季	胚形成和分化	
	冬季	胚成熟，胚珠形成种子，球果开裂，种子脱落	

松属植物的生殖过程如图 6–15。

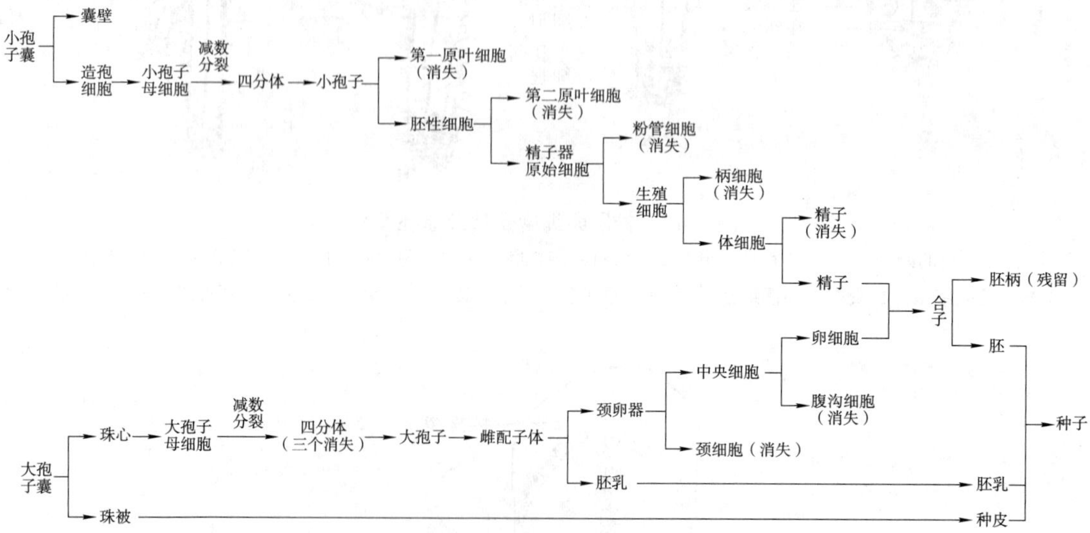

图 6–15 松属植物的生殖过程

小 结

裸子植物营养器官的组织结构中，管胞是其木质部中唯一的输水结构，没有导管存在。韧皮部没有筛管和伴胞，只有筛胞，有机物通过筛胞来运输。大多数裸子植物具有树脂道，分布在各器官中。

大多数裸子植物根的初生结构分为表皮、皮层、维管柱等部分，裸子植物根产生次生结构后与被子植物根的次生结构基本相似，也是由周皮、次生韧皮部、维管形成层和次生木质部组成。

裸子植物中绝大多数为高大的木本植物，其茎的解剖构造与双子叶木本植物的茎相似，有发达的次生构造，形成木材和树皮，只是木质部与韧皮部组成与木本双子叶植物的茎不同，因此木材的结构也有差异。一般为无孔材，木纤维较少，管胞是裸子植物木质部的输导组织并兼有机械支持作用，因此针叶树木材的机械强度决定于管胞的大小及胞壁的厚度。

裸子植物叶的结构比被子植物简单，叶通常比较狭细，呈针状、鳞片状或条形，故习惯上称裸子植物为针叶树。针叶的叶面积较小，并具有一些旱生结构的特征。松属针叶由表皮系统、叶肉、维管束组成。

裸子植物的有性生殖过程与被子植物相似，同样经过传授粉、受精产生种子。生殖器官有大孢子叶球、小孢子叶球和种子。大、小孢子叶球上分别具有大孢子叶和小孢子叶，在大、小孢子叶上分别形成大、小孢子囊，大、小孢子囊内分别产生大孢子和小孢子（花粉粒）。大孢子经多次分裂并发育形成雌配子体，雌配子体进一步发育形成颈卵器和胚乳，颈卵器具有数个颈细胞和一大型的中央细胞，中央细胞分裂成卵细胞和腹沟细胞。小孢子经过多次分裂和发育形成精子。经过传粉和受精后，卵细胞和精子融合形成合子。合子经多次分裂和发育形成胚柄和成熟胚，成熟的胚分化为胚根、胚轴、胚芽和子叶几部分。在胚发育的同时，雌配子体继续发育，形成胚乳，珠被发育成种皮。胚乳、种皮和胚组成种子。

复习思考题

1. 裸子植物根的初生结构由外至内有哪些部分？各由哪些组织组成？
2. 松树根的次生结构与双子叶植物根的次生结构有何异同点？
3. 裸子植物茎的初生结构有何特点？
4. 何为无孔材？为何无孔材的植物也具有年轮？
5. 松属植物茎的次生结构由外至内由哪些部分组成？
6. 试比较松属植物木材结构与木本双子叶植物的木材结构有何异同点。
7. 松属植物的针状叶的结构由哪几部分组成？哪些结构具有旱生适应特点？
8. 裸子植物的大、小孢子叶球结构各有何特点？
9. 裸子植物的雌配子体如何发育成熟？
10. 裸子植物的雄配子体如何发育成熟？
11. 裸子植物的成熟胚如何发育而来？

第七章

植物界的类群与分类

第一节 植物分类的基础知识

分类就是对要认识的事物进行分门别类。地球上现存的物种数以百万计，如果不予以分类，便无从认识，难以利用。植物分类学（plant taxonomy 或 plant classification）是发现、描述和解释植物多样性的科学。植物分类学的内容包括命名（nomenclature）、鉴定（identification）和分类（classification）三部分。依据《国际藻类、菌物和植物命名法规》（*International Code of Nomenclature for algae*，*fungi and plants*，ICN）给每种植物一个确切的名称，就是命名；利用文献资料或已知植物进行对照、比较和分析，确定该植物的学名和分类地位，即是鉴定；把各种植物以一定的原则标准，确定阶元等级，建立组合体系，称为分类。

一、植物分类的方法

植物分类的方法归纳起来可以分为两种：人为分类方法和自然分类方法。

1. 人为分类方法

按照人们的目的和意愿，以植物的一个或几个特征或其经济意义作为分类依据的分类方法称为人为分类方法（artificial classification）。如我国明代药学家李时珍（1518—1593）所著《本草纲目》就是根据植物的生活习性和用途，将所收集的 1 000 余种植物分为草、木、谷、果、菜等五个部。又如瑞典植物分类学家林奈（C. Linnaeus）根据雄蕊的有无、数目及着生情况，将植物分为 24 个纲，其中 1—23 纲为显花植物（即被子植物），分别称为一雄蕊纲、二雄蕊纲、三雄蕊纲……现在不同领域应用的一些分类，如木本植物和草本植物、粮食作物和经济作物等，也属人为分类。此种方法能满足分类的目的，对人类的生产实践具有指导作用，但不能反映植物类群间的亲缘关系。

2. 自然分类方法

自然分类方法（natural classification）是以植物亲缘关系的远近作为分类标准的分类方法。按照生物进化论的观点，自然界的生物都来自于共同的祖先，亲缘关系越近的类群，其形态、结构、习性的相似性就越高。因此，要选取反映进化历史的形态结构特征，按性状的演化趋势来进行分类，使分类系统更能反映类群间的本质关系。林奈以后的很多学者提出了众多有显著进步的自然分类体系，如边沁和虎克系统、哈钦松系统、塔赫他间系统等。虽然由于科学发展水平的限制，这些系统与建立起一个客观而完备的自然演化系统还有相当长的距离，且各系统间还有不少相悖的理论和观点，但它们比起人为分类系统，显然是一个质的飞跃。自然分类方法追求反映植物类群之间的亲缘关系，科学性较强，在生产实践中也有重要意义，如可以指导人工杂交、培育新品种、开发植物资源等。

由于植物界经历了几十亿年的演化历史，许多种类已经灭绝，现存种类只是曾出现过的种类中的很小一部分，这给我们理解植物类群间的亲缘关系带来困难。分类学家就是从生物学的各个分支学科，如形态学、解剖学、细胞学、遗传学、分子生物学、古生物学等，获得相关性状资料，推测种类之间的历史渊源。因此，现代植物分类学既是一门基础学科，为其他学科提供基础理论指导；同时又是一门综合学科，积极利用其他学科的研究成果和方法，以推动自身的发展。

二、植物分类的单位和阶层系统

将自然界数量繁多的植物种类按一定的分类等级进行排列，并以此表示每一种植物的系统地位和归属，是植物分类的一项主要工作。常用的植物分类等级单位主要有：界、门、纲、目、科、属、种。把共同性比较多的一些种集合为属，再把共同性较多的一些属归纳成科，以此类推。各级单位根据需要可再建立亚级，如亚门、亚纲、亚目、亚科和亚属等。每一种植物通过系统分类，既可以显示出其在植物界的地位，又可显示出与其他种的关系。

现以稻为例，说明其在植物分类学上的各级单位：

界 植物界（Plantae）
门 被子植物门（Angiospermae）
纲 单子叶植物纲（Monocotyledoneae）
目 禾本目（Poales）
科 禾本科（Poaceae）
属 稻属（*Oryza*）
种 稻（*Oryza sativa*）

种（species）是分类学上的基本单位，是具有相似的形态学、生理学特征和一定自然分布区的生物群；种内个体间能自然交配产生正常可育的后代；种间一般存在遗传隔离。种是一个客观存在的分类单位，它既有相对稳定的形态特征，又是在变化发展中。一个种通过遗传、变异和自然选择，可能分化出另一个新种。现在地球上众多的物种就是由共同祖先逐渐演化而来的。

亚种（subspecies，缩写 subsp.），种内的类群，是指同一种内由于地域、生态或季节上的隔离而形成的个体群。如厚朴（*Houpoea officinalis*）。

变种（variety，var.），种内的变异个体群，某些个体积累了一定数量可遗传的新的变异特性时，便会在种内形成变种。变种在地理分布上没有明显的地带性区域。如菜瓜（*Cucumis melo* var. *conomon*）是甜瓜（*C. melo*）的变种。

变型（form，f.）是指仅有微小形态学差异的相同物种的不同个体。如毛的有无、花的颜色等；如白花单瓣玫瑰（*Rosa rugosa*）。

品种（cultivar）不是植物分类学中的分类单位，不存在于野生植物中，而是属于栽培学上的变异类型。通常把人类培育或发现的有经济价值的变异（如大小、颜色、口感等）列为品种，实际上是栽培植物的变种或变型。

种下分类群（如品种）之间的杂交，称为种内杂交（intraspecific hybridization）；种间、属间或更高级单位之间的杂交，称为远缘杂交（distant hybridization）。育种工作者常常遵循近亲易于杂交的法则，培育出新的品种。但现代育种学家也常使用远缘杂交的方法，可以把不同种和属的特征、特性结合起来，突破种属界限，扩大遗传变异，从而创造出新的变异类型或新物种。

三、植物命名法

由于语言和文字的不同，不同的国家对同一种植物往往有不同的命名，即使在同一国家的不同地区，其名称也多不同。另一方面，同样的名称也可能是指不同的物种。如此则出现许多同物异名和同名异物的现象。如马铃薯也被称为土豆、洋芋，番薯也被称为红薯、地瓜等。而被称为万年青的植物可多达上百种，涉及的种类往往来自不同的科属。再如白头翁，既是植物的名称，也是动物的名称。这些现象在植物名称上造成了极大的混乱，妨碍了国内、国际间的学术交流，不利于植物分类学的研究和应用。为了避免混乱和便于研究，有必要给每一种植物确定一个全世界统一使用的科学名称，即学名（scientific name）。

目前大家普遍认可的植物学名是以林奈（1753 年）正式创立的“双名法”来命名的，后经多次国际植物学会议讨论修订而成为必须共同遵守的《国际藻类、菌物和植物命名法规》中的条例之一。所谓双名法是指以两个拉丁文词或拉丁化形式的词给植物命名的方法。第一个单词为属名，是名词，其第一个字母要大写；第二个单词为种加词，是形容词或名词，全部字母小写。在种加词之后还要加上命名人的姓名或姓名的缩写，其第一个字母也要大写，命名人也可以省略不写。如稻的学名为 *Oryza sativa* L.，第一个 *Oryza* 为属名，是稻的古希腊名，是名词；第二个 *sativa* 是种加词，是形容词，意思是“栽培的”；后面的“L.”是命名人林奈（Linnaeus）的缩写。

种下单位的名称采用三名法，即命名时在其种名后加上亚种（subspecies）、变种（variety）或变型（form）的缩写 subsp.、var. 或 f.，再加上亚种、变种或变型加词，最后仍要有命名人的姓氏或其缩写。如籼稻是稻的一个变种，其学名是：*Oryza sativa* subsp. *indica*。

植物被命名后经研究认为需要改变其分类位置或等级时，就必须进行重新组合，更正后通常将原命名人用括号保留在学名中。如紫金牛（矮地茶）[*Ardisia japonica*（Thunb.）Blume] 是 Thunberg 于 1971 年发表的，命名为 *Bladhia japonica* Thunberg，后经 Blume 研究应列入 *Ardisia* 属，所以更名为 *Ardisia japonica*（Thunb.）Blume，同时将原命名人 Thunberg 用括号保留在学名中。

有些植物学名用 ex 将两个命名人的名字连在一起，如藏麻黄 *Ephedra saxatilis* Royle ex Florin，意为该种曾由 Royle 提出，但由于不满足法规的全部或某些规则而未合格发表，后来由 Florin 替代发表。

四、植物检索表及其应用

检索表是根据二歧分类的原则，将要鉴定的很多植物编成一个表，将它们彼此区分开来。植物检索表是植物分类学中识别和鉴定植物的重要工具，它不提供有关植物的详细描述，只是选用一对以上显著不同的识别特征，将所需鉴定的植物分成两类；然后又从每类中再找出相对的特征再区分为两类；如此下去，直到所需要的分类单位（如科、属、种等）出现。植物检索表常用的表达方式有等距（定距）检索表和平行（阶梯）检索表两种。

（一）等距检索表

等距检索表是最常采用的一种，在这种检索表中，将每一对互相区别的特征分开编排在一定的距离处，标以相同的项号，每低一项号退后一字。这种检索表的优点是每对相对性状的特征都被排列在相同距离，一目了然，便于查找；不足之处是当种类多时，左边空白大，浪费篇幅。

现以植物界基本类群的区分为例：

1. 植物体构造简单，无根、茎、叶的分化，不产生胚（低等植物）
  2. 植物体不为藻类和菌类所组成的共生体
    3. 植物体内含叶绿素或其他光合色素，自养 ……………………………… 藻类植物
    3. 植物体内无叶绿素或其他光合色素，寄生或腐生 ……………………… 菌类植物
  2. 植物体为藻类和菌类所组成的共生体 …………………………………… 地衣类植物
1. 植物体构造复杂，有根、茎、叶的分化，产生胚（高等植物）
    4. 植物体有茎和叶及假根 ……………………………………………………… 苔藓植物
    4. 植物体有茎、叶和根
      5. 不产生种子，以孢子繁殖 ………………………………………………… 蕨类植物
      5. 产生种子，以种子繁殖
        6. 种子或胚珠多裸露，胚乳为单倍体 ……………………………… 裸子植物
        6. 种子或胚珠包被在果皮或子房中，胚乳为三倍体 ……………… 被子植物

（二）平行检索表

平行检索表是将每一对互相区别的特征编以同样的项号，并紧接排列，项号虽变但不退格，项尾注明应查的下一项号或查到的分类等级。这种检索表的优点是排列整齐、节省篇幅，缺点是不如等距检索表一目了然。

仍以上述植物界基本类群的区分为例：

1. 植物体构造简单，无根、茎、叶的分化，不产生胚（低等植物）…………………… 2
1. 植物体构造复杂，有根、茎、叶的分化，产生胚（高等植物）……………………… 4
2. 植物体为藻类和菌类所组成的共生体 ………………………………………… 地衣类植物
2. 植物体不为藻类和菌类所组成的共生体 ……………………………………………… 3
3. 植物体内含有叶绿素或其他光合色素，自养 ……………………………………… 藻类植物
3. 植物体内不含叶绿素或其他光合色素，寄生或腐生 ………………………………… 菌类植物
4. 植物体有茎、叶和假根 …………………………………………………………… 苔藓植物
4. 植物体有茎、叶和根 ……………………………………………………………………… 5
5. 不产生种子，以孢子繁殖 ………………………………………………………… 蕨类植物
5. 产生种子，以种子繁殖 …………………………………………………………………… 6

6. 种子或胚珠多裸露，胚乳为单倍体 …………………………………………… 裸子植物
6. 种子或胚珠包被在果皮或子房中，胚乳为三倍体 ……………………………… 被子植物

第二节 植物界的基本类群

植物是地球上生命的主要形式之一，在把植物和其他生物区别开时，一般都是以植物固着生活、自养、具细胞壁为特征。在 18 世纪时，林奈根据能运动还是固着生活、是异养还是自养生活把生物划分为两界——动物界（Animalia）和植物界（Plantae）。这样划分的系统称为两界系统，至今仍被广泛沿用。

19 世纪前后，由于显微镜的广泛使用，人们发现有些生物兼具动物和植物的特征。据此，德国的海克尔（E. Haeckel）于 1886 年提出把具有色素体、眼点、鞭毛并能游动的单细胞低等生物独立为一界，即原生生物界（Protista）。从而出现三界系统：原生生物界（包括菌类、低等藻类、海绵等）、植物界和动物界。

1959 年，美国的魏泰克（Whittaker）将不含叶绿素的真核菌类从植物界中分离出来，提出了四界系统，即原生生物界、植物界、真菌界（Fungi）和动物界。

1969 年，魏泰克将细菌和蓝藻从原生生物界中独立分出，成立原核生物界（Monera）。由此出现五界系统，即原核生物界、原生生物界、植物界、真菌界和动物界。该系统影响较大，流传较广。

1989 年，卡瓦勒－史密斯（Cavalier-Smith）根据近年的古生物学和分子生物学的研究进展，提出了八界系统，后在 1998 年和 2004 年又修订为六界系统：细菌界（Bacteria）[原核生物，包括两个亚界：真细菌亚界（Eubacteria）和古细菌亚界（Archaebacteria）]、原生动物界（Protozoa）、色素界（Chromista）[包括隐藻（Cryptophyta）和有色藻（Chrmophyta）两个亚界]、植物界、真菌界和动物界。

从对生物类群的主要分界历史可以看出，人们对生物的认识是随着科学技术的发展而逐步加深的。同时各个学者由于依据的标准和特征不同，所提出的生物分界系统和植物的概念也不尽相同，我国学者胡先骕（1965）、邓叔群（1966）、陈世骧（1979）等人也都先后对生物分界提出过自己的见解。本教材作为植物学基础教材，为了便于学习理解，仍采用两界系统。其中植物界包括了藻类、菌类、地衣、苔藓、蕨类和种子植物。

在地质史上，最早出现的植物是原核生物，约在 35 亿年前就产生了厌氧的细菌类。对植物化石的研究表明，植物进化存在阶段性，简单的植物最先出现，复杂的植物较晚出现。所以，植物是从低等到高等、由简单到复杂、从水生到陆生演变与发展的。表 7–1 是不同植物类群在各地质年代中出现和发展的大致情况。

表 7–1 植物界进化年表

地质代	纪	距今的年代（百万年）	植物演化的年代情况（化石记录）
新生代（Genozoic）	第四纪（Quaternary）	2.5	被子植物繁盛并占绝对优势
	早第三纪（Paleogene）	65	被子植物进一步发展，开始繁盛

续表

地质代	纪	距今的年代（百万年）	植物演化的年代情况（化石记录）
中生代（Mesozoic）	白垩纪（Cretaceous）	136	裸子植物衰退，被子植物兴起
	侏罗纪（Jurassic）	190	裸子植物繁盛，其中松柏类占优势，被子植物出现
	三叠纪（Triassic）	225	真蕨类繁盛，裸子植物进一步发展、繁盛
古生代（Paleozoic）	二叠纪（Permian）	280	裸子植物兴起，木本蕨及种子蕨衰退
	石炭纪（Carboniferous）	345	裸蕨衰退，木本蕨及种子蕨繁盛
	泥盆纪（Devonian）	395	裸蕨类植物繁茂，种子蕨和苔藓植物出现
	志留纪（Silurian）	430	藻类植物仍占优势，裸蕨类植物出现
	奥陶纪（Ordovician）	500	藻类植物茂盛，并占优势
	寒武纪（Cambrian）	570	真核细胞藻类出现，进一步发展
元古代（Proterozoic）		2 500	细菌和蓝藻开始兴起、繁盛
太古代（Archezoic）		4 600	后期有低等蓝藻和细菌出现

根据植物的形态结构、生活习性和亲缘关系将植物界分为 19 个门，排列如下：

1. 蓝藻门（Cyanophyta）
2. 隐藻门（Cryptophyta）
3. 甲藻门（Pyrrophyta）
4. 金藻门（Chrysophyta）
5. 黄藻门（Xanthophyta）
6. 硅藻门（Bacillariophyta）
7. 绿藻门（Chlorophyta）
8. 轮藻门（Charophyta）
9. 裸藻门（Euglenophyta）
10. 红藻门（Rhodophyta）
11. 褐藻门（Phaeophyta）
12. 细菌门（Bacteriophyta）
13. 黏菌门（Myxomycophyta）
14. 真菌门（Eumycophyta）
15. 地衣门（Lichens）
16. 苔藓植物门（Bryophyta）
17. 蕨类植物门（Pteridophyta）
18. 裸子植物门（Gymnospermae）
19. 被子植物门（Angiospermae）

对上述植物界的各门类又可根据一定的特征标准将其划分为不同大小和不同含义的

类群。如：

根据植物体形态构造的原始与进化，把植物界划分为低等植物和高等植物。

根据合子是否发育为胚，分为无胚植物和有胚植物。低等植物即无胚植物、原植体植物，包括藻类、菌类、地衣类植物。高等植物即有胚植物或茎叶体植物，包括苔藓、蕨类和种子植物。

根据植物是否具有维管组织，分为非维管植物和维管植物。非维管植物包括藻类、菌类、地衣类及苔藓植物，维管植物包括蕨类植物和种子植物。

根据植物是否产生种子，分为不产生种子的孢子植物（也称为隐花植物）和产生种子的种子植物（也称为显花植物）。孢子植物包括藻类、菌类、地衣类、苔藓和蕨类植物，种子植物包括裸子植物和被子植物。

苔藓植物和蕨类植物的雌性生殖器官为颈卵器，裸子植物的大部分种类也具有颈卵器，因此三者又合称为颈卵器植物。

总之，上述对植物界类群的划分并不都具有分类学上的意义，而主要是依据某些特征进行大的归类，有助于了解植物界的概况和植物分类学的一些基本概念。

按照植物体的形态特征及演化顺序，将地球上现存植物分门简介如下。

一、低等植物

低等植物是地球上出现的一群最古老的植物。植物体结构简单，有单细胞、多细胞丝状体和叶状体三类；没有根、茎、叶的分化，为原植体植物。生殖器官多为单细胞，合子不发育成胚而直接发育为新植物体。多生活于水中或潮湿环境中。

根据植物体的结构和营养方式的不同，可将低等植物分为藻类植物（algae）、菌类植物（fungi）和地衣（lichens）三类。

（一）藻类植物

藻类植物（algae）是一群具有光合作用色素、能独立生活的自养原植体植物（autotrophic thallophyte），是一群比较原始的低等植物。

目前发现的藻类植物约 3 万种，其中约 90% 的种类生活在淡水或海水中，少数生活在潮湿的土壤、墙壁、树干或石头上。一些藻类与真菌共生，形成共生体，即地衣。少数藻类寄生在动植物体内，如鱼腥藻属（*Anabaena*）生长在蕨类植物满江红属（*Azolla*）的组织内，小球藻属（*Chlorella*）生长在动物水螅属（*Hydra*）体内；少数藻类没有叶绿素，营腐生生活。

藻类植物形体差异大，有单细胞、非丝状体的群体、多细胞的丝状体和叶状体，有长达数百米的巨藻属（*Macrocystis*）。藻类植物的细胞内具有各种不同类型的色素，有的具有和高等植物一样的叶绿素、叶黄素和胡萝卜素，有的含有其他色素，如藻蓝素（phycocyanobilin）、藻红素（phycoerythrobilin）、藻胆素（phycobilin）等，故不同种类的藻体由于色素不同而呈现不同的颜色。含有叶绿素的藻类营自养生活方式。各种藻类通过光合作用制造的养料不同，贮藏的营养物质也不同，如蓝藻贮藏蓝藻淀粉、蛋白质粒，绿藻贮藏绿藻淀粉、脂肪，褐藻贮藏褐藻淀粉、甘露醇，红藻贮藏红藻淀粉等。

藻类植物是一群古老的植物，不同的学者依据不同的分类依据将藻类分为不同的门。

例如，马炜梁等（2022）编写的《植物学》（第 3 版）教材中将藻类分为 10 个门，廖文波等（2020）结合分子技术在系统学研究中的发展，将藻类植物分成 9 个门。本教材仍然根据藻类细胞内所含色素的不同，以及贮藏物质、植物体结构、繁殖方式、细胞壁成分、载色体（chromatophore）的结构、生活史类型等方面的差异，按照将藻类分为蓝藻门、裸藻门、绿藻门、硅藻门、甲藻门、红藻门和褐藻门这 7 个门的方法介绍，并仅详细介绍与人类关系较密切的 4 个门。

1. 蓝藻门（Cyanophyta）

蓝藻门的植物体有单细胞、群体、丝状体，群体有定形群体和不定形群体。蓝藻细胞具有明显的细胞壁，细胞壁分为内、外两层，内层由肽聚糖构成，外层主要是果胶质组成的胶质鞘（gelatinous sheath）。原生质体分化为周质（periplasm）和中心质（centroplasm）两个部分，周质又称色素质（chromatoplasm），位于细胞壁的内侧，含有叶绿素 a 和藻蓝素，所以细胞一般呈蓝绿色，但无载色体；中心质又称中央体（central body），相当于细胞核，但不具有核膜和核仁，有 DNA，称为原核生物（prokaryote）。细胞无细胞器。

蓝藻的生殖属于无性生殖，主要靠细胞分裂、群体破裂、丝状体断裂增加个体数目，少数种类有孢子。

蓝藻植物约 1 500 种，分布广泛，从两极至赤道、从高山至海洋都有蓝藻的踪迹，以淡水中居多。在富营养化的水体中，浮游蓝藻大量繁殖，形成水华（water bloom）或藻华（algal bloom）。在海洋赤潮中亦有蓝藻。此外，农田固氮藻也以蓝藻为主，亚气生蓝藻出现于潮湿的岩石、墙壁、土表、树干，以及动植物的体内等。有些种类还与真菌共生形成地衣。

常见的蓝藻中，单细胞的如色球藻属（*Chroococcus*），生于温室的花盆、潮湿的岩石表面、树皮上，或浮游于湖泊、池塘中。群体的微囊藻属（*Microcystis*）常浮游在水中危害水生生物；生于淡水或寄生在满江红（*Azolla pinnata*）叶肉中的鱼腥藻属（*Anabeana*），其营养细胞为球形，连成串珠状的丝状体，丝状体上还有形状各异的异形胞（heterocyst）和圆筒形的厚垣孢子（akinete），能把空气中游离的氮合成有机含氮化合物。念珠藻属（*Nostoc*）为水生或亚气生藻类，在海洋中可形成赤潮。有些种类也是著名的食用藻类，如普通念珠藻（地木耳，*Nostoc commune*）、发菜（*Nostoc flagelliforme*）等。常见的群体蓝藻还有生长于污水中的颤藻属（*Oscillatoria*），无异形胞，有隔离盘、死细胞等，因无胶质鞘而可摇摆；其他的还有螺旋藻属（*Spirulina*）、席藻属（*Phormidium*）、筒孢藻属（*Cylindrospermum*）等（图 7–1）。

2. 绿藻门（Chlorophyta）

绿藻门植物体有单细胞、群体、丝状体、叶状体、管状体、多核管状体等。少数单细胞和群体类型的营养细胞前端有鞭毛，能游动；绝大多数绿藻营养体不能运动，只在繁殖时形成游动孢子和具鞭毛的配子，能游动。

细胞壁分为两层，内层主要为纤维素，与高等植物相似；外层为果胶质，常黏液化。液泡与高等植物相似。载色体与高等植物的叶绿体结构类似，具双层载色体膜，形态如杯状、片状、星状、带状、网状等，含有和高等植物一样的叶绿素 a、叶绿素 b、胡萝卜素和叶黄素，其中叶绿素含量较多故植物体呈绿色。同化产物是淀粉，此外还有蛋白质和油。细胞内通常有一至数枚蛋白核（pyrenoid，又称为淀粉核）。细胞核一至多

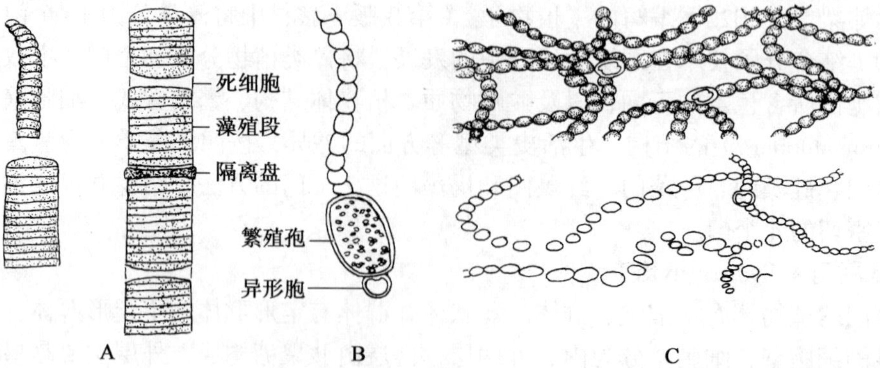

图 7-1 蓝藻门丝状体类型代表属
A. 颤藻属 B. 筒孢藻属 C. 念珠藻属

数，常位于靠壁的原生质中；单核类型的细胞核常位于中央，悬在原生质丝上，如水绵属（*Spirogyra*）。游动细胞、生殖细胞常具有 2 条或 4 条等长顶生鞭毛。伸缩泡位于鞭毛基部，常称为搏动液泡（pulsating vacuoles）。绿藻细胞常具有眼点，为感光器。

绿藻的繁殖方式有三种：营养繁殖、无性生殖和有性生殖。营养繁殖即单细胞、群体类型以细胞分裂的方式增加细胞的数目。丝状体类群以断裂方式繁殖。无性生殖形成游动孢子（zoospore）、静孢子（aplanospore）。游动孢子无细胞壁；静孢子无鞭毛，不能游动，有细胞壁。有性生殖常分为三种基本类型：同配生殖（isogamy）、异配生殖（heterogamy）和卵式生殖（oogamy）。在双星藻目中有一种特殊的同配或异配生殖，称为接合生殖（conjugation）。

绿藻门是藻类植物中最大的一门，共约 350 属、14 000 多种，约 90% 的种类生活于淡水中，如江河、湖泊、沟渠、积水坑、潮湿土表、墙壁、岩石、树干、冰雪表层等；约 10% 的种类生活于海水或半咸水中，常沿海岸分布，有些附着在浅水岩石上。少数生活在原生动物、无脊椎动物的体腔中，成为光合共生体，为宿主提供食物。亦常与真菌形成共生体，即地衣。

绿藻门分为 2 纲，即绿藻纲（Chlorophyceae）和轮藻纲（Charophyceae）。现介绍其中的常见种类。

（1）衣藻属（*Chlamydomonas*）

衣藻属单细胞为卵圆形或椭圆形；载色体 1 个，杯状，内有一明显的淀粉核；细胞中央有 1 个细胞核；眼点橙红色，位于体前端载色体膜与类囊体之间；细胞体前端有 2 条等长的顶生鞭毛，鞭毛基部有 2 个伸缩泡。

植物体进行无性生殖时藻体通常静止，鞭毛收缩或脱落变成游动孢子囊，产生游动孢子。细胞核先分裂，形成 4 个子核（蛋白核亦分裂为 4 个），随后原生质体纵裂形成 2、4、8 或 16 个子原生质体，每个生出 2 条鞭毛，母细胞壁胶化破裂而放出成为游动孢子，并发育成新的个体。若在潮湿的土壤环境下，原生质体再三分裂，产生数十、数百甚至数千个没有鞭毛的子细胞，埋在胶化的母细胞壁中，形成一个不定胶群体（palmella）（图 7-2）。在环境适宜时，每个子细胞生出两条鞭毛，从胶质中放出。

衣藻进行无性生殖多代后进行有性生殖（图 7-2），多同配，少异配或卵式生殖。生

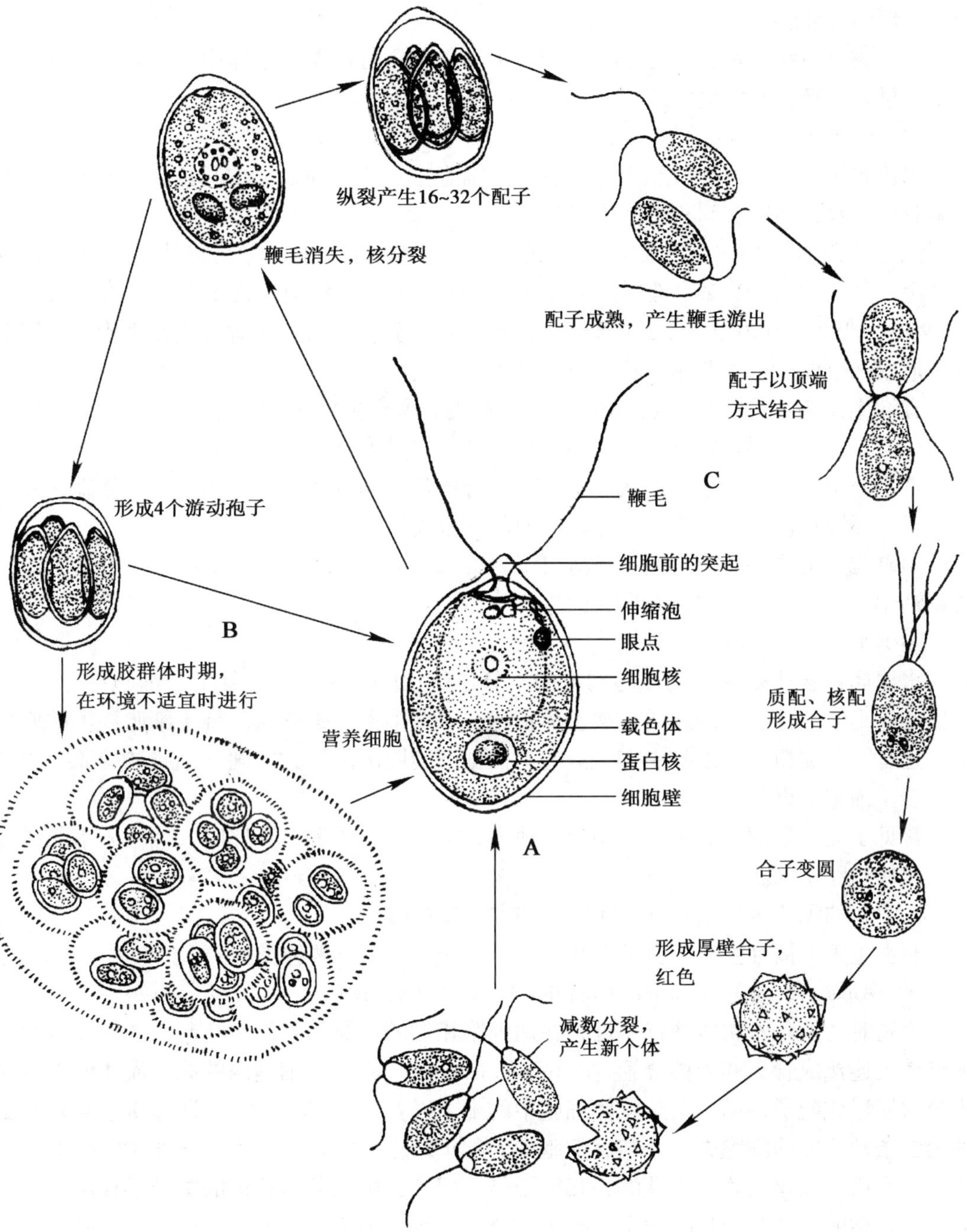

图 7–2　衣藻属的细胞结构及无性生殖和有性生殖

A. 衣藻的细胞构造　B. 衣藻属的无性生殖　C. 衣藻属的有性生殖（同配）

殖时，细胞脱去鞭毛，体内的原生质体经过分裂，形成 8、16、32、64 个体形较小的细胞，称为配子。形状相似、大小相同的两个配子结合形成合子，即为同配生殖；形状相似、大小不同的两个配子结合形成合子，即为异配生殖。进行有性生殖时，2 个配子融合成有 4 条鞭毛的合子，休眠后进行减数分裂，产生 4 个有鞭毛的游动孢子，破壁，各自形成一个新的个体。

衣藻属有 100 多种，多分布于池塘、水沟以及含有机质的水体中，亦有分布于高山冰雪中。早春、晚秋时大量繁殖，使水变成绿色。

（2）团藻属（*Volvox*）

团藻属植物体是由数百至上万个衣藻型细胞排列在表面上、中间具空心的球体，其内充满胶质和水，各细胞间有胞间连丝相连。

无性生殖多以形成生殖胞的方式进行。生殖胞（gonidium）是群体后端部分细胞失去鞭毛，形成比普通营养细胞大 10 倍或以上的细胞。生殖胞进行多次纵分裂形成皿状体（plakea），当皿状体发展为 32 个细胞时，细胞开始分化为营养细胞和生殖细胞，继续分裂直至形成一个球体（子群体）状的新植物体。

有性生殖为卵式生殖，群体中有少数生殖细胞产生卵细胞和精子。产生卵的生殖细胞略膨大，不经分裂就发育成 1 个不动卵。精子穿过卵细胞周围的胶质，与卵结合形成合子，合子分泌出一层厚壁，形成厚壁合子；合子从群体的胶质中放出后，不立即萌发，能抵抗恶劣环境长达数年，待环境好转时即萌发形成新的团藻个体。

团藻常在夏季多见于池塘或积水中，生活 2 ~ 3 周后即消失。热带海滩中常见团藻胶质鞘钙化后死亡，群体破裂而形成白色粉末。

（3）水绵属（*Spirogyra*）

水绵属植物体是由一列细胞构成的不分枝丝状体。其细胞圆柱形，细胞壁分为两层，内层为纤维素，外层为果胶质。载色体带状，一至多条，螺旋状环绕于细胞周围的原生质中，上有一列淀粉核。细胞中有大液泡，占据细胞腔内的较大空间。细胞核受原生质丝牵制而悬于细胞中央。

常见于无污染的淡水中，如小河、池塘、沟渠、水田等；繁盛时大片生于水底或成黏滑的大块漂浮于水面。

水绵属的无性生殖是以丝状体断裂的方式进行的。

有性生殖为接合生殖，多发生在春季、秋季，有以下两种类型：

① 梯形接合（scalariform conjugation）（图 7-3A，B）

生殖时，两条丝状体平行靠近，在两细胞相对的一侧相互发生突起，并伸长接触，接触壁消失连接成管，称为接合管（conjugation tube）。同时，细胞内的原生质体放出一部分水分收缩形成配子，第一条丝状体细胞中的配子以变形虫式的运动，通过接合管移至相对的第二条丝状体的细胞中，并与该细胞中的配子结合。结合后，第一条丝状体的细胞只剩下一条空壁，该丝状体是雄性的，其配子是雄配子，第二条丝状体的配子不移出，等待配合，是雌性的，其配子是雌配子。配子结合后，每个细胞中都形成一个合子；配子融合时细胞质先融合，稍后两核才融合形成“接合子”。两条接合的丝状体和它们所形成的接合管，外观形似梯子，故称为梯形接合，为异宗配合。合子成熟时分泌厚壁，随着死亡的母体沉于水底，待母体细胞破裂后放出体外，待环境适宜时萌发，核先减数分裂后发育成新的植物体。

② 侧面接合（lateral conjugation）（图 7-3C）

在同一条丝状体上相邻的两个细胞间形成接合管，或两个细胞之间的横壁上开一孔道，其中一个细胞的原生质体通过接合管或孔道移入另一个细胞中，质配与核配后形成合

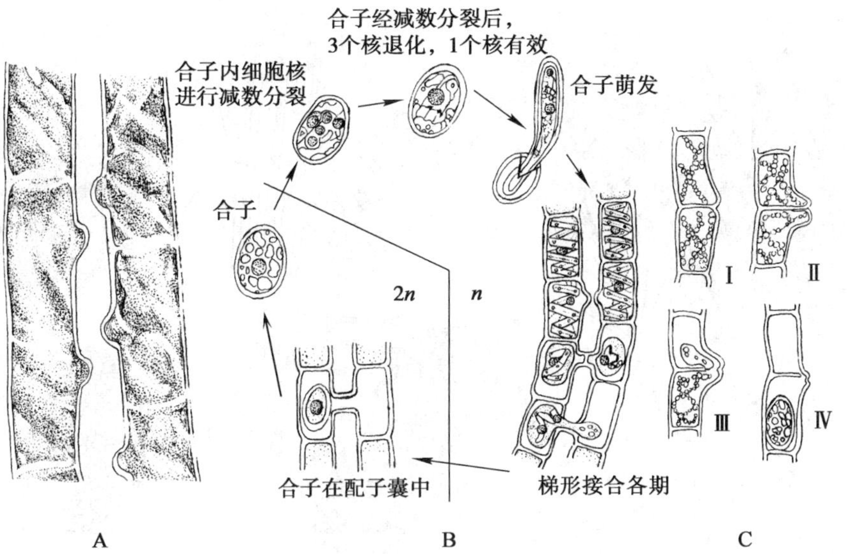

图 7–3 水绵属的接合生殖

A. 梯形接合前期 B. 梯形接合 C. 侧面接合，示各时期（Ⅰ–Ⅳ）

子。侧面接合发生在同一条丝状体上，被认为是雌雄同体，同宗配合。该方式比梯形接合更原始，较罕见。

（4）轮藻属（*Chara*）

轮藻目植物有轮生分枝、节及节间分化，生殖时形成多细胞的卵囊、精子囊。

轮藻属是一类结构比较复杂的多细胞绿藻（图 7–4），植物体直立，有轮生分枝、节及节间分化，主枝、侧枝分化成节和节间，在节的四周轮生短枝，短枝也分化成节和节间。体表常含有钙质，以单列细胞分枝的假根固着于水底淤泥中。

轮藻属没有无性生殖。有性生殖器官多细胞，结构复杂。雌性生殖器又称为卵囊球（nucule），雄性生殖器又称为精囊球（globule），均着生于短枝的节上，同株或异株。卵囊球生于短枝上方，内含 1 个卵细胞，卵的外围有 5 个螺旋状的管细胞（tube cell）；管细胞上方各有 1 个小的冠细胞。精囊球生于短枝下方，外围有 8 个三角形细胞，称为盾细胞（shield cell），内含橘红色载色体，故成熟的精囊球呈橘红色，成熟时形成许多带双鞭毛的精子。精子与卵结合形成合子，合子分泌形成厚壁，合子经过休眠后萌发，先进行减数分裂，后形成数个新植物体。

营养繁殖以藻体断裂的方式进行。断裂的藻体沉在水底，长出假根和芽，发育成新的植物体。

轮藻属植物约 150 种，主要分布于淡水中，特别是较清的静水中，少数在微盐性水中。轮藻目仅 5 属，常见的还有丽藻属（*Nitella*）：植物体每个管细胞上面有两个冠细胞，整个卵囊上有 10 个冠细胞，分两层，每层 5 个（图 7–4），节间细胞外面无皮层。

3. 红藻门（Rhodophyta）

红藻门植物多数是多细胞藻体，少数是单细胞；藻体较小，高约 10 cm，少数大型的种类可超过 1 m；藻体有丝状体或形成假薄壁组织的叶状体或枝状体。细胞壁分两层，内层为纤维素，外层为果胶质。含叶绿素、叶黄素、胡萝卜素、藻红素、藻蓝素等，贮藏物

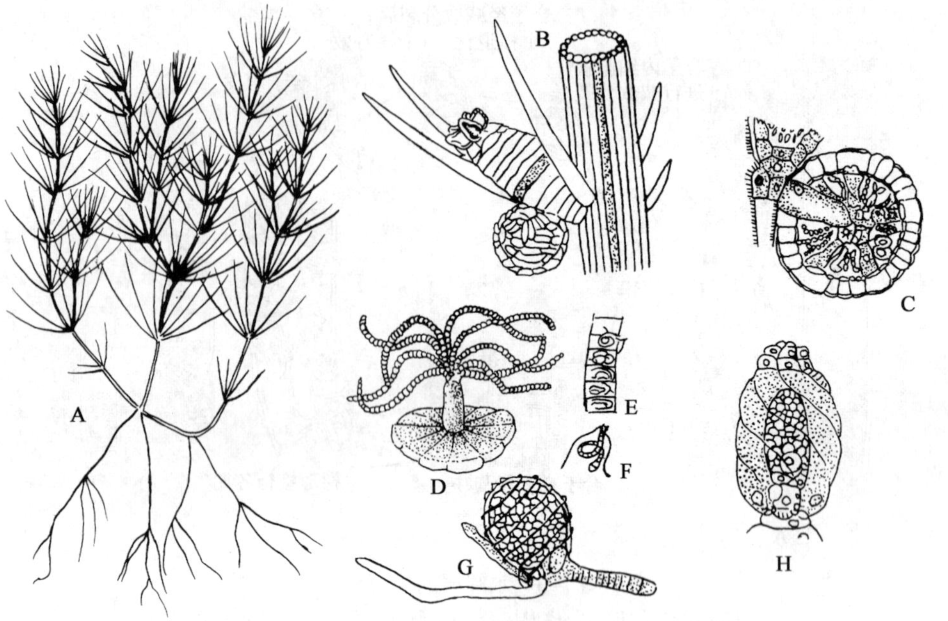

图 7–4 轮藻门 2 属

A ~ G. 轮藻属（A. 藻体，假根上有珠芽 B. 藻体节部轮生短枝及卵囊球和精囊球 C. 精囊球的切面 D. 1个盾细胞及盾柄细胞、头细胞、次级头细胞和精囊丝 E. 精囊丝 F. 精子 G. 受精卵萌发）H. 丽藻属的卵囊球，示10个冠细胞组成的冠

质为红藻淀粉（floridean starch），部分红藻缺乏色素营寄生生活。细胞内的原生质具有高度黏滞性，并牢固黏在细胞壁上，这使红藻植物体具有抗寒、抗旱、抗高浓度渗透压的能力。多数红藻细胞只有 1 个核；少数在幼时单核，老时多核。细胞中央有液泡。

营养繁殖以分裂繁殖为主，营养细胞纵裂为 2 个个体。

无性生殖产生静孢子。整个生活史中没有游动细胞。有性生殖时多数雌雄异株，少数雌雄同株。精子囊产生无鞭毛的不动精子；雌性生殖器官又称为果胞（carpogonium），含 1 个卵，果胞上有受精丝（trichogyne）。精子靠水流传布到达果胞。

红藻门约有 400 属，7 000 种。绝大多数种类分布于热带暖海岸；仅 50 多种是淡水种，多分布在急流、瀑布、寒冷空气流通的山地水体中，罕见于极地寒带。多为固着生活。

常见的红藻如紫菜属（*Pyropia*）（图 7–5）。

紫菜属藻体为叶状体，紫红色、紫色或紫蓝色。基部楔形或圆形，以固着器固定于海滩岩石上。单层细胞或两层细胞，细胞单核；1 枚星芒状载色体，中轴位，有蛋白核。该属约 25 种，我国海岸常见 8 种，如甘紫菜（*P. tenera*）等。

有性生殖产生精子囊和果胞，精子无鞭毛，卵细胞受精后，合子经有丝分裂形成果孢子，果孢子成熟后，落到文蛤、牡蛎或其他软体动物的壳上，萌发进入壳内，长成单列分枝的丝状体，即壳斑藻。壳斑藻经减数分裂产生壳孢子，由壳孢子萌发为夏季小紫菜（*n*），水温适宜时发育成大紫菜。在北方，大型紫菜的生长期为每年 11 月至次年 5 月。夏季因水中温度高，不能发育成大型紫菜。小紫菜产生单孢子，发育为小紫菜。大紫菜也可以在夏季直接产生单孢子，发育成小紫菜。

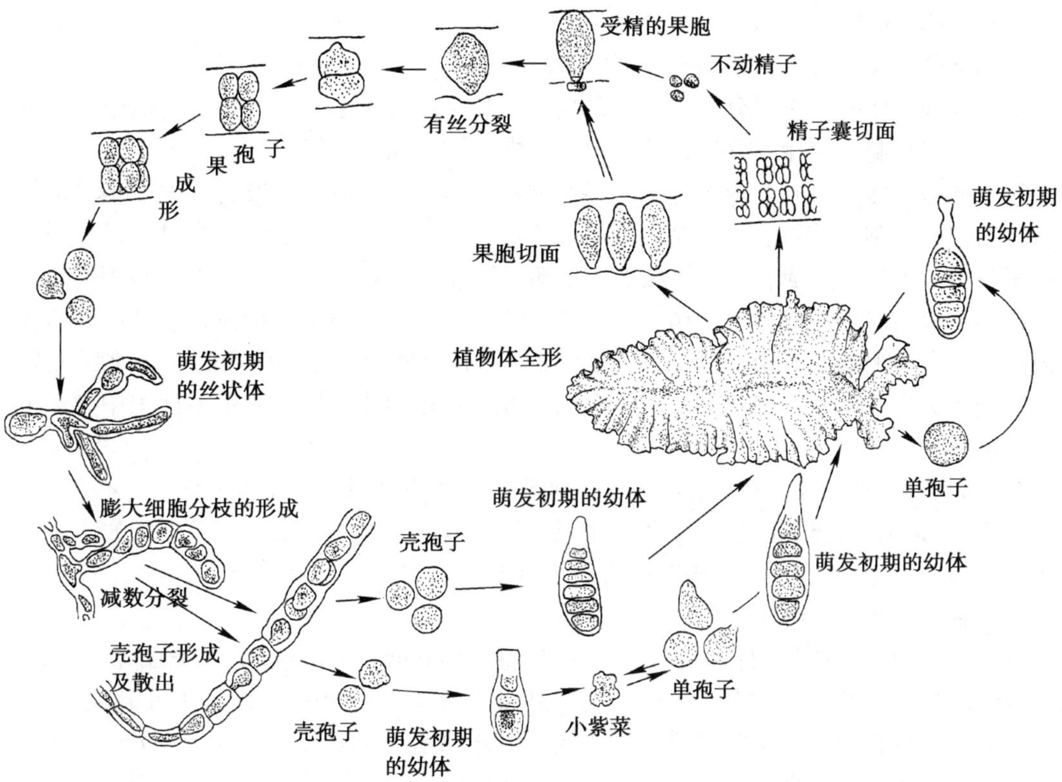

图 7–5 紫菜属的生活史

4. 褐藻门（Phaeophyta）

褐藻门植物体是多细胞体，不存在单细胞及群体类型。外形上有分枝的丝状体或分枝丝状体互相紧密结合形成的假薄壁组织，有些类群有组织分化，是比较高级的类型，其藻体内部可分化成表皮层、皮层和髓三部分。细胞壁分为两层，内层为纤维素，外层为藻胶层。细胞壁内还含有一种糖类，称为褐藻糖胶（fucoidin），能使褐藻形成黏液质，湿潮时，黏液质可使暴露在外的藻体免于干燥。细胞单核，细胞内载色体一至多数，粒状或小盘状，载色体内有叶绿素，但常被黄色的胡萝卜素、叶黄素（以墨角藻黄素含量最多）掩盖，故植物体常呈现褐色。贮藏物质为褐藻淀粉（taminarin）和甘露醇（mannitol）等。

营养繁殖以断裂的方式进行，藻体纵裂成几个部分，每个部分发育成一个新植物体；或者由母体断裂成断片，由断片发育成植物体，如马尾藻属（*Sargassum*）；或形成繁殖枝（propagule），即一种特殊的分枝，脱离母体后发育成植物体，如黑顶藻属（*Sphacelaria*）。无性生殖以产生游动孢子和静孢子为主，除墨角菜目外其他种类均可。有性生殖有同配生殖（如水云目）、异配生殖（如马尾藻目）和卵式生殖（如墨角藻目）。除墨角藻目外，褐藻都具有世代交替现象，在异形世代交替中多数是孢子体大、配子体小，如海带（*Saccharina japonica*）；少数是孢子体小，配子体大，如萱藻（*Scytosiphon lomentarius*）。

褐藻门约 250 属，1 500 种。绝大部分分布于海水中，极少生活在淡水中。褐藻属于冷水藻类，寒带海水中最多；但马尾藻属为暖型藻类。海水种是构成海底森林的主要类群，如体型巨大的巨藻（*Macrocystis* spp.）、浮叶藻（*Pelagophycus porra*）和腔囊藻

（*Nereocystis* spp.）等。

常见类群如海带属（*Laminaria*）（图 7–6）。

海带的孢子体分为三部分：固着器、柄、带片。固着器呈分枝的根状；柄组织常分化为表皮、皮层和髓；带片不分裂，没有中脉，内部构造和柄相似。

海带的孢子体成熟时，孢子母细胞经过减数分裂及多次有丝分裂，产生很多单倍体的同型游动孢子，孢子落地后立即萌发为雌、雄配子体，生命过程仅约 1 个月。雄配子体上的精子囊由 1 个细胞形成，产生 1 枚侧生双鞭毛的精子；雌配子体产生单细胞的卵囊，内有 1 枚卵，成熟时卵在母体外受精，形成二倍体的合子；合子不离母体，几日后即萌发为新海带，次年 6 月在适宜条件下，可长至 13 ~ 17 m。海带的孢子体和配子体之间差别很大：孢子体大，并有组织分化；配子体只由十几个细胞组成，因此海带生活史中异形世代交替现象很明显。

海带属约 30 种，分布在北冰洋、北大西洋、北太平洋及非洲南部海区。

海带含有丰富的营养物质，是我国常见的可食藻类。其生长于水温较低的海水中，夏季平均温度不超过 20℃，孢子体生长的最适温度是 5 ~ 10℃。海带在自然情况下的生长期是 2 年，在人工筏式条件下养殖的生长期是 1 年。

除了海带外，该门还有其他种类如裙带菜（*Undaria pinnatifida*）、鹿角菜（*Pelvetia siliquosa*）等可食用藻类。裙带菜常可代替昆布（*Ecklonia kurome*），入药可消痰、软坚、清热、利尿、利血及治疗甲状腺增大等。我国南方地区一般将石莼（*Ulva lactuca*）作为昆布的代替。褐藻多为工业原料，具有较高的经济价值。例如，马尾藻属在海南岛的产量较

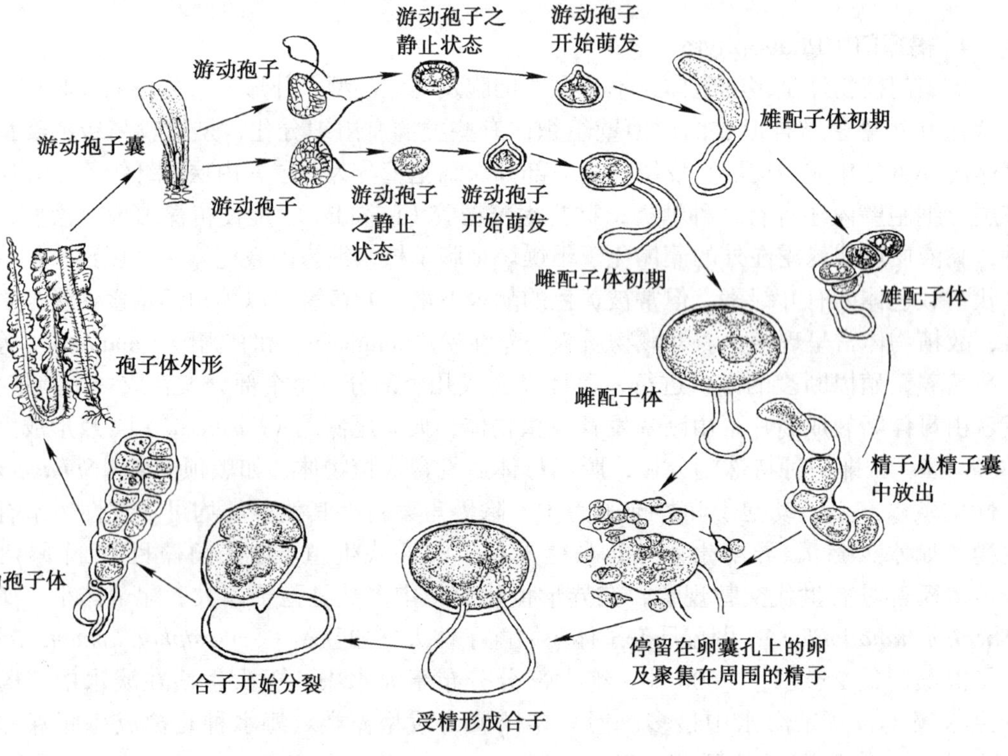

图 7–6 海带的生活史

大，可酿酒；海带可治疗甲状腺肿；褐藻酸钠可防止吸收放射性 ^{90}Sr；有些褐藻可用作代血浆、抗凝剂等。

（二）菌类植物

菌类植物即菌物（Fungi，单数为 Fungus），是一个不具有自然亲缘关系的类群，一般没有光合色素，不能进行光合作用，营异养（heterotrophy）生活，既可从分解死的生物残骸、有机物或土壤腐殖质中吸收营养（即腐生，saprophytism，如蘑菇等），又能从活的生物组织中吸收营养（即寄生，parasitism）。被寄生的生物称为宿主或寄主（host）。玉米褐斑病、禾谷类锈病、瘟病等就是由寄生的菌类引起的。有些菌类的寄生性非常强，只能寄生，称为专性寄生（obligated parasites）；有些只能腐生，称为专性腐生（obligated saprophytes）。有的以寄生为主兼行腐生，称为兼性腐生（facultative saprophytes）；或以腐生为主兼行寄生，称为兼性寄生（facultative parasites）。寄生和腐生并无严格的界限，很多真菌先寄生于活体上，待活体死亡后，真菌继续生活，此时便由寄生转为腐生。

自然界的菌类有 220 万种以上，目前命名约 5 万种，我国被记录的种类 1 万多种。菌类分布广泛，土壤、水、空气、人和动植物体内及物体表面都有分布。

根据分子生物学与生理习性研究结果，以及《全球生物名录》的八界系统，菌类有不同的划分方式，黏菌门甚至被划入原生动物界。在传统的分类中，菌类常分为细菌和真菌。二者之间有明显区别，细菌没有细胞器、细胞核，属于原核生物；而真菌属于真核生物。但经常又将细菌、黏菌、真菌合称为菌类。为了便于学生认识，本教材仍按照传统的分类方式进行讲解。

1. 细菌

细菌门（Bacteriophyta）为单细胞植物，不含叶绿素。细菌和蓝藻相似，无真正的细胞核，属于原核生物；约有 2 000 种，广布于水、空气、土壤、人和动植物体内。在形态上分为 3 种基本类型（图 7–7）：①球菌，细胞呈球形或半球形；②杆菌，细胞呈杆棒状；③螺旋菌，细胞长而弯曲。

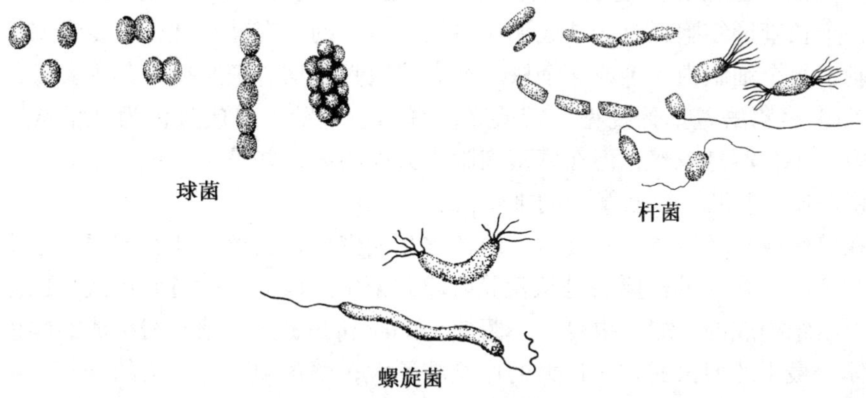

图 7–7　细菌的形态

2. 真菌

真菌通常是指有机体多由菌丝构成（少为单细胞）、细胞具有真核和细胞壁、主要营腐生或寄生生活的异养生物群。根据这些特点，真菌常被单独划为一界，而从光合自养的植物界中分出。

关于真菌的分类系统多达10多个。近年来，安斯沃斯（Ainsworth et al.，1973）及Alexopoulos等（1996）的分类系统较有代表性。安斯沃斯系统是在Whittaker的五界生物系统中将真菌独立成真菌界的基础上，把真菌界分为真菌门和黏菌门2个门，再根据有性孢子的类型、菌丝是否有隔等性状将真菌门又分为鞭毛菌亚门、接合菌亚门、子囊菌亚门、担子菌亚门和半知菌亚门5个亚门。《真菌词典》（第10版）的分类系统是根据对16S RNA序列、生物化学、细胞壁组分的研究及DNA序列分析的结果，将原来的真菌界又划分为原生动物界、藻菌界和真菌界。

考虑到本教材的重点在于讲述植物界，所以这里仍采用较熟悉的安斯沃斯分类系统的划分。

（1）黏菌门（Myxomycophyta）

黏菌门植物在生长期或营养期为裸露无细胞壁的多核原生质团，称为变形体（plasmodium）。其营养体构造、运动或摄食方式与原生动物中的变形虫相似，但在繁殖时期产生具纤维素细胞壁的孢子，又具有真菌性状，因此是介于动物和真菌之间的一群生物。

黏菌门约有500种，大多数生于森林中阴暗和潮湿的地方，如腐木、落叶或其他湿润有机物上。大多数黏菌为腐生菌，无直接的经济意义；只有极少数黏菌寄生在经济植物上，危害寄主。

黏菌纲（Myxomycetes）是种类最多、最常见的一纲，其中发网菌属（*Stemonitis*）是最常见且分布广泛的类群。变形体呈不规则的网状，直径数厘米，在阴湿处腐木上或枯叶上缓缓爬行，环境不利时，变形体缩为一团，失水硬化；环境适宜时，又恢复原态。

（2）真菌门（Eumycophyta）

真菌门都具有细胞核，是典型的异养真核生物，营养方式主要为寄生和腐生。真菌常为丝状的多细胞有机体，营养体分化很小，大型真菌有定形的子实体或组织体；具明显的细胞壁，通常不能运动。

绝大多数的真菌营养体由菌丝构成，称为菌丝体（图7-8）。菌丝有两种类型：无隔菌丝，是一个长管形细胞，有分枝或无，多数是多核的；有隔菌丝，有横隔壁把菌丝分隔成许多细胞，每个细胞内含1或2个核。绝大多数真菌均有细胞壁，其主要成分为几丁质（chitin），即多聚乙酰氨基葡萄糖。较低级的真菌细胞壁主要成分仍为纤维素。细胞核在营养细胞中很小，不易观察，但在繁殖细胞中大而明显，并易于染色。贮藏养分主要为肝糖，少量蛋白质、脂肪，以及微量的维生素。

真菌在繁殖或在环境条件不良时，菌丝常互相密结，菌丝体变态成菌丝组织体。子座（stroma）是容纳子实体的褥座，是从营养阶段到繁殖阶段的一种过渡形式，也是由拟薄壁组织和疏丝组织构成的，如冬虫夏草。菌核（sclerotium）是由菌丝密结成的颜色深、质地硬的核状体，最小的似鼠粪粒，最大的比篮球还大；菌核中贮有丰富的养分，对于干燥和高低温抵抗力很高，是度过不良环境时期的休眠体，在条件适宜时，可以萌发为菌丝体或产生子实体，如茯苓。

真菌有营养繁殖、无性生殖、有性生殖三种方式。营养繁殖可以通过菌丝断裂进行，也可以通过细胞分裂产生子细胞进行，如裂殖酵母属（*Schizosaccharomyces*）等少数单细

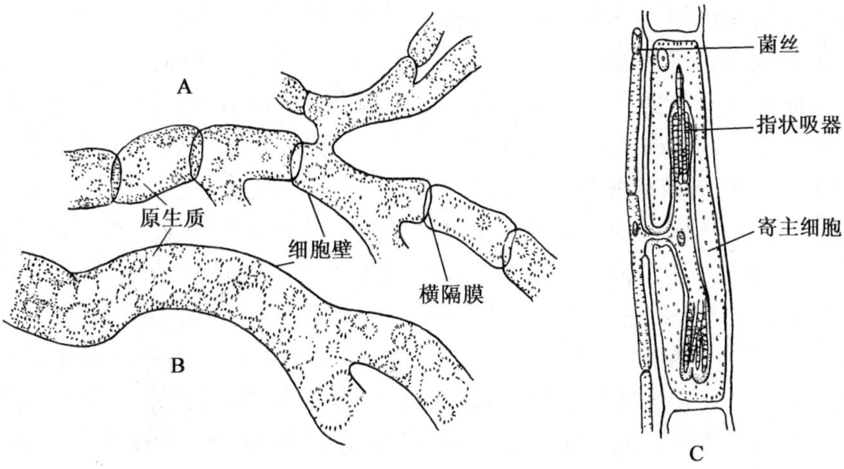

图 7-8　真菌的营养菌丝及吸器

A. 有隔菌丝　B. 无隔菌丝　C. 指状吸器

胞真菌；大部分真菌的营养菌丝可以形成特殊的繁殖细胞，但无细胞质的分裂，原细胞壁即为新形成孢子的壁，产生三类营养性孢子，即芽生孢子、厚壁孢子、节孢子。

真菌的无性生殖可产生三类无性孢子，即游动孢子、孢囊孢子、分生孢子。孢子产生时生殖细胞发生细胞质、细胞核的分裂，并有新细胞壁的形成。

有性生殖产生休眠孢子、接合孢子、子囊孢子、担孢子等，是生殖细胞经有性结合后产生的孢子，称为有性孢子。低等真菌的有性生殖为同配生殖或异配生殖，产生的合子称为休眠孢子，如鞭毛菌亚门；接合菌同形配子或配子囊接合后产生的厚壁休眠孢子，称为接合孢子，如匐枝根霉；子囊菌有性生殖形成子囊，在子囊内产生子囊孢子；而担子菌有性生殖在担子上形成担孢子。休眠孢子、接合孢子均为双倍体（$2n$）；子囊孢子、担孢子等均为单倍体（n）。

真菌生活史大多数是合子减数分裂型的，即合子萌发时进行减数分裂，营养体仅有单倍体，因此有核相交替而没有世代交替现象。

① 鞭毛菌亚门（Flagellum）

鞭毛菌亚门少数低等种类的营养体为单细胞，多数种类的为无隔多核的菌丝组成菌丝体。无性生殖多产生游动孢子，鞭毛 1～2 条。有性生殖为同配、异配、卵配或配子囊接触配合，质配、核配相继进行，无（n+n）阶段。

约 1 100 种，多为水生、两栖，少数为陆生、腐生或寄生。常见种类有水霉属（*Saprolegnia*），多生于淡水池塘，腐生或寄生于鱼卵、鳃盖或破伤的皮肤，对水产养殖造成危害。

② 接合菌亚门（Zygomycotina）

接合菌亚门的绝大多数接合菌有发达的菌丝体，菌丝无隔、多核，细胞壁由几丁质组成。无性生殖时，在孢子囊内产生不动的孢囊孢子，称为静孢子。有性生殖时配子囊接合，形成各种形状的接合孢子（$2n$）。接合菌大多数为腐生菌，生于土壤中或有机质丰富的基物上；少数为寄生菌，寄生于人类和动植物体内。接合菌不再产生能游动的孢子，是从水生向陆生发展的一个过渡类群。

接合菌亚门约 610 种，根霉属（*Rhizopus*）是最常见的代表种类。

根霉属为腐生菌，最常见的是匍枝根霉（*R. stolonifer*），又称为面包霉，或称为黑根霉，常腐生在面包及日常食品上，或混杂在培养基中，因而被认为是实验室中的“杂草”。

匍枝根霉孢子落到基质上，在适宜的条件下，逐渐发展为棉絮状的菌丝体，在基质表面蔓延形成大量的匍匐枝或弧形枝，并向下生出假根，伸进基质内吸取营养。匍枝根霉的无性生殖发达，常在假根处向上产生 1 至数条直立菌丝，称为孢囊梗（sporangiophore），顶端膨大形成孢子囊，内有多个黑色的多核孢囊孢子，囊的中央有一个半球形的囊轴（columella）。孢子囊破裂后孢子散出，在适宜条件下萌发形成新的菌丝体。

有性生殖少见，为异宗配合。在两个不同宗的菌丝（+、-）一端发生多核的原配子囊，基部具一短囊柄，顶端膨大，具亲和力的两个配子囊“+”和“-”互相接触，在接触处，端壁融解，彼此连通，先发生质配，再发生核配，即两个配子囊接合形成一个具多数二倍体核（2*n*）的新细胞，即为接合孢子（zygospore）。

接合孢子成熟时形成厚壁，有疣状突起，经休眠后在适宜的条件下接合孢子萌发，基部产生 1 条孢子囊梗，顶端发育出新的孢子囊，特称为接合孢子囊（zygosporangium）。其中的二倍体核进行减数分裂，产生单倍体的（+）（-）孢子，囊壁破裂放出孢子后，分别发育为新一代的（+）（-）菌丝体。

匍枝根霉的生活史过程无（*n*+*n*）阶段，仅有单倍体和二倍体的核相交替（图 7-9）。

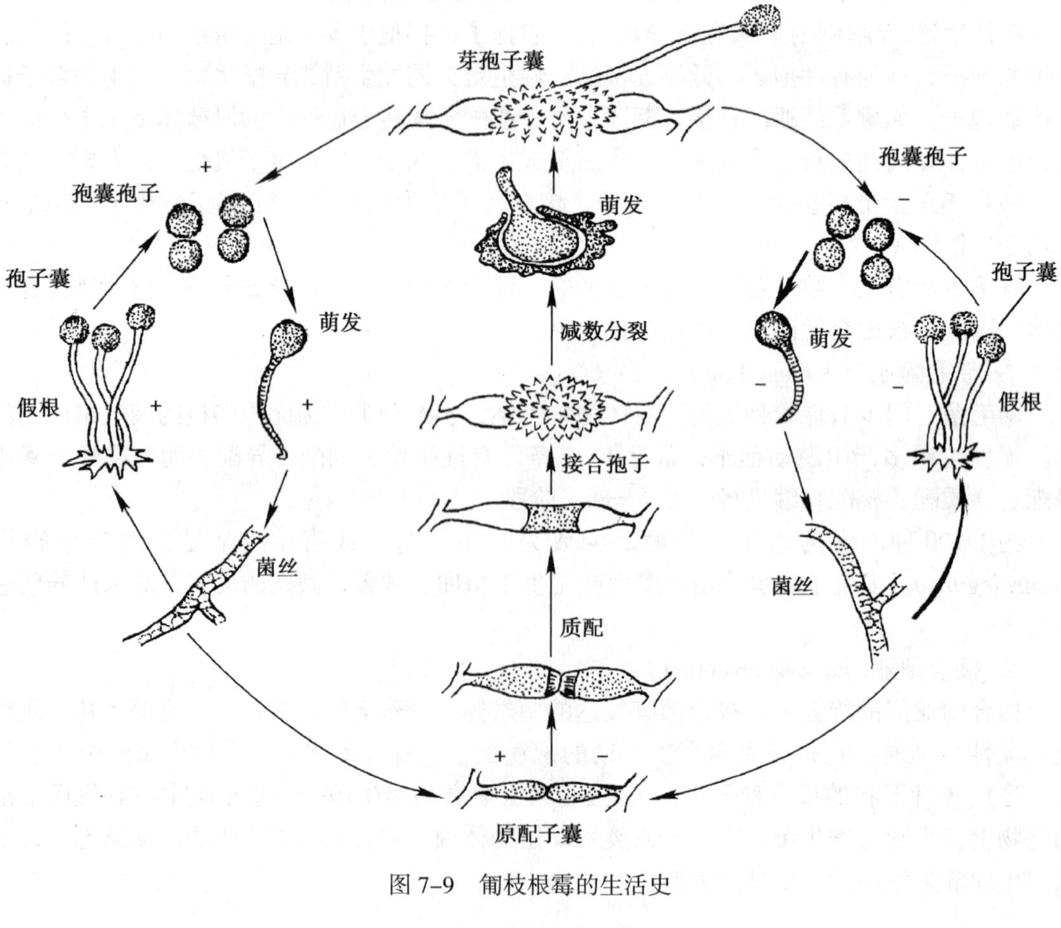

图 7-9 匍枝根霉的生活史

匍枝根霉能产生果胶酶，常用来发酵豆类和谷类食品。甘薯软腐病也是由根霉属真菌引起的。米根霉（*R. oryzae*）可用于糖化菌生产酒曲。

③ 子囊菌亚门（Ascomycotina）

子囊菌亚门是真菌门中构造和繁殖最复杂、种类最多的一群，与人类关系也非常密切。除酵母菌类为单细胞外，绝大部分都是有隔菌丝组成的多细胞菌丝体。

子囊菌的繁殖有三种类型：①营养繁殖，单细胞的种类进行出芽繁殖，多细胞的种类可通过断裂繁殖。②无性生殖产生分生孢子。③有性生殖形成子囊（ascus），合子在子囊内进行减数分裂，产生子囊孢子（ascospore）（*n*）；有性生殖过程质配与核配间隔开，有明显的（*n*+*n*）阶段。单细胞的种类子囊裸露，不形成子实体；多细胞的种类形成子实体，子囊菌的子实体又称为子囊果（ascocarp）。子囊果的形态是子囊菌分类的重要根据。

子囊菌分布很广泛，在很多植物体上甚至动物体上都有发现。子囊菌约有 1 950 属，15 000 种，在此介绍几种常见的代表属。

酵母属（*Saccharomyces*）（图 7–10） 多存在于富有糖分的基质中，在牛奶、动物排泄物、土壤以及植物营养体中都有分布。酵母属是子囊菌亚门中最低级的一属，单细胞，有明显的细胞壁和细胞核。如酿酒酵母（*S. cerevisiae*）内有一大液泡，以出芽繁殖为主，每个芽脱落后就成为新个体。酿酒酵母是最常见的用于酿造啤酒的一种酵母菌。

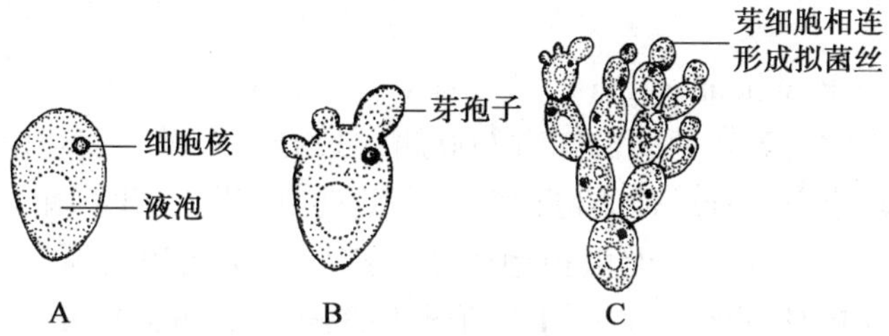

图 7–10 酵母属

A. 单个细胞 B. 出芽 C. 芽细胞相连，形成拟菌丝

曲霉属（*Aspergillus*） 在自然界的分布极广，几乎任何空间都有。曲霉具有强大的酶活性。我国自古以来就利用曲霉制作发酵食品，例如，用黑曲霉（*A. niger*）的糖化能力制酒，用黄曲霉（*A. flavus*）的蛋白质分解能力作酱等。现代发酵工业中，用曲霉生产柠檬酸、葡萄糖酸以及其他有机酸类和化学药品。黄曲霉毒素是霉菌毒素中最强的一种，属于肝毒毒素类，可引起肝脏坏死及肝癌。

青霉属（*Penicillium*） 和曲霉一样与人类的关系密切，既是重要的经济菌物，又是最常见的污染菌，如橘青霉（*P. citrinum*）常生于腐烂的水果、蔬菜、肉类、衣服及皮革上。主要以分生孢子进行繁殖，从菌丝上产生长而直立的分生孢子梗，其梗在顶端分枝数次而呈扫帚状，称为扫帚枝。最末一级分枝呈瓶状，称为小梗，基部为梗基。在小梗上形成一串绿色分生孢子（图 7–11）。孢子成熟后随风飞散，在适当的条件下萌发为菌丝。某些青霉用可于制造有机酸、乳酸等。医用青霉素又称为盘尼西林（penicillin），是从黄青霉（*P. chrysogenum*）、点青霉（*P. notatum*）中提取出来的。

线虫草属（*Ophiocordyceps*） 子座大部分从昆虫体上发生，肉质，直立棒状。虫草属

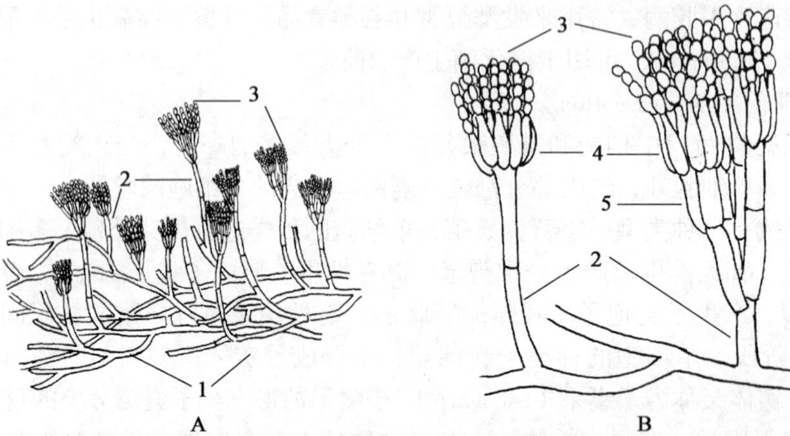

图 7–11 青霉属

A. 青霉属菌株，从营养菌丝上长出分生孢子梗 B. 放大的分生孢子梗

1. 营养菌丝 2. 分生孢子梗 3. 分生孢子 4. 小梗 5. 梗基

的虫草（*O. sinensis*）寄生于鳞翅目幼虫体内，子座从幼虫前端发出，萌发形成直立的缠绕菌丝。主产于我国藏、青、甘、云、黔和东北地区。

羊肚菌属（*Morchella*） 常分布于森林中，常见的羊肚菌（*M. esculenta*）是滋味鲜美而名贵的食用菌。

④ 担子菌亚门（Basidiomycotina）

担子菌亚门是陆生高等真菌，已知有 900 属，12 000 多种。多是植物的专性寄生菌和腐生菌，可供食用、药用，有毒种类也很多。大型真菌多属于担子菌。

营养体是多细胞菌丝体。菌丝由担孢子萌发产生，初期为无隔多核，不久产生横隔，将细胞核分开而成为单核菌丝，称为初生菌丝（primary hyphae）（n），所组成的菌丝体称为初生菌丝体，有（+）（–）之分，两者的初生菌丝体相遇后，两个单核细胞结合进行质配而不核配，形成双核细胞，并直接分裂成双核菌丝，称为次生菌丝（secondary hyphae）（$n+n$），所组成的菌丝体称为次生菌丝体，生活史中周期很长。由次生菌丝组织化的特殊菌丝，亦为双核体（$n+n$），称为三生菌丝（tertiary hyphae），常集结形成各种子实体，又称为担子菌的担子果。

担子菌的无性生殖是通过产生节孢子、分生孢子、芽殖等方式进行的。有性生殖主要有三种方式（包括菌丝配合、孢子结合、性孢子与菌丝结合），但常不形成有性结构，或初期仅进行质配。

担子菌的分类一般是根据担子果的有无和类型（以及是否开裂）、冬孢子的有无等。在此介绍一些常见种类。

玉米黑粉菌（*Ustilago maydis*）主要侵害玉米的植株，导致寄主患黑粉病。小麦散黑粉菌（*U. tritici*）寄生于小麦和大麦的花穗上，使植株患黑粉病，是麦类的一种严重病害。

层菌纲具有发达的担子果（子实体），主要包括银耳目（Tremellales）、木耳目（Auriculariales）、伞菌目（Agaricales）、非褶菌目（Aphyllophorales）等。

银耳（*Tremella fuciformis*）是银耳目最常见的种类，经济价值也较高。银耳味美，为食用菌；中药用作强壮剂，有益气、活血、强心、补脑和提神等效能。木耳（*Auricularia auricular*）除食用外，也用于中药，有益气强身、活血和止血效能，也可用于治风湿性腰腿疼、抽筋、麻木、便血、经脉不通等症，并有清痰功效。毛木耳（*A. polytricha*）质薄，亦称为黑木耳，广东称云耳，我国东北、华北、华东、西南、西北各省均产。

伞菌目担子果常由菌盖、菌柄、菌褶等三个主要部分组成。菌盖的腹面为菌褶（gills），呈片状、辐射状或放射状，子实层生于菌褶的两面，形成子实层体，又称为菌髓或菌肉。伞菌目种类多，生于林下、园地、粪土、树木以及植物残体上。多数可食，少数是珍贵食用菌。也有含毒的种类，误食可导致中毒甚至死亡。很多可供药用。蘑菇属（伞菌属，*Agaricus*）的蘑菇（*A. campestris*）是最常见的食用菌之一，生活史见图 7–12。松口蘑（*Tricholoma matsutake*）又名松茸，与松树菌根有关。毒伞属（鹅膏属，*Amanita*）的橙盖伞（*A. caesarea*）产于四川，是著名的食用菌。白毒伞（*A. verna*）极毒。香菇属（*Lerntinus*）的香菇（*L. edodes*）经济价值高，除味美可食外，还可供药用。

非褶菌目（又称为多孔菌目，*Polyporales*）无菌褶。其种类繁多，多生于立木、倒木或木材上，导致木材腐朽。灵芝属（*Ganoderma*）的灵芝（*G. lucidum*）具有补气安神、止咳平喘的功效。用于治疗心神不宁、失眠心悸、肺虚咳喘、虚劳短气、不思饮食。猴头菌（*Hericium erinaceus*）除食用外，还有滋补、健身功能，对治疗胃炎和胃溃疡很有效。

腹菌纲鬼笔目（*Phallales*）的短裙竹荪（*Dictyophora duplicate*）是鬼笔目最重要的种类，生于林缘或疏林地上，为珍贵食用菌，鸡肉味，经久留香，我国东北、华北、华

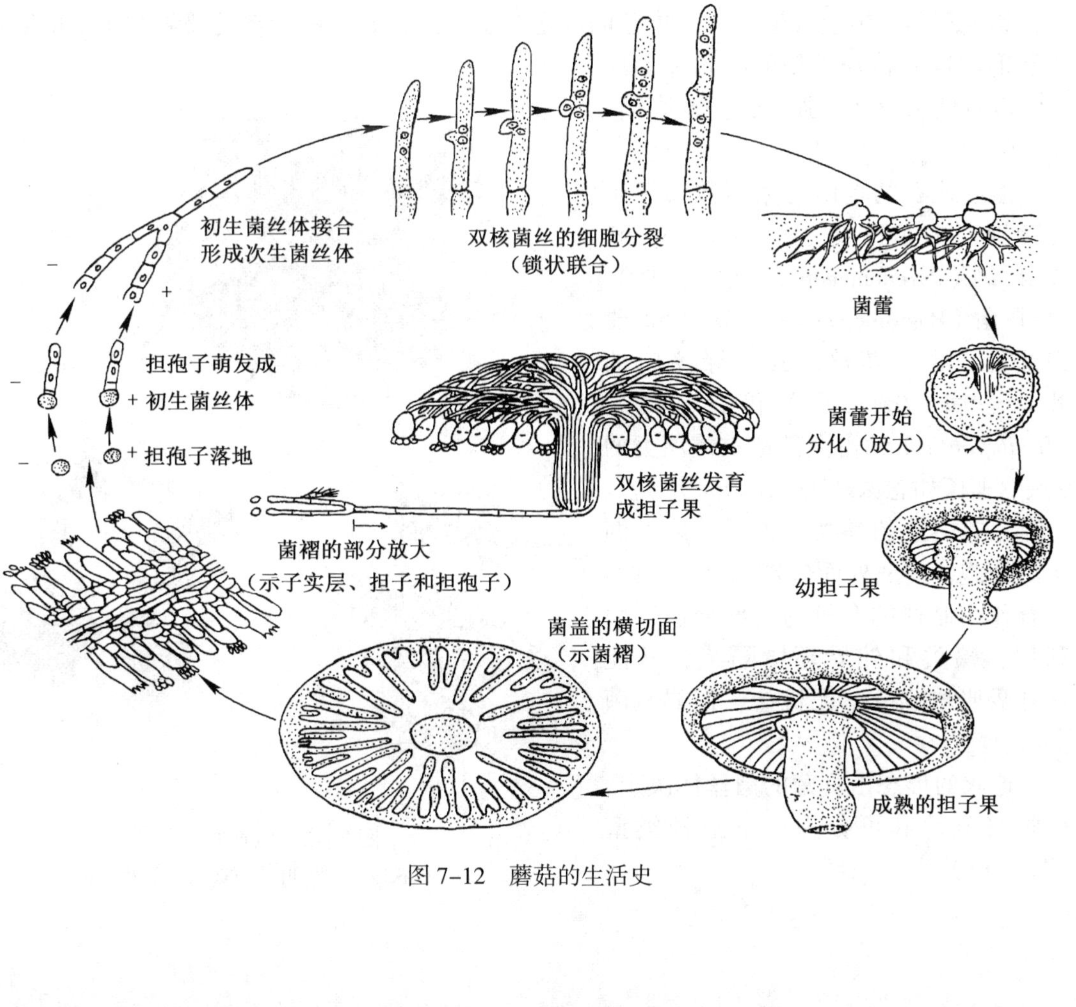

图 7–12　蘑菇的生活史

东地区均产，现人工栽培。白鬼笔（*Phallus impudicus*）全国各省均有，可食。马勃目（*Lycoperdales*）的梨形马勃（*Lycoperdon pyriforme*），其孢子可用于止血，为常见种，全国有分布。常见的还有地星属（*Geastrum*）等。

⑤ 半知菌亚门（Deuteromycotina）

半知菌亚门最大特点是未发现它们的有性阶段，即只知其生活史的一半，所以称其为半知菌（deuteron fungi）或不完全菌（fungi imperfecti）。此菌有 1 800 多属，26 000 余种，其中约有 300 属是农作物和森林病害的病原菌，而某些属可能是引起人类和其他动物皮肤病的病原菌。如稻梨孢（稻瘟病菌）（*Pyricularia oryzae*）是水稻中最严重的病害之一。刺盘孢（*Colletotrichum lagenarium*）是葫芦科植物最常见的病原菌之一，寄生于冬瓜、甜瓜等植物上，侵染叶、蔓茎和果实。

真菌在工业、医用、食品等方面具有重要的经济价值。在自然界中，真菌与细菌一样，能将动植物遗体腐化，把复杂的有机物分解为简单的物质，供绿色植物吸收利用，促进物质循环。总之，真菌既有有益于人类的一面，也有有害的一面，对有益的真菌要加以保护和扩大繁殖，对有害的则要加以有效的控制。

（三）地衣

地衣（lichen）是一类特殊的植物，不是单一的植物体，而是由一些真菌和藻类形成的有机体，通常为多年生植物。这种有机体长期紧密地联合在一起，使之无论在形态构造还是生理和遗传上都形成一个单独的固定有机体。只有一些特定的藻类与特定的真菌才能形成这一特殊类型的植物体。地衣常以真菌来命名，强调寄生性真菌，而不强调寄主藻类。

构成地衣的真菌绝大多数属于子囊菌亚门的盘菌纲（Discomycete）和核菌纲（Pyrenomycete），也有少数担子菌（Basidiomycete）。藻类主要为绿藻，也有蓝藻；其中绿藻门的共球藻属（*Trebouxia*）和橘色藻属（*Trentepohlia*）约占全部地衣体藻类的 90%，蓝藻如念珠藻属（*Nostoc*）等。

地衣中藻菌是共生关系，菌丝缠绕藻细胞，并从外面包围藻类，藻类光合作用制造的有机物大部分被真菌利用，藻类和外界环境隔绝，不能从外界吸取水分、无机盐，依靠真菌供给。

地衣的形态由真菌的菌丝体决定，根据形态地衣可分为以下三种类型（图 7–13）：

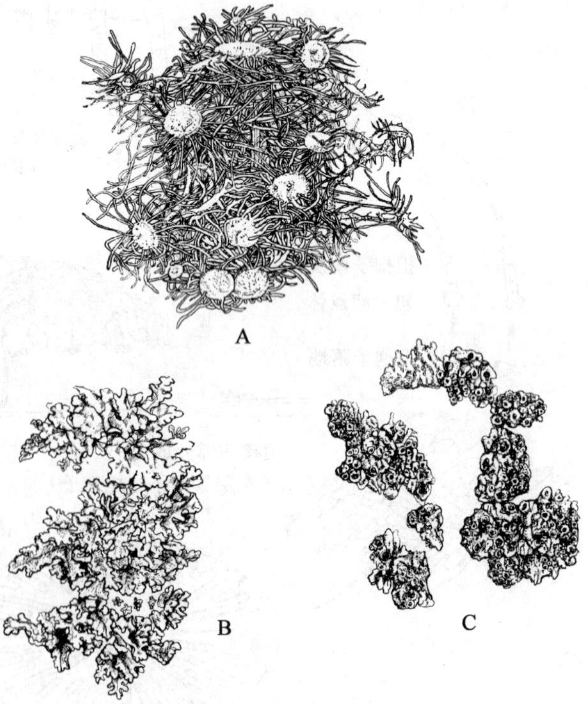

图 7–13 地衣的形态

A. 枝状地衣 B. 叶状地衣 C. 壳状地衣

（1）壳状地衣（crustose lichen）

地衣体是色彩多种多样的壳状物，紧贴在基物上，有的还生出假根伸入基质中，很难剥离。壳状地衣种类约占全部地衣的80%。如岩石上的茶渍衣属（*Lecanora*），树皮上的文字衣属（*Graphis*）等。

（2）叶状地衣（foliose lichen）

地衣体呈叶片状，四周有瓣状裂片，常由腹部生出一些假根或脐，附着于基质上，易与基质剥离。如生在岩石上或树皮上的梅衣属（*Parmelia*），生在草地上的地卷衣属（*Peltigera*）、脐衣属（*Umbilicaria*）等。

（3）枝状地衣（fruticose lichen）

地衣体为树枝状，仅基部附着于基质上。如直立于地上的石蕊属（*Cladonia*），悬垂于云杉、冷杉树枝上的松萝属（*Usnea*）等。

此外，也有不少过渡或中间类型的地衣。如标氏衣属（*Buellia*）由壳状到鳞片状；粉衣科（Caliciaceae）地衣由于横向伸展，壳状结构逐渐消失，呈粉末状。

地衣的繁殖方式有营养繁殖和有性生殖。营养繁殖是地衣体最普通的繁殖形式，主要是地衣体的断裂，即1个地衣体分裂为数个裂片，每个裂片均可发育为新个体；还有粉芽、珊瑚芽和碎裂片等，都是用于营养繁殖的构造。借助于水、风、动物传播。

有性生殖是指地衣体中子囊菌或担子菌进行的有性生殖。若为子囊菌，则称为“子囊菌地衣”，产生子囊孢子，落于藻细胞上便萌发为菌丝，藻细胞和菌丝反复分裂，形成新的地衣体。若为担子菌，则称为“担子菌地衣”，为数很少，产生担孢子。

地衣有500多属2 500多种，通常分为3纲，子囊衣纲（Ascolichens）、担子衣纲（Basidiolichens）、半知衣纲（Deuterolichens）或不完全衣纲（Lichensimperfectii）。

大部分地衣是喜光性植物，要求新鲜空气，对大气污染十分敏感；一般生长很慢，数年内才长几厘米；能忍受长期干旱，干旱时休眠，因此可以生长在峭壁、岩石、树皮上或沙漠地上。地衣耐寒性很强，在高山带、冻土带和南北极能生长繁殖，常形成一望无际的广阔地衣群落。

由于地衣的生长速度缓慢而生长周期极长，又耐旱、耐寒，因而冰川学家常利用固着在裸露岩石上的地图衣（*Rhizocarpon geographicum*）进行冰川年代的测算或判断岩石裸露的历史。考古学家也利用地衣作为推算年代的一种方法。

地衣是岩石风化形成土壤的先锋生物。生长于峭壁和岩石上的地衣，能分泌地衣酸，通过螯合作用，腐蚀岩石，使岩石表面逐渐龟裂和破碎，再加上自然界的风化作用，使岩石表面变为土壤，为后来高等植物的进入创造了条件。因此，地衣是植物分布的先导。

地衣体中含有淀粉和糖类，可供食用，如石耳、石蕊、冰岛衣等。北欧一些国家用地衣提取淀粉、蔗糖、葡萄糖和乙醇；在北极和高山苔原带，分布着面积广大的地衣群落，为驯鹿、鹿等动物的主要饲料。

我国先祖就利用地衣作为药材。松萝、石蕊、石耳是沿用已久的中药，石蕊可以生津、润咽、解热、化痰，松萝用于疗痰、治疟、催吐和利尿。肺衣用于治疗肺病、肺气喘、滋补。绝大多数地衣如石耳中所含的地衣多糖（lichenin）均具有较高的抗癌活性。用松萝可提取地衣酸，为抗生素和吡喃的原料。用地衣酸研制外科化脓药物已见成效；可用地衣酸制作绷带、急救包、填塞纱布，以及治疗子宫颈腐蚀、乳头龟裂等。用松萝酸制作的软膏，治疗外伤、烧伤的效果比用青霉素的效果还好。过去用染料衣（*Roccella tinctoria*）提取红靛（石蕊）为化学的指示剂（石蕊试纸），现在已为人工合成品所代替。

地衣具有强的抗辐射能力，在紫外线辐射很强的高山地带，地衣仍能生长繁茂。另外，地衣对核爆炸后的散落物具有惊人的抗性。

地衣也有危害性。如有些森林树冠上几乎全为地衣所遮盖。森林中各种树枝表面满布地衣，不仅影响树木的光照和呼吸，且易成为害虫的栖息地。某些地衣生于茶树和柑橘树上，危害树木的生长。

二、高等植物

高等植物是植物界中分布最广，而在形态构造和生理上比较复杂的一个类群。高等植物大多数为陆生，少数水生。除了苔藓植物外，其他高等植物由于植物体长期适应陆地环境条件，都有根、茎、叶和维管系统的分化。生殖器官由多细胞构成，受精卵形成胚，再长成植物体。其生活周期具有明显的世代交替特征，即有性世代的配子体和无性世代的孢子体有规律地交替出现。高等植物分为苔藓植物、蕨类植物、裸子植物和被子植物 4 个门。

（一）苔藓植物

苔藓植物（bryophyte）是一群小型多细胞绿色植物，形态结构比较简单，有初步的根、茎、叶分化。在生活史中存在配子体和孢子体两种植物体，配子体世代占优势，孢子体生活周期较短，常寄生在配子体上，形成明显的世代交替现象。配子体世代占优势和尚未形成维管组织是苔藓植物与其他高等植物（如蕨类植物、裸子植物、被子植物）的最大区别。

苔藓植物多生于阴湿的环境中，广布于热带、亚热带、温带、寒带地区。在极地冻原或高山冻原常以苔藓植物为主。

配子体的形态结构 配子体为无茎叶分化的扁平的叶状体或有假根和类似茎、叶分化的拟茎叶体（图 7–14）。配子体没有真正的根，仅有假根，由单细胞或单列细胞组成，起固着和吸收作用。内部构造简单，无中柱，不具维管束。叶不具叶脉，只有类似叶脉的结构（称为中肋），可吸收水分、养料，或具有机械支持作用，称为拟叶。

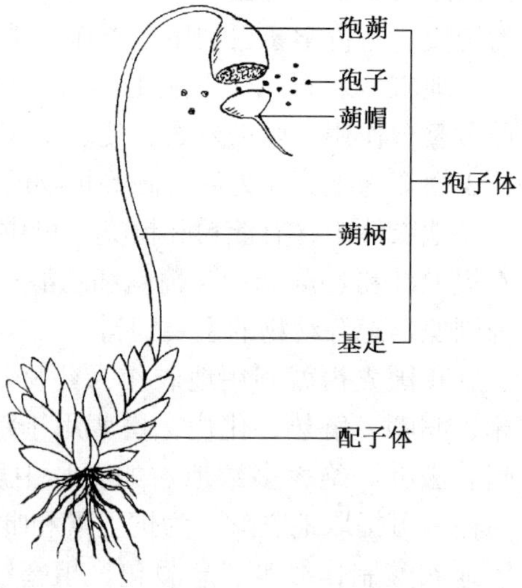

图 7–14 葫芦藓配子体和成熟的孢子体

有性生殖 苔藓植物的雌性生殖器官称为颈卵器（archegonium），颈卵器的外形如瓶状，包括颈部（neck）、腹部（venter）。颈部有颈沟（neck canal）、颈沟细胞（neck canal cell），腹部有卵细胞（egg cell）、腹沟（ventral canal）及腹沟细胞（ventral canal cell）。雄性生殖器官称为精子器（antheridium），内有精子多数，精子有两条鞭毛，如图 7–15 所示。

受精作用依赖于水。颈卵器中的卵成熟，促使颈沟细胞与腹沟细胞破裂，精子借助水游动进入颈卵器与卵结合。

合子发育形成胚 精子与卵细胞结合形成合

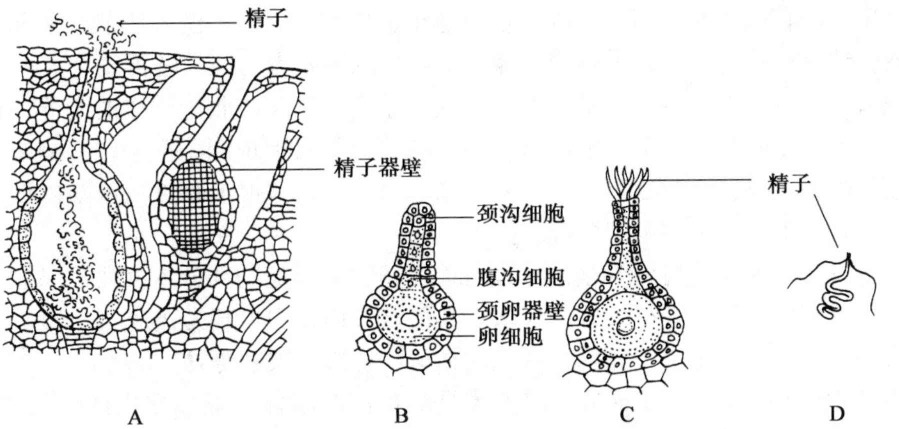

图 7-15 苔藓植物的颈卵器和精子器

A ~ C. 地钱属（*Marchantia*）（A. 精子器 B. 颈卵器 C. 卵细胞和精子） D. 钱苔属（*Riccia*）精子

子，不经休眠即分裂形成胚（embryo）。胚的形成是陆生植物进化的里程碑，它标志着高等有胚植物进化历程的开始。

孢子体的形态结构 胚在颈卵器内发育形成孢子体，通常由三部分组成（图 7-14）：孢蒴（capsule）、蒴柄（seta）和基足（foot），借助基足伸入配子体组织中（寄生）吸收养料。

孢子在适宜的环境中萌发，先形成丝状体，称为原丝体（protonema）。原丝体生长一段时期后，再进一步萌发形成配子体。

苔藓植物具有初步的吸收、输导和支持结构，生殖器官多细胞，合子萌发形成胚等，这些特征反映了其对陆地生活的适应性；但因无维管组织、无中柱、无真正的根，精子具鞭毛，受精时依赖于水等，又将苔藓植物限制在较阴湿的环境中。

苔藓植物约 23 000 种，广布全球；中国约 3 000 种；按照 2009 年 Frey 分类系统将苔藓植物分为三个门：苔类植物门、角苔植物门和藓类植物门。

1. 苔类植物门（Marchantiophyta）

苔类植物的营养体（配子体）为叶状体，或有类似茎、叶分化的拟茎叶体，植物体多为背腹式，并常具有假根。孢子体构造比藓类（moss）简单，有孢蒴、蒴柄，孢蒴无蒴齿（peristomal teeth）。营养繁殖以胞芽（gemma）形式进行，胞芽生于叶状体背面的胞芽杯内，圆片状，成熟后脱落，发育成新的配子体。苔类植物常生长在热带或亚热带地区，喜较高温环境。

苔类植物纲通常分为6个目：藻苔目（Takakiales）、美苔目（Calobtyales）、叶苔目（Jungermanniales）、叉苔目（Metzgeriales）、囊果苔目（Sphaerocarpales）和地钱目（Marchantiales）。下面以地钱目中最常见的植物地钱（*Marchantia polymorpha* L.）为例进行介绍。

地钱植物体（配子体）较大，为绿色二叉分枝的叶状体，平铺于地面。叶状体由多层细胞组成，有明显背、腹之分，腹面有多数假根及紫褐色鳞片，两者都有吸收养料、保存水分和固定植物体的功能。

地钱为雌雄异株植物。有性生殖时在雄株植物体的中肋上生出雄生殖托（antheridiophore），内生有许多精子器腔，每一腔内生一个精子器，精子顶端生有两条等长的鞭毛。在雌株的中肋上，生出雌生殖托（archegoniophore），下侧生有一列倒悬的颈卵器。雌雄生殖器官成熟时，精子器内的精子逸出，以水为媒介，游入成熟的颈卵器内。精子与卵细胞结合形成合子，合子在颈卵器内不经休眠即发育为胚，胚再发育成孢子体。

地钱孢子体分为三部分，包括孢蒴、蒴柄、基足。基足吸收配子体的营养，供孢子体生长发育。无性生殖时，孢蒴内的细胞有的经减数分裂后形成同型孢子；有的细胞不经减数分裂而伸长，其细胞壁螺旋状加厚，称为弹丝（elater）。孢子有时在孢蒴内已萌发，离开孢蒴时为多细胞体，常称为“多细胞孢子”。

地钱通过产生胞芽进行营养繁殖，也可通过植物体较老的部分逐渐死亡腐烂后幼嫩部分分裂成两个新植物体而进行。这种现象在其他苔藓植物中也甚为普遍。

地钱分布广，喜生于阴湿环境，常见于林下、井边、墙隅等处。

地钱的生活史如图 7–16 所示。配子体是绿色的叶状体，能独立生活；孢子体退化，

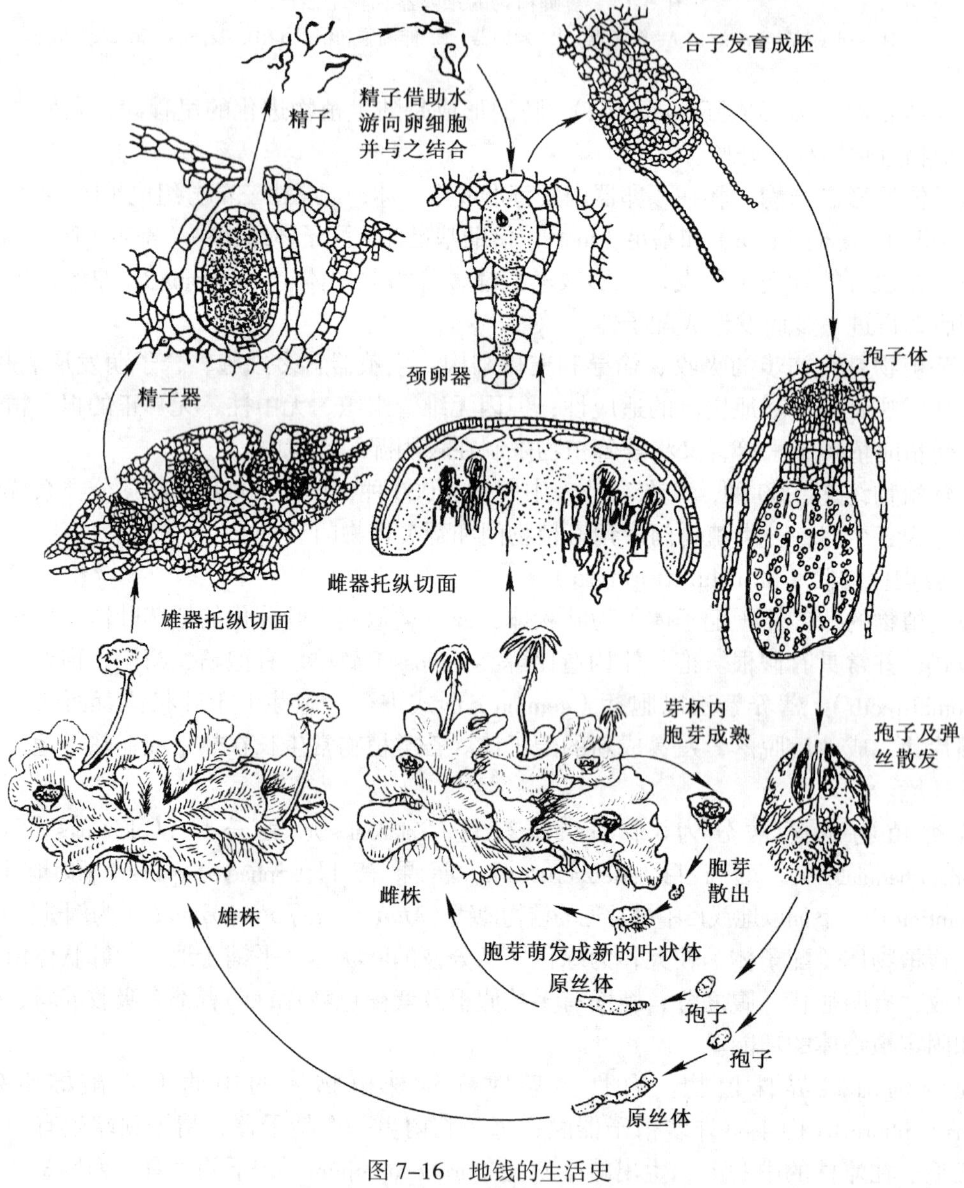

图 7–16 地钱的生活史

不能独立生活，寄生在配子体上。

2. **角苔植物门**（Anthocerotophyta）

角苔植物的配子体叶状、带状或心形，叶状体内部无组织分化。配子体有单细胞的假根，无中肋，细胞中叶绿体的数目 1 至多个，有蛋白核。

孢子体无蒴柄，仅具有孢蒴和基足，孢蒴自上而下二瓣开裂，孢蒴中聚纤细中轴，无蒴盖、蒴齿和环带，具有假弹丝。蒴壁细胞中具有叶绿体，能自行制造养料，所以其在配子体上是营半寄生生活。

角苔植物门常被分为 2 纲，含角苔科（Anthocerotaceae）和短角苔科（Notothyladaceae）等 5 科。全球约 300 种，中国有 10 多种。多分布于热带、亚热带地区。生于田埂、河岸等地带。

下面以角苔科的角苔属（*Anthoceros*）为代表进行讲解。

角苔属的配子体为具有背腹面的叶状体，在叶状体边缘有深缺刻，腹面有假根。叶状体的内部细胞无组织分化，每个细胞内含有一个大的叶绿体，在叶绿体上常有一个蛋白核。

角苔属（图 7–17）为雌雄同株植物，精子器和颈卵器均埋于叶状体内。孢子体较发达，细长呈长针状或角状。基足上为孢子囊。孢子囊中央自上而下有由营养组织构成的蒴轴（columella）。孢子体外壁上含有叶绿体，表皮上有气孔，是由表皮细胞垂直分裂产生的两个子细胞形成一对简单的保卫细胞组成，能进行光合作用、制造养料，使孢子体在配子体死亡后还能独立生活一个短的时期。角苔门的孢子体有一定的独立性，而且细胞内仅具少量的叶绿体，叶绿体上有一个蛋白核，这与藻类植物特征相近。这些特征颇受系统学者的重视。

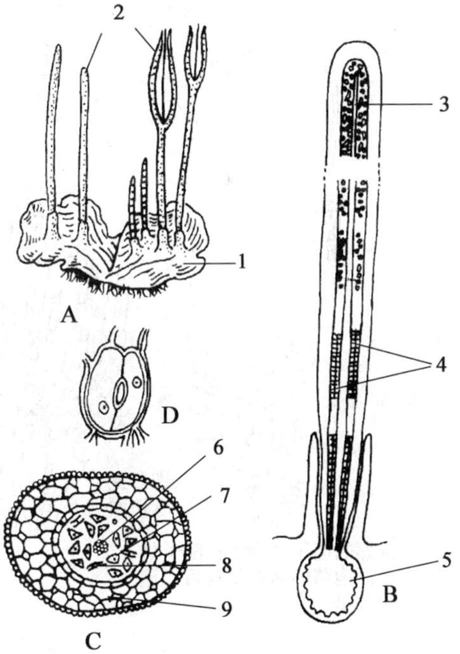

图 7–17　角苔属

A. 植物体外形　B. 孢子体纵切面　C. 孢子囊横切面　D. 孢子体表面的通气孔（具简单保卫细胞）
1. 配子体　2. 孢子体　3. 蒴轴　4. 孢蒴（自下而上分别表示分生组织、孢子母细胞、四分孢子和未成熟的弹丝）　5. 孢子体的基足
6. 蒴轴横切面　7. 孢子　8. 弹丝　9. 蒴壁

3. **藓类植物门**（Bryophyta）

藓类植物体（配子体）直立，无背、腹之分，有茎、叶分化；有单列细胞构成的假根；叶常具中肋。

藓类植物比苔类更耐低温，因此，在温带、寒带、高山、冻原、森林、沼泽常能形成大片群落，分布广泛。

藓类植物常被分为 6 纲或 8 纲，现以真藓纲（*Bryopsida*）中的葫芦藓（*Funaria hygrometrica*）为例说明藓类植物的特征。

真藓纲是藓类中种类最多、分布最广的一个大纲。葫芦藓属（*Funaria*）是真藓目中最常见的藓类。葫芦藓为小型藓类，着生于富含有机质的氮素基质中，常见于屋角、沟边、田园、路旁，遍布于世界各地。葫芦藓配子体高 2 cm 左右，直立，丛生，有简单茎、叶的分化。植物体下生有多细胞的假根。叶小而薄，具中肋。茎由表皮向内依次为表皮、皮层和中轴三部分，结构简单。整个叶片除中肋外都是由一层细胞所构成。葫芦藓为雌雄同株植物，雌雄生殖器官分别生在不同的枝顶。雄枝顶端叶形较大、密集，称为雄苞叶，形如一朵花，中央含有许多精子器和侧丝，合称为雄器苞。精子器丛生于雄器苞内，精子器之间有多数顶部膨大呈球形的隔丝；精子具 2 条鞭毛。雌枝顶端如顶芽，称为雌器苞，其中有颈卵器数个。生殖器官成熟时，精子逸出，借助水游到颈卵器附近，进入颈卵器后精卵受精形成合子，合子不经休眠，在颈卵器内发育为胚，由胚分化为孢子体。成熟的孢子体分为基足、蒴柄和孢蒴三部分，孢子体寄生在配子体上。孢蒴的结构比较复杂，其内孢子母细胞经减数分裂形成单倍体的孢子，孢子成熟后散出，萌发形成原丝体，由原丝体上的芽形成配子体（图 7–18）。

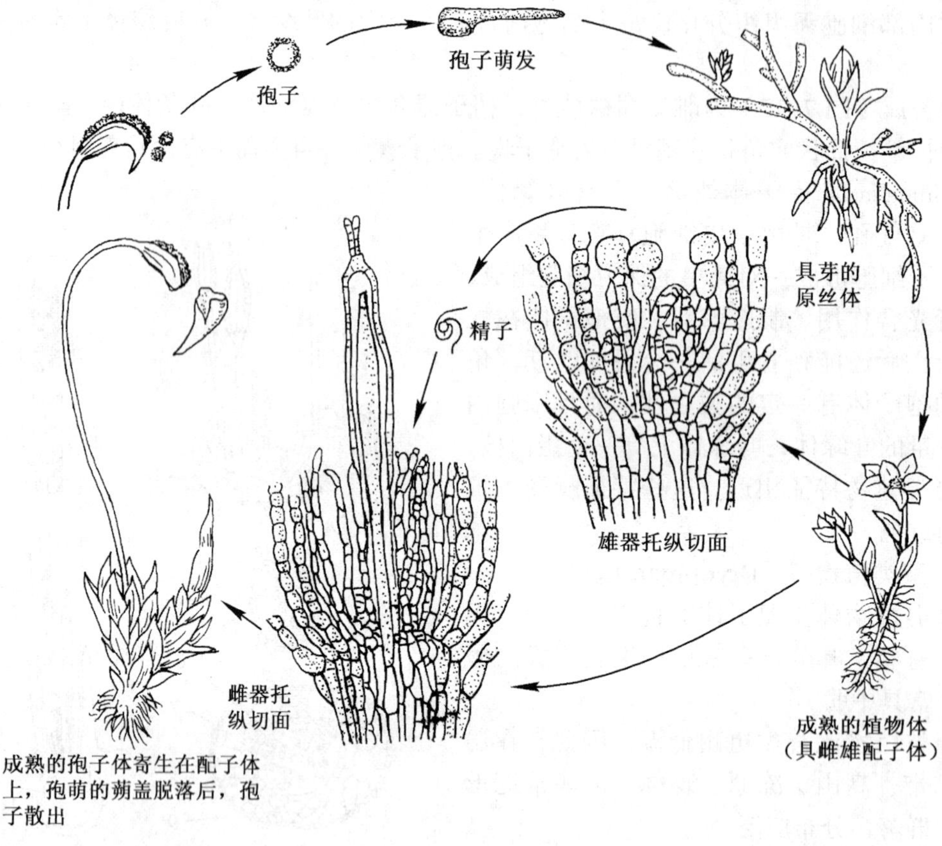

图 7–18　葫芦藓的生活史

苔藓植物的生态学及经济意义

苔藓植物能不断地分泌酸性物质，溶解岩面，本身死亡的残骸亦堆积在岩面之上，为其他高等植物创造了生存条件，因而苔藓植物是植物界的拓荒者之一。

苔藓植物是重要的环境质量指示植物，对 SO_2、HF 有高度的敏感性。

苔藓植物在医药、园艺、工农业方面均有经济价值。如金发藓属（*Polytrichum*）的某些种类有清热解毒作用，全草能乌发、活血、利大小便。金发藓（*Polytrichum commune*）入药，用于消炎、镇痛、止血、止咳等。暖地大叶藓（*Rhodobryum giganteum*）对治疗心血管病有较好的疗效。泥炭藓（*Sphagnum palustre*）能形成泥炭，可作肥料，干馏可以得到染料及其他产物。苔藓植物因具有很强的吸水、保水能力，对水分的蓄积和土壤保持有很大作用，也常用于包装、运输苗木，或作为播种的覆盖物。

（二）蕨类植物

蕨类植物（pteridophyte）是高等的孢子植物，也是低级的维管植物，同时也是颈卵器植物和有胚植物。蕨类植物有了根、茎、叶的分化，有维管组织的分化。

蕨类植物体即孢子体，具根状茎，常在地下横走，或匍匐地面、斜升、蔓生等。气生茎、地上茎常在地表以上；直立茎粗壮如树干状，主要见于树蕨类。

维管系统中木质部的主要成分为管胞及薄壁组织，除少数蕨类植物具有导管外，其他均无导管。韧皮部的主要成分是筛胞、筛管以及韧皮薄壁组织。现代生存的蕨类中，除了极少数如水韭属（*Isoetes*）和瓶尔小草属（*Ophioglossum*）等种类外，一般没有形成层的结构。因此，从维管系统的结构中也可以看出，蕨类植物在维管植物中处于比较原始的地位。

蕨类植物的叶有小型叶（microphyll）和大型叶（macrophyll）之分。在繁殖时，叶的背面产生孢子囊，着生孢子囊的叶称为孢子叶（sporophyll），而不着生孢子囊的叶称为营养叶（trophophyll）。如果孢子叶和营养叶的外形一样，则称为同型叶，反之称为异型叶。在植物界的系统演化过程中，同型叶朝着异型叶的方向发展。

蕨类植物的孢子囊是由叶表皮细胞发育而来的。在小型叶蕨类中，孢子囊单生在孢子叶的近轴面叶腋或叶基部。较进化的真蕨类，其孢子囊通常生在孢子叶的背面，沿边缘、叶脉、脉间、脉近侧着生，或集生在一个特化的孢子叶上，往往由多数孢子囊聚集成群，称为孢子囊群或孢子囊堆（sorus）。较原始的蕨类，孢子囊群是裸露的，进化的有囊群盖（indusium）等结构保护。有些类群的孢子叶集生在枝的顶端，形成球状，称为孢子叶球（strobilus），呈穗状的称为孢子叶穗（sporophyll spike）。水生蕨类的孢子囊群生在特化的孢子囊果或孢子果（孢子荚，sporocarp）内。

孢子母细胞经减数分裂形成单倍体的孢子。孢子有同型孢子（isospore）和异型孢子（heterospore）之分。某些蕨类产生的孢子大小相同，称为孢子同型；如果有大小之分，称为异型孢子，如卷柏及某些水生蕨类。

孢子萌发后形成配子体，又称原叶体。绝大多数蕨类的配子体绿色，是具有背腹分化的叶状体，能独立生活，在腹面产生颈卵器和精子器。配子体产生的精子和卵，在有水的环境下才能完成受精。受精卵发育成胚，幼胚暂时寄生在配子体上，胚发育成孢子体，孢子体长大后配子体死亡，孢子体即独立生活。

因此，蕨类植物有两个独立生活的植物体，即孢子体和配子体。生活史中世代交替明显，但孢子体占优势（图 7–19）。

全球现存蕨类有 12 000 多种，中国约有 2 600 种，以长江流域以南及台湾等地居多，仅云南省就有 1 000 多种，在中国有“蕨类王国”之称。蕨类植物分布广泛，除海洋和沙漠有极少数种类外，其他环境均有蕨类分布，其中以热带和亚热带地区为分布中心。蕨类

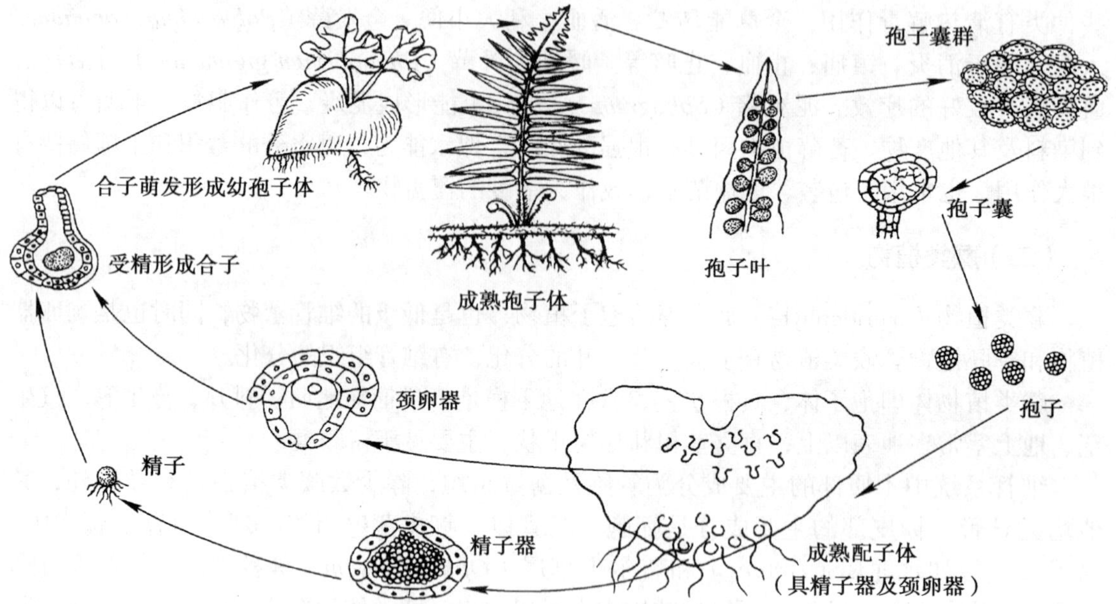

图 7–19 蕨类植物的生活史

植物有土生、石生、附生、水生等，多喜阴湿和温暖环境。

1978 年，中国蕨类植物学家秦仁昌先生将蕨类植物门分为 5 个亚门，即松叶蕨亚门（Psilophytina）、石松亚门（Lycophytina）、水韭亚门（Isoephytina）、楔叶亚门（Sphenophytina）和真蕨亚门（Filicophytina），这一分类系统得到了广泛的应用。前 4 个亚门为小型叶蕨类，又称拟蕨类（fern allies），多处于孑遗状态。真蕨亚门为大型叶蕨类，较进化，又称真蕨类（ferns）。

随着分子系统学研究的深入，关于蕨类植物的系统分类也有了一些新的看法。例如，蕨类植物系统发育研究组（the Pteridophyte Phylogeny Group，PPG），2016 年将现代蕨类植物分为石松类和蕨类两个单系群，即石松纲（Lycopodiopsida）和水龙骨纲（Polypodiopsida），对蕨类分类系统进行了大幅度调整，形成蕨类植物 PPG Ⅰ 系统。该系统将传统的蕨类植物分为石松类和蕨类，但这可能会造成概念的混乱，不利于实践应用，因此本书仍统称为蕨类植物，下分为石松纲和水龙骨纲。

1. 石松纲（Lycopodiopsida）

石松纲孢子体叶为小型叶，具单一维管叶脉，性状原始。孢子囊以侧向、肾形和横裂为特征。孢子同型或异型。

石松纲包含 3 目，即石松目（Lycopodiales）、水韭目（Isoetales）和卷柏目（Selaginellales）。石松目仅石松科（Lycopodiaceae）1 科。其中，石松属（*Lycopodium*）（图 7–20）是石松目中种类最多的一属，约有 400 种，分布于全世界。石松科多产于热带、亚热带，喜酸性土壤。中国约 20 多种，常见的如垂穗石松（俗称灯笼草）（*Palhinhaea cernua*）、藤石松属（*Lycopodiastrum*）等。

卷柏目仅 1 科 1 属，即卷柏科（Selaginellaceae）卷柏属（*Selaginella*），约有 700 种，多分布在热带和亚热带。常见种类如深绿卷柏（*S. doederleinii*）、江南卷柏

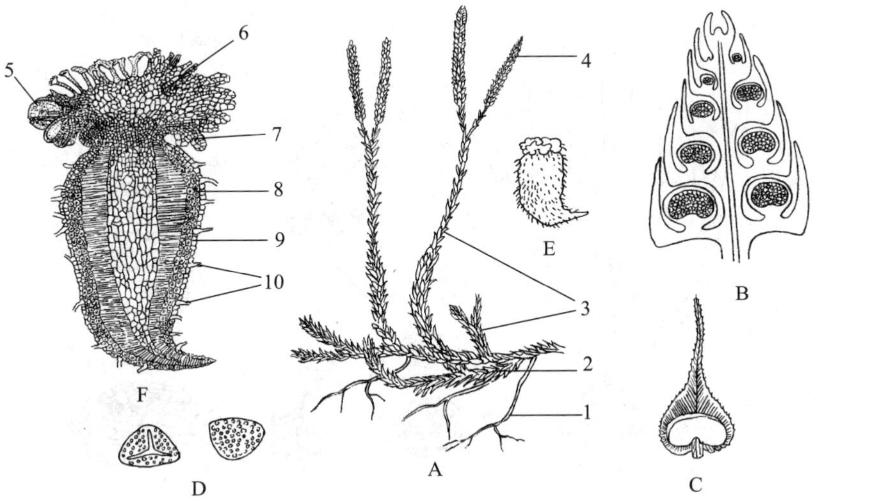

图 7-20 石松孢子体（A～D）和配子体（E，F）

A. 植株 B. 孢子叶穗纵切 C. 孢子叶及孢子囊 D. 孢子 E. 配子体 F. 配子体纵切面（放大）

1. 不定根 2. 匍匐茎 3. 直立茎 4. 孢子叶穗 5. 精子器 6. 胚 7. 颈卵器 8. 皮层（具菌丝的组织） 9. 表皮 10. 假根

（*S. moellendorffii*）（图 7-21）、中华卷柏（*S. sinensis*）、翠云草（*S. uncinata*）等。

水韭目仅水韭科（Isoetaceae）、水韭属（*Isoetes* ）（图 7-22）。水韭属有 250 余种，多近水生或沼泽地生长；中国 3 种，最常见的为中华水韭（*I. sinensis*），分布于长江下游地区；宽叶水韭（*I. japonica*）产华中至西南地区。

2. 水龙骨纲（Polypodiopsida）

水龙骨纲孢子体发达，茎多为根状茎，二叉分枝至单轴分枝，具各式中柱，个别种类甚至具导管；除了松叶蕨外，均为大型叶；孢子囊聚集成各种囊群着生在叶缘、叶背面或特化的孢子叶上，孢子多同型。

该纲含 4 亚纲，11 目，约 10 578 种。

（1）木贼亚纲（Equisetidae）

常称为木贼植物（horseworts），植物体多分节，高通常不超过 1.3 m。全世界广布，包括木贼目（Equisetales）木贼科（Equisetaceae）木贼属（*Equisetum*）1 目 1 科 1 属，约 25 种。木贼属除澳大利亚外，全世界广布。中国分布有 10 多种，

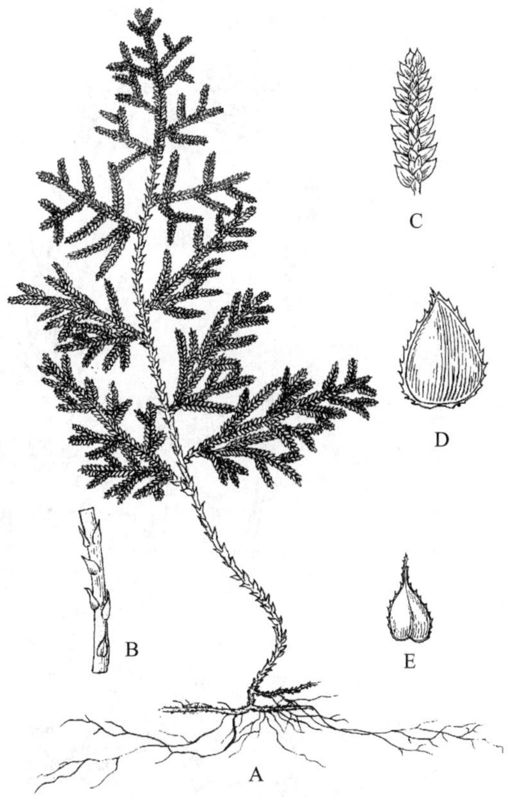

图 7-21 江南卷柏

A. 植株 B. 主茎的一部分 C. 分枝的一部分 D. 侧叶 E. 中叶

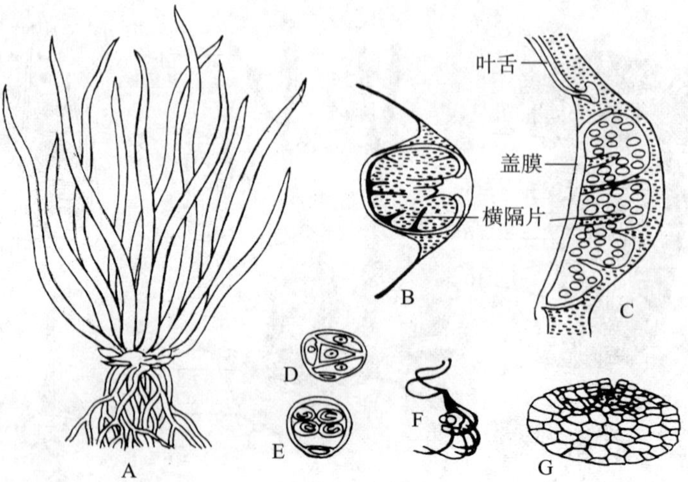

图 7–22 水韭属

A. 孢子体外形 B. 小孢子囊横切面 C. 大孢子囊纵切面 D，E. 雄配子体 F. 游动精子 G. 雌配子体

见于河边、林下、草原、沼泽地等。常见的种类如木贼（*Equisetum hyemale*）、披散问荆（*E. diffusum*）、节节草（*E. ramosissimum*）等（图 7–23）。

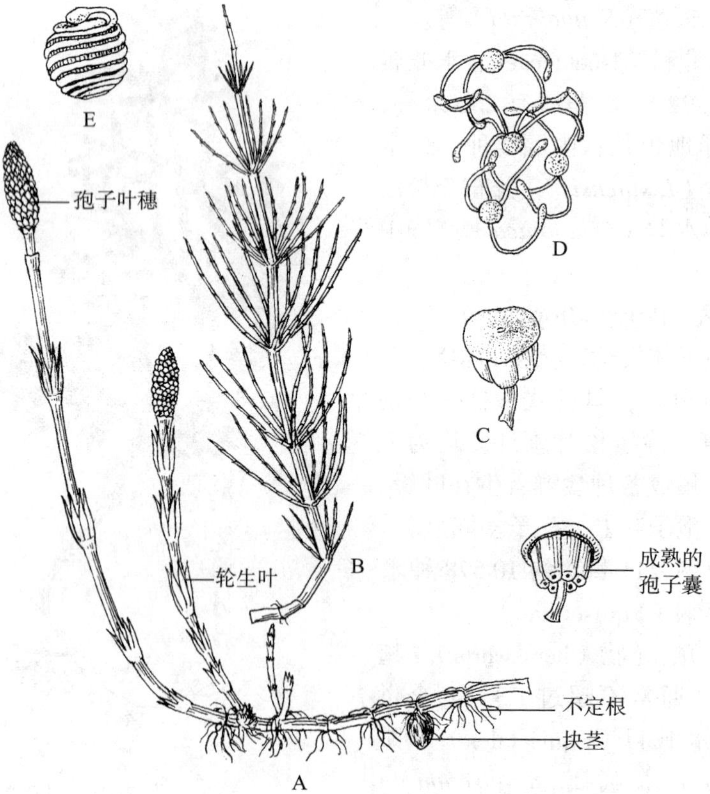

图 7–23 问荆（*Equisetum arvense* L.）

A. 根茎及生殖枝 B. 营养枝 C. 孢囊柄 D，E. 孢子（示弹丝伸开和卷曲的状态）

（2）瓶尔小草亚纲（Ophioglossidae）

包括松叶蕨目和瓶尔小草目2目，共2科约130种。

松叶蕨目（Psilotales），有2属，即松叶蕨属（*Psilotum*）和梅溪蕨属（*Tmesipteris*）。松叶蕨属有2种，中国仅有松叶蕨（*P. nudum*）1种，分布于热带和亚热带地区（图7–24）。

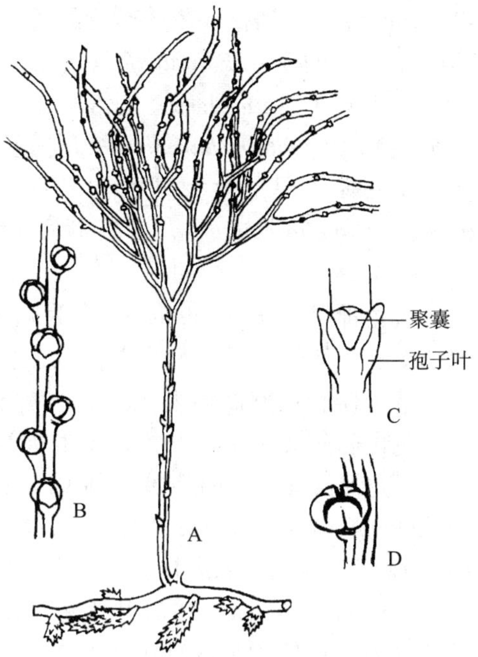

图7–24　松叶蕨的孢子体
A. 孢子体外形　B. 孢子囊着生情况
C. 未开裂的孢子囊　D. 开裂的孢子囊

瓶尔小草目（Ophioglossales）仅瓶尔小草科（Ophioglossaceae）1科。但在PPG Ⅰ系统中，该科归并了秦仁昌系统中的瓶尔小草科、阴地蕨科（Botrychiaceae）和七指蕨科（Helminthostachyaceae），约10属110多种；中国产3属22种。常见的种类如瓶尔小草（*Ophioglossum vulgatum*）、狭叶瓶尔小草（*O. thermale*）、七指蕨（*Helminthostachys zeylanica*）等。

（3）合囊蕨亚纲（Marattiidae）

孢子囊聚合成孢子囊群，孔裂或缝裂，或在顶端具有类似环带结构的增厚细胞。该亚纲包含合囊蕨目（Marattiales）合囊蕨科（Marattiaceae）1目1科6属，约111种；中国3属30种。在PPG Ⅰ系统中，合囊蕨科包含了秦仁昌系统的观音座莲科（Angiopteridaceae）和天星蕨科（Christenseniaceae）。常见的种类如福建观音座莲（*Angiopteris fokiensis*）。

（4）水龙骨亚纲（Polypodiidae）

该亚纲包括7目44科300属，约10323种。

紫萁目（Osmundales），孢子囊常由1个原始细胞发育而成，孢子囊的壁由1层细胞构成。仅有紫萁科（Osmundaceae）1科，包含6属约18种，中国3属8种；广布温带至热带。常见的如紫萁（*Osmunda japonica*）、华南紫萁（*Plenasium vachellii*）等。

膜蕨目（Hymenophyllales）有膜蕨科（Hymenophyllaceae）1科，30多属，700多种；中国约19属，79种，分布于东部至南部、西南部。

里白目（Gleicheniales），有3科10属，约172种。常见的种类如芒萁（*Dicranopteris pedata*）、中华里白（*Diplopterygium chinense*）、光里白（*D. laevissimum*）等。

莎草蕨目（Schizaeales），有3科4属，约190种。常见的科如海金沙科（Lygodiaceae），1属，约45种；中国10种。常见种类如海金沙（*Lygodium japonicum*）、小叶海金沙（*L. microphyllum*）、曲轴海金沙（*L. flexuosum*）等。

槐叶蘋目（Salviniales），漂浮水生植物，生殖时产生孢子囊果，孢子囊果是由变态的囊群盖或羽片形成。2科5属，80多种。槐叶蘋科（Salviniaceae）共2属约21种，广布温带至热带，中国2属3种。如槐叶蘋属（*Salvinia*）的槐叶蘋（*S. natans*）和满江红属（*Azolla*）满江红（*A. pinnata* subsp. *asiatica*），满江红又称红苹，叶内含大量红色花青素，幼时绿色，到秋、冬季转为红色。蘋科（Marsileaceae），3属约61种，中国只有蘋属（*Marsilea*）的蘋（*M. quadrifolia*），又称四叶苹或田字草，南北各地均产。

桫椤目（Cyatheales），有8科13属，约713种。常见的如金毛狗科（Cibotiaceae）的金毛狗（*Cibotium barometz*）是重要的药材，也是国家二级保护野生植物。桫椤科（Cyatheaceae）是陆生大型蕨类，乔木状或灌木状，3属600多种，中国2属14种，如桫椤（*Alsophila spinulosa*）、黑桫椤（*Gymnosphaera podophylla*）、笔筒树（*Sphaeropteris lepifera*）等。

水龙骨目（Polypodiales），多为陆生或附生，极少数水生或沼生。孢子囊聚生成各式孢子囊群，孢子同型。配子体形小，绝大多数种类为背腹性叶状体，心脏形，绿色，有假根。精子器和颈卵器均生在腹面；精子螺旋状，具多数鞭毛。该目为蕨类植物中最大的目，包含现存水龙骨纲86%以上的种类，有26科253属，约8 714种。

水龙骨目常见的如鳞始蕨科（Lindsaeaceae）的团叶鳞始蕨（*Lindsaea orbiculata*）、乌蕨（*Odontosoria chinensis*）等；凤尾蕨科（Pteridaceae）的半边旗（*Pteris semipinnata*）、蜈蚣凤尾蕨（*P. vittata* L.）、井栏边草（*P. multifida* Poir.），以及生于海岸滩涂的卤蕨（*Acrostichum aureum*）和尖叶卤蕨（*A. speciosum*）等。此外，铁线蕨属（*Adiantum*）也是长江以南地区常见的种类，为钙质土指示植物。铁角蕨科（Aspleniaceae）的铁角蕨属（*Asplenium*）也较常见。乌毛蕨科（Blechnaceae）的乌毛蕨（*Blechnum orientale*）是非常常见的大型蕨类，该科的苏铁蕨（*Brainea insignis*）则是华南地区相对少见的国家二级保护野生植物。常见的种类还有金星蕨科（Thelypteridaceae）的金星蕨属（*Parathelypteris*）、鳞毛蕨科（Dryopteridaceae）的贯众（*Cyrtomium fortunei* J. Sm.）（图7–25）、肾蕨科（Nephrolepidaceae）的肾蕨（*Nephrolepis cordifolia*）、水龙骨科（Polypodiaceae）的崖姜（*Drynaria coronans*）等。

蕨类植物和人类的关系密切，除形成煤炭的古代蕨类植物为人类提供大量的能源外，现代蕨类植物的经济利用也是多方面的。有些种类为土壤和气候的指示植物，对安排农业生产、种茶和造林有一定的指导意义，例如，贯众为石灰岩和钙质土的指示植物，石松（*Lycopodium japonicum*）是酸性土壤的指示植物等。自古以来，很多蕨类植物就已经是重要的药材，如海金沙治尿道感染、尿道结石等；骨碎补属（*Davallia*）植物能坚骨补肾、活血止痛；金毛狗的鳞片能止刀伤出血；贯众的根状茎可治虫积腹痛、流感等症，亦可用作除虫农药等。

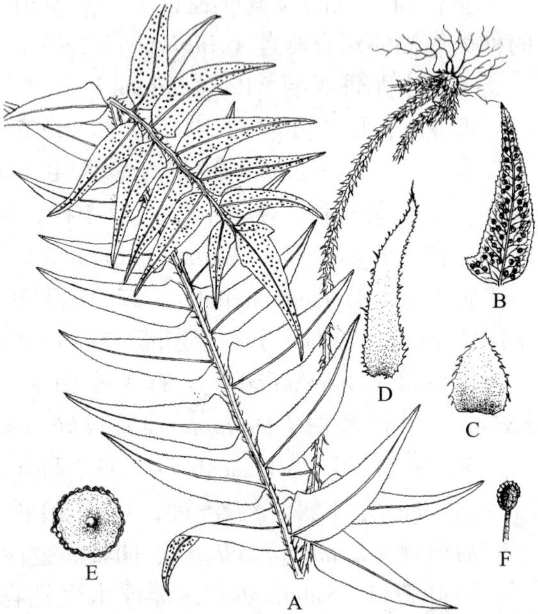

图7–25 贯众
A. 植株 B. 小叶 C. 叶柄基部鳞片 D. 叶轴上的鳞片 E. 孢子囊群 F. 孢子囊

早在我国周朝初年，就有以蕨为食的记载，如今被人们食用的种类有蕨

（*Pteridium aquilinum* var. *latiusculum*）、菜蕨（*Diplazium esculentum*）、紫萁（*Osmunda japonica*）、乌毛蕨以及莲座蕨目的大部分种类。蕨的根状茎富含淀粉（称为蕨粉），它的营养价值不亚于藕粉，不但可食，也可酿酒。但蕨的幼叶在食用前须先用米泔水或清水浸泡数日，除去其有毒成分，炒食或干制成蔬菜。

许多蕨类植物也是工业生产上的重要原料，如石松的孢子可作为冶金工业上的优良脱模剂；木贼含硅质多，是良好的磨光剂。满江红是很好的绿肥。很多蕨类具有很高的观赏价值，如肾蕨、铁线蕨、鸟巢蕨、鹿角蕨（*Platycerium wallichii*）、桫椤属（*Alsophila*）、槲蕨属（*Drynari*）等。

（三）裸子植物门

裸子植物门（Gymnospermae）属于有颈卵器这一特殊雌性生殖器官的种子植物，既与蕨类植物相联系，又与被子植物相联系，是介于它们之间的维管植物。裸子植物的孢子体高度发达，配子体寄生在孢子体上，绝大多数具有颈卵器。小孢子萌发形成花粉管，由胚、胚乳和珠被等形成种子，但不形成雌蕊和果实，胚珠和种子是裸露的，故称为裸子植物。

孢子体特别发达，均为多年生木本植物，多单轴分枝，有发达的主根。分枝有长枝和短枝之分。木质部大多数只有管胞，极少具导管；韧皮部只有筛胞而无伴胞。叶针形、条形或鳞片状，极少为扁平的阔叶。

孢子叶大多聚生成球果状，称为孢子叶球。孢子叶球单生或多个聚生成各式球序，常为单性同株或异株。小孢子叶（雄蕊）聚生成小孢子叶球，即雄球花（staminate strobilus）。大孢子叶（心皮）丛生或聚生成大孢子叶球，即雌球花（female cone）。不同类群中，大孢子叶分别被称为珠鳞、珠领、珠托、套被等。在大孢子叶上生有裸露的胚珠，胚珠由珠被（大孢子囊外侧附属物）、珠心和珠柄组成，顶端有珠孔。珠心与珠被紧密结合的区域，或珠心基部各部分长在一起的地方，称为合点。

配子体微小，构造简单，完全寄生在孢子体上。雌配子体由大孢子发育而成，下端的雌配子体就是胚乳；顶端则生有 2 个或多个颈卵器，极少数不生颈卵器。雄配子体先在小孢子囊发育，到具有 3 或 4 个细胞时由风力传播，到达珠孔时继续发育，形成花粉管，内有 2 个游动或不游动的精子。

受精卵发育成胚。大多数裸子植物都具有多胚现象（polyembryony）。种子由胚、胚乳和种皮等组成。胚来源于受精卵，是新一代孢子体；胚乳来源于雌配子体；种皮来源于珠被，是老一代的孢子体。因此，裸子植物的种子包含三个不同的世代，胚乳在来源上又完全不同于被子植物。同时，某些类群的种子在成熟时，除由珠被变为种皮外，还具有由大孢子叶等变态的假种皮（arilius）包围着种子，或种鳞（seed scale，果鳞 cone scale）托护着种子。某些类群的大孢子叶则变态为球果（strobilus）。

裸子植物发生于古生代末期，中生代最繁盛，至新近纪、第四纪衰退，现有 12 科 83 属，990 多种。中国是裸子植物种类最多、资源最丰富的国家，约 41 属 236 种，是裸子植物的主要分布中心。

关于裸子植物的系统分类，近些年的分子数据证实现存的裸子植物是一个单系群，与被子植物形成姐妹群关系，但群下的分类存在较大争议。Christenhusz 等（2011）依据形态及分子证据将裸子植物划分为4亚纲8目12科，Judd等（2016）基于新的分子证据，将8目缩减为4目。鉴于纲与亚纲并无明显的概念区别，为了便于教学应用，本教材也采用纲的概念。

根据大孢子叶的形态，结合配子体，特别是雌配子体的发育，把裸子植物亚门划分为4个纲：苏铁纲（Cycadopsida）、银杏纲（Ginkgopsida）、买麻藤纲（Gnetopsida）及松柏纲（球果纲，Coniferopsida）。

1. 苏铁纲（Cycadopsida）

苏铁纲植物茎干常不分枝，皮层和髓部与维管束的比例相对较大，因此木材被称为"疏木"（manoxylic）。具树蕨状或棕榈状的羽状复叶和鳞片叶。雌雄异株。大孢子叶集合成疏松的球状，胚珠生于孢子叶两侧，2枚到多数。小孢子叶球柱状，小孢子叶鳞片状，小孢子囊数个聚生于小孢子叶的背面，厚囊性发育，精子多鞭毛。种子大，种皮厚，外种皮肉质。

苏铁纲现存苏铁目（Cycadales）1目，2科，10属300多种。中国仅有苏铁属（*Cycas*）16种（图7-26），全部被列入国家一级保护野生植物。常见的如苏铁（*C. revoluta*）、华南苏铁（*C. rumphii*）等。中国园林中有引种泽米铁科（Zamiaceae）植物。

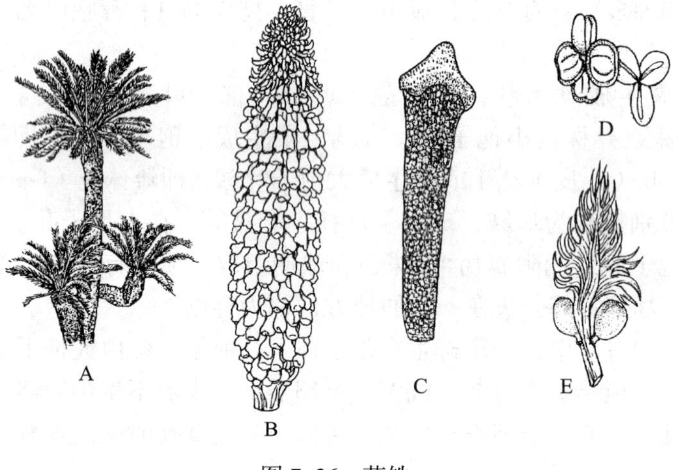

图7-26 苏铁

A. 植株外形 B. 小孢子叶球 C. 小孢子叶（背面观，示小孢子囊） D. 小孢子囊 E. 大孢子叶及种子

2. 银杏纲（Ginkgopsida）

银杏纲植物为落叶大乔木，有长短枝之分。叶扇状，顶端常2裂，二叉脉序。单性异株，小孢子叶球呈柔荑花序状，精子多鞭毛。大孢子叶球极为简化，通常只有1个长柄，柄端具有2个环形的珠领（collar）。珠领上各生1个直生胚珠，其中只有1个成熟（图7-27）。小孢子在小孢子囊内就开始萌发，花粉粒借风力吹送到胚珠上继续发育。种子核果状，种皮分3层：外种皮厚而肉质，含油脂和芳香油；中种皮白色，石质；内种皮红色，薄膜质。去除外种皮后的种子露出坚硬的中果皮，俗称"白果"。

银杏纲现存1目1科1属1种。银杏（*Ginkgo biloba*）为孑遗种，中国特产，被称为"活化石"。浙江、安徽仍分布着零星的野生银杏。银杏起源于二叠纪，距今2.25亿年左

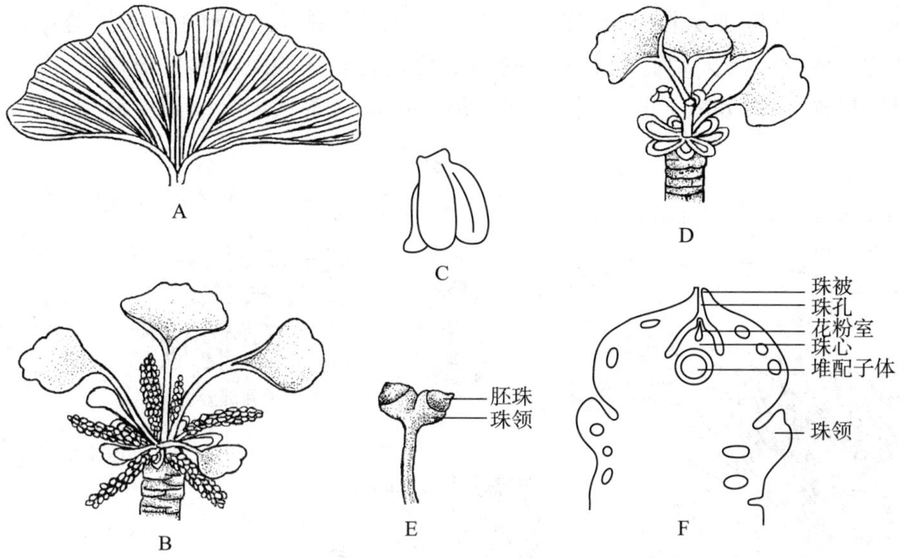

图 7–27　银杏

A. 叶（二叉脉序） B. 生小孢子叶球的短枝　C. 小孢子叶　D. 生大孢子叶球的短枝

E. 大孢子叶球　F. 胚珠和珠领的纵切面

右，中生代遍布于全世界。

种仁药食兼用，有润肺、止咳、强壮功效。银杏叶可提取银杏内酯等，用于治疗心脑血管疾病。银杏是重要的风景树，树叶秋天变为金黄色，有着悠久的栽培历史，栽种于山东莒县浮来山刘勰故居的银杏树，根据碑文记载推测已有 4 000 多年的历史。据考证，这株银杏树历经 20 多个朝代，在大禹治水之前就已经存在。

3. 买麻藤纲（Gnetopsida）

买麻藤纲又称为倪藤纲、盖子植物纲，藤本、灌木，稀小乔木。次生木质部具有导管，无树脂道。叶对生，阔叶状、带状或退化成鳞片状。孢子叶球序二叉分枝，孢子叶球有类似于花被的盖被（chlamydia），或有两性的痕迹。胚珠珠被 1 或 2 层。精子无鞭毛，颈卵器极其退化或无。种子有假种皮。

买麻藤纲只有买麻藤目（Gnetales）1 目，包括麻黄科、买麻藤科和百岁兰科，3 科在形态上差别很大，每科各有 1 属。中国不产百岁兰科，华南国家植物园有引种。

常见的如麻黄科（Ephedraceae）的草麻黄（*Ephedra sinica*），买麻藤科（Gnetaceae）的罗浮买麻藤（*Gnetum luofuense*）、买麻藤（*G. montanum*）和小叶买麻藤（*G. parvifolium*）。

4. 松柏纲（Coniferae）

松柏纲植物为木本，茎多分枝，常有长短枝之分，具树脂道。叶为针状、鳞片状，稀为条状，因多为针状，故常称为针叶树（conifer）或针叶植物，森林称为针叶林（needle forest）。孢子叶常排成球果状，故又称为球果植物（coniferophyte），单性，多同株，少异株。

松柏纲是现代裸子植物中数目最多、分布最广的类群，包含松柏目（Coniferales）1 目，6 科，约 65 属 600 多种。6 科即松科（Pinaceae）、南洋杉科（Araucariaceae）、罗汉松科（Podocarpaceae）、金松科（Sciadopityaceae）、红豆杉科（Taxaceae）和柏科

（Cupressaceae）。在欧亚大陆北部及北美洲广大地区组成大面积的森林甚至单优的纯林，在南半球的新西兰、澳大利亚及南美洲的温带则具有丰富的南洋杉科植物。

现以松科松属（*Pinus*）的马尾松（*P. massoniana*）为代表介绍其生活史（图 7–28）。

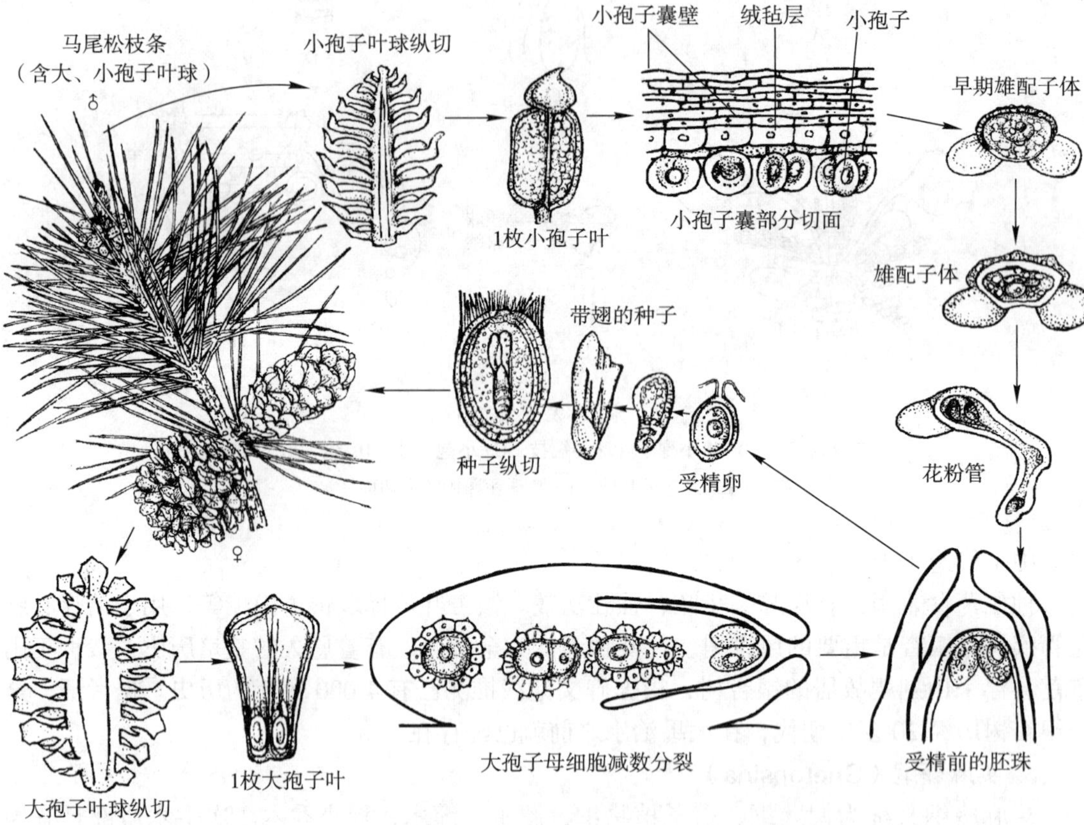

图 7–28 马尾松的生活史

松属的孢子叶球单性同株，小孢子叶细小，叶状，螺旋排列于短轴上，形成小孢子叶球（雄球花）。每一小孢子叶下侧着生 2 个小孢子囊。在南方，小孢子母细胞多在秋季出现并减数分裂形成小孢子（花粉），第二年春季或当年冬季进行传粉；在北方，要在第二年春季才进行减数分裂。小孢子两侧由外壁形成 2 个气囊，能使小孢子在空气中飘浮。小孢子在小孢子囊内开始萌发，在 4 个细胞（2 个营养细胞，1 个管细胞，1 个生殖细胞）的情况下，小孢子囊背面纵缝裂，花粉粒（雄配子体）逸出，经风传播到达胚珠后继续发育。

大孢子叶螺旋状排列成大孢子叶球。大孢子叶木质或革质，称为珠鳞（ovuliferous scale）。种子成熟时，珠鳞增大，此时称为种鳞或果鳞。珠鳞腹面载有 2 个胚珠，珠鳞背面托有 1 片不育的苞鳞（bract scale），也称盖鳞。胚珠珠被 1 层。大孢子母细胞在珠心内部产生。大孢子母细胞减数分裂形成 4 个大孢子，只有一个发育。大孢子的形成在春天，但秋天才开始发育成雌配子体，先行游离分裂，经过冬天的休眠，翌年春，继续发生游离核的分裂。游离核分裂结束时，形成了细胞壁。这时在雌配子体的顶端形成 2 ~ 7 个颈卵器。颈卵器具有 1 个大型的卵细胞、4 个颈细胞和 1 个很快消失的腹沟细胞。

受精作用发生在受粉 13 个月后，也就是大孢子叶球出现的第三年春天。此时大孢子叶球已成熟为球果，颈卵器也已发育完成。花粉管伸长至颈卵器，将 2 个精子、管核和破碎细胞送至卵细胞中，精卵结合形成合子。

中国是松柏类植物最丰富的国家，也是松柏类植物最古老的起源地，特别富有特有属和第三纪孑遗植物。许多种类为优良的材用与观赏树种，如杉木（*Cunninghamia lanceolata*）（图 7–29）、落羽杉［*Taxodium distichum*（L.）Rich.］、侧柏［*Platycladus orientalis*（L.）Franco］、圆柏（*Juniperus chinensis*）、竹柏（*Nageia*）、鸡毛松（*Dacrycarpus imbricatus*）、陆均松（*Dacrydium pectinatum*）等。油松（*Pinus tabuliformis*）和马尾松是医药和化工工业用树脂的主要来源。水杉（*Metasequoia glyptostroboides*）是中国特有种，著名的“活化石”植物，产于长江流域，现广泛栽培。水松（*Glyptostrobus pensilis*）是中国特有种，也是第三纪孑遗植物，产于华南和西南地区。柏木属（*Cupressus*）和侧柏属（*Platycladus*）是优良的材用、观赏植物。罗汉松（*Podocarpus macrophylla*）是重要的观赏树种。

红豆杉科（Taxaceae）植物为木本，多分枝。叶为条形或条状披针形，稀为鳞状钻形或阔叶状。孢子叶球单性异株，稀同株。不形成球果，不分化出苞鳞和珠鳞，大孢子叶

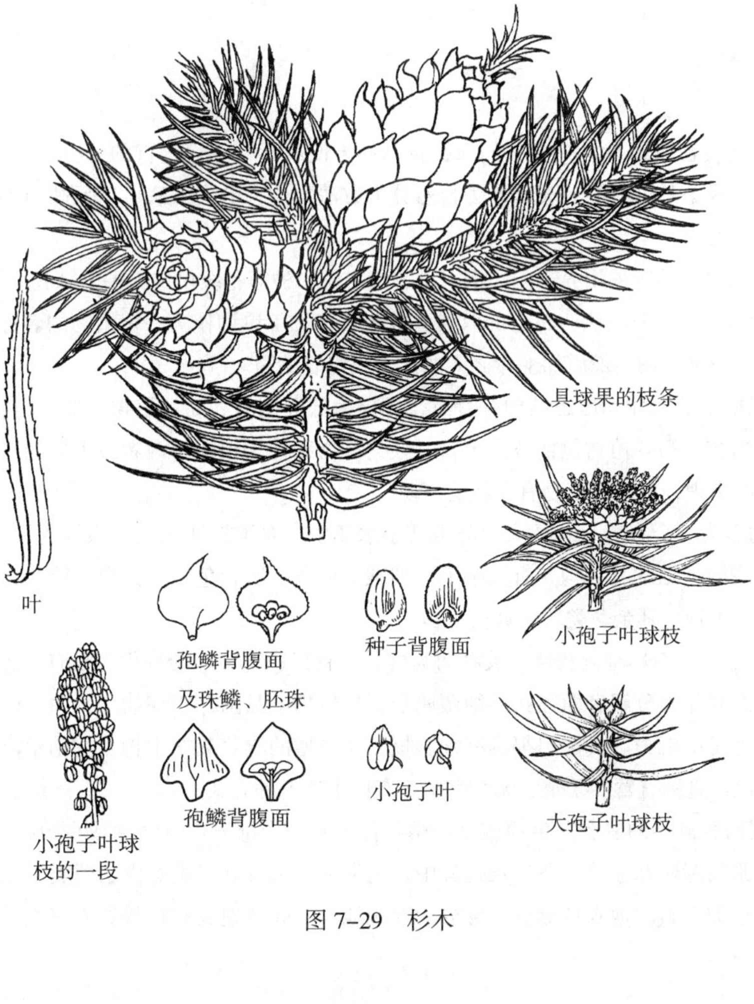

图 7–29　杉木

特化为鳞片状的珠托或套被，在种子成熟时成为肉质的假种皮或外种皮。该科现也被列入松柏纲，有6属30多种，产于北半球；中国是分布中心，有5属16种，主要产于长江以南地区。该科植物体中含紫杉醇，是重要的抗癌化学治疗药物来源。5属分别为红豆杉属（紫杉属）（*Taxus*）、白豆杉属（*Pseudotaxus*）、穗花杉属（*Amentotaxus*）、榧树属（*Torreya*）和三尖杉属（*Cephalotaxus*）。

（四）被子植物门

被子植物门（Angiospermae）是植物界中最高级的一类。相比裸子植物，它有如下进化特征：

① 具有真正的花。典型被子植物的花由花萼、花冠、雄蕊群和雌蕊群等4个部分组成。

② 胚珠包藏在子房内，二者分别发育成种子和果实。

③ 具有双受精现象，胚乳的染色体为 $3n$。

④ 孢子体更多样化，配子体更简化。

被子植物是植物界发展到最高级、最繁荣，也是分布最广的一个类群。自从新生代以来，它们就在地球上占据着绝对的优势。现在已知的有1万余属，约25.5万种，种类占植物界的一半以上。中国有3 148余属，3万多种，是被子植物种系最丰富的地区之一。

小　结

1. 植物分类的方法有两种。一是人们根据自己的方便或某种用途进行的分类，称为人为分类方法。二是根据植物的亲缘关系进行的分类，称为自然分类方法，这种分类方法可以反映植物之间的亲缘关系和植物界的进化历程。

2. 植物分类的阶层系统采用界、门、纲、目、科、属、种等各级单位。种是植物分类的基本单位。

3. 植物的命名要遵守双名法。林奈的双名法是用两个拉丁单词作为一种植物的名称，第一个单词是属名，第二个单词是种加词，最后加上命名人的姓名或姓名缩写。

4. 植物界根据生活习性和形态结构等特点，可分为低等植物和高等植物。低等植物包括藻类植物、菌类植物和地衣植物，高等植物包括苔藓植物、蕨类植物和种子植物。两者最主要的区别为低等植物的生活史中没有胚的出现，而高等植物有了胚的出现。

5. 藻类植物多为光合自养生物，大部分生活于水体中，对维持地球生态系统的平衡起着重要作用。藻类植物的分门主要依据细胞结构、有无鞭毛、细胞壁成分、所含色素、光合产物等，其中蓝藻是没有真正细胞核的原核生物，其余藻类均为真核生物。

6. 菌类植物是一个不具有自然亲缘关系的类群，没有根、茎、叶的分化，没有光合色素，具有细胞壁，异养，在自然界作为分解者而存在。细菌属于原核生物。黏菌介于动物和真菌之间，既有变形虫阶段，又具有产生孢子的能力。真菌门都具有细胞核，是典型的异养真核生物。真菌菌丝有两种类型：无隔菌丝和有隔菌丝。真菌有营养繁殖、无性生殖、有性生殖三种方式。

7. 地衣是真菌和藻类的复合共生原植体。植物体的真菌大部分由子囊菌或少数担子菌的菌丝构成。藻类是一些单细胞的绿藻和蓝藻。在生长过程中，菌类吸收水分和无机盐供给藻类，藻类通过光合作用制造有机物供给菌类养料。地衣从形态上可分为叶状地衣、壳状地衣和枝状地衣三类。地衣在改造自然环境方面起着非常重要的作用。

8. 苔藓植物是一类结构比较简单的高等植物，多生于阴湿环境，是植物从水生到陆生过渡的代表。比较低级的苔藓植物为扁平的叶状体，较高级的种类有茎、叶分化，没有真正的根，但有假根，属于茎叶体植物。配子体占优势，孢子体寄生在配子体上而不能独立生活，为不等世代交替的生活史类型。有性生殖器官出现了颈卵器及精子器，属于颈卵器植物；合子发育形成胚，属于高等植物。

9. 蕨类植物多陆生，有了根、茎、叶的分化，出现了维管组织，属于原始的维管植物，同时也是颈卵器植物和有胚植物，但主要靠孢子进行繁殖，因此又属于孢子植物或隐花植物。蕨类植物的孢子体和配子体均可独立生存，但生活史中以孢子体占优势，幼孢子体仍需配子体供给养分。

10. 裸子植物的孢子体发达。木质部大多数只有管胞，韧皮部只有筛胞而无筛管和伴胞。胚珠裸露，不为大孢子叶所形成的心皮所包被。孢子叶大多聚生成球果状，称为孢子叶球。配子体退化，寄生在孢子体上。花粉粒萌发时形成花粉管，受精作用不再受水的限制。胚珠成熟后形成种子，种子由胚、胚乳和种皮组成，胚乳是由不经过受精的雌配子体发育而成。种子裸露，外面没有果皮包被。

11. 被子植物亦属种子植物，是植物界最高级的一类。具有真正的花，又称有花植物。具有真正的果实，保护胚珠和帮助种子散布。具有特殊的双受精作用，胚乳是经过受精的三倍体产物。孢子体高度发展和分化，适应性强，营养方式多样化；配子体寄生且进一步简化。传粉方式亦多样化。

复习思考题

1. 名词解释：自然分类、种、原植体、茎叶体、孢子植物、种子植物。
2. 植物分类学的任务是什么？
3. 植物分类单位有哪些？分类的基本单位是什么？
4. 什么是双名法？
5. 植物界通常可分为哪几个基本类群？
6. 低等植物与高等植物有哪些区别特征？各包括哪些类群？
7. 什么是颈卵器植物？包括哪些类群？
8. 维管植物包括哪些类群？
9. 基本类群中哪些是原核生物？
10. 细菌和真菌的主要区别是什么？各有哪些代表植物？
11. 藻类植物的一般特征有哪些？有哪些代表类群？各有哪些代表植物？
12. 苔藓植物和蕨类植物的生活史和世代交替有何不同？原叶体是蕨类植物的哪个世代？
13. 构成地衣的两个植物类群是什么？两者是怎样的结合关系？
14. 按照外形区分，地衣有哪几种类型？
15. 裸子植物有哪些基本特征？试分析裸子植物比苔藓植物和蕨类植物的进化之处。
16. 被子植物与裸子植物相比，有哪些进化特征？

第八章

被子植物分类的形态学基础知识

传统的被子植物分类主要以形态特征为依据，尤其是花及果实的形态。被子植物在长期适应环境和漫长的进化过程中，出现了各种各样的形态和性状，对这些不同的性状和形态特征需要利用专业的名词、术语去描述。即使以分子生物学信息为主要依据的 APG 分类系统，也是建立在传统的形态学分类基础之上的，因此，在学习分类知识之前，必须熟悉、理解和掌握下列名词和术语。

第一节 茎

茎的形态多种多样，因植物种类、生长环境及发育阶段的不同而有不同程度的差异。根据茎的性质和生长习性归为下列类型。

一、根据茎的性质分

1. 木本植物

木本植物（woody plant）的茎木质化程度高，坚硬，寿命长。可进一步分为：

（1）乔木（tree） 有明显主干的高大树木，如松、柳、板栗、桉树等。

（2）灌木（shrub） 主干不明显的较矮植物，常有基部分枝，如月季、茶等。

（3）半灌木（half-shrub） 又称为亚灌木（subshrub），茎基部木质化，上部草质，为经冬不枯的多年生植物，如牡丹、海岛棉等。

2. 草本植物

草本植物（herb）的茎木质化程度低，多汁，较柔软。可进一步分为：

（1）一年生草本（annual herb） 在一年内完成从种子萌发、开花、结实到死亡的植物，如水稻、玉米、落花生等。

（2）二年生草本（biannial herb） 第一年仅营养器官生长，到第二年才开花结果而后枯死，如冬小麦、油菜、萝卜、白菜等。

（3）多年生草本（perennial herb） 地下部分能生长多年，每年继续发芽生长，而地上部分每年枯死，如藕、马铃薯、番薯、菊芋等。另外，也有一种是地上与地下部分均为多年生类的植物，如麦冬、万年青等。

3. 藤本植物

藤本植物（liana vine）的茎细长，不能直立，只能依附于其他物体，缠绕或攀缘向上生长。藤本又可分为木质藤本（如葡萄、忍冬等）和草质藤本（如南瓜、菜豆、黄瓜等）。

二、根据茎的生长习性分

根据茎的生长习性，可将茎分为以下几种类型（图 8–1）。

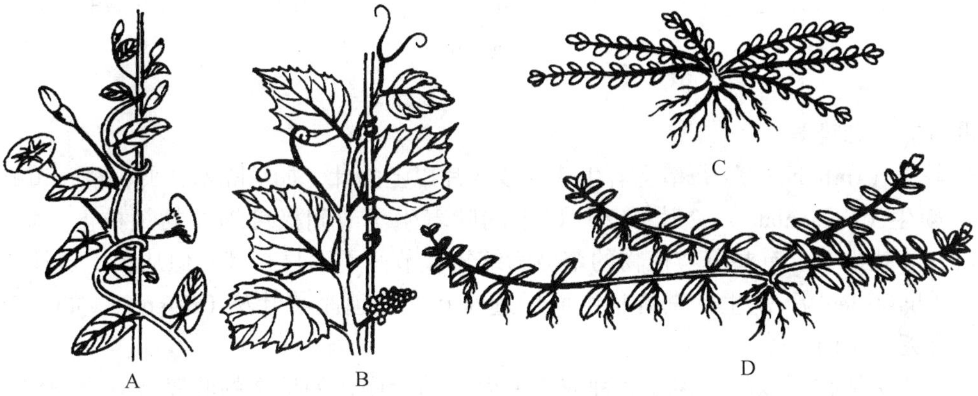

图 8–1 茎的类型

A. 缠绕茎 B. 攀缘茎 C. 平卧茎 D. 匍匐茎

1. 直立茎（erect stem） 茎垂直于地面，直立向上生长，如稻、玉米、苹果、桃等。

2. 缠绕茎（twining stem） 茎较柔软，不能直立生长，螺旋状缠绕在其他物体上向上生长，如豇豆、牵牛、菜豆等。

3. 攀缘茎（climbing stem） 茎细长柔软，不能直立，用攀缘器官攀缘向上，如黄瓜、葡萄、凌霄等。

4. 匍匐茎（stolon，creeping stem） 茎沿着地面向四周蔓延生长，接触地面的节上产生不定根，如草莓、番薯等。

5. 平卧茎（prostrate stem） 茎平卧于地面上，节上不生根，如地锦、蒺藜等。

第二节 叶

叶的形态多种多样，变化较大，很多特征可以作为分类学的指标。在识别植物时，常以叶序、叶形、叶尖、叶基、叶缘、叶脉、托叶等性状特点为分类依据。

一、叶序

叶序（phyllotaxy）指叶在茎上排列的方式，常见的叶序有以下几种（图 8–2）。

1. 互生（alternate） 指在茎的每节上只有一片叶，各叶交互而生，呈螺旋状排列，如稻、玉米、南瓜、棉、桃、李等。

2. 对生（opposite） 指在茎的每节上相对着生 2 片叶，如龙船花、芝麻、薄荷、女

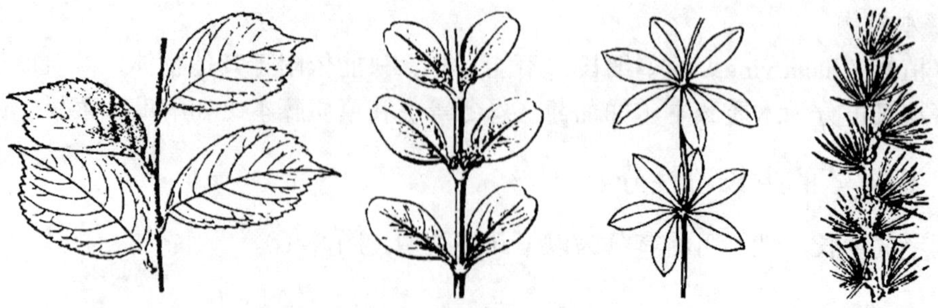

图 8-2 叶序

贞、番石榴、咖啡等。

3. 轮生（verticillate） 每节上着生 3 片或 3 片以上的叶，如长隔木、夹竹桃、黄蝉等。

4. 簇生（fasciculate） 2 片或 2 片以上的叶着生于节间极度缩短的短枝上，如银杏、金钱松、落叶松等。有些草本植物的茎极为缩短，节间不明显，其叶似从根上成簇生，称基生叶（basal leaf），基生叶常着集生而成莲座状，称莲座状叶丛（rosette），如白菜、芥菜、蒲公英、车前草等。

同一植株植物可以同时存在 2 种或 2 种以上的叶序，如桔梗的叶序有互生、对生及 3 叶轮生，栀子的叶序有对生和 3 叶轮生。

叶在茎上的排列，不论是哪种叶序，相邻两节的叶在垂直方向上总是不相互重叠而成镶嵌状态。这种不相互重叠的现象，称为叶镶嵌（leaf mosaic）。叶的这种排列方式能够更多地利用阳光。叶镶嵌现象比较明显的植物有爬山虎、常春藤等。

二、叶的形状

叶的形状（leaf shape）是指叶片的形状，首先根据叶片的长宽比例和叶的最宽处所在叶片的部位来确定的全形（图 8-3）。然后分别描述叶端、叶基、叶缘的形状和叶脉的分布等各部分的形态特征。

1. 叶片的全形

叶片的大小和形状变化很大（图 8-4），随物种而异，甚至在同一植株上，其形状也有不同，但一般同一种植物叶的形状是比较稳定的，在分类学上常作为鉴别植物的依据。

（1）针形（acicular，acerose） 叶细长，先端尖，形如针，如马尾松。

（2）线形（带形）（linear） 叶片狭长，长是宽的 5 倍以上，且全叶长的宽度几乎相等，两侧叶缘几乎平行，如韭。

（3）剑形（ensate） 坚实较宽大的、具尖锐顶端的线形叶，如鸢尾、菠萝。

（4）披针形（lanceolate） 叶中部以下最宽，向上渐狭，长是宽的 3 ~ 4 倍，如桃。

（5）倒披针形（oblanceolate） 是披针形的颠倒，如小檗。

（6）卵形（ovate） 形如鸡卵，中部以下较宽，向上渐狭，长为宽的 1.5 ~ 2 倍，如女贞。

（7）倒卵形（obovate） 是卵形的颠倒，如紫云英、泽漆。

（8）阔卵形（broad ovate） 长宽相等或长稍大于宽，最宽处近叶的基部，如苎麻。

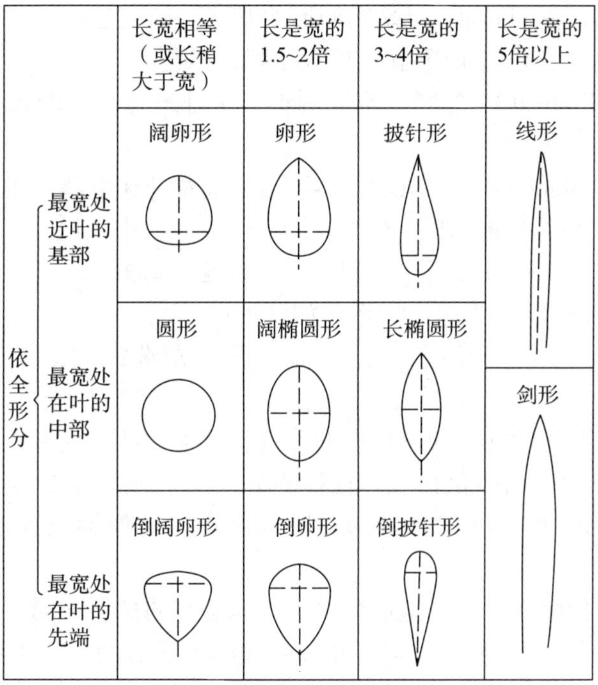

图 8–3 叶形

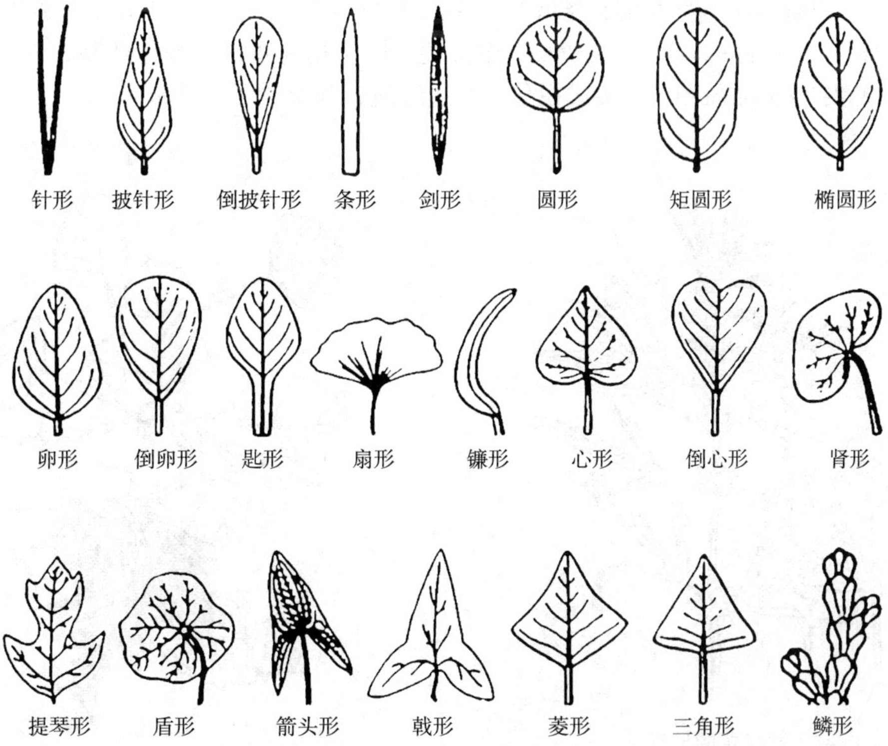

图 8–4 叶形的类型

（9）倒阔卵形（broad obovate） 是阔卵形的颠倒，如玉兰。

（10）圆形（orbicular） 形似圆盘，长宽相等，如莲。

（11）椭圆形（elliptical） 椭圆或窄卵圆形，中部最宽，两端较窄，叶缘呈弧形，如茶和樟。

（12）长椭圆形（oblong） 长是宽的 3~4 倍，最宽处在中部，如芒果。

（13）阔椭圆形（broad elliptic） 长为宽的 2 倍左右，中部最宽，如橙。

（14）菱形（rhombic） 叶片近等边斜方形，如菱、乌桕。

（15）心形（cordate） 叶形呈心脏形，如紫荆。

（16）肾形（reniform） 叶似肾形，基部圆凹，先端钝圆，宽大于长，如积雪草、细辛。

此外，还有其他形状的叶，如三角形的荞麦和扛板归叶、扇形的银杏叶、匙形的油菜叶等。不同的植物，叶形的变化很大，往往不完全像上述的那么典型，例如也有可能既像卵形，又像披针形，称为卵状披针形；既像匙形，又像倒披针形，则称为匙状倒披针形。

一般情况下，每种植物具有一定形状的叶。但是有的植物在同一株植株上具有不同叶形的叶，称为异形叶性（heterophylly）。异形叶性的出现有两个原因：一是由于植株发育年龄不同而发生叶形各异。例如，益母草基生叶略呈圆形，中部叶椭圆形并掌状分裂，顶生叶不分裂而近无柄（图 8–5）。二是由于外界环境的影响，引起叶的变化。例如，菱的沉水叶是羽毛状细裂，浮水叶呈菱状三角（图 8–6）。

2. 叶尖

叶尖（leaf apex）也称叶端，指叶片先端约 1/3 的部分，常见的叶尖如图 8–7 所示。

（1）渐尖（acuminate） 叶尖较长，渐尖锐，叶缘稍内弯，如杏、桃等。

（2）锐尖（cuspidate） 叶尖成锐角形，边缘直，如金樱子。

图 8–5 益母草的异形叶

A. 基生叶 B. 中部叶、上部叶

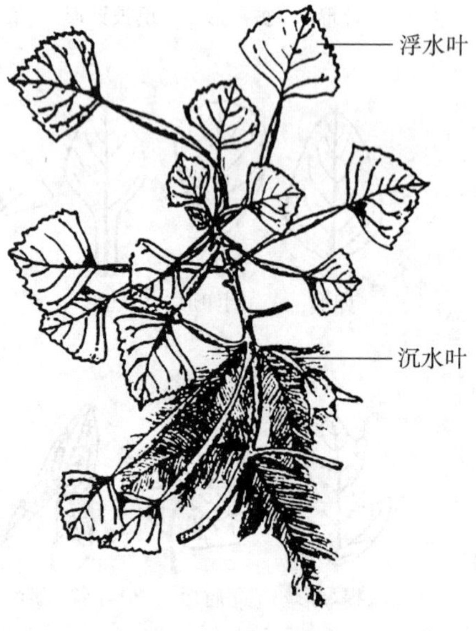

图 8–6 菱的异形叶

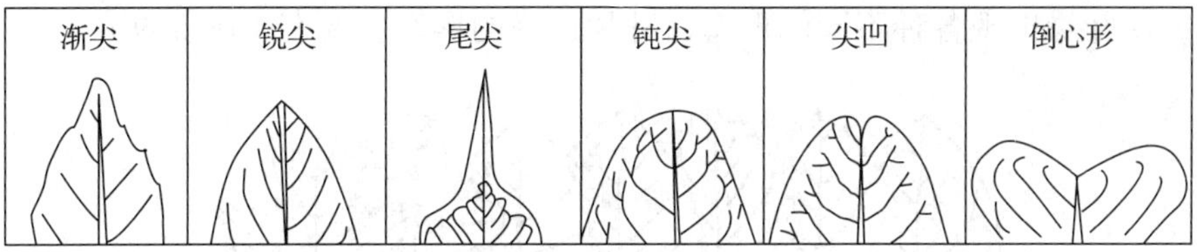

图 8-7 叶尖的类型

（3）尾尖（Caudate） 叶尖狭长而呈尾状，如郁李。

（4）钝尖（obtuse） 叶尖钝或狭圆形，如厚朴。

（5）尖凹（retuse） 叶尖顶端稍凹入，如黄檀和细叶黄杨。

（6）倒心形（obcordate） 叶尖宽圆，有较深的凹缺，如酢浆草。

3. 叶基

叶基（leaf base）指叶片基部约 1/3 的部分，叶基形状常见的如图 8-8 所示。

（1）心形（cordate） 叶片基部两侧各有一圆裂片，中部凹成心形，如番薯、牵牛。

（2）耳垂形（auriculate） 叶片基部两侧各有一耳垂形的小裂片，如油菜。

（3）箭形（sagittate） 叶片基部两侧的小裂片尖锐，向后并稍向内，似箭头，如慈姑。

（4）楔形（cuneate） 叶片自中部以下向基部两侧渐狭，状如楔子，如垂柳和含笑花。

（5）戟形（hastate） 叶片基部两侧的裂片稍向外展开，如菠菜。

（6）圆形（rotundate） 叶基呈半圆形，如杏和苹果。

（7）偏形（oblique） 叶片基部两侧不对称，如秋海棠和朴树。

（8）合生穿基（perfoliate） 对生叶的基部两侧裂片合生成一整体，而基恰似贯穿在叶片中，如串叶松香草。

（9）抱茎（amplexicain） 没有叶柄的叶，其基部两侧紧抱着茎。

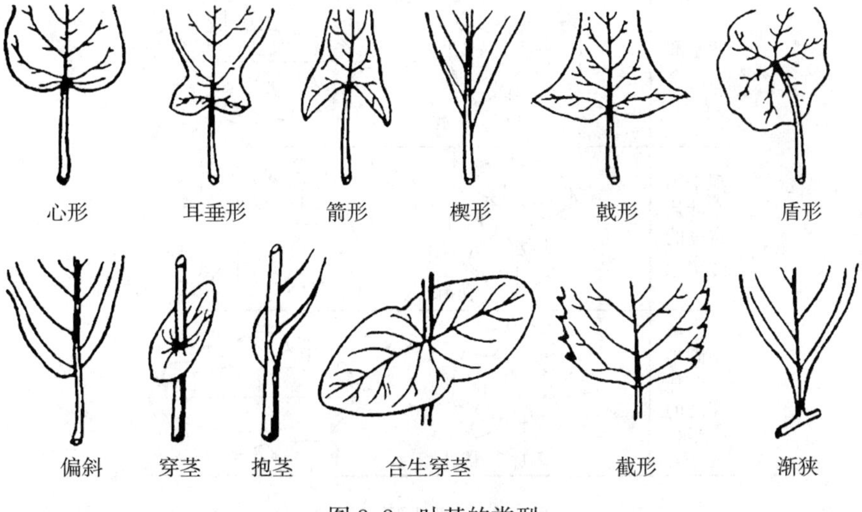

图 8-8 叶基的类型

4. 叶缘

叶片生长时，叶片边缘生长速度均一，则叶缘平整，为全缘叶，如果叶片边缘生长速度不均一，使叶缘出现各种不同的形态，叶片边缘的形态主要有（图 8-9）：

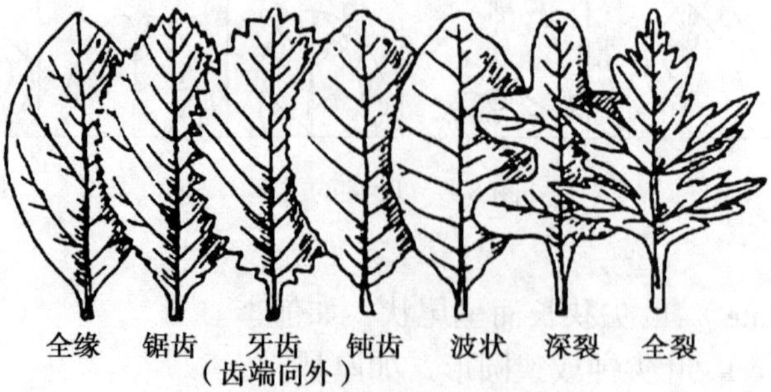

图 8-9 叶缘的基本类型

（1）全缘（entire） 叶片边缘平整无缺，如大豆、小麦。

（2）锯齿（serrate） 叶片边缘具有尖锐向前倾斜的锯齿，如大麻、桃、苹果。

（3）牙齿（dentate） 叶片边缘裂成齿状，齿两边近等长，齿尖朝外而非朝前，如桑和糯米椴。

（4）钝齿（crenate） 叶片边缘有钝头的齿，如大豆、黄杨。

（5）波齿（undulate） 叶片边缘似微波浪形，如茄、栎。

5. 叶裂

叶裂（leaf dividsion）指叶片往往会裂开形成缺刻，依缺刻的形状主要有羽状裂叶（如马铃薯、油菜）和掌状裂叶（棉花、蓖麻）之分，依叶片边缘裂入的深浅可分为如下三种（图 8-10，图 8-11）。

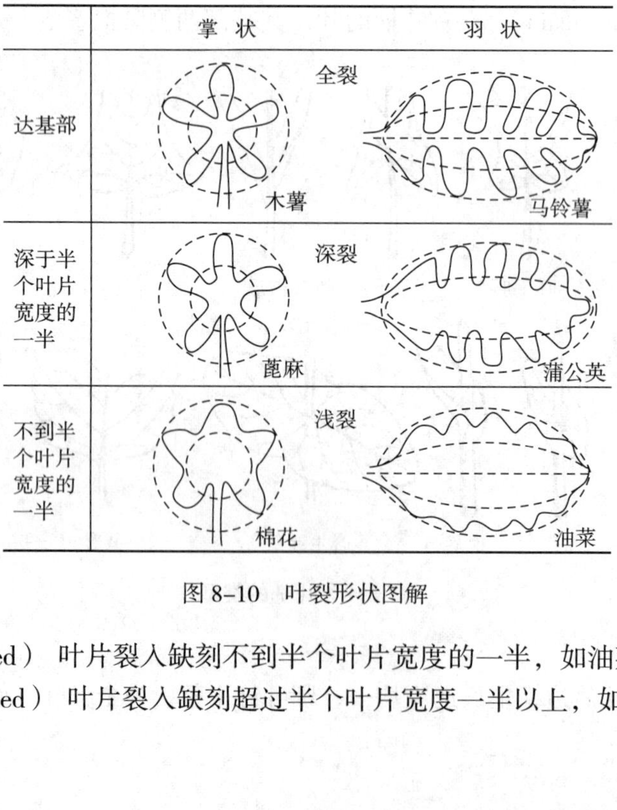

图 8-10 叶裂形状图解

（1）浅裂（lobed） 叶片裂入缺刻不到半个叶片宽度的一半，如油菜。

（2）深裂（parted） 叶片裂入缺刻超过半个叶片宽度一半以上，如葎草。

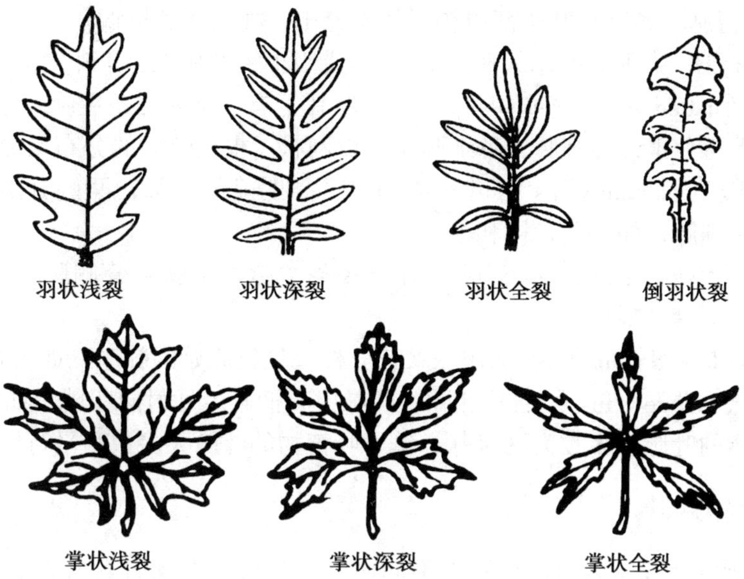

图 8-11 叶裂的类型

（3）全裂（divided） 叶片裂入缺刻达中脉或基部，如大麻、白头翁。

三、脉序

脉序（venation）指叶脉在叶片中的排列方式，有以下几种（图 8-12）。

1. 平行脉（parallel veins） 叶片的中央有条主脉，主脉和两边的脉相互平行或近平行或近垂直排列，多见于禾本科植物。根据叶脉排列的不同又分为以下 4 种：

① 直出平行脉 各脉由叶基部平行直达叶尖，如水稻和小麦。

② 侧出平行脉 侧脉垂直于主脉，彼此平行，直达叶缘，如香蕉、大蕉、美人蕉。

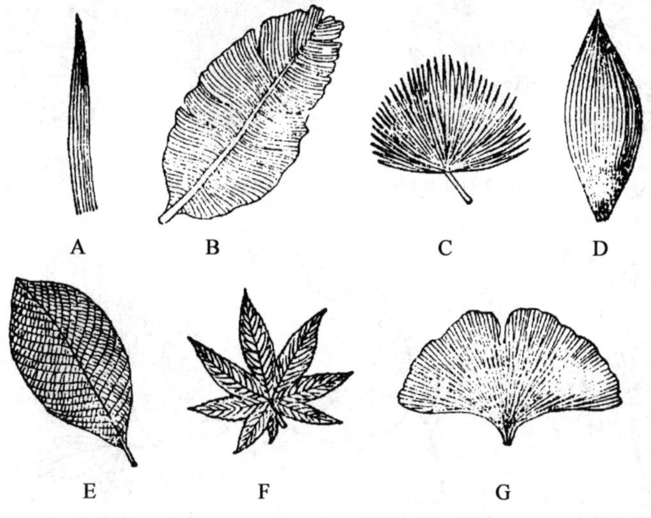

图 8-12 叶脉的类型

A. 直出平行脉 B. 侧出平行脉 C. 射出平行脉 D. 弧形平行脉 E. 羽状网脉 F. 掌状网脉 G. 叉状脉

③ 射出平行脉 各脉自叶基部以辐射状态分出，如蒲葵和棕榈。

④ 弧状平行脉 各脉自叶基部平行发出，稍带弧状，集中汇合于叶尖，如车前和玉簪。

2. 网状脉（netted veins，reticular veins） 叶片上有一条或几条主脉，主脉上又发出许多侧脉，侧脉上再分出许多细脉，各细脉交织成网状。根据叶脉的分布又分为如下 2 种：

① 羽状网脉（pinnate veins） 叶片中间具一条明显的主脉，两侧分出许多侧脉，侧脉间又分出许多细脉，如桂花、桃和李。

② 掌状网脉（palmate veins） 叶基分出多条主脉，主脉又分侧脉，侧脉又分细脉，如棉、向日葵、蓖麻、南瓜。

3. 叉状脉（forked veins） 各脉作二叉状分枝，是较原始的脉序，如银杏和蕨类植物。

4. 辐射脉（radiate veins） 盾状叶脉，叶脉由叶柄着生处射向四周，如莲。

双子叶植物的叶脉大多数为网状脉，单子叶植物的叶脉大多数为平行脉。

四、单叶和复叶

一个叶柄所生叶片的数目因植物的不同而异，是植物类群的鉴别依据之一，一般有以下两种类型。

1. 单叶（simple leaf）

一个叶柄上只生一个叶片，如朱槿、棉、桃和油菜。

2. 复叶（compound leaf）

一个叶柄上生有 2 至多个小叶片，每个小叶片的柄称为小叶柄（petiolate）；复叶的叶柄称为总叶柄（common petiole）；延伸的部分称为叶轴（rachis）。复叶因排列方式的不同又分为如下几种（图 8-13）。

图 8-13 复叶的类型

（1）羽状复叶（pinnately compound leaf） 小叶排列在总叶柄两侧，呈羽毛状。又可再分为：

① 奇数羽状复叶（odd-pinnately compound leaf） 顶生小叶存在，小叶的数目为单数，如紫云英、槐树、黄皮。

② 偶数羽状复叶（even-pinnately compound leaf） 顶生小叶缺，小叶的数目为偶数，如决明、落花生、荔枝。

羽状复叶又因叶轴分枝排列情况的不同，分为一回、二回、三回或数回羽状复叶。

① 一回羽状复叶（simple pinnate leaf） 叶轴上不分枝，小叶直接生在叶轴左右两侧，如刺槐、落花生。

② 二回羽状复叶（bipinnate leaf） 叶轴分枝一次，再生小叶，如合欢、云实。

③ 三回羽状复叶（tripinnate leaf） 叶轴分枝两次，再生小叶，如南天竹、苦楝。

④ 多回羽状复叶（decomposite pinnate leaf） 叶轴多次分枝，再生小叶。

（2）掌状复叶（palmately compound leaf） 小叶 3 片以上，都生在总叶柄的顶端，呈辐射状排列，如七叶树、大麻、木通、木棉等。

掌状复叶因叶轴分枝情况的不同，可再分为一回、二回等。

（3）三出复叶（ternately compound leaf） 仅有 3 个小叶生在总叶柄上。其中又分为：

① 羽状三出复叶（ternate pinnate leaf） 顶生小叶生于总叶柄的顶端，2 个侧生小叶生于总叶柄的顶端以下，如大豆。

② 掌状三出复叶（ternate palmate leaf） 3 个小叶都生于总叶柄的顶端，如红车轴草、橡胶树。

（4）单身复叶（unifoliate compound leaf） 由三出复叶演化而来，两侧生小叶退化，而总叶柄与顶生小叶连接处有关节，如柑橘类植物。

3. 复叶与单叶的主要区别

（1）单叶的叶腋内有腋芽；复叶的总叶柄基部才有腋芽，而小叶的叶腋内无腋芽。

（2）单叶着生的枝条的顶端有顶芽，而复叶总叶柄的顶端无顶芽。

（3）着生单叶的枝条上，单叶与茎形成一定的角度，而复叶的小叶大致生在一个平面上。

（4）落叶时，单叶的叶柄和叶片同时脱落，而复叶则小叶先落，最后总叶柄脱落。

具全裂叶片的单叶其裂口虽可达叶柄，但不形成小叶柄，因此容易与复叶相区别。

第三节 花

一、花序

有些植物的花单独一朵着生在枝顶或叶腋上，称为单生花。单生花的花朵一般较大而显著，如白兰、朱槿、莲、牡丹等。多数植物的花按一定的方式和顺序着生在一个分枝或不分枝的花轴上，构成花序（inflorescence）。着生在枝条上的花轴称为花序梗（peduncle）或花序轴（rachis），其上着生的花称为小花。菊科植物等膨大的花序轴也称为花序托（receptacle of inflorescence）。花序的基部及花的基部常着生有各种形状的变态叶，其中生于花序及其分枝基部以及花梗基部的变态叶称为苞片（bract），生于小花梗上或花萼下的称为小苞片（bracteole）。当多枚苞片聚集紧托花序时，称为总苞（involucre），如菊科植物的花序。

花序因植物种类的不同而有各种变化，主要表现为花序长短及分枝与否、花梗有无及是否等长、开花顺序等。

按开花顺序，花序可分为无限花序和有限花序两大类，每一类再根据结构特征分为若干类型。

1. 无限花序

无限花序（indefinite inflorescence）又称为向心花序（centripetal inflorescence），其特点是花序轴下部的花先开，渐及上部，开花期间主轴可继续伸长生长，产生新的花芽。如果花序轴缩短，各花密集呈平面或球面时，开花顺序则是由边缘开始，渐及中心。常见类型如图 8–14 所示。

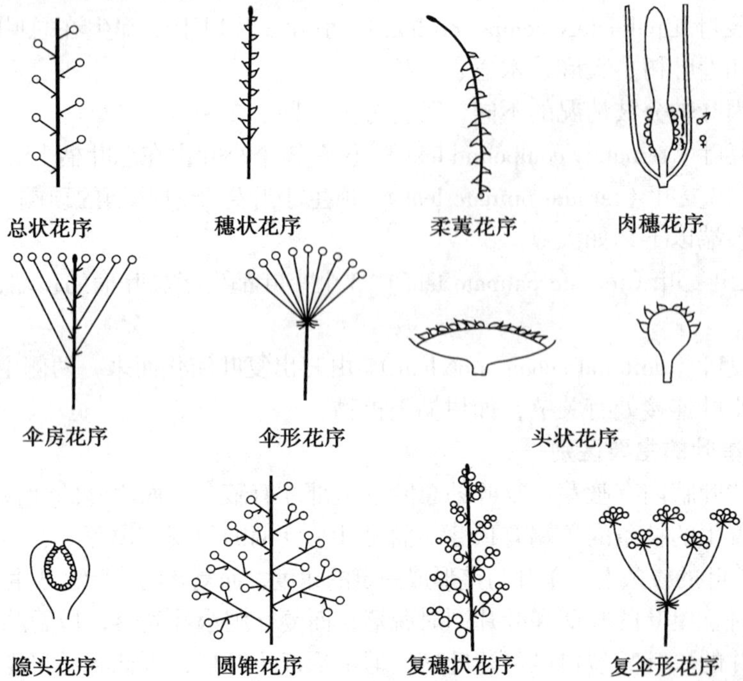

图 8–14 无限花序的类型

（1）总状花序（raceme） 花多数，排列在一条较长且不分枝的花轴上，花有梗，花梗近等长，如白菜、荠菜。

（2）穗状花序（spike） 与总状花序相似，区别是花无梗，如车前草、马鞭草。

（3）柔荑花序（catkin 或 ament） 花序轴柔软下垂或少为直立，着生许多无梗或短梗的无被单性花（雌花或雄花），雄花序于开花后整个花序脱落，雌花序于果实成熟后整枝脱落，如构树、板栗、桑。

（4）肉穗花序（spadix） 是一种穗状花序，但其花序轴粗短、肥厚而肉质化，基部常有总苞包围，如玉米、芋、半夏。

（5）伞房花序（corymb） 是一种变化的总状花序，与总状花序的不同点是花梗不等长，花序下部的花梗最长，向上渐短，花序顶部成一平头状，如梨、山楂、麻叶绣球。

（6）伞形花序（umbel） 花全部着生在花序轴顶部，花梗近等长或不等长，花序外形如张开的伞，如葱、韭。

（7）头状花序（capitulum） 花无梗或近无梗，密集聚生于一平坦或隆起的总花托上而成一头状体，如菊花、含羞草、向日葵。

（8）隐头花序（hypanthodium） 花聚生于肉质内陷的总花托的内壁上，被总花托所包围，仅留一孔与外界相通，如无花果、榕树。

（9）圆锥花序（panicle） 花序轴分枝，小枝为一总状或穗状花序，或泛指一切分枝疏松、外形呈宝塔形的花序，如水稻、荔枝。

上述各种无限花序除圆锥花序外，花序轴均不分枝，称为简单花序（simple inflorescence）。如果花序轴分枝，每一小枝相当于上述的一种简单花序，称为复合花序（compound inflorescence）。如水稻的圆锥花序为复总状花序（compound raceme），小麦的花序为复穗状花序（compound spike），胡萝卜的花序为复伞形花序（compound umbel）等。

2. 有限花序

有限花序（definite inflorescence）或称为离心花序（centrifugal inflorescence），也称为聚伞花序（cyme），其花序轴最顶点的花先开，渐及下部，或花序中心的花先开，渐及周围。由于顶花先开，因此限制了花序轴继续伸长。有限花序主要有以下几种类型（图 8-15）。

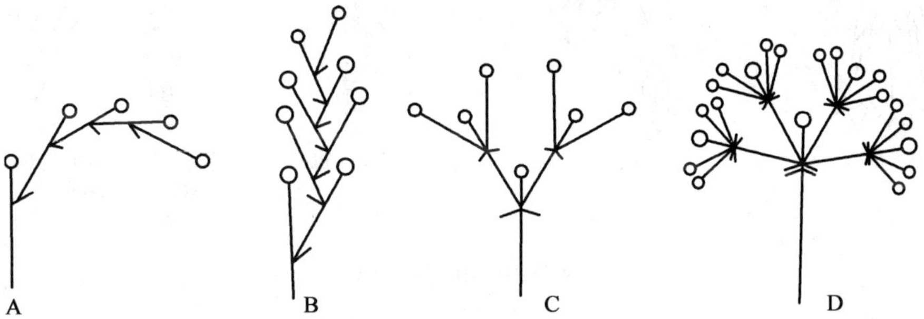

图 8-15 有限花序的类型

A，B. 单歧聚伞花序（A. 螺状聚伞花序 B. 蝎尾状聚伞花序） C. 二歧聚伞花序 D. 多歧聚伞花序

（1）单歧聚伞花序（monochasium） 花轴顶芽发育成一朵花，在它下面的一个腋芽发育成侧枝，然后侧枝顶芽又发育成一朵花，在花下面又产生花和侧枝，侧枝再以同样方式发育出花和侧枝。因此，整个花序为一个合轴分枝。由于分枝排列方式的不同，单歧聚伞花序又分为两种：一种是侧枝生于同一侧，花序呈卷曲状，称为螺状聚伞花序（bostrix），如勿忘草；另一种是侧枝左右两侧交互排列，称为蝎尾状聚伞花序（scorpiod cyme），如唐菖蒲、黄花菜。

（2）二歧聚伞花序（dichasium） 花轴顶端发育出一朵花后，在其下面同时生出一对侧枝，每个侧枝又以同样方式发育出顶花和侧枝，如石竹、繁缕。

（3）多歧聚伞花序（pleiochasium） 花轴顶端发育成一朵花后，在其下面发生三个以上的分枝，每个侧枝顶芽发育成一朵花后，又以同样方式长出分枝，如大戟、泽漆。

（4）轮状聚伞花序（verticillaster） 聚伞花序生于对生的叶腋或苞片腋部，密集而呈轮状排列，如益母草、薄荷。

花序类型比较复杂，有些植物的花序兼有无限花序和有限花序的特点。如葱、韭是伞形花序，但中心的花先开，又具有聚伞花序的特点。又如水稻的圆锥花序，主轴和每个分枝顶端的花先开，具有聚伞花序的特点，但大多数花却是按自下而上顺序开放，又具有无限花序的特点。

二、花冠的类型

由于花瓣的离合情况、花冠筒的长短以及花冠裂片形态不同等因素，形成了不同类型的花冠，常见的如图 8-16 所示。

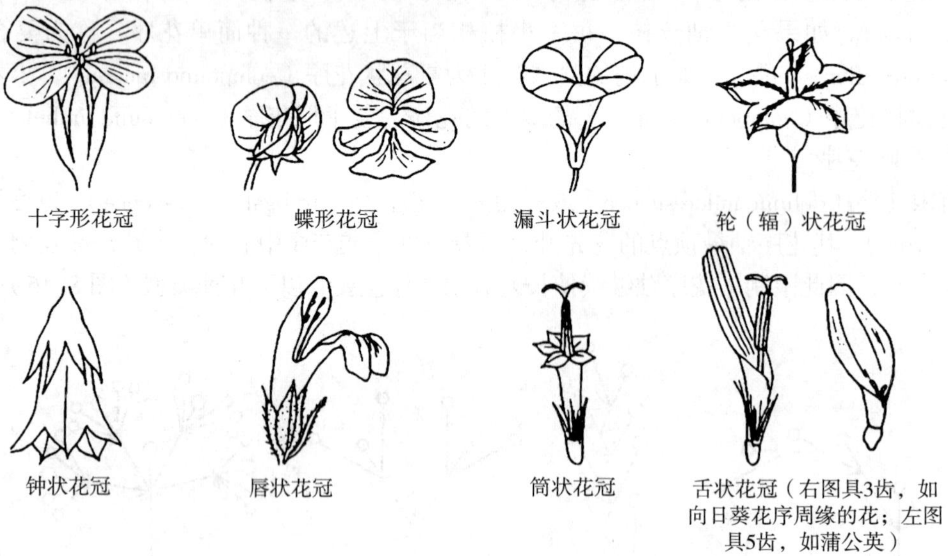

图 8-16 花冠的类型

1. 筒状花冠（tubular corolla） 又称为管状花冠，花冠下部大部分合生成管状或圆筒状，花冠裂片向上伸展，如向日葵花序的盘花。

2. 漏斗状花冠（funnel-shaped corolla） 花冠下部合生呈圆筒状，并由基部向上渐渐扩大呈漏斗状，如牵牛、蕹菜。

3. 钟状花冠（campanulate corolla） 花冠筒宽而短，上部扩大呈钟状，如南瓜、桔梗。

4. 高脚碟状花冠（salver form corolla） 花冠下部为细圆筒状，上部呈水平扩大，如水仙。

5. 轮（辐）状花冠（rotate corolla） 花冠筒短，裂片由基部向四周扩展，状如车轮，如茄、番茄。

6. 蔷薇状花冠（roseform corolla） 5 个或更多离生的同形花瓣呈辐射状排列，如桃、梨。

7. 唇状花冠（labiate corolla） 花冠略呈二唇形，上方 2 片花瓣多少合生，称为上唇；下方 3 片合生，为下唇，如紫苏、益母草。

8. 舌状花冠（ligulate corolla） 花冠下部成一短筒，上部偏向一侧展开呈扁平舌状，如向日葵花序的边花。

9. 蝶形花冠（papilionaceous corolla）　5片大小、形状不同的花瓣排列成蝶形，上（外）方一片最大的花瓣称为旗瓣（vexil）；侧面两片略小，形状相同，状如双翼，称为翼瓣（wing）；下（内）方两片最小，合生在一起，形状如龙骨突起，称为龙骨瓣（keel）。如蚕豆、花生。

10. 十字形花冠（cruciferous corolla）　4片离生的花瓣形状相同，排列成十字形，如白菜、萝卜。

三、花瓣和萼片在花芽中的排列方式

花瓣和萼片或其裂片在花芽中的排列方式，因植物种类不同而异，主要有下列几种（图8–17）。

A　B　C　D　E

图8–17　花被片的排列方式

A ~ C. 镊合状（B. 向内镊合状　C. 向外镊合状）　D. 旋转状　E. 覆瓦状

1. 镊合状（valvate）　花瓣、萼片各片的边缘彼此接触而不相互覆盖，如茄、番茄。若花被各片的边缘稍向内弯则称内向镊合，如沙参的花冠；若花被各片的边缘稍向外弯则称外向镊合，如蜀葵的花萼。

2. 旋转状（contorted）　花瓣、萼片的每一片以一侧边缘覆盖其相邻一片的边缘，而另一侧边缘却被其相邻片的边缘所覆盖，如牵牛、扶桑。

3. 覆瓦状（imbricate）　与旋转状排列相似，只是各片中有一片或两片完全在外，有一片完全在内，如白菜、洋紫荆。

四、雄蕊的类型

雄蕊的数目、离生或合生等，常随植物种类而异，形成了不同的类型，常见的类型如图8–18所示。

1. 离生雄蕊（distinct stamen）　花中雄蕊彼此分离，如水稻、荔枝。

2. 单体雄蕊（monadelphous stamen）　花中所有雄蕊的花丝合生成一束，花药分离，如棉、朱槿等锦葵科植物和远志等远志科植物。

3. 二体雄蕊（diadelphous stamen）　花中所有雄蕊的花丝连合成两束，如菜豆、蚕豆的花有10枚雄蕊，其中9枚雄蕊的花丝连合成一束，1枚分离。又如延胡索等罂粟科植物有6枚雄蕊分成2束，每束3枚。

4. 多体雄蕊（polyadelphous stamen）　花中所有雄蕊的花丝连合成多束，如木棉、蓖麻、橙。

5. 聚药雄蕊（syngenesious stamen）　花中所有雄蕊的花药合生而花丝分离，如向日葵。

6. 二强雄蕊（didynamous stamen）　花中有4枚雄蕊，花丝2长、2短，如紫苏、益母草。

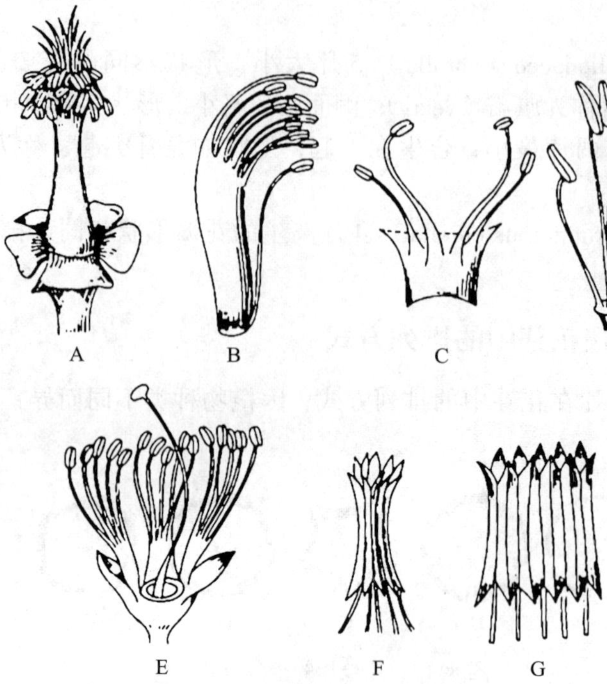

图 8-18 雄蕊的类型

A. 单体雄蕊 B. 二体雄蕊 C. 二强雄蕊 D. 四强雄蕊 E. 多体雄蕊 F，G. 聚药雄蕊

7. 四强雄蕊（tetradynamous stamen） 花中有6枚雄蕊，花丝4长、2短，如白菜、莱薹。

五、花药着生的方式

花药在花丝上的着生方式有如下几种（图 8-19）。

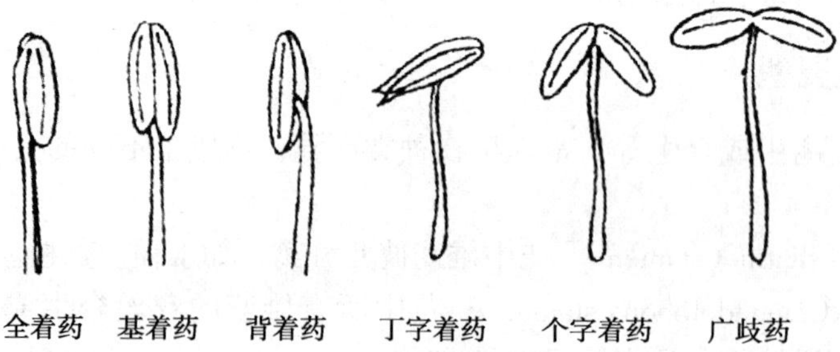

图 8-19 花药着生的方式

1. 基着药（basifixed anther） 又称为底着药，花药仅以基部着生于花丝顶端，如望江南、莎草。

2. 背着药（dorsifixed anther） 花药以背部着生于花丝上，如桑、油菜。

3. 丁字着药（versatile anther） 花药以背部中央一点着生于花丝的顶端，因而易于摇动，如水稻、百合。

4. 广歧药（divaricate anther） 花药的两半从基部分离并张开成水平状，顶部着生花丝顶端，如地黄。

5. 全着药（adnate anther） 又称为贴着药，花药全部着生于花丝上，如莲、白兰。

6. 个字着药（divergent anther） 花药以其上部与花丝相连，其中下部张开时呈“个”字形，如凌霄（Campsis grandiflora）等。

六、花药开裂的方式

花药成熟后以一定方式开裂散出花粉，开裂方式主要有以下三种（图 8-20）。

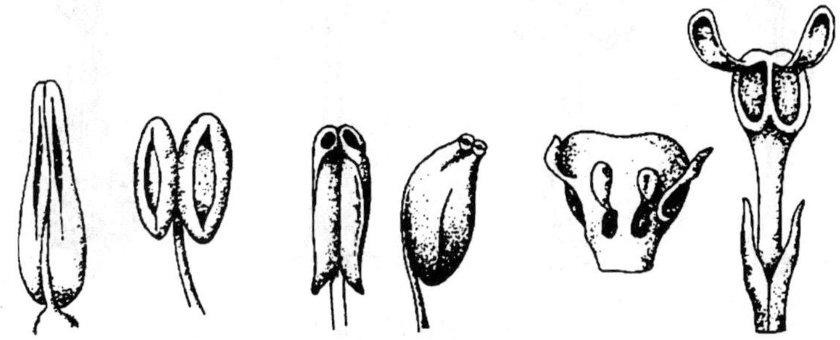

图 8-20 花药开裂方式

1. 纵裂（longitudinal dehiscence） 药室沿纵长轴开裂，是最常见的一种开裂方式，如白菜、百合。

2. 孔裂（poricidal dehiscence） 药室顶端或近顶端开一小孔，花粉由小孔散出，如茄、马铃薯。

3. 瓣裂（valvular dehiscence） 药室有 2 ~ 4 个可揭开的瓣，花药成熟时，瓣掀开，花粉由掀开瓣下的孔散出，如樟树、小檗。

七、雌蕊的类型

根据心皮数目和心皮离合情况，雌蕊有以下类型（图 8-21）。

1. 单雌蕊（simple pistil） 一朵花中只有一枚由一个心皮构成的雌蕊，如大豆、花生、桃。

2. 离生雌蕊（apocarpous pistil） 一朵花中有多枚彼此分离的心皮各自构成的多个分离的雌蕊，也称为离心皮雌蕊，如八角、草莓、苹婆、白兰。

3. 复雌蕊（compound pistil） 一朵花中有一枚由两个或两个以上心皮合生构成的雌蕊，也称为合生雌蕊，如白菜、柑、南瓜。复雌蕊中除子房合生外，花柱和柱头的离合情况随植物种类而异，有花柱和柱头均分离的，有花柱合生、柱头分离的，有花柱和柱头均合生的。一个复雌蕊的花柱、柱头、子房室、胎座、缝线等，常与心皮数目成正相关，可借此判断复雌蕊的心皮数目。

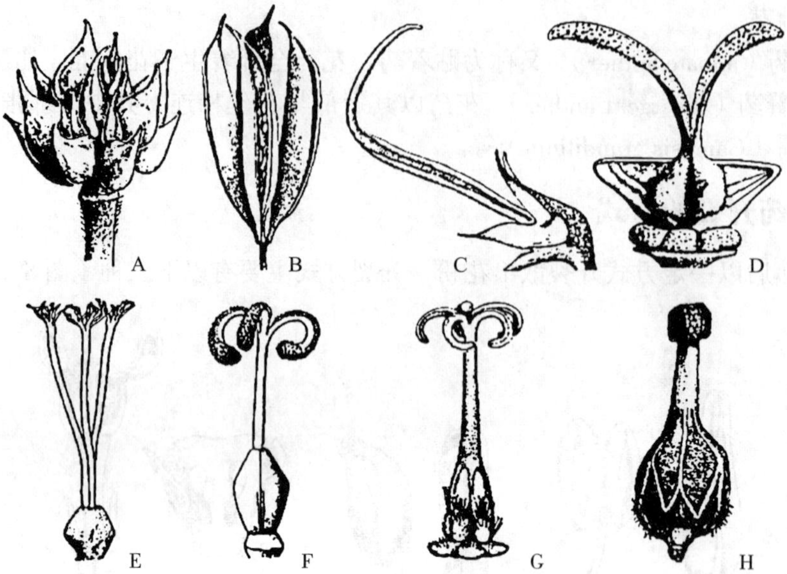

图 8-21 雌蕊的常见类型

A～B. 离生雄蕊 C. 单雌蕊 D～H. 复雌蕊

八、子房位置的类型

由于花托形态、子房与花托连合情况的不同，子房位置有以下不同类型（图 8-22）。

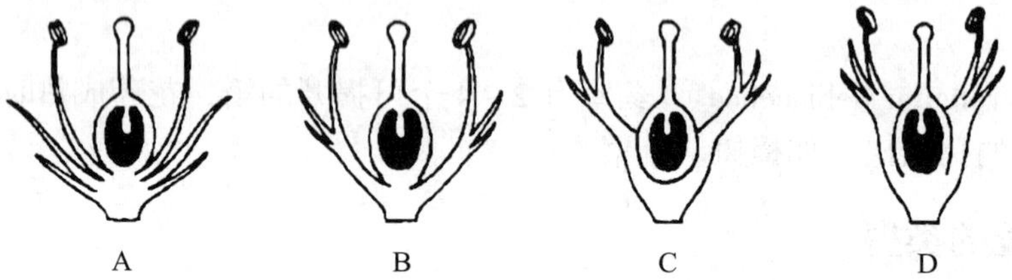

图 8-22 子房位置和花的位置

A. 上位子房（下位花） B. 上位子房（周位花） C. 半下位子房（周位花） D. 下位子房（上位花）

1. 上位子房（superior ovary） 又称为子房上位，子房仅以底部与花托相连，花的其余部分不与子房相连。其中又可分为两种情况：

① 上位子房下位花（superior ovary with hypogynous flower） 花托多少凸起或稍呈圆锥状，子房以底部着于花托中央最高处，萼片、花瓣、雄蕊着生的位置低于子房，如莱薹，白兰。

② 上位子房周位花（superiorovary with perigynous flower） 子房仅以底部着生在花托凹陷中央的底部，其他部分与花托分离；萼片、花瓣、雄蕊着生在花托隆起的边缘，位于子房周围，如桃、李。

2. 半下位子房（half-inferior ovary） 又称为子房半下位或子房中位，子房的下半部着生于凹陷的花托中，并与花托愈合不分离，花的其余部分着生于子房周围的花托边缘，故也称为周位花，如马齿苋、菱、桉树。

3. 下位子房（inferior ovary） 又称为子房下位，整个子房着生于凹陷的花托中，并与花托愈合，只留花柱和柱头突出在外面，花的其余部分着生于子房上方的花托边缘，故也称为上位花（epigynous flower），如南瓜、蒲桃。

九、胎座的类型

胚珠在子房壁上着生之处称为胎座（placenta）。由于心皮数目和连合情况的不同，形成下面几种胎座类型（图 8–23）。

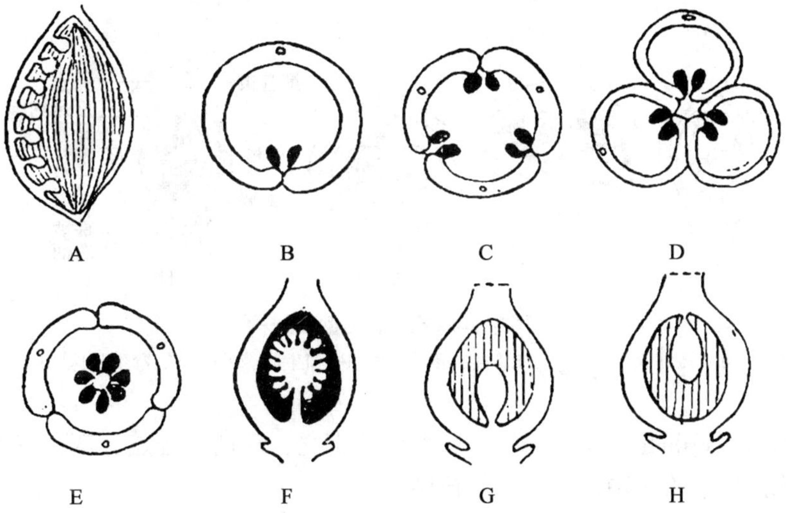

图 8–23 胎座的类型

A，B. 边缘胎座 C. 侧膜胎座 D. 中轴胎座 E，F. 特立中央胎座 G. 基生胎座 H. 顶生胎座

1. 边缘胎座（marginal placentation） 单心皮一室子房，胚珠沿心皮腹缝线呈纵行排列，如决明、豌豆等豆类植物。

2. 侧膜胎座（parietal placentation）复雌蕊（合生雌蕊）一室或假数室子房，胚珠沿腹缝线排成若干纵行，如白菜、油菜等十字花科植物和黄瓜、丝瓜等葫芦科植物。

3. 中轴胎座（axile placentation） 复雌蕊多室子房，心皮边缘内弯，在子房中央愈合形成中轴，各子房室的胚珠着生于中轴周围，如柑橘、柠檬等芸香科植物和百合、贝母等百合科植物。

4. 特立中央胎座（free-central placentation） 复雌蕊原为多室子房，由于隔膜消失而成为一室子房或不完全数室子房，中轴上部消失，仅留下短柱，胚珠即着生于此短柱上，如石竹、太子参等石竹科植物和马齿苋等马齿苋科植物。

5. 基生胎座（basal placentation） 胚珠着生于子房室的基部，如向日葵等菊科植物和大黄、何首乌等蓼科植物。

6. 顶生胎座（apical placentation） 胚珠着生于子房室的顶部，如了哥王等瑞香科植物和构、桑等桑科植物。

十、胚珠的类型

胚珠发育时，由于珠柄和其他各部分的生长速度不同，导致胚珠本体和珠柄形成不同的位置。常见的胚珠类型如图 8–24 所示。

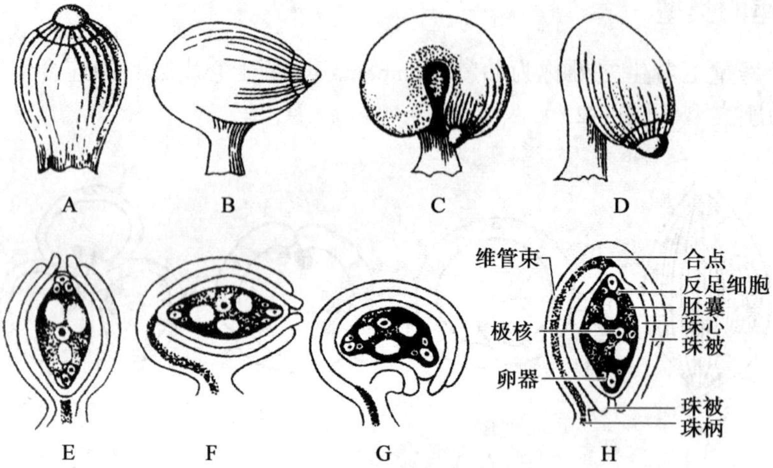

图 8–24 胚珠的类型和结构

A ~ D. 胚珠外形 E ~ H. 胚珠纵切（A，E. 直生胚珠 B，F. 横生胚珠 C，G. 弯生胚珠 D，H. 倒生胚珠）

1. 直生胚珠（orthotropous ovule） 胚珠本体直立，珠柄、合点、珠孔三者在一条直线上，珠孔在珠柄相对的一端，如荞麦、核桃。

2. 倒生胚珠（anatropous ovule） 胚珠本体倒转约 180°。合点在珠柄相对的一端，珠孔靠近珠柄而朝向胎座，合点与珠孔的连线几乎与珠柄平行，这是最常见的类型，如稻、麦、百合。倒生胚珠珠柄的延展部分和珠被愈合，形成珠脊（raphe）。

3. 弯生胚珠（campylotropous ovule） 胚珠下部直立、上部弯曲，珠心弯曲，珠孔弯向胎座和合点，合点与珠孔通过珠心连成弧线，如油菜、柑橘。

4. 横生胚珠（hemitropous ovule） 胚珠本体在珠柄上呈 90° 扭转，珠孔和合点的连线成水平直线与珠柄垂直，珠柄着生近于胚珠的中部，如锦葵、石龙芮。

十一、花程式和花图式

用字母、符号和数字来表示花各部分的排列、组成、位置及彼此关系的公式称为花程式（flower formula）；用花的横切面简图表明花的构成，称为花图式（flower diagram）。

1. 花程式

花的各部分用一定字母表示，通常用 P 代表花被（perianth），Ca 代表花萼（calyx），Co 代表花冠（corolla），A 代表雄蕊群（androecium），G 代表雌蕊群（gynoecium）。花各部分的数目用数字表示，并写在各代表字母的右下角处，如果某一部分缺少时用“0”表示，数目很多时则用“∞”表示。如果某一部分不只排成一轮时，各轮数字之间用“+”号连起来。如果某部分各个成员相互联合，则用“( )”表示。子房的位置在代表雌蕊群的字母下方加横线表示：“$\underline{G}$”表示上位子房，“$\overline{\underline{G}}$”表示半下位（中位）子房，“$\overline{G}$”表示下位子房。G 右下角的数字分别表示心皮数、子房室数和每室的胚珠数，它们之间用比例号“:”隔开。在花程式的起首，用“*”表示辐射对称花，“↑”表示两侧对称花；接着用“♀”表示雌花，用“♂”表示雄花，用“⚥”表示两性花；之后再由外至内写出花各轮的代表字母和数字。下面举例进行说明。

（1）百合　$*P_{3+3}\ A_{3+3}\ \underline{G}_{(3:3)}$

表明百合花为辐射对称花（整齐花）；两轮花被，每轮有 3 被片；雄蕊两轮，每轮 3 枚；雌蕊 3 心皮合生，子房上位，3 室。

（2）桃　$*Ca_5\ Co_5\ A_{\infty}\ \underline{G}_{(1:1)}$

表明桃花为辐射对称花；萼片 5 枚，离生；花瓣 5 枚，离生；雄蕊多数，离生；雌蕊 1 心皮，子房上位，1 室。

（3）南瓜　$*$　♂　$Ca_{(5)}\ Co_{(5)}\ A_{(2)+(2)+1}\ G_0$

$*$　♀　$Ca_{(5)}\ Co_{(5)}\ A_0\ \overline{G}_{(3:1)}$

表明南瓜花辐射对称；花单性；萼片 5 枚，合生；花瓣 5 枚，合生；雄花有雄蕊 5 枚，两两联合，一条单独，成 3 组；雌花有雌蕊 1 枚，3 心皮合生，子房下位，1 室。

花程式中各部分之间可用分号“;”或空格分隔。

2. 花图式

用花横切面简图即花的各部分在垂直于花轴的平面上的投影图来表明花各部分的数目、离合情况以及在花托上的排列位置等，称为花图式（图 8–25）。图解中上方的圆圈表示花轴，空心弧线表示苞片，内有横条的新月形弧线表示萼片，实心弧线表示花瓣，弧线彼此连合表示合生；分离则表示离生。弧线的排列方式（旋转状等）和相对位置（对生或互生）与花萼、花冠的排列方式一致，雄蕊以花药横切面表示，雌蕊以子房横切面表示，并表示心皮数目、合生或离生、子房室数、胎座类型等。如为顶生花，则可不绘花轴和苞片。

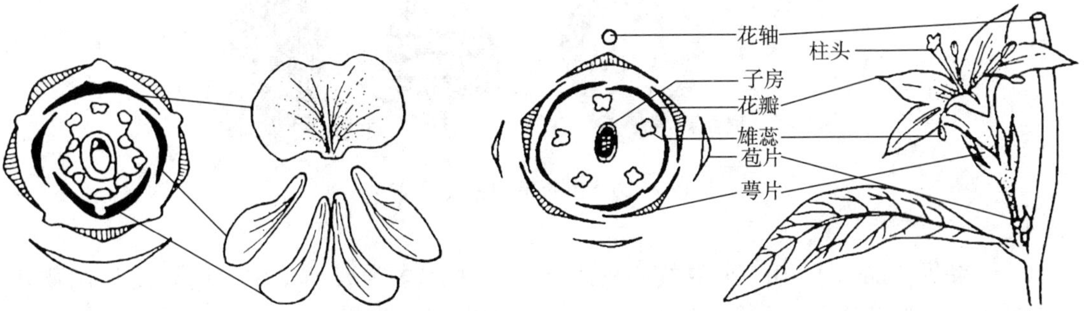

蚕豆的花式图　　花图式绘制模式图

图 8–25　花图式

第四节　果　　实

根据一朵花中雌蕊的类型或者是由花序形成的，果实可分为三大类，即单果、聚合果和复果。

一、单果

单果（simple fruit）是由一朵花的单雌蕊或复雌蕊的子房发育形成的果实。根据果皮及其附属部分成熟时的质地，可分为肉质果和干果两类。每一类果再根据其来源和结构特点的不同分为若干类型。

1. 肉质果（fleshy fruit）

果实成熟时果皮或其他组成果实的部分肉质多汁，常见的有以下类型（图 8-26）。

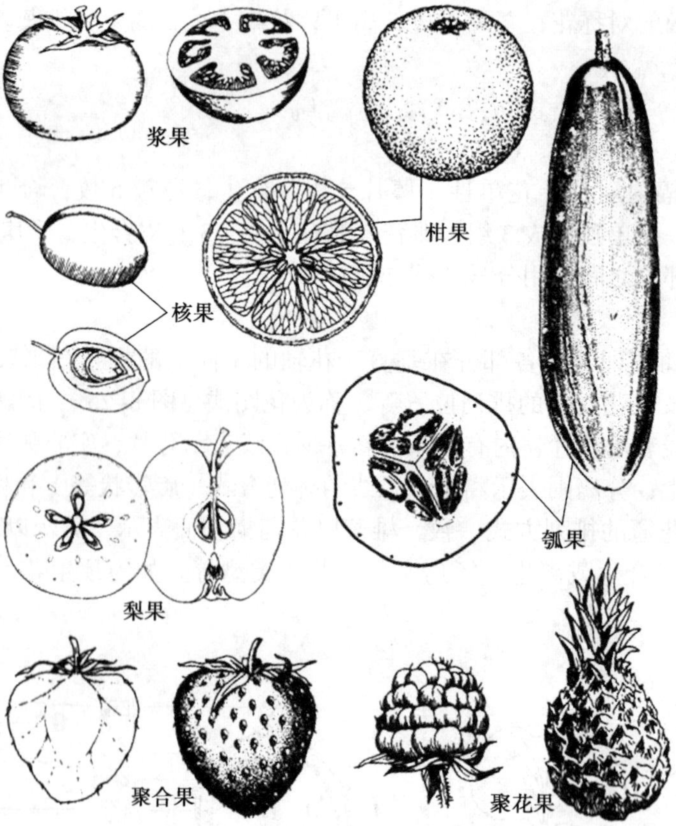

图 8-26 肉质果的主要类型

（1）浆果（berry） 由1至数枚心皮组成，外果皮多为膜质，中、内果皮均肉质化，充满液汁，且难以分离，内含1粒或多粒种子，如番茄、葡萄、柿、番木瓜等。

（2）核果（drupe） 由单雌蕊或复雌蕊子房发育而成。外果皮薄；中果皮肉质肥厚，为主要食用部分；内果皮形成坚硬、木质化的核壳，通常包围1粒种子，形成果核。如桃、杏、李、梅等。

（3）柑果（hesperidium） 为浆果的一种，是由多心皮中轴胎座的复雌蕊子房发育而成的果实。外果皮革质，有油囊；中果皮较疏松，分布有维管束；内果皮膜质，分隔成瓣，向内生有许多肉质多浆的毛囊，为食用部分。如柑橘、柚、柠檬等。

（4）瓠果（pepo） 为瓜类所特有，是由3心皮复雌蕊的下位子房发育形成的假果。

花托和外果皮结合成坚硬的果壁，无明显的中果皮和内果皮之分，中、内果皮肉质化，胎座常发达，如西瓜、黄瓜等葫芦科瓜类植物的果实。

（5）梨果（pome） 由花筒和多心皮下位子房愈合发育而形成的假果。花筒形成的果壁以及外、中果皮均肉质化，且它们之间无明显的界限，内果皮纸质或革质，如梨、苹果等。

2. 干果（dry fruit）

果实成熟时果皮干燥。干果依果皮开裂与否，又可分为裂果和闭果两类（图 8–27）。

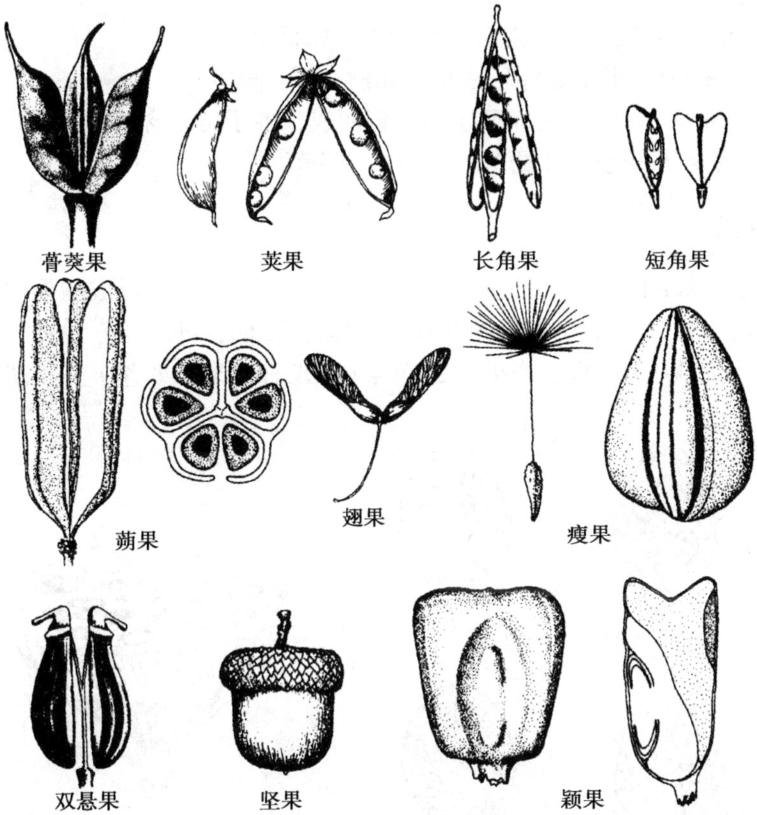

图 8–27 干果的主要类型

（1）裂果（dehiscent fruit） 果实成熟后，果皮开裂。依心皮数目和开裂方式的不同分为下列几种：

① 荚果（legume） 由单雌蕊的子房发育而成，成熟后果皮沿背缝线和腹缝线两边开裂，如豆科植物大豆、蚕豆等；也有少数豆科植物的荚果是不开裂的，如花生等。而含羞草、山蚂蟥、双荚决明等，它们的荚果呈节状，不开裂而成节荚（loment）。

② 蓇葖果（follicle） 由单心皮发育而成的果实，成熟时仅沿背缝线或腹缝线一边开裂，如白兰等。苹婆、八角的聚合果的每一小果也是蓇葖果。

③ 角果 由两个心皮的复雌蕊子房发育而成，果实中央有一片由侧膜胎座向内延伸形成的假隔膜，成熟时果皮由下而上沿两条腹缝线开裂成两瓣，如十字花科植物的果实。有长角果（silique）和短角果（silicle）之分，前者如菜薹、萝卜等，后者如荠菜、独行菜等。

④ 蒴果（capsule） 复雌蕊发育而成的果实，成熟时以各种方式开裂，常见的有背裂（如棉花、茶等）、腹裂（如烟草、牵牛等）、孔裂（如虞美人）、齿裂（如石竹科植物）、盖裂（如车前草、马齿苋）等方式。

（2）闭果（indehiscent fruit） 果实成熟后，果皮不开裂。有如下几种类型（图 8–27）。

① 瘦果（achene） 果实瘦小，由 1～3 枚心皮合生一室的子房发育而成，内含一粒种子，果皮与种皮能分离，如向日葵。

② 颖果（caryopsis） 果实瘦小，内含一粒种子，果皮薄而与种皮愈合，不易分离，如玉米、小麦籽粒、糙米。

③ 坚果（nut） 果皮坚硬，内含一粒种子，如板栗、栎。

④ 翅果（samara） 果皮延伸呈翅状，如榆、槭、枫杨。

⑤ 分果（schizocarp） 由复雌蕊子房发育而成，各子房室含一粒种子，成熟后被心皮沿中轴分离，但小果不开裂，如蜀葵、胡萝卜、芹菜。

二、聚合果

聚合果（aggregate fruit）是由一朵花中若干个离生心皮发育形成的果实，每一离生心皮形成一独立的小果，集生在膨大的花托上。因小果的不同，可分为聚合蓇葖果（如八角）、聚合核果（如茅莓）、聚合瘦果（如草莓）和聚合坚果（如莲）等（图 8–28）。

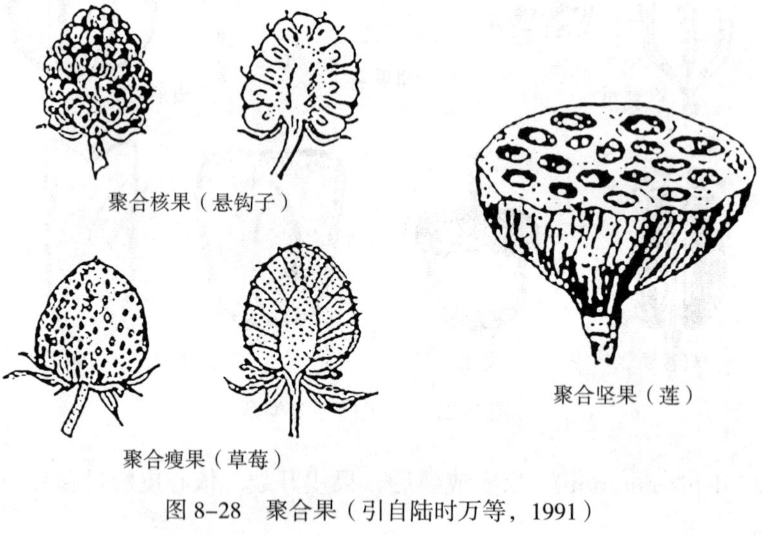

图 8–28 聚合果（引自陆时万等，1991）

三、复果

复果（multiple fruit）又称为聚花果，是由整个花序发育而成的果实，如桑葚、凤梨、无花果等（图 8–29）。

图 8–29 聚花果（复果）

A. 桑葚，为多数单花集生于花轴上形成的果实 B. 凤梨的果实，多汁的花轴成为果实的食用部分 C. 无花果果实的剖面，隐头花序膨大的花序轴成为果实的可食部分

小 结

茎的特征是植物分类常用的一个指标，因此应掌握描述茎的特征的各种术语，了解茎的性质分为木本、草本和藤本，以及按生长习性分为直立茎、缠绕茎、攀缘茎、匍匐茎和平卧茎。

叶的特征是分类学重要的指标，叶常从叶序、叶形、叶尖、叶基、叶缘、叶脉、托叶等性状进行描述，因此必须了解和掌握各种术语。特别是叶序类型（互生、对生、轮生和簇生），脉序类型（平行脉、网状脉、叉状脉和辐射脉）及复叶类型（羽状复叶、网状复叶、三出复叶和单身复叶）。

花器官的特征是植物分类最重要、最常用的指标，必须掌握各种描述术语和名称，包括花序的概念及类型，其中无限花序与有限花序的概念及类型是重点掌握的部分。同时对花冠的类型、花瓣和萼片在花芽中的排列方式、花药着生的方式及花药开裂的方式也要有所了解。雄蕊的类型、雌蕊的类型、子房的位置和胎座的类型是非常重要的分类性状，应牢牢掌握。花程式和花图式可以直观地表示出一朵花的基本构成，应学会编写和绘制。

果实的类型也是重要的分类学指标，应掌握依不同依据的果实分类。包括从果实构成上分为真果和假果和发育来源上分为单果、聚合果和聚花果（复果）。特别是单果又进一步可分为肉质果和干果，其中每一种又可分为多种类型。

复习思考题

1. 如何区分单叶和复叶？如何分辨枝条和叶轴？
2. 简单花序和复合花序的关系如何？
3. 无限花序中各类花序之间有无相互联系？
4. 如何理解“有的植物兼有有限花序和无限花序的特点”？
5. 被子植物花中主要有哪些形态特征可用于分类？
6. 什么是子房下位上位花？
7. 根据雌蕊是由心皮向内包卷形成的这一论断，你能否分析出各种胎座在系统演化上的特点？

8. 单雌蕊应是什么胎座？

9. 植物的果实分类主要依据哪些特征？

10. 试分析以果皮的结构作为分类依据在肉质果和干果中是否可行。

11. 试分析生殖器官作为分类学指标比营养器官更具有价值的观点是否正确。

第九章

被子植物及其主要分科

第一节　被子植物分科概述

被子植物是地球上现有植物中种类最多的一个类群。传统的分类系统中，对被子植物进行分类是以植物形态学特征为主要标准，其中花、果的形态学特征最为重要，因为生殖器官较之营养器官更少受到环境条件的影响，在遗传上更加稳定。但根、茎、叶及其附属物（如毛被）的特征也常作为分类依据。这种基于形态学特征的分类方法被称为经典分类方法。此外，来自解剖学、细胞学、植物化学等方面的资料也常作为分类的辅助依据。

在此基础上，恩格勒（Engler）系统、哈钦松（Hutchinson）系统、克朗奎斯特（Cronquist）系统、塔赫他间（Takhtajan）系统等常把被子植物划分为双子叶植物纲（木兰纲）（Dicotyledoneae/Magnoliopsida）和单子叶植物纲（百合纲）（Monocotyledoneae/Liliopsida），两者形态区别较明显。双子叶植物纲主根常发达，多为直根系，茎内维管束呈环状排列，叶多为网状脉，花部常 5 或 4 基数，花粉粒常具 3 个萌发孔，胚常具 2 片子叶；而单子叶植物纲主根不发达，多为须根系，茎内维管束散生，叶多为平行脉或弧形脉，花部常 3 基数，花粉粒常具单个萌发孔，胚仅有 1 片子叶。

近年来，随着分子生物学技术的发展，利用植物的核苷酸数据（包括核基因、叶绿体基因、线粒体基因）来探讨植物各类群间发育和进化关系的手段和方法越来越成熟。被子植物 APG 分类系统是“被子植物系统发育研究组（Angiosperm Phylogeny Group，APG）”提出的在目一级水平的被子植物当代分类系统，基于严格的系统发育分析来界定分类群。相比传统的被子植物分类系统，APG 分类系统在很多目、科的范畴及系统位置上都有诸多改变。本教材采用该系统。

一、基部类

被子植物基部类（Basal Angiospermae）是被子植物的第一个分支，也是最原始的类群，包括 3 目，即无油樟目（Amborellales）、睡莲目（Nymphaeales）和木兰藤目（Austrobaileyales），共 7 科 15 属约 176 种。其中，以无油樟属（*Amborella*）、睡莲属（*Nymphaea*）、八角属（*Illicium*）、腺齿木属（*Trimenia*）和木兰藤属（*Austrobaileya*）5 个属为代表，因此也称为 ANA 类群。睡莲目中的莼菜科（Cabombaceae）和睡莲科（Nymphaeaceae），木兰藤目中的五味子科（Schisandraceae）在中国有分布。

二、木兰类

木兰类是一个传统的原始类群，多心皮、离生、螺旋状排列，主要包括胡椒目（Piperales）、木兰目（Magnoliales）、樟目（Laurales），及南半球的白樟目（Canellales）。

胡椒目中三白草科（Saururaceae）、胡椒科（Piperaceae）、马兜铃科（Aristolochiaceae）均常见。如胡椒科的胡椒（*Piper nigrum*）在华南、云南、台湾均有栽培，是重要的调味和药用材料。马兜铃科的马兜铃属（*Aristolochia*）、细辛属（*Asarum*）也都是常见的中药材料来源。

1. 木兰目（Magnoliales）

木本，髓部有隔膜，花各部多数或 1 枚。

木兰科（Magnoliaceae） $* ⚥$ 稀 $♂ ♀$ $P_{6-32}A_{\infty}\underline{G}_{\infty:1}$

18 属，约 335 种，主要分布于亚洲的热带、亚热带地区和美洲的部分地区。中国有 14 属，约 165 种，主要分布于华南和西南地区。

木本。树皮、叶和花有香气。单叶互生，多为全缘，稀浅裂；托叶大，包被幼芽，常早落而在节上留下明显的托叶痕。花大，两性，稀单性，辐射对称，单生于枝顶或叶腋；花被片呈花瓣状，少数种类可区分为萼片和花瓣；花托柱状；雄蕊多数，分离，螺旋状排列于伸长花托的下半部，其花丝短、花药长，花粉粒单沟型；雌蕊心皮多数，稀少数，分离，螺旋状排列于伸长花托的上半部，每心皮含胚珠 1～2 个（或多数）。聚合蓇葖果，稀为翅果（鹅掌楸属）。种子胚小，胚乳丰富。染色体：X=19。

该科植物通常花大而美丽，很多种类用于园林观赏，木材亦佳，少数种类可入药。木兰属（*Magnolia*）和含笑属（*Michelia*）是木兰科中重要的常见属，其主要区别为：前者花大，顶生，心皮和雄蕊群紧接；后者花腋生，有雌蕊柄，即心皮与雄蕊群间有空段。此外，木莲属（*Manglietia*）、鹅掌楸属（*Liriodendron*）和玉兰属（东亚木兰属，*Yulania*）也是常见属。

该科植物在华南地区常见的种类有：

白兰（白兰花，*Michelia alba*）：乔木。叶革质，椭圆形，或矩圆形；叶柄上的托叶痕较短，其长不及叶柄全长的 1/3。花白色，极香，较小；子房被毛。该种是优美的行道树和庭园观赏树种，其花常作为茶叶熏香剂（图 9–1）。

荷花木兰（荷花玉兰，洋玉兰，*Magnolia grandiflora*） 常绿乔木。叶厚革质，背面常被锈色毛。花大，直径可达 15 cm，白色，花被 3～4 轮。果圆柱状，被灰色毛。原产北美，现中国各地栽培观赏；材质坚而重。

木兰科尚有许多重要的经济树种，如玉兰（木兰，*Yulania denudata*）、紫玉兰（辛夷，*Y. liliflora*）、厚朴（*Houpoea officinalis*）等，均可入药或作为庭园观赏植物。鹅掌楸（*Liriodendron chinense*）叶形奇特形似马褂，故又名马褂木，是优美的行道树。观光木（*Michelia odora*）为国家二级保护野生植物，亦是优良的庭园观赏树种和行道树种。

木兰科的识别要点：木本。单叶互生，有托叶。花大，萼、瓣不分；雌、雄蕊多数，分离，螺旋状排列于伸长的柱状花托上。聚合蓇葖果。

除了木兰科外，中国常见的木兰目植物还有肉豆蔻科（Myristicaceae）和番荔枝科（Annonaceae），尤其番荔枝科的番荔枝（*Annona squamosa*）是著名的热带水果，中

图 9-1　白兰花

A. 花枝　B. 雄蕊和雌蕊　C. 雄蕊（腹面）D. 延长的花托和雌蕊　E. 雌蕊（心皮）纵切面

F. 叶的一部分，示叶柄基部托叶的疤痕

国海南、广东、台湾、云南等常见栽培；该科的鹰爪（*Artabotrys hexapetalus*）、假鹰爪（*Desmos cochinchinensis*）、瓜馥木（*Fissistigma oldhami*）等也很常见。

2. 樟目（Laurales）

木本植物。花具托附杯，常具退化雄蕊；花药常镊合状排列；每心皮具 1 枚胚珠；胚乳缺。该目常见的科为蜡梅科（Calycanthaceae）和樟科（Lauraceae）。

约 45 属，2 000～2 500 种，主要产于热带、亚热带地区；中国约 25 属 445 种，主要分布于长江以南各省，常构成群落的优势种。

常见的种类如樟属（*Cinnamomum*）的香樟（*C. camphora*）、肉桂（*C. cassia*）、阴香（*C. burmannii*）；润楠属（*Machilus*）的华润楠（*M. chinensis*）和短序润楠（*M. breviflora*）等；无根藤属（*Cassytha*）的无根藤（*C. filiformis*）；木姜子属（*Litsea*）的山苍子（*L. cubeba*）和潺槁木姜子（*L. glutinosa*）等。

三、金粟兰类

该类是木兰类姐妹群，花序穗状、头状或短圆锥状；花简化，雄蕊 1～5 枚，心皮 1 枚。1 目 1 科。

金粟兰目（Chloranthales），叶对生，柄间托叶，节间肿大；花小，花被片 1～3 枚或缺。金粟兰科（Chloranthaceae），5 属约 70 种，产世界热带、亚热带地区；中国 3 属 15

种，除西北外均有分布。常见的种类草珊瑚（*Sarcandra glabra*），分布于中国东南至西南地区，是重要的中草药植物。雪香兰（*Hedyosmum orientale*）是重要的芳香植物，只分布在海南岛。

四、单子叶类

单子叶植物为单系群。草本；具不定根；茎具星散分布的维管束；叶具平行脉、基部具鞘；花 3 基数，具单孔或散孔花粉，胚具 1 枚子叶。

单子叶类植物有 12 目 78 科，约 60 100 种，约占被子植物种类总数的 20%。

1. 菖蒲目（Acorales）

只有菖蒲科（Acoraceae）1 科，常见的种类如菖蒲（*Acorus calamus*）、石菖蒲（*A. gramineus*）等，分布广泛。

2. 泽泻目（Alismatales）

多为湿地、水生或阴生草本或藤本。约 14 科 166 属 4 660 种。

常见的科有天南星科（Araceae），植物体花序为肉穗花序，具佛焰苞，顶端常延伸特化为附属体；花常有臭味，两性或单性，同株或异株，花被小或缺，单性同株时，通常雄花位于花序上部，中部为不育部分或中性花，下部为雌花。约 123 属 4 425 种；中国 26 属 181 种，南北均产。常见入药植物如天南星属（*Arisaema*）、半夏（*Pinellia ternata*）、千年健（*Homalomena occulta*）、独角莲（*Sauromatum giganteum*）等；食用植物芋（芋头，*Colocasia esculenta*）、魔芋（*Amorphophallus konjac*）；观赏植物海芋（*Alocasia odora*）、花烛属（*Anthurium*）、马蹄莲（*Zantedeschia aethiopica*）、绿萝（*Epipremnum aureum*）、龟背竹（*Monstera deliciosa*）等。

水鳖科（Hydrocharitaceae）的黑藻（*Hydrilla verticillata*）广布于淡水中，也是观察细胞内原生质流动的实验材料；苦草（*Vallisneria natans*）是沉水无茎草本，常用作水体绿化或植于鱼缸点缀。

3. 薯蓣目（Dioscoreales）

多为缠绕草本；叶为网状脉。含薯蓣科（Dioscoreaceae）、水玉簪科（Burmanniaceae）和沼金花科（Nartheciaceae）3 科 21 属约 1 050 种。

常见的科有薯蓣科，叶腋内常有珠芽（零余子）。常见种类如药食两用植物薯蓣（淮山、山药，*Dioscorea polystachya*）；入药植物黄独（*D. bulbifera*）、白薯莨（*D. hispida*）；薯莨（*D. cirrhosa*）块茎是用于染制广东名产“香云纱”“黑胶绸”等的材料。

4. 百合目（Liliales）

常具地下球茎、块茎或根状茎；花被片常具斑点，蜜腺常位于花被片或花丝基部。10 科 67 属，约 1558 种。

百合科（Liliaceae） $* ⚥ P_{3+3,\ 2+2} A_{3+3} \underline{G}_{(3:3\sim1:\infty)}$

多年生草本，具根茎、鳞茎、球茎或块茎。单叶互生，稀为对生、轮生或退化为鳞片状。常总状花序，少穗状花序或圆锥花序，如为伞形花序则腋生，无总苞片；花两性，少单性，辐射对称；花被通常花瓣状，常 6 枚，少数 4 枚，排成两轮；雄蕊 6 枚，花丝分离或合生，与花被片对生；雌蕊 3 心皮，子房上位，少半下位，3 室，中轴胎座，少数 1 室而为侧膜胎座。蒴果或浆果；种子常具丰富的胚乳。染色体：$X = 5 \sim 16, 23$。

15 属，600 多种，广布于全球各地；中国 11 属，148 种，各省区均有分布，以西南部的种类最丰富。

该科有许多资源植物，常作为蔬菜、药用或观赏植物而在各地广为栽培。

百合（*Lilium brownii* var. *viridulum*）（图 9–2） 鳞茎球形，直径约 5 cm；叶倒披针形至倒卵形，3 ~ 5 脉；花被片乳白色，微黄，外面常带淡紫色，长 15 cm；蒴果。鳞茎作蔬菜，亦可入药，养阴润肺、清心安神。亦作观赏植物；花含芳香油，作香料。

石刁柏（*Asparagus officinalis*） 直立草本；叶退化成膜质鳞片，以变态的叶状枝进行光合作用；花小，单性，黄绿色；浆果球形，熟时红色。嫩茎芽作蔬菜，俗称芦笋，清热解毒，抗癌。

百合科中有许多著名的药用植物，如川贝母（*Fritillaria cirrhosa*）、浙贝母（*F. thunbergii*）、知母（*Anemarrhena asphodeloides*）。

常见的观赏植物，如郁金香（*Tulipa gesneriana*）、万寿竹（*Disporum cantoniense*）、吉祥草（*Reineckea carnea*）等。

图 9–2　百合

A. 植物全形　B. 雄蕊和雌蕊

Cronquist（1981）曾将大多数具 6 雄蕊的瓣花类单子叶植物置于广义的百合科中，有些学者则将具有 6 雄蕊瓣花类单子叶植物中子房上位的种类归入百合科，子房下位的归入石蒜科。APG Ⅳ 重新界定的单系百合科仅包含 15 属 600 多种，分为 4 个亚科。

百合科的识别要点：草本，具变态茎。叶多互生。花被通常花瓣状；子房上位，3 室，中轴胎座。蒴果或浆果。

百合目中除了百合科外，菝葜科（Smilacaceae）也常见，如菝葜（*Smilax china*）和土茯苓（*S. glabra*）是很常见的中药或药食同源植物。

5. 天门冬目（Asparagales）

常具地下芽。花被片常无斑点，蜜腺位于子房隔膜；蒴果或浆果。14 科 1 122 属，约 36 205 种。

兰科（Orchidaceae） $\uparrow ⚥ P_{3+3} A_{2\sim1} \underline{G}_{(3:1:\infty)}$

多年生草本，稀有攀缘藤本；陆生、附生或腐生，陆生或腐生者常具有根茎或块茎，附生的则常具假鳞茎及肥厚而有根被的气生根；多数种，特别是陆生兰，在种子萌发时与真菌（担子菌）共生。单叶互生，常排成 2 列，稀对生或轮生；基部叶鞘常抱茎，或退化为鳞片状。花两性，稀为单性，两侧对称；花被片 6 个，2 轮；外轮 3 片为萼片，通常呈花瓣状，离生或基部合生，其中中央 1 片称中萼片，有时凹陷并与花瓣靠合呈兜状，2 侧萼片歪斜，离生或靠合，稀合生为 1 合萼片，有时侧萼片贴生于蕊柱脚上而形成萼囊；内轮两侧的 2 瓣称为花瓣，中央的一片通常变成各种奇特的形状和复杂的结构，称为唇瓣，极少 3 片花瓣一式而不具唇瓣，唇瓣常有艳丽的色彩，上面一般还有胼胝体、褶片或腺毛等附属物，其基部往往有距或囊，内含蜜腺，常因子房 180° 扭转、弯曲而使唇瓣位于下方；雄蕊与雌蕊的花柱、柱头完全愈合而成一柱体，称为合蕊柱或蕊柱，其基部延伸为蕊柱脚，顶端通常有药床；雄蕊 1 或 2 枚，花药通常 2 室，花粉常结成花粉块，花粉块 2 ~ 8 个，具花粉块柄、蕊喙柄和黏盘，或缺；雌蕊子房下位，3 心皮合生，1 室，侧膜胎座；柱头有两种情况：具单雄蕊的植物有 3 个柱头，其中有两个发育，常多少相互黏合，位于唇瓣基部稍上处，第三个柱头常不发育，变成一个小凸起，称为蕊喙，位于花药基部而介于两个药室之间；具两雄蕊的植物有 3 个柱头合成的单柱头，无蕊喙。蒴果；种子微小而常极多，无胚乳，胚小而未分化。染色体：$X = 7 \sim 16$，18，20，21，24。

目前兰科植物约 880 属 26 000 种，是有花植物中最大的科，全球广布，以热带为主。中国约 172 属 1 300 种，南北均产。现分为 5 个亚科：拟兰亚科（Apostasioideae）、香荚兰亚科（Vanilloideae）、杓兰亚科（Cypripedioideae）、红门兰亚科（Orchidoideae）和树兰亚科（Epidendroideae）。

兰科植物的花高度特化，形成了对昆虫传粉高度适应的结构（图 9–3）。一般来说，兰科的花通常大型而美丽，有香味，易引诱昆虫。在唇瓣基部的距内或蕊柱基部多藏有蜜液，当昆虫进入花内采蜜时，落在唇瓣上，头部恰好触到花粉块基部的黏盘上。昆虫离开花朵时，带着一团胶状物和黏附其上的花粉块而去，当其至另一朵花采蜜时，花粉块恰好

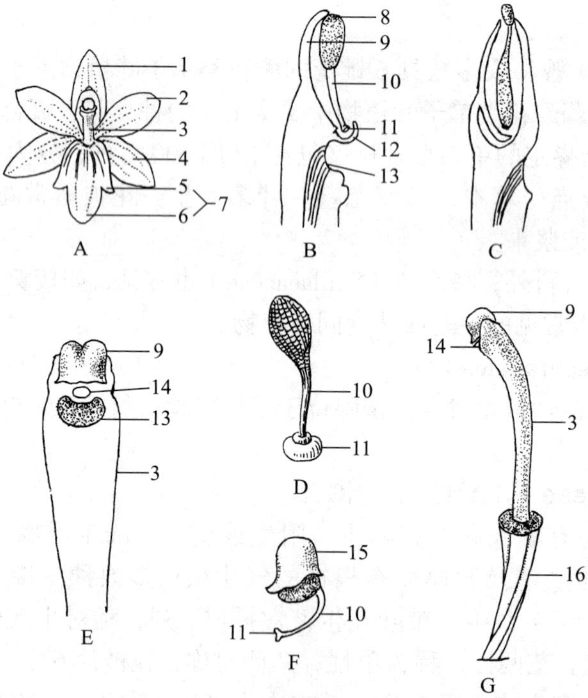

图 9–3 兰科花的构造

A. 兰花的花被各部分示意图 B. 兰花的基盘部 C. 兰花的顶盘部 D. 花粉块的构造 E. 合蕊柱 F. 花药 G. 子房和合蕊柱

1. 中萼片 2. 花瓣 3. 合蕊柱 4. 侧萼片 5. 侧裂片 6. 中裂片 7. 唇瓣 8. 花粉团 9. 花药 10. 花粉块柄 11. 黏盘 12. 粘囊 13. 柱头 14. 蕊喙 15. 药帽 16. 子房

又触到有黏液的柱头上，完成传粉过程。

兰科植物因其株形优雅、花色艳丽、花型奇特且极富变化而受到人们的喜爱。市场上的兰花种类极为丰富，品种繁多，或是我国原产，或是从国外引进，其中有些是原生种，有些则是园艺杂交种。在华南地区常见栽培作观赏的种类有：

建兰（*Cymbidium ensifolium*）（图 9–4） 地生草本，假鳞茎卵球形；叶近革质，带状，2～6 片丛生，弯曲下垂，长 30～50 cm；总状花序直立，通常有 4～7 朵花；花淡黄绿色，具紫色条纹，浓香；萼片和花瓣均近狭椭圆形，花瓣较短。该种花色淡雅，清香，在我国有悠久的栽培历史，栽培品种甚多，是名贵的国产兰花种类。同属的春兰（*C. goeringii*）、冬凤兰（*C. dayanum*）、墨兰（*C. sinense*）等也是常见的国产兰花种类。

图 9–4 建兰
A. 植株 B. 花 C. 唇瓣

卡特兰（*Cattleya* spp.），唇瓣中部以下呈筒状，包围蕊柱，上部扩展成各种形状；该属原产于热带美洲，有许多园艺杂交种，色彩变化极大。大花蕙兰（*Cymbidium* garden hybrids），萼片与花瓣同色，唇瓣椭圆形，3 浅裂，中裂片圆扇形；原种产于喜马拉雅山区，常见的多为园艺杂交种，是洋兰中最受欢迎的类群之一。文心兰（*Oncidium* spp.），萼片与花瓣长圆形，几等长，有深色横纹；唇瓣扩展，圆形或圆肾形，基部有一肉质瘤状突起；该属植物因花冠形似一翩翩起舞的少女，故又名“舞女兰”，原产于美洲热带，常见的有多个园艺杂交种。兜兰（拖鞋兰）（*Paphiopedilum* spp.），中萼片显著，直立；唇瓣呈深囊状，球形或椭圆状球形；该属多原产于亚洲热带及太平洋岛屿，是珍贵的兰花种类。蝴蝶兰（*Phalaenopsis aphrodite*），3 枚萼片近等大，花瓣与萼片相似但较宽；唇瓣基部具爪，顶端 3 裂，侧裂片直立，中裂片伸展；该属原产于亚洲热带至澳大利亚；蝴蝶兰因花形似蝶而得名，是目前世界上栽培最广的兰花之一，栽培品种繁多。万带兰（*Vanda* spp.），叶带状，肉质，排成 2 列；萼片与花瓣近相似，基部常常收窄而扭曲；唇瓣 3 裂，侧裂片小，直立，中裂片大，向前伸展；主要分布于亚洲热带，是目前世界上栽培较多的兰花之一，常见的种既有原生种，也有园艺杂交种。

兰科中有些种类是重要的药用植物。石斛（金钗石斛，*Dendrobium nobile*），附生草本；茎丛生，节明显；总状花序有 1～4 朵花，花白色带淡紫色；唇瓣宽卵状长圆形。该种的茎药用，能滋阴清热、益胃生津。白芨（*Bletilla striata*），陆生草本；球茎扁平，上有环纹，富有黏性；茎粗壮；叶 4～5 片，披针形至椭圆形；花序有 3～5 朵花，花紫色或淡红色；萼片与花瓣近等长，唇瓣 3 裂。球茎入药，能补肺止血、消肿生肌；花供观赏。天麻（*Gastrodia elata*），腐生草本；块茎肉质，横生，表面有均匀的环节；茎黄褐色，节上有鞘状鳞叶；总状花序顶生，花黄绿色；萼片与花瓣合生。块茎入药，可用于治疗高血压、头痛、眩晕、小儿惊风等症。

兰科识别要点：陆生、附生或腐生草本。叶互生或退化为鳞片状。花两性，两侧对称；花被片 6，2 轮，唇瓣变化极大；雄蕊 1 或 2 个，与花柱、柱头愈合为合蕊柱；花粉结合成花粉块；子房下位，1 室；侧膜胎座。蒴果，种子极小。

天门冬目的石蒜科（Amaryllidaceae）和天门冬科（Asparagaceae）也很常见。

石蒜科的葱属（*Allium*）、石蒜属（*Lycoris*）和水仙属（*Narcissus*）等属很常见。例如，葱属的洋葱（*A. cepa*），鳞茎大而呈扁球形，由鳞茎盘和肉质鳞叶组成；原产亚洲西部；葱（*A. fistulosum*），鳞茎呈棒状，叶为管状，原产亚洲；蒜（*A. sativum*），鳞茎由数个或单个肉质、瓣状的小鳞茎组成，外被共同的膜质鳞被，基生叶带状，扁平；原产于亚洲西部或欧洲；韭菜（*A. tuberosum*），具根状茎，鳞茎狭圆锥形，外被纤维状鳞被；基生叶线形，扁平。

其他的如君子兰（*Clivia miniata*）、朱顶兰（*Amaryllis vittata*）、文殊兰（*Cinum asiaticum* var. *sinicum*）、水鬼蕉（*Hymenocallis littoralis*）等也都是石蒜科常见的观赏植物。

天门冬科是世界广布科，常见的属如天门冬属（*Asparagus*）、沿阶草属（*Ophiopogon*）、黄精属（*Polygonatum*）、蜘蛛抱蛋属（*Aspidistra*）等，黄精（*P. sibiricum*）、玉竹（*P. odoratum*）是重要的中药植物。

6. 棕榈目（Arecales）

单轴分枝，木本；叶为羽状假复叶；花序具大型苞片。2 科 192 属，约 2 603 种。

棕榈科（Arecaceae）$*$，$\uparrow$ ⚥，♂♀ $P_{3+3}\ A_{3+3}\ \underline{G}_{(3:3\sim1:1)}$

乔木或灌木，少藤本；茎常不分枝，单生或丛生，常有叶柄脱落后留下的纤维状残基或叶痕。叶常绿，互生，大型，掌状分裂或羽状复叶，多集生于茎干顶部，形成“棕榈型”树冠；叶柄基部扩大常成鞘状。花小，具苞片或小苞片，辐射对称，两性或单性，同株或异株，集生成分枝或不分枝的肉穗花序；花序幼时外面被 1 至数枚大型的佛焰状总苞包被；花被片 6，排成两轮，分离或合生；雄蕊 6，2 轮；子房上位，心皮 3，分离或基部合生，胚珠 1 个，直立。核果或浆果，外果皮肉质或纤维质；种子胚小，有胚乳。染色体：$X=13\sim18$。

约 188 属 2 585 种，主要分布于热带地区，有些分布到亚热带地区，少数见于温带边缘；中国约 28 属 100 多种，主要分布于东南至西南各省区。

该科植物是热带、亚热带地区极为重要的植物资源，有些种类是重要的纤维作物、油料作物、淀粉作物或观赏植物。

棕榈（*Trachycarpus fortunei*）（图 9–5）乔木状，主干直，老叶鞘的纤维状基部残留茎上。叶簇生于茎顶，近圆形，直径约 1 m，掌状深裂；裂片硬直，顶端 2 浅裂。花雌雄异株，黄色，花冠约 2 倍长于花萼。核果近圆形。原产中国，主要分布在长江以南各省；叶鞘纤维可制棕绳；花和果实入药，具收敛作用，可用于治疗痛疔、风湿痛等病；在北方常作观赏植物。

蒲葵（*Livistona chinensis*）乔木。叶柄长，边缘有刺；叶大型，直径达 1 m，掌状深裂至叶片中部；裂片线状披针形，顶端 2 裂，下垂。产于中国南部；叶是制作传统蒲扇的原料；叶裂片的中脉可制牙签；种子入药。

椰子（*Cocos nucifera*）主干高大，有环状叶痕。叶羽状全裂，长 3 ~ 4 m。花单性，雌雄同株，肉穗花序多分枝。坚果，大型，外果皮革质，中果皮纤维质，内果皮硬骨质，

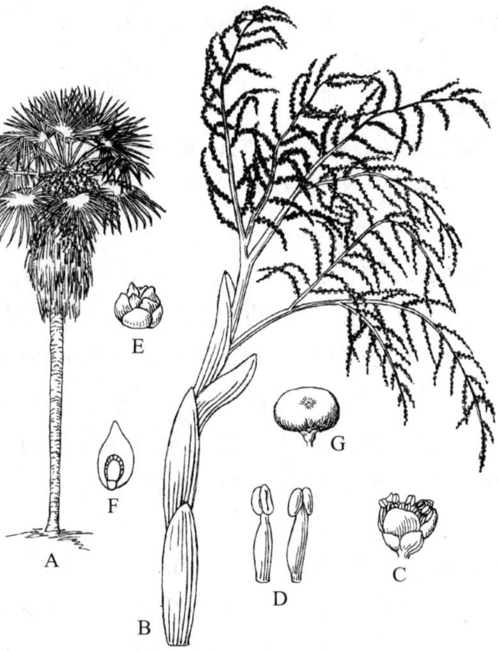

图 9–5　棕榈

A. 植物全形　B. 雄花序　C，D. 雄蕊　E. 雌花　F. 子房纵剖面　G. 果实

近基部有 3 个萌发孔。广布热带海岸，中国海南、广东、台湾有分布；果实为著名的热带佳果，椰肉（胚乳）可榨油或食用，椰汁（液态胚乳）是饮料，椰棕（中果皮纤维）可制绳索、床垫；叶用于编篮、织席等。

油棕（*Elaeis guineensis*） 乔木，主干粗达 50 cm。叶羽状全裂，下部裂片退化成基部膨大的针刺。花单性，雌雄花序分生。果卵形，长 4 ~ 5 cm，宽 3 cm，聚生成密集的果束。原产热带非洲，中国海南有栽培，是重要的油料作物，有“世界油王”之称；其果皮榨出的油称为棕油，可制肥皂、工业润滑油，提炼后亦可食用；种子油称为棕仁油，可作锌铁皮的涂面剂，亦可食用。

还有一些常见的经济植物，如鱼尾葵（*Caryota maxima*），叶二回羽状全裂，顶端扇形，具不规则齿缺；茎中含大量淀粉，可作桄榔粉的代用品；边材坚硬，可制手杖和筷子等。槟榔（*Areca cathecu*），原产马来西亚，中国广东、海南、云南南部和台湾均有栽培；种子含单宁和多种生物碱，可供药用；鲜果切片，涂以少许贝壳粉，卷于蒌叶（*Piper betle*）内而嚼之，唾液即变为鲜红色，可助消化、固齿，但多食有害；果实亦被加工成槟榔干食用。

棕榈科植物株形优美，常作为观赏植物，体现出热带亚热带风光。在华南地区常见栽种的有：王棕（大王椰子，*Roystonea regia*），高大乔木；叶聚生于茎顶，羽状全裂；原产古巴，栽培作行道树或植于庭园中。假槟榔（*Archontophoenix alexandrae*），茎干具明显的叶柄环痕；原产澳大利亚，中国南部栽培作行道树或植于庭园中。三药槟榔（*Areca triandra*）、散尾棕（*Arenga engleri*）、短穗鱼尾葵（*Caryota mitis*）、散尾葵（*Chrysalidocarpus lutescens*）等亦是常见的庭院观赏植物。

棕榈科的识别要点：木本，树干不分枝。大型叶丛生于树干顶部。肉穗花序，花 3 基数。

7. 姜目（Zingiberales）

草本，多具根状茎，具假茎；叶片大型；花不对称或单轴对称，蜜腺生于萼片；雄蕊常特化或退化；种子具假种皮。8 科 92 属，约 2 185 种。常见的科如芭蕉科、美人蕉科（Cannaceae）、姜科等。

（1）芭蕉科（Musaceae）$\uparrow$ ⚥，♂♀ $P_{(5)+1}A_{3+3}\overline{G}_{(3:3:\infty)}$

3 属，60 余种，主要分布于亚洲和非洲的热带地区。中国有 3 属，12 种。

多年生草本，单生或丛生，具根茎，地上茎包藏于由叶鞘层层包叠形成的树干状假茎中。叶大型，集生于茎顶，叶片长圆形至椭圆形，具粗壮的中脉及多数平行的横脉。花单性或两性，两侧对称，一列或二列簇生于大型、常有颜色的苞片内，再聚成穗状花序；花被片 6，5 枚合生，多少呈 2 唇形；雄蕊 6 枚，1 枚退化；子房下位，3 室，每室多数胚珠，中轴胎座；花柱 3～5 裂。肉质浆果。

芭蕉属（*Musa*）植物有重要的经济价值，其中香蕉（*M. acuminata*）和大蕉（芭蕉）（*M.* × *paradisiaca*）均为著名的热带佳果，在华南地区大面积种植。两者植株外形相似，但香蕉（图 9–6）植株较矮小，假干带紫色；叶基部近圆形，叶柄较短，叶柄沟张开；果实的棱不明显。大蕉植株较高大，假干青绿色；叶基部心形，叶柄较长，叶柄沟稍闭合；果实的棱较明显。香蕉是由尖叶蕉经过人工选育形成的三倍体植物（有些品种为二倍体），而大蕉是尖叶蕉与长梗蕉（*M. balbisiana*）经人工杂交选育的三倍体植物。

此外，蕉麻（*M. textilis*）是一种优良的纤维作物，其叶鞘中所含纤维耐海水能力特强，适宜制造航海绳缆，也可用于织布和制造高级纸。红蕉（*M. coccinea*）、地涌金莲（*Musella lasiocarpa*）等是较为常见的观赏植物。

芭蕉科的识别要点：草本，叶鞘层层包叠形成假茎；叶片大，具多数平行的横脉。花 1～2 列簇生于苞片内。肉质浆果。

（2）姜科（Zingiberaceae）

$\uparrow$ ⚥ $K_{(3)}C_{(3)}A_1\overline{G}_{(3:3\sim1:\infty)}$

多年生草本，通常具有芳香、匍匐或块状的根状茎，或根末端膨大呈块状。花大，常有香气，茎叶亦有挥发油。约 56 属 1 300 种，泛热带分布；中国有 20 属约 216 种，主要产于长江以南地区。该科常是药材、调味、观赏等植物资源。例如，山姜属（*Alpinia*）的高良姜（*A. officinarum*）、益智（*A. oxyphylla*）、艳山姜（*A. zerumbet*）等，豆蔻属（*Amomum*）

图 9–6 香蕉

A. 植物全形 B. 雄花 C. 雌花

的砂仁（阳春砂仁）（*A. villosum*）、草果（*A. tsaoko*）等。还有一些药食两用植物如姜黄（*Curcuma longa*）、郁金（*C. aromatica*）、莪术（*C. phaeocaulis*）、山柰（沙姜）（*Kaemferia galanga*）和姜（生姜）（*Zingiber officinale*）等。此外，有些种类也是常见的切花植物，如姜花（*Hedychium coronarium*）、花叶艳山姜（*Alpinia zerumbet*）、姜荷花（*Curcuma alismatifolia*）等。

8. 禾本目（Poales）

多为草本；叶禾草状；多风媒传粉，花简化。常见科如香蒲科（Typhaceae）、凤梨科、灯芯草科（Juncaceae）、莎草科和禾本科等。

（1）凤梨科（Bromeliaceae） ↑⚥ $K_{3,(3)}C_{3,(3)}A_6\overline{G}_{(3:3:\infty)}$

该科有59属，约2 400种，全部产于热带美洲。中国引种多种，华南常见栽培。

草本，稀灌木，陆生或附生。茎粗短。单叶，基生，螺旋排列呈莲座状，狭长，边缘有刺状锯齿或全缘，基部扩大呈鞘状。穗状花序、总状花序、头状花序或圆锥花序，具艳丽的苞片；花两性，少有单性；萼片3片，分离或基部连合；花瓣3，颜色鲜艳，分离或连合成管状；雄蕊6个，2轮；雌蕊3心皮合生，子房下位至半下位，3室，柱头3，每室有胚珠多数，中轴胎座。浆果，有时为肉质聚花果（凤梨属）。

中国南方热带地区常见栽培的有菠萝（*Ananas comosus*）（图9–7），即凤梨。多年生草本；茎短，基部常抽出吸芽，可用于繁殖；叶剑形，簇生呈莲座状，长40～90 cm，宽4～7 cm，先端渐尖，边缘有锐锯齿，生于花序下的叶退化，常呈红色；顶生穗状花序，球果状，肉质；花两性，小苞片卵形，淡红色；萼片3片，短卵形；花瓣3片，倒披针形，长约2 cm，上部紫红色，下部白色；雄蕊6个；子房下位；果为聚花果，球果状肉质多汁，由增厚肉质的花序轴、肉质的苞片以及不育的子房连合而成；果顶端具冠芽，为退化的叶丛，可用于繁殖。著名的热带佳果，广东、广西、海南丘陵地区常见栽培。

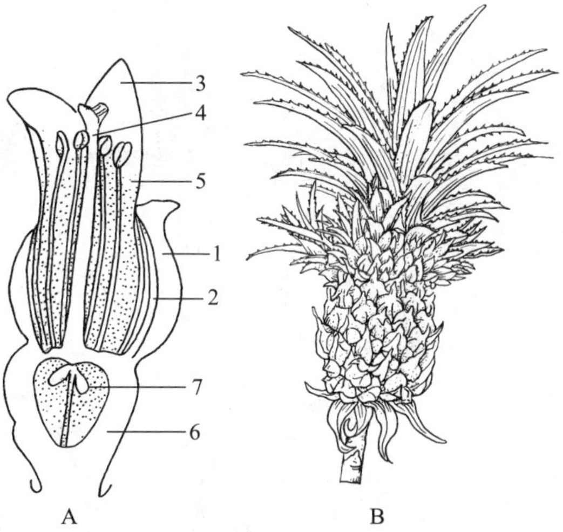

图9–7 菠萝

A. 花的纵切面 B. 果实和冠芽

1. 苞片 2. 萼片 3. 花瓣 4. 花柱 5. 雄蕊 6. 子房 7. 胚珠

近年来，中国南方地区引进的该科观赏植物在30种以上，常见的如水塔花（*Billbergia pyramidalis*），茎极短；叶带状，基部较宽并紧密层叠，常储有一定的水分；穗状花序直立，苞片粉红色，披针形。再如蜻蜓凤梨（*Aechmea fasciata*）、雀巢凤梨（*A. nidularioides*）、纵缟姬凤梨（*Cryptanthus bivittatus*）等。

凤梨科的识别要点：茎短；单叶狭长，基生。苞片显著而具颜色。花瓣3，颜色鲜艳；子房下位。

（2）莎草科（Cyperaceae） ↑⚥，♂♀ $P_0A_{3\sim1}\underline{G}_{(2\sim3:1)}$

约98属，5 695种，广布于全世界，温带地区较多；中国33属，700多种，各地均有分布。

多年生或一年生草本。秆实心，常呈三棱形，无节。叶通常3列，有时缺；叶片狭长，有封闭的叶鞘。小穗由2至数个带花鳞片组成，排成穗状、总状、圆锥状、头状或聚伞花序等各种花序；花小，两性或单性，生于鳞片（常称为颖）腋内；花被缺或退化为下位刚毛、丝毛或鳞片；雄蕊1～3个；子房上位，1室，柱头2～3个。小坚果或瘦果，三棱形或透镜形。染色体：$X = 5 \sim 60$。

该科中有许多农田杂草，也有一些有经济价值的种类。华南常见种类如：

荸荠（马蹄，*Eleocharis dulcis*） 多年生水生草本，具球茎；秆丛生，圆柱形；叶退化，仅有膜质叶鞘，叶鞘口斜；小穗顶生；下位刚毛7条。球茎供食用，也可药用，有清热止渴、利湿化痰、降血压之功效。

香附子（*Cyperus rotundus*）（图9–8） 有根状茎和块茎；秆三棱形，基部叶鞘常分裂成纤维状；叶状总苞2～3枚，下面2枚常长于花序；聚伞花序的辐射枝3～4个；小穗线形，紫红色。农田杂草，块茎可入药。

常见的农田杂草还有：异型莎草（*C. difformis*）、碎米莎草（*C. iria*）、水莎草（*C.*

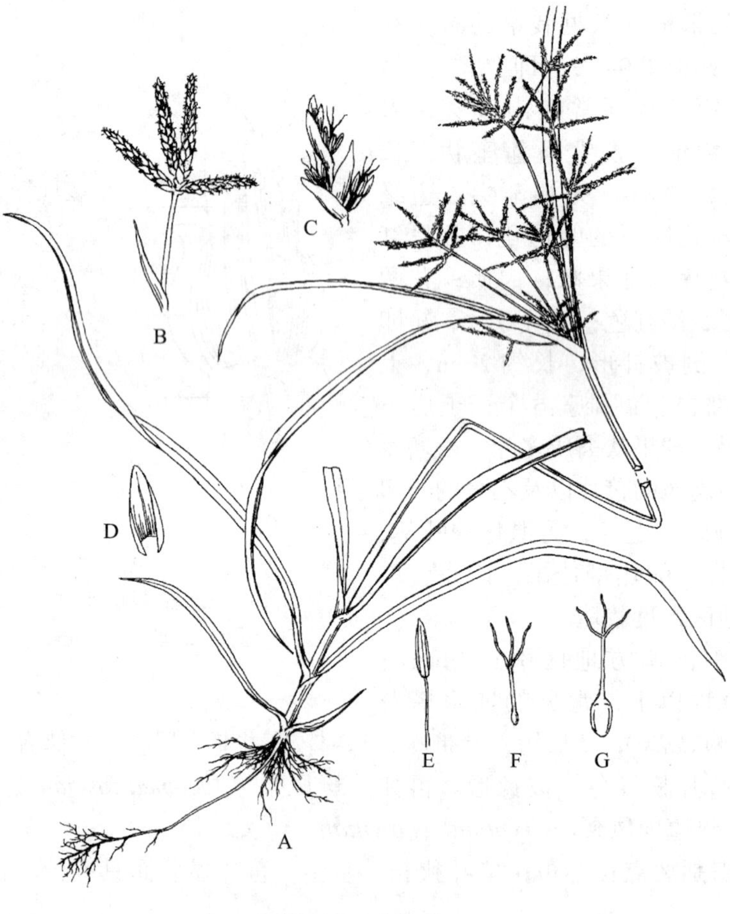

图9–8 香附子

A. 植物全形 B. 穗状花序 C. 小穗顶端的一部分，示鳞片内发育的两性花 D. 鳞片 E. 雄蕊 F. 雌蕊 G. 未成熟的果实

serotinus）、红鳞扁莎（*Pycreus sanguinolentus*）、水虱草（*Fimbristylis littoralis*）、萤蔺（*Schoenoplectiella juncoides*）、牛毛毡（*Eleocharis yokoscensis*）、水蜈蚣（*Kyllinga brevifolia*）等。

此外，蒲草（*Lepironia articulata*），在广东肇庆市和遂溪县广为栽培，其秆经压扁，可编席子、草包和风帆等。

莎草科的识别要点：秆常呈三棱形，实心。叶常3列，叶鞘闭合。小穗由带花鳞片组成，小穗再组成各种花序。多为小坚果。

（3）**禾本科（Poaceae）**↑⚥，♂♀ $P_{3\sim2}A_{3,\ 3+3}\underline{G}_{(3\sim2:1:1)}$

一年生、二年生或多年生草本，少数为木本（竹类）；须根，常具根状茎，地上茎通常称为秆；秆圆柱形，稀为扁平或方形，具明显的节，常中空，稀为实心。单叶互生，排成2列；叶由叶片和叶鞘组成，叶鞘包秆，除少数闭合外，通常一侧开裂；叶片扁平，常狭长，具平行脉；叶片与叶鞘交接处里面常有一小的片状结构，称为叶舌；叶鞘顶端两侧各有1个附属物，称为叶耳。花序由小穗排列成穗状、总状、指状、圆锥状等不同花序类型；小穗通常基部有2片不孕性的苞片（称为颖），生在下面（或外面）的1片称为外颖（第一颖），生在上面（或里面）的1片称为内颖（第二颖）；小花1至数朵，着生于小穗轴（花序轴）上；小花几无柄，其外面（下面）由外稃（特化的苞片）和内稃（特化的小苞片）包被；外稃顶端或背部常具芒或无，内稃常具2隆起的脉并常被外稃所包被；在外稃和内稃之间的子房基部为2或3枚小鳞片（浆片），其肉质而透明，为特化的花被片；雄蕊通常3枚，很少1、2、4或6枚，花丝纤细，花药常丁字着生；雌蕊1个，子房上位，2～3心皮，1室，1胚珠，花柱通常2个，稀1或3，柱头羽毛状或扫帚状。颖果，其果皮常与种皮贴生而不易分离，或少数种类的果皮与种皮分离，称为囊果，或稀为坚果或浆果；种子具有丰富的胚乳，基部有一细小的胚（有关竹类植物特殊的特征此处不加描述）。染色体：$X=7$，9～13。

禾本科是一种类众多的大类群，常下设若干亚科，但对其亚科的划分存在不同的分类处理，常将其分为2个亚科，即竹亚科（Bambusoideae）和禾亚科（Agrostidoideae）；或3个亚科，即竹亚科、稻亚科（Oryzoideae）和黍亚科（Panicoideae）；或4个亚科，即竹亚科、稻亚科、早熟禾亚科（Pooideae）和黍亚科；或5个亚科，即竹亚科、稻亚科、早熟禾亚科、画眉草亚科（Eragrostidoideae）和黍亚科；或再分设出芦竹亚科（Arundinoideae）而成为6个亚科。APG Ⅳ系统中禾本科下划分为12个亚科。本书采用4亚科的分类处理，且仅主要介绍传统的禾亚科的内容。该科许多植物与人类的生活密切相关，具有重要的经济价值，是粮食、饲料或一些工业原料的主要来源。现列举若干有经济价值的属种加以介绍。

禾本科是种子植物中的大科，约707属，11 337种，广布于全世界，所含种数仅次于兰科、菊科和豆科；中国约226属，约1 780种。

① 竹亚科（Bambusoideae），约116属1 441种，中国约30属400多种。所有竹子类植物都属于该亚科。

② 稻亚科（Oryzoideae），15属112种，世界广布。代表性属稻属（*Oryza*），一年生或多年生草本。圆锥花序顶生；小穗两侧压扁，含3朵小花，仅1朵小花结实，其余2朵小花退化，仅存外稃，位于顶生两性小花之下；颖退化常呈半月形，着生于小穗柄顶

端；两性小花外稃硬纸质，有芒或无芒，具5脉；内稃有3脉；雄蕊6个。本属约22种，分布于亚洲、美洲、大洋洲和非洲；中国4种，其中稻（*O. sativa*）（图9-9）为栽培种，普通野稻（*O. rufipogon*）、药用野稻（*O. officinalis*）、疣粒野稻（*O. granulata*）为野生种。稻是亚洲热带亚热带广泛种植的主要粮食作物之一，中国南方为主要产稻区，北方各省也有栽培。

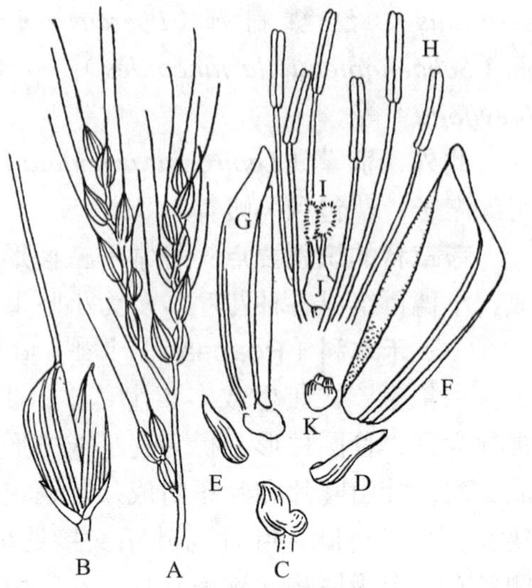

图9-9 稻

A. 花序枝 B. 小穗 C. 颖片 D，E. 不孕小花外稃 F. 结实小花外稃 G. 结实小花内稃 H. 雄蕊 I. 柱头 J. 子房 K. 鳞被（浆片）

③ 早熟禾亚科（Pooideae），多年生草本，高一般不超过1 m，多生于温带地区。约177属3 850种。代表性属为小麦属（*Triticum*），一年生或二年生草本。穗状花序直立，顶生；小穗两侧压扁，无柄，单生于穗轴的每一节上，互生；颖卵形，3至数枚，与外稃皆常有芒；每个小穗有2～5朵小花；果与稃离生，或藏于其内。本属约15种，中国常栽培的有小麦（*T. aestivum*）（图9-10），其为主要粮食作物之一，品种极多。

大麦属（*Hordeum*）：一年生、二年生或多年生草本。穗状花序；小穗背腹压扁，3个聚生于穗轴的每一节上，倘全部的小穗结实而侧面2小穗与相对的小穗覆叠时，则麦穗呈4列，倘只中央的小穗结实时，则麦穗呈2列；颖极狭；小穗仅有1朵小花，外稃有芒。果紧包于稃内。本属有20余种，中国常栽培的有大麦（*H. vulgare*）。大麦为粮食作物，也是制造啤酒和麦芽糖的原料，其变种青稞（裸麦）（*H. vulgare* var. *nudum*）和藏青稞（三叉大麦，*H. vulgare* var. *trifurcatum*）在中国西部常有栽培。该属的野黑麦（*H. brevisubulatum*）为优良牧草，分布于东北、华北及新疆等地。

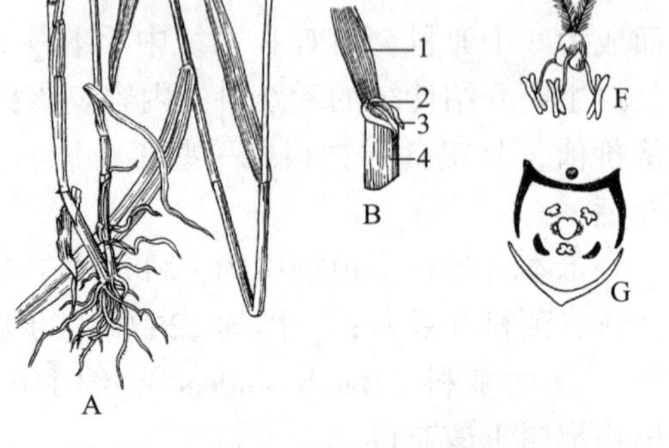

图9-10 小麦（仿周云龙等，2010）

A. 植株 B. 叶，示叶舌和叶耳 C. 小穗 D. 小穗模式图 E. 小花 F. 除去内外稃的小花 G. 花图式 1. 叶片 2. 叶舌 3. 叶耳 4. 叶鞘

④ 黍亚科（Panicoideae），秆常实心。常见属如狗尾草属（*Setaria*）：一年生或多年生草本。圆锥花序顶生，圆柱状或舒展呈塔形；小穗背腹压扁，有1～2朵小花，无芒，下多有刚毛（不孕枝）1至多条，小穗脱落时刚毛宿存；第一颖卵形或圆形，比小穗短1/4～1/2，第二颖与小穗约等长；第一小花雄性或中性，外稃与第二颖同质；第二小花两性，外稃革质。本属约有130种，中国约13种，其中粮食作物如粟（小米）（*S. italic*）。

常见的农田杂草有狗尾草（*S. viridis*）、金色狗尾草（*S. pumila*）等。

蜀黍属（*Sorghum*）也是黍亚科代表性属之一：一年生或多年生草本。圆锥花序顶生；小穗成对，一无柄而结实，一有柄而不实，无柄小穗背腹扁平，或穗轴顶端一节有 3 个小穗；颖硬革质，第一颖背部浑圆或扁平，边内卷，成熟时变硬而光亮，第二颖呈舟状；第二外稃膜质，先端 2 裂而有芒或全缘而无芒。本属 20 多种，中国约 11 种，其中粮食作物如高粱（*S. bicolor*）（图 9–11），饲料植物有苏丹草（*S. sudanense*）。

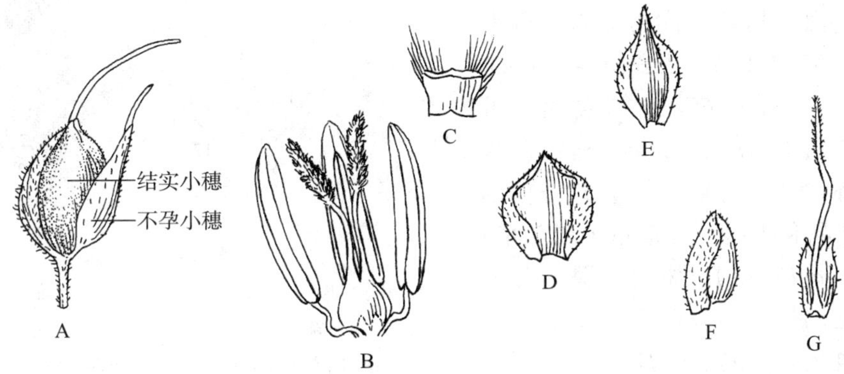

图 9–11 高粱

A. 成对的小穗 B. 小花 C. 鳞被 D. 第一颖 E. 第二颖 F. 第一小花外稃 G. 第二小花外稃

甘蔗属（*Saccharum*）：多年生高大草本。圆锥花序顶生，被丝毛；小穗成对，一有柄，一无柄，穗轴逐渐断落；颖 2 片，几等长；稃均为透明膜质，第一小花中性，仅有外稃，第二小花两性，外稃较退化，先端无芒或具一尖头，内稃小，或有时完全退化。本属有 35 ~ 40 种，分布于热带和亚热带地区；中国有 10 种。经济作物如甘蔗（*S. officinarum*）（图 9–12），秆较粗，被白粉，秆顶端和圆锥花序主轴无毛；该种是全世界热带糖料生产的主要原料，在中国南方热带地区有广泛种植。竹蔗（*S. sinense*），秆高达粗壮，灰褐色，秆顶端和圆锥花序主轴被丝状长毛；该种耐贫瘠，茎秆含糖分高，可生食，亦是制糖的原料。

黍亚科常见的还有玉蜀黍属（*Zea*），常见的如玉蜀黍（玉米，苞谷，*Z. mays*）（图 9–13）：一年生高大草本，秆实心。花单性，雌雄同株；雄花序圆锥状，顶生；雄小穗成对，一有柄，一无柄，每小穗有 2 朵小花，颖有睫毛，内外稃均极薄，雄蕊 3 个；雌花序被多数宽大的鞘状苞片所包藏，单生于叶腋内；雌小穗成对，每小穗具 2 朵小花，2 颖片近相等，宽而无脉；第一小花不孕，外稃透明膜质，内稃有或无；第二小花结实，内外稃均为膜质；雌蕊花柱丝状，伸出苞外，顶端短 2 裂。玉米是重要的杂粮作物，在全世界热带和温带地区广泛种植，

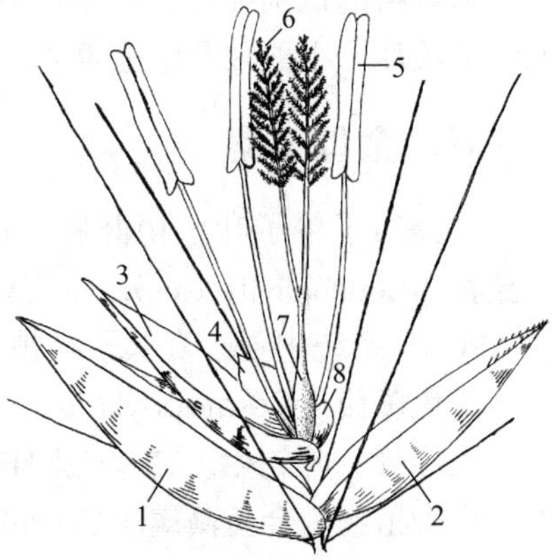

图 9–12 甘蔗小穗解剖图

1. 第一颖 2. 第二颖 3. 第一小花外稃 4. 第二小花内稃 5. 雄蕊 6. 柱头 7. 子房 8. 鳞被

中国各地亦有大面积栽培。

禾本科还有许多其他的经济作物：黍（稷，穈）（*Panicum miliaceum*），是人类最早的栽培谷物之一，现为杂粮作物，中国北方多有栽培。菰（*Zizania caduciflora*），秆基部因菰黑粉菌和菰黑穗菌寄生而膨大肥嫩，为食用蔬菜，俗称茭笋或茭白，其颖果称为菰米，可食用和药用。薏米（*Coix lacryma-jobi* var. *ma-yuen*），其颖果称苡仁，可食用亦可入药。香茅属（*Cymbopogon*）植物多含有丰富的挥发油，可从中提取芳香精油用于日化产品和香料。香根草（岩兰草）（*Vetiveria zizanioides*）的根系发达，是一种用途广泛的植物，被广泛用于水土保持，同时也是青饲料、优质手工编制材料和工业造纸、提取香精的原料。

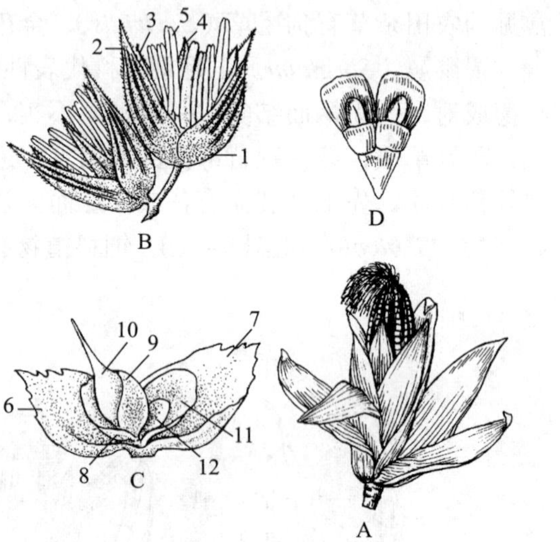

图 9-13 玉米

A. 果序 B. 雄小穗 C. 雌小穗 D. 二雌小穗形成的颖果
1，6. 第一颖 2，7. 第二颖 3. 外稃 4. 内稃 5. 雄蕊
8. 结实小花外稃 9. 结实小花内稃 10. 雌蕊
11. 不孕小花外稃 12. 不孕小花内稃

禾本科植物还是各种类型草原的重要组成成分，有许多优良的牧草和饲料植物，约有 60 属，200 余种，主要分布于羊茅属（*Festuca*）、早熟禾属（*Poa*）、雀麦属（*Bromus*）、鹅观草属（*Roegneria*）、鸭茅属（*Dactylis*）、燕麦属（*Avena*）、黑麦属（*Secale*）、狼尾草属（*Pennisetum*）、雀稗属（*Paspalum*）、狗尾草属（*Setaria*）等属中。此外，该科还有许多常见的农田杂草，如水田中的稗（*Echinochloa crusgalli*）、旱地上的马唐属（*Digitaria*）、狗尾草属、画眉草属（*Eragrostis*）、黍属和雀稗属植物等。特别值得注意的是互花米草（*Spartina alterniflora*）现已成为在中国东南沿海危害严重的外来入侵植物。

禾本科的识别要点：秆常呈圆柱形，节间常中空。叶 2 列，叶鞘包秆，边缘分离。小穗由 2 颖片、小穗轴及轴上着生的 1 至数朵小花组成，再排列成各式花序。颖果。

五、金鱼藻类

在经历了单子叶植物群后，被子植物适应于水生环境后出现了一个特化类群，即金鱼藻科（Ceratophyllaceae），在克朗奎斯特系统等基于形态学的分类系统中被列入睡莲目，在 APG IV 系统中置于真双子叶植物早出群。该类 1 目 1 科 1 属 6 种。

金鱼藻目（Ceratophyllales）

无导管；叶轮生。花单性同株；雄蕊多数；心皮 1，每心皮含顶生胚珠 1 枚。水媒传粉。代表植物为金鱼藻属（*Ceratophyllum*）的金鱼藻（*C. demersum*）。

六、真双子叶类

真双子叶类是被子植物最大的分支，共 44 目，包括许多独特分支，及各分支的早出姐妹群，如固氮类、寄生类、特立中央胎座类等。

（一）真双子叶类基部群（Basal Eudicots）

具三沟花粉，有明显分化的花被片，筛分子质体具淀粉粒。有毛茛目、山龙眼目、昆栏树目、黄杨目。

1. 毛茛目（Ranunculales）

叶常分裂。花各部轮生；心皮离生或边缘合生，子房上位。

常见的科如罂粟科（Papaveraceae）、木通科（Lardizabalaceae）、防己科（Menispermaceae）、小檗科（Berberidaceae）、毛茛科等，现以毛茛科为例讲解。

毛茛科（Ranunculaceae） $* 稀 \uparrow ⚥ K_5\ C_5\ A_{\infty}\ \underline{G}_{\infty\sim1:\infty\sim1}$

多年生至一年生草本，少为藤本。叶互生或基生，少对生，常掌状分裂或羽状分裂，或为一至多回3小叶复叶或羽状复叶。花两性，辐射对称或两侧对称；花单生，或集生成总状花序、圆锥花序；萼片5，稀多数，绿色或为花瓣状而有色彩，少数种类基部延长成距；花瓣5，稀多数或较少，或缺；雌蕊、雄蕊多数，离生，螺旋状排列于突起的花托上。聚合瘦果或聚合蓇葖果，少数为浆果。染色体：$X=6\sim10$，13。

约50属，200余种，广布于世界各地，主产于北温带和寒带；中国40属，约736种，分布于全国各地。

毛茛科大多仍保持有离生的心皮，但有些种类具两侧对称的花，花瓣退化，心皮数目减至3或1。

该科许多种类含有多种生物碱，具有重要的药用价值，其中药用植物较多的如乌头属（*Aconitum*）、黄连属（*Coptis*）、铁线莲属（*Clematis*）、翠雀属（*Delphinium*）、升麻属（*Cimicifuga*）、毛茛属（*Ranunculus*）等。该科植物在华南地区常见的种类如：

小毛茛（*Ranunculus ternatus*）：多年生小草本；块根数个，纺锤形，似猫爪，故又称猫爪草；基生叶丛生，有长柄，三出复叶，或为单叶，三浅裂至全裂；茎生叶多无柄，小而细裂；花瓣5，黄色，春天开放。以块根入药，可治淋巴结核等病症（图9-14）。

威灵仙（*Clematis chinensis*）：木质藤本；一回羽状复叶；小叶常5片，卵形或狭卵形，两面无毛。圆锥状聚伞花序腋生或顶生；萼片4，白色。瘦果卵形，有柔毛；宿存花柱羽毛状。根和根状茎药用，能祛风除湿，通络止痛。

此外，重要药用植物还有：乌头（*Aconitum carmichaeli*），叶掌状3裂，花两侧对称，花萼蓝紫色，最上的一片特化呈盔状；块根肥大，含多种乌头碱，有剧毒，需炮制后才能入药，主根为中药"川乌"，其旁生侧根为中药"附子"，有温中助阳、祛风止痛的功效。黄连（*Coptis chinensis*），其根状茎木质部黄色，有多数须根，可从中提取黄连素，入药则能清热燥湿、泻火解毒。升麻（*Cimicifuga foetida*），以除去须根的根状茎入药，具清热解毒、升举阳气的功效。

毛茛科的识别要点：草本。叶分裂或复叶。花两性，5基数；萼片花瓣状或无花瓣；雌、雄蕊多数，离生，螺旋状排列于膨大的花托上。聚合瘦果或蓇葖果。

2. 山龙眼目（Proteales）

该目常见的科如清风藤科（Sabiaceae）、莲科（Nelumbonaceae）、悬铃木科（Platanaceae）和山龙眼科（Proteaceae），其中莲科种类在有些分类系统中被划入睡莲科，在APG IV系统中列为莲科。

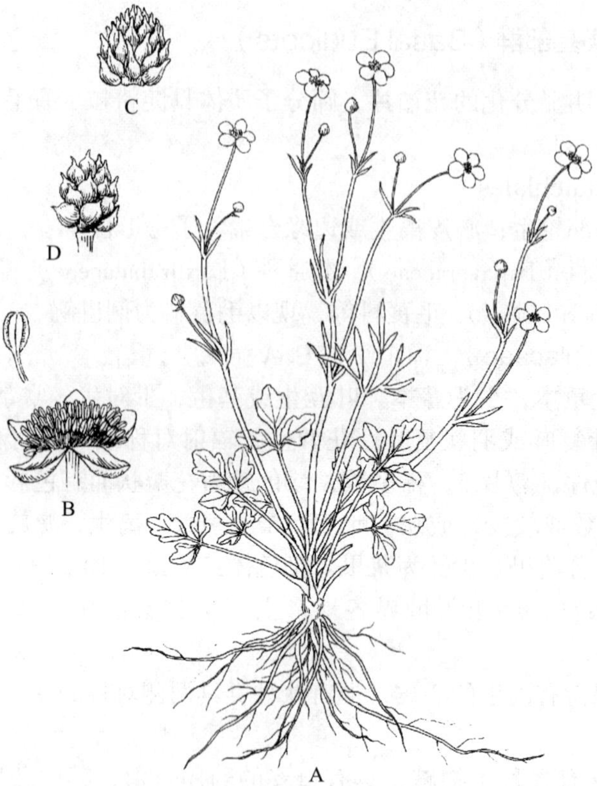

图 9-14 小毛茛
A. 植物全形 B. 花 C. 嫩心皮群 D. 瘦果束

（二）核心真双子叶类基部群（Basal core Eudicots）

该类植物包含 2 目：大叶草目和五桠果目（Dilleniales），前者位于基部，产于南半球。

五桠果科（Dilleniaceae）约 11 属，400 种，广布于热带、亚热带；中国 2 属 5 种，分布于广东、广西、海南和云南等地。常见的如五桠果属（*Dillenia*）、锡叶藤属（*Tetracera*）等。

（三）超蔷薇类基部群（Basal superrosids）

该基部群的虎耳草目（Saxifragales）中包含较多常见的科，例如芍药科（Paeoniaceae），蕈树科（Altingiaceae）、金缕梅科（Hamamelidaceae）、鼠刺科（Iteaceae）、虎耳草科（Saxifragaceae）、景天科（Crassulaceae）、锁阳科（Cynomoriaceae）等，其中在形态学分类系统中被列入金缕梅科的蕈树属（*Altingia*）、枫香树属（*Liquidambar*）等在该系统中被划入蕈树科，而且原有枫香树属也被归并入蕈树属。

（四）蔷薇类基部群（Basal Rosids）

被子植物的核心类群，包括基部葡萄目及豆类、锦葵类两个分支，两个分支各含 8 个目。葡萄目为基部群。

（五）蔷薇群（Rosids）

1. 豆目（Fabales）

木本或草本。花部两性，常为蝶形或假蝶形，雄蕊 5 或 10 枚。荚果。有 4 科，约 754 属 20 055 种。常见的科如豆科、远志科（Polygalaceae）等。

豆科（Fabaceae） $\uparrow * ⚥ K_{(5)} C_5 A_{\infty \sim 10 \sim 5, (9)+1, (10)} \underline{G}_{(1:1:\infty \sim 1)}$

在克朗奎斯特分类系统中，豆目（Fabales）被分为三个科，即含羞草科（Mimosaceae）、苏木科（Caesalpiniaceae）和蝶形花科（Papilionaceae），归于蔷薇亚纲。而有些学者则将这些种类归为一个科，组成广义的豆科，下分三个亚科。无论哪一种划分，均承认三者是以荚果联系起来的自然类群。APG IV 系统中将豆科分为 6 亚科。

豆科是被子植物的第三大科，约有 760 属，19 500 余种，广布于全世界；中国有 135 属，1 542 种，分布于全国。

草本、灌木或乔木，少为藤本。叶互生，有托叶，常为羽状复叶、三出复叶或单叶。花两性，两侧对称（蝶形花、假蝶形花），或辐射对称；萼片 5，分离或连合；花瓣 5，离生；雄蕊 10 个，多成二体雄蕊，少有单体或分离，稀雄蕊多数；子房上位，心皮 1 个，1 室或偶 2 室，胚珠 1 至多数，边缘胎座。荚果；种子无胚乳，子叶发达。染色体：$X = 5 \sim 16$，18，20，21。

（1）紫荆亚科（Cercidoideae）

乔木、灌木或藤本，无根瘤。单叶或二小叶；侧生托叶早落。总状或假总状花序；花多少两侧对称，有萼筒；雄蕊两轮，10 枚；胚珠 1 至多数。

羊蹄甲属（*Bauhinia*），乔木、灌木或藤本，有时具卷须。叶常 2 裂，羊蹄状，稀全缘或有小叶，具叶枕。花瓣 5，有爪；雄蕊 10、5 或 3 枚。果扁平。约 570 种，广布于热带、亚热带地区。华南地区常见的有：红花羊蹄甲（*Bauhinia blakeana*），叶圆形至阔心形，先端 2 裂，达叶长的 1/4～1/3；花粉红色，发育雄蕊 5 枚；为杂交种，果不实；花期冬季至次年春季甚至更长。该种常栽培观赏，也是香港的市花。宫粉羊蹄甲（*B. variegata*），叶裂 1/2～1/4，伞房花序，花粉红色或白色具紫色线纹，能育雄蕊 5 枚，荚果长约 20 cm，花期春季。白花羊蹄甲（*B. acuminata*）花白色，能育雄蕊 10 枚；花期春季。羊蹄甲（*B. purpurea*），花粉红色，发育雄蕊 3 或 4 枚，其余退化或不育；花期秋季。红花羊蹄甲与羊蹄甲的叶形、大小相似，宫粉羊蹄甲与白花羊蹄甲的叶形、大小相似。在华南地区，羊蹄甲的盛花期为秋季，红花羊蹄甲盛花期深秋至春季，另外两种的盛花期均为春季。

紫荆属（*Cercis*），落叶小乔木或灌木，无刺；单叶互生。花两侧对称，先花后叶；花瓣 5，不等大，下降的覆瓦状排列；雄蕊 10 枚，分离。荚果扁狭长圆形。常见植物紫荆（*C. chinensis*），主要分布于南岭以北地区。

（2）甘豆亚科（Detarioideae）

乔木或常绿灌木，常有外生菌根，无根瘤。羽状复叶。总状或圆锥花序；花多少两侧对称，常有萼筒；雄蕊常 10 枚；胚珠 1 至多数。华南、西南地区常见栽培植物酸豆（*Tamarindus indica*），荚果熟时酸甜可食。

（3）山姜豆亚科（Duparquetioideae），该亚科国内不产。

（4）酸榄豆亚科（Dialioideae），中国仅有任豆（*Zenia insignis*）1种，产于华南地区。

（5）云实亚科（Caesalpinioideae），该亚科包含了形态学分类系统中的含羞草亚科（Mimosoideae）。乔木、灌木或藤本。1或2回偶数（稀奇数）羽状复叶，或单叶。常有花外蜜腺；侧生托叶常缺；花稍两侧对称或辐射对称，排成总状、头状、穗状或聚伞花序，花瓣为上升的覆瓦状排列；单体或二体雄蕊，多数、10枚或较少，分离或合生；胚珠1至多数。荚果。

该亚科常见的属有：合欢属（*Albizia*）、金合欢属（*Acacia*）、决明属（*Senna*）、含羞草属（*Mimosa*）、腊肠树属（*Cassia*）和皂荚属（*Gleditsia*）。华南地区常见的种类如：含羞草（*Mimosa pudica*），二回羽状复叶，小叶10～20对，受触动即闭合下垂；花小，淡红色；原产于美洲，现已归化于热带各地；全草亦入药。台湾相思（*Acacia confusa*），叶片常退化，叶柄扁化呈叶状；头状花序腋生，黄色；生长迅速、耐干旱，为华南地区重要的荒山造林、水土保持和沿海防护林树种。黄槐（*Senna surattensis*），小乔木；叶轴及叶柄扁四方形；小叶7～9对；花黄色，能育雄蕊10；栽培观赏。决明（*Senna tora*）是著名的药用植物，种子入药。皂荚（*Gleditsia sinensis*）果实入药，亦可制洗涤用品。凤凰木（*Delonix regia*）、腊肠树（*Cassia fistula*）等是优美的庭院观赏树种。

（6）蝶形花亚科（Papilionoideae）

叶为单叶、3小叶或羽状复叶，侧生托叶早落（稀内生托叶）。花两侧对称，蝶形；花萼5裂，具萼管；花瓣为下降的覆瓦状排列，最上一片为旗瓣，侧面两片为翼瓣，最下两片稍连合为龙骨瓣；雄蕊10枚，9枚合生，1枚分离，亦有组成单体雄蕊或全部分离，或数目少于10；子房一至多数。荚果。

该亚科约525属10 000多种，全世界广布；中国103属1 000多种，南北均产。该亚科植物大多适应能力极强，耐干旱，抗盐碱；其根系常与土壤中的根瘤菌共生，形成发达的根瘤，固氮力强，使豆类种子含有大量的蛋白质、脂肪或淀粉。所以，很多种类是粮食、油料作物或蔬菜、药用植物，与生活关系密切。

常见的属如大豆属（*Glycine*）、落花生属（*Arachis*）、黄檀属（*Dalbergia*）、苜蓿属（*Medicago*）等。常见栽培的豆类油料作物如：大豆（*Glycine max*），原产中国，种子含蛋白质38%、脂肪17.8%，是重要的油料和植物蛋白来源。落花生（*Arachis hypogaea*）（图9-15），原产巴西，中国各地广泛栽培，种子含脂肪40.1%～60.7%，蛋白质20%～33.7%。常见栽培的食用豆类还有：豌豆（*Pisum sativum*）、蚕豆（*Vicia faba*）、豇豆（豆角）（*Vigna sinensis*）、菜豆（龙芽豆）（*Phaseolus vulgaris*）、赤豆（红豆）（*P. Angularis*）、绿豆（*P. Radiatus*）和扁豆（*Dolichos lablab*），以及豆薯（沙葛）（*Pachyrhizus erosus*）等。

该亚科可作为牧草和绿肥的植物如：苜蓿属（*Medicago*）、草木樨属（*Melilotus*）、车轴草属（*Trifolium*）、猪屎豆属（*Crotalaria*）及紫云英（*Astragalus sinucus*）、田菁（*Sesbania cannabina*）等。

该亚科的药用植物种类也十分丰富，有250余种，如甘草（*Glyeyrrhiza uralensis*）根能清热解毒、润肺止咳、调和诸药；膜荚黄芪（*Astragalus membranaceus*）和内蒙黄芪（*A. mongolicus*）的根能滋肾补脾、止汗利尿、清肺排脓等；鸡骨草（*Abrus*

图 9-15　落花生

A. 植株　B. 花　C. 花的纵剖面　D. 旗瓣　E. 翼瓣　F. 龙骨瓣　G. 雄蕊和雌蕊　H. 子房

cantoniensis）（广州相思子）是广东凉茶、汤料的常用药材，清热解毒、舒肝止痛。还有补骨脂（*Psoralea corylifolia*）、苦参（*Sophora flavescens*）、槐树（*S. Japonica*）、野葛（*Pueraria lobata*）、密花豆（鸡血藤）（*Spatholobus suberectus*）、广金钱草（*Desmodium styracifolium*）等。

此外，该亚科有许多名贵的优良木材，如紫檀（*Pterocarpus indicus*）的心材红棕色，俗称“红木”，用于制作乐器、优质家具和工具。黄檀（*Dalbergia hupeana*）及本属其他一些种类和野生荔枝的木材，俗称“酸枝”，是红木家具的主要用材来源。国家二级保护野生植物降香黄檀（*D. odorifera*）材质优良，价格昂贵，原产于中国海南岛。

2. 蔷薇目（Rosales）

常为单叶，具托叶。花有托附杯，花萼镊合状排列，宿存；每心皮具胚珠 1 枚；胚乳退化。具二氢黄酮类化合物。含有 9 科 8 010 多种。

蔷薇科（Rosaceae） $* \text{⚥}\ K_5\ C_5\ A_{\infty \sim 10 \sim 5}\ \underline{G}_{\infty \sim 1:1:\infty \sim 1}$ 或 $\overline{G}_{(5:5\sim 2:2\sim 1)}$

草本、灌木或乔木，常有刺及明显的皮孔。单叶或复叶，互生，稀对生，托叶常成对附生于叶柄两侧。花两性，辐射对称；花托形态多样，或凸隆，或平展呈浅盘状，或下陷而呈壶状或杯状，或下陷并与子房相结合；萼片 5，分离或贴生于子房；花瓣 5；雄蕊多数，稀 5 ~ 10 枚；子房上位或下位，心皮多数至 1 个，分离或连合；每心皮有 1 至数个胚珠。果实为核果、梨果、瘦果、蓇葖果，有些生于增大的肉质花托上。染色体：$X=7\sim 9$，17。

世界性大科，有95属2 800多种，世界性分布，主产于温带、亚热带地区；中国有46属约950种，全国各地有分布。

APGⅣ系统将该科分为3亚科。

（1）仙女木亚科（Dryadoideae），主要分布在北美洲西部。

（2）蔷薇亚科（Rosoideae）

子房上位，心皮多数，离生于突出的花托上或壶形的花托内；聚合瘦果或聚合核果。

常见的属如蔷薇属（*Rosa*），约150种，中国约60种，南北均有分布。常见的种类如玫瑰（*R. rugosa*）、月季（*R. chinensis*）、金樱子（*R. laevigata*）和蔷薇（野蔷薇）（*R. multiflora*）等，其中金樱子盛产中国南方，根、果入药。

玫瑰：叶皱缩；茎多皮刺和刺毛。该种原产于中国，其花和根皆可入药，从花中提取的玫瑰精油是名贵的香水。月季：托叶有腺毛；萼有羽状裂片；花大型，少数至单生。该种原产于中国，现栽培的多为杂交选育种，其花供观赏外，亦是制造香水的原料，花、根可药用。

蔷薇（野蔷薇）：小叶9枚；伞房花序；花白色。花、果及根均可入药。金樱子：攀缘灌木，有刺；花单生，白色；果梨形，密被刺。该种盛产于中国南方；其果具强壮、收敛和镇咳之功效，可供制糖及酿酒。

此外，还有蛇莓（*Duchesnea indica*）、草莓（*Fragaria ananassa*）、悬钩子（*Rubus palmatus*）、茅莓（*R. parvifolius*）等常见植物。

（3）桃亚科（Amygdaloideae）

乔木或灌木。心皮分离或合生。蓇葖果、梨果或核果。

常见的属如绣线菊属（*Spiraea*）、樱桃属（*Prunus*）、枇杷属（*Eriobotrya*）、苹果属（*Malus*）等。麻叶绣球（*Spiraea cantoniensis*），小灌木；叶披针形，边缘有粗锯齿；花白色，较小，伞房花序；常作观赏植物栽培。

该亚科有多种常见的栽培果树。苹果（*Malus domestica*）：叶为椭圆形或卵形，两面有柔毛；伞房花序，有3～7朵花，花白色或粉红色，萼与花梗有毛。该种原产于欧洲和亚洲西部，现广泛栽培于温带地区。

梨（沙梨）（*Pyrus pyrifolia*）：叶卵形或卵状椭圆形，基部圆形或近心形；果近球形，青白色，有浅色斑点。中国长江流域和珠江流域各地栽培的梨品种多属于本种，如雪梨、砀山紫苏梨等。白梨（*P. bretschneideri*），果黄白色具细密斑点，主要栽培于中国黄河以北地区，有许多栽培品种，如北方常见的雪花梨、鸭梨、蜜梨等。

枇杷（*Eriobotrya japonica*）：叶革质，小枝及叶背密生灰褐色或锈色绒毛；梨果黄色或橘黄色。果可食用；叶入药，能利尿、清热、镇咳。

桃（*Prunus persica*）：乔木或灌木；叶披针形，边缘有细密锯齿；花单生，先叶开放，粉红色；果皮被密粘毛，核有凹纹（图9–16）。该种原产于中国，现遍植于全球。目前已有许多育成的品种，分为食用品种和观赏品种。李（*P. salicina*）：叶倒卵状披针形；花白色，3朵同生；果皮光亮，有蜡粉，果核有皱纹。该种的果可食用，核仁、叶及树胶均可入药。杏（*P. armeniaca*）：果实可食用，杏仁供药用。梅（*P. mume*）：果可食用和药用，根、花亦入药。该种也是著名的庭园观赏树种。

该亚科的山楂（*Crataegus pinnatifida*）、木瓜（*Chaenomeles sinensis*）的果实为药

图 9–16 桃

A. 花枝 B. 果枝 C. 花的纵剖面 D. 花药 E. 核

食两用。

本科识别要点：叶互生，常有托叶。花托突起至凹陷，花部 5 基数，心皮合生或离生，子房上位，少下位。果实为核果、梨果或瘦果。

桑科（Moraceae）♀：$*K_{4\sim6}C_0\underline{G}_{(2:1)}$；♂：$*K_{4\sim6}C_0A_{4\sim6}$

木本，稀草本，常有乳汁。单叶互生，少数对生；托叶 2 枚，早落。花小，单性，雌雄同株或异株，单生或排成柔荑花序、穗状花序、头状花序等，花序轴有时肉质增厚或封闭而成为隐头花序（榕属）；萼片通常 4 片，有时缺，雌花的萼片宿存；无花瓣；雄花的雄蕊与萼片同数而对生，有时仅有 1 枚；雌花子房上位，1 室，由 2 个心皮结合而成，花柱 2。坚果、瘦果或核果，常集生成聚花果。染色体：$X=7$，12 ~ 16。

约 40 属，1 100 多种，主要分布于热带、亚热带地区，少数种分布于温带地区；中国 9 属，约 144 种，主要分布于长江以南各省区。

桑科许多种类是热带亚热带地区重要的经济作物、园林植物或果树，有些具有药用价值。

桑（*Morus alba*）（图 9–17）：落叶灌木或小乔木；叶互生，广卵形，基部近平截或心形，基出 3 脉，边缘有粗锯齿；花单性同株或异株，雄花排成穗状花序，雌花排成密集穗状花序。原产中国，有悠久的栽培历史和众多的栽培品种。桑叶供养蚕；果实为聚花果，称桑葚，熟时可食，亦可制果酱、酿酒；茎皮纤维可造桑皮纸。枝、叶、根皮（中药称桑

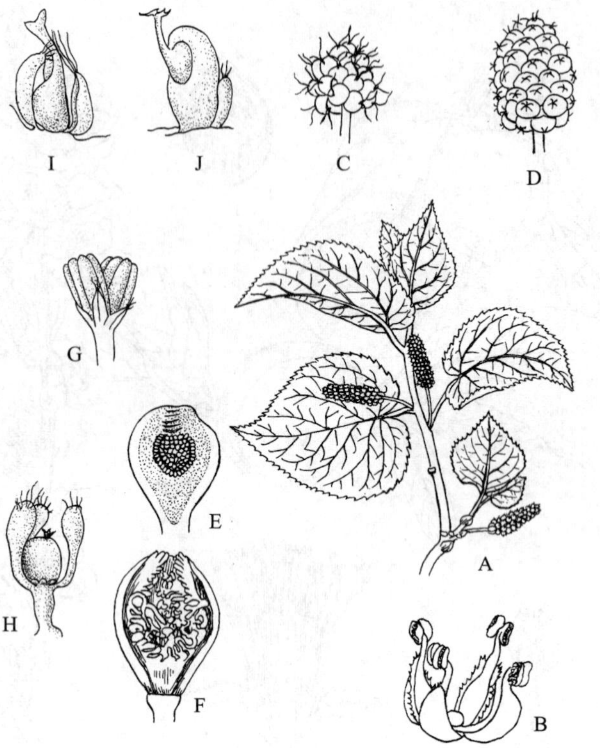

图 9–17 桑科

A–D. 桑：A. 花枝 B. 雄花 C. 雌花序 D. 果实 E–J. 榕属：E. 幼嫩花序纵切面 F. 老花序纵切面，雄花位于上部，雌花位于下部 G. 雄花具2个雄蕊 H. 瘿花 I. 正常发育的雌花 J. 果实

白皮）和桑葚皆可入药。

榕属（无花果属）(*Ficus*)：植物体有乳汁。托叶大而抱茎，脱落后在节上留有环痕；花雌雄同株，生于隐头花序内，通常雌雄同序，即雄花、瘿花和雌花混生，或雄花生于花序口附近。该属约 1 000 种，中国约有 120 种，其中许多种在园林绿化方面有广泛应用，常见的有：榕树（细叶榕）(*F. microcarpa*)，气根多，常触地而成支柱根。黄葛树（大叶榕）(*F. virens* Ait var. *sublanceolata*)，叶长圆形，基部钝或圆形。垂叶榕（*F. benjamina*），小枝常下垂，叶长圆形，顶端尾状渐尖。高山榕（*F. altissima*），叶厚革质，长圆形，长 8 ~ 25 cm，易形成独木成林现象，及对其他树木造成“绞杀”。印度橡胶榕（大叶橡胶榕）(*F. elastica*)，叶厚革质，长圆形，长 8 ~ 30 cm，托叶幼时红色。菩提树（*F. religiosa*），叶心形或卵圆形，顶端骤狭而成长尾状，佛教圣树。常见野生种类还有薜荔（凉粉果）(*F. pumila*)、对叶榕（*F. hispida*）、粗叶榕（五指毛桃）(*F. hirta*）等，均有一定的药用价值。

此外，木菠萝（*Artocarpus heterophyllus*）、无花果（*F. carica*）等是桑科著名的果树植物。见血封喉（箭毒木）(*Antiaris toxicaria*）的乳汁有剧毒，可制毒箭，在中国产广东南部、海南、云南。构（*Broussonetia papyrifera*）是常见的庭院风景树，在华南广布，成为杂木树种。

桑科的识别要点：木本，常有乳汁。单叶互生。花小，无花瓣，单性，排成各种花序。聚花果。

蔷薇目常见的科还有鼠李科（Rhamnaceae）、胡颓子科（Elaeagnaceae）、榆科（Ulmaceae）、大麻科（Cannabaceae）、荨麻科（Urticaceae）等，荨麻科的雾水葛（*Pouzolzia zeylanica*）、苎麻（*Boehmeria nivea*）、糯米团（*Gonostegia hirta*）等都是华南地区常见杂草。

3. 壳斗目（Fagales）

单叶多不裂。花小型，单性，穗状或柔荑花序；风媒传粉，花被片退化或缺如；子房常下位。坚果多具1枚种子。7科，常为温带、亚热带至热带高海拔森林优势种。

常见的科如壳斗科（Fagaceae）、杨梅科（Myricaceae）、胡桃科（Juglandaceae）、木麻黄科（Casuarinaceae）和桦木科（Betulaceae）等。

其中，壳斗科有7属900多种；中国7属约295种，南北均产。主要的属如柯属（*Lithocarpus*）、栲属（*Castanopsis*）、栗属（*Castanea*）、栎属（*Quercus*）和水青冈属（*Fagus*）等。

4. 葫芦目（Cucurbitales）

花常单性，子房多下位；侧膜胎座；具葫芦素（氧化三萜）。7科，约2 990种。

葫芦科（Cucurbitaceae） ♀：$* K_{(5)} C_{(5)} \overline{G}_{(3:1:\infty)}$；♂：$* K_{(5)} C_{(5)} A_{1+(2)+(2),(5)}$

攀缘或匍匐草本，稀为木本；植株被毛、粗糙，常有卷须。单叶互生，掌状分裂，无托叶。花单性，雌雄同株或异株，单生，或为总状花序、圆锥花序，辐射对称；雄花花萼5裂，花冠5裂，雄蕊5，常两两联合，1枚分离或完全连合成柱状，稀为完全分离，花药常折叠、弯曲成S形；雌花萼筒与子房合生，花瓣合生，5裂，子房下位，3心皮，1室，有3个侧膜胎座。瓠果。染色体：$X = 7 \sim 14$。

该科约123属，800多种，大部分产于热带、亚热带地区；中国35属，151种，主要分布长江以南地区。有些分类系统中，该科属于五桠果亚纲堇菜目（Violales）。在APG Ⅳ系统中将该科分为2亚科：翅子瓜亚科（Zanonioideae）和葫芦亚科（Cucurbitoideae），前者花柱分离，后者花柱合生。

葫芦科植物是农业生产上较为重要的一类，全国各地广泛栽培。人们日常食用的各种瓜类蔬菜或瓜果大多是该科植物。同时，该科还有一些著名的药用植物。主要栽培作物的分属检索表如下：

葫芦科主要栽培作物分属检索表

1. 花冠钟状，裂片裂至中部 ……………………（1）南瓜属（*Cucurbita*）
1. 花冠轮状，5深裂至基部或离瓣。
  2. 雄花的萼筒短，花药分离。
    3. 雄蕊贴生在萼筒的喉部，萼的基部具2～3个鳞片；果肉质，3瓣裂或不裂
    ……………………（2）苦瓜属（*Momordica*）
    3. 雄蕊插生在萼筒上。
      4. 雄花序为总状花序；药室多弯曲，似S形；成熟果实干燥，顶端盖裂
      ……………………（3）丝瓜属（*Luffa*）
      4. 雄花单生或簇生；药室呈U字形；果肉质，不开裂。
        5. 萼片钻状，全缘。
          6. 药隔先端不伸长；卷须具2～3分叉 ……………………（4）西瓜属（*Citrullus*）

6. 药隔先端超出花药并伸长；卷须不分叉 ………………… （5）黄瓜属（甜瓜属）（*Cucumis*）

5. 萼的裂片叶状，具锯齿 ……………………………………………（6）冬瓜属（*Benincasa*）

2. 雄花的萼筒伸长，花药结合呈头状，花瓣离生；叶柄顶端具两个腺体 ……………………………………………………………………（7）葫芦属（*Lagenaria*）

常见的瓜类蔬菜如：黄瓜（*Cucumis sativus*），原产于印度。南瓜（*Cucurbita moschata*），原产于中美洲。西葫芦（*C. pepo*），与南瓜同属，亦广泛种植。苦瓜（*Momordica charantia*），种子有红色假种皮，果肉味苦微甘，为消夏优良蔬菜。丝瓜（*Luffa cylindrical*），亦称水瓜（广东），其果圆柱状，表面有纵向浅沟槽或条纹，嫩时作蔬菜，成熟后其维管束网络称丝瓜络，可入药或作洗涤用具。冬瓜（*Benincasa hispida*）（图 9–18），主产于亚洲热带，果硕大，表面常被白粉。节瓜（*B. hispida* var. *chieh-qua*），冬瓜的变种，果小，圆筒形，无白粉或稍被白粉，广东、广西及海南有栽培。葫芦（*Lagenaria siceraria*），果中部缢缩，嫩时可食，熟后果皮变木质，可做各种容器。

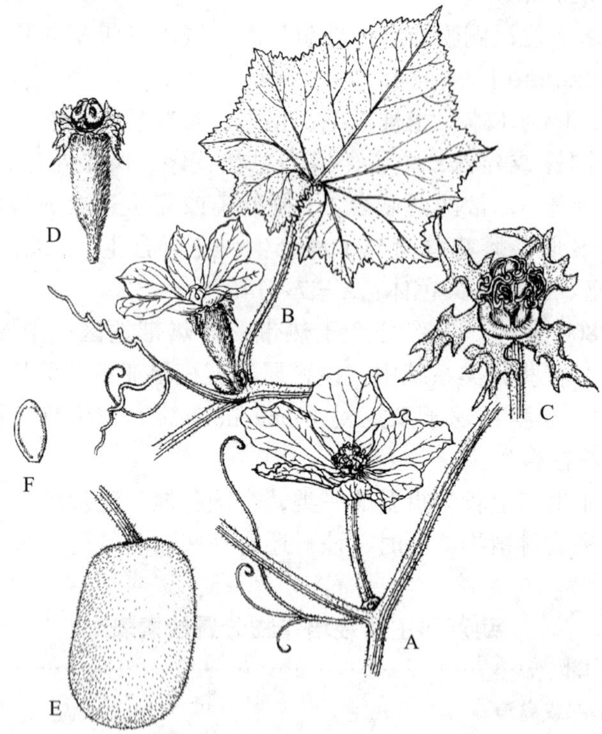

图 9–18 冬瓜

A. 雄花枝 B. 雌花枝 C. 雄蕊 D. 雌蕊 E. 果实 F. 种子

常见瓜类水果如：西瓜（*Citrullus lanatus*），原产于亚洲热带地区，解渴佳果，其果皮、种子亦可食用，种子有红色和黑色籽用栽培品种。甜瓜（香瓜）（*Cucumis melo*），原产于印度、巴基斯坦等地，果皮有纵沟纹或斑纹，有许多变种和栽培品种，如哈密瓜、白兰瓜、菜瓜、黄金瓜等。

著名的药用植物如：木鳖（*Momordica cochinchinensis*），花大，果有刺状突起，种子入药称“木鳖子”。罗汉果（光果木鳖）（*Siraitia grosvenorii*），果实药食两用，能清热润肺、滑肠通便、镇咳。栝楼（瓜蒌）（*Trichosanthes kirilowii*），果实清热涤痰、宽胸散结及润肠；根制品称“天花粉”，含天花粉蛋白，能清热生津、消脓排肿。绞股蓝（*Gynostemma pentaphyllum*），全草药用，能消炎解毒、止咳祛痰，并有增强人体免疫力的作用。

葫芦科识别要点：蔓生草本。具双韧维管束，有卷须。叶掌状分裂。花单性，花药折叠；侧膜胎座，子房下位。瓠果。

葫芦目常见的另一个科为秋海棠科（Begoniaceae），有2属约1 871种，其中秋海棠属（*Begonia*）约1 870种，为被子植物第二大属，在中国南方地区常见。

5. **金虎尾目（Malpighiales）**

叶边缘具齿，雌蕊常3心皮；具干柱头；纤维化内外种皮。该目在形态上高度异质。36科16 000多种。

大戟科（Euphorbiaceae） ♂：$* K_{0\sim5} C_{0\sim5} A_{1\sim\infty}$；♀：$K_{0\sim5} C_{0\sim5} \underline{G}_{(3:3:1\sim2)}$

乔木、灌木或草本，多数含乳汁。单叶互生，有时对生，稀为复叶，叶基部常有2个腺体，托叶早落。花单性，雌雄同株，少异株；花序多种，常为聚伞花序，或杯状聚伞花序（杯花）；萼片3～5；无花瓣，或少数有花瓣而合生；有花盘或腺体；雄蕊5至多数，或只有1枚，花丝分离或连合；上位子房，由3心皮合生而成，3室，每室1～2枚胚珠，花柱分离或部分联合。蒴果，少数为浆果或核果。染色体：$X = 7 \sim 12$。

约有300属，5 000余种，世界性分布，但主要分布于热带、亚热带地区；中国有61属，360多种，主要分布于秦岭以南各省区。

在有些形态学分类系统中，大戟科属于蔷薇亚纲大戟目（Euphorbiales）。在APGⅣ系统中，将传统的大戟科拆分出几个科，如小盘木科（Pandaceae）、叶下珠科（Phyllanthaceae）等，其中叶下珠科常见属如算盘子属（*Glochidion*）、秋枫属（*Bischofia*）、叶下珠属（*Phyllanthus*）、五月茶属（*Antidesma*）、银柴属（*Aporosa*）和木奶果属（*Baccaurea*）等。在APGⅣ系统中的大戟科分为4亚科：铁苋菜亚科（Acalyphoideae）、巴豆亚科（Crotonoideae）、大戟亚科（Euphorbioideae）和铁椤桐亚科（Chellosoideae）。

大戟科是热带性大科，有许多具有重要经济价值的种类，在橡胶、药材、油料、鞣料、淀粉及木材等生产领域有着重要地位，也有许多有价值的观赏植物。

蓖麻（*Ricinus communis*）（图9–19）：一年生草本（在热带地区呈小乔木状）。单叶，掌状分裂。花单性，无花瓣，雌雄同株，雌花位于上部；雄蕊多数，花丝多分枝；蒴果有软刺。原产非洲，中国南方各地栽培或野生，种子含油率达55%～70%，可用于医药和作为高级润滑油，其叶可饲养蓖麻蚕。

乌桕（*Sapium sebiferum*）：叶菱形。重要的木本油料植物之一，种子榨油可作油漆原料，种皮外的白色蜡层是制蜡烛及肥皂的原料。油桐（*Vernicia fordii*）、木油桐（千年桐）（*V. Montana*）、石栗（*Aleurites moluccanus*）等植物的种子亦可榨油。

橡胶树（*Hevea brasiliensis*）：乔木，有乳汁。三出复叶。花小，单性同株，无花瓣，萼5齿裂；圆锥花序。最好的橡胶植物之一，原产于巴西，在中国华南、西南地区大规模种植。

木薯（*Manihot esculenta*）：直立亚灌木，块根圆柱状。叶3～7掌状深裂或全裂。圆

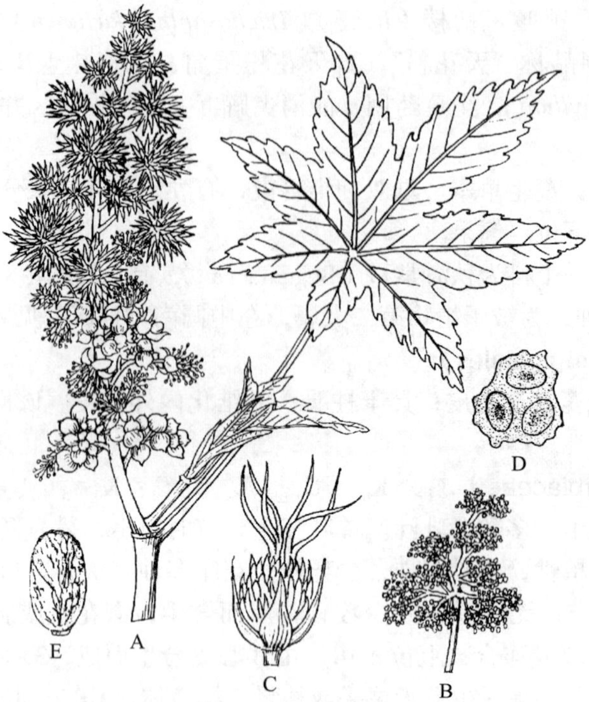

图 9-19 蓖麻

A. 花枝 B. 雄花序 C. 雌花 D. 子房的横切面 E. 种子

锥花序顶生或腋生。块根富含淀粉，是许多热带地区人们的主粮之一，但含氰酸，需经水浸去毒后方可食用。木薯已成为重要的生物乙醇原料植物。

以药用为主的植物有：大戟（*Euphorbia pekinensis*），根入药可解毒、消肿、散结；狼毒大戟（*E. fischeriana*），根有大毒，可外用治各种疮毒；余甘子（*Phyllanthus emblica*），果实能清热解毒、消食健胃、生津止咳。此外，甘遂（*Euphorbia kansui*）、续随子（*E. lathyris*）、巴豆（*Croton tiglium*）等也是较重要的药用植物。

华南地区常见栽培的观赏植物有：一品红（圣诞树）（*Euphorbia pulcherrima*），开花时其顶生苞叶朱红色；铁海棠（*E. milii*），茎的棱脊上密生椎状刺；绿玉树（光棍树）（*E. tirucalli*），叶早落，茎干呈光秃状；火殃簕（*E. antiquorum*），茎具刺，呈仙人掌状。

大戟科识别要点：植物体常含乳汁。叶基部常有 2 个腺体。花单性，常单被或无被，具花盘或腺体；子房上位，常 3 室。蒴果。

金虎尾目其他常见科还有红树科（Rhizophoraceae）、金虎尾科（Malpighiaceae）、堇菜科（Violaceae）、杨柳科（Salicaceae）等。

6. 桃金娘目（Myrtales）

叶对生，叶柄具黏液毛。花萼镊合状，宿存；雄蕊在花芽中内弯；子房下位。具黄酮类化合物、杨梅素等。9 科约 13005 种。常见的科如桃金娘科（Myrtaceae）和野牡丹科（Melastomataceae），桃金娘科中的桉属（*Eucalyptus*）、蒲桃属（*Syzygium*）在中国南方地区非常常见。桉属的窿缘桉（*E. exserta*）、尾叶桉（*E. urophylla*）、柠檬桉（*E. citriodora*）作为经济树种和绿化树种广泛栽培；蒲桃属的海南蒲桃（*S. cumini*）、蒲桃（*S. jambos*）、水翁（*S. nervosum*）等广泛栽培用于园林绿化，洋蒲桃（*S. samarangense*）既作为园林绿化树种，又是果树。其他还有桃金娘（*Rhodomyrtus tomentosa*）既可观赏，果亦可食；番石榴（*Psidium guajava*）既用于园林绿化，又是热带果树。

7. 无患子目（Sapindales）

多为木本。奇数羽状复叶或 3 小叶。花常不完全，具离生花盘（稀无）；雄蕊着生于花盘外沿；子房上位，悬垂胚珠珠脊在背面而珠孔向上，直立胚珠珠脊在腹面而珠孔向下。具芳香油。9 科约 6 570 种。

无患子科（Sapindaeae）*，↑⚥，♂♀ $K_{5\sim4}C_{5\sim4\sim0}A_{10\sim8}\underline{G}_{(2\sim4:2\sim4:2\sim1)}$

乔木或灌木，稀为攀缘草本。叶互生，常为羽状复叶。花两性，单性或杂性，辐射对称，或稍两侧对称，常成总状花序、圆锥花序或聚伞花序；花小，萼片 4～5；花瓣 4～5，有时缺；花盘发达，生于雄蕊之外；雄蕊 8～10 个，排成 2 列；子房上位，常为 3 室，每室有 1～2 个胚珠。果实为蒴果、核果、浆果或翅果；种子常具肉质假种皮，无胚乳。染色体：$X=11$，15，16。

约 150 属，1 500 余种，主要分布于热带、亚热带地区，少数种延伸到温带。中国有 21 属，52 种，主要分布于西南部和南部。无患子科是一热带性质的科，许多种类是热带雨林中乔木层和灌木层的重要组成成分。荔枝、龙眼是中国南方的重要果树。

荔枝（*Litchi chinensis*）：羽状复叶，小叶 2～4 对，叶脉不明显。圆锥花序顶生，花杂性，淡黄绿色；花萼杯状，有毛；无花瓣；雄蕊 6～8 个；子房上位，2～3 裂，通常仅一裂发育成果。果实核果状，有龟裂纹，常有瘤状突起；种子黑褐色，外面包被白色肉质的假种皮。荔枝是中国名贵的果树，其食用部分为成熟的假种皮。荔枝原产于中国南部，海南等地雨林中有野生大乔木；已有 2 000 多年的栽培历史，其主要分布在广东和广西，以及福建和云南的部分地区，四川和台湾有少量栽培。该种有 200 多个品种，以广东的挂绿、糯米糍、桂味、怀枝和福建的状元红、陈紫、兰竹等品种最为有名（图 9-20），广东的三月红和玉荷包因其早熟而具特色。花有发达的蜜腺，是优良的蜜源植物。木材坚实致密，俗称“酸枝”，属名贵木材。

图 9-20　荔枝
A. 果枝　B. 花

龙眼（*Dimocarpus longan*）：树皮纵裂。小叶数常为 4～5 对；叶脉明显。花有花瓣。果较小，果皮黄褐色，较光滑。是中国南方的特产果树，主要栽培于广东、广西、福建、台湾、四川等地，海南等地雨林中有野生大乔木。龙眼的果肉（假种皮）除作水果外，还可晒干作补品，称为“桂圆肉（龙眼肉）”，能补益心脾、养血安神。龙眼木材质坚耐水，暗红褐色，是造船、家具制作的良材。

无患子科的识别要点：木本。羽状复叶。花盘发达，雄蕊 8～10 个，2 轮；子房常为 3 室，常仅 1 子房裂瓣发育成果实。种子常有假种皮，无胚乳。

芸香科（Rutaceae）*⚥ $K_{4\sim5}C_{4\sim5}A_{8\sim10}\underline{G}_{(4\sim5,\ 3\sim1,\ \infty:1\sim2)}$

乔木或灌木，稀草本，常具刺，多数有芳香气味。叶为复叶或单身复叶，具透明油腺点，无托叶。花两性，稀单性，辐射对称；萼片 4 ~ 5，分离，或基部合生；花瓣 4 ~ 5，多为离生，或不存在；雄蕊与花瓣同数，或为其 2 倍或多数，常排成 2 轮，生于环状的肉质花托盘周围；子房上位，心皮 4 ~ 5，或 3 ~ 1 或多心皮，4 ~ 5 室或多室，每室胚珠 2 ~ 1 个。柑果、浆果、核果或蒴果。染色体：$X = 7 \sim 9$，11，13。

约 155 属，1 600 余种，主要分布于亚热带和热带，少数在温带。中国有 22 属，约 126 种，主要分布在西南部和南部。

芸香科植物多具有重要的经济价值，其中以柑橘类果树最负盛名，在长江以南地区广为栽培。同时，该科还有许多著名的观赏植物和药用植物。

柑橘属（*Citrus*）：常绿小乔木或灌木，常有刺，有芳香味。叶互生，单身复叶。花常两性；花瓣 5，白色，芳香；雄蕊 15 或更多；子房多室。柑果。该属以橙、柑、柚等最为常见，均有许多栽培品种或变种。

橙（甜橙、广柑）（*C. sinensis*）：叶柄有狭翅，叶片与叶柄关节明显；果圆形，成熟时实心，果皮不易剥离。甜橙品种繁多，以广东产的最为著名，其中新会甜橙（*C. sinensis* f. *kanton*）是著名的地方品种（图 9–21）。

柑橘（*C. reticulata*）：小乔木，枝常无或少刺；叶小且薄，顶端常有凹缺，叶柄翼叶窄或仅有痕迹；果扁圆形、球形，果皮疏松，极易与肉分离。中国柑橘的栽培历史至少已有 2 500 年，栽培品种或变种极多，尤以潮州椪柑、汕头蕉柑、温州蜜柑和江西南丰橘等最为著名。

柚（*C. maxima*）：小枝及嫩叶被柔毛；叶大，叶柄翼叶宽 4 ~ 8 cm；果大，横径 10 cm 以上，球形、扁球形或梨形，果皮厚。本种有 100 多个栽培品种，以广西容县的沙田柚（*C. maxima* 'Shatianyou'）最负盛名。

果树类植物尚有黄皮（*Clausena lansium*）、柠檬（*Citrus limon*）、香橼（*C. medica*）等。

常见的观赏类植物有：柑橘属的年橘（*Citrus reticulata* var. *nien-ju*）和朱橘（*C. erythrosa*）、金橘属的金橘（*Fortunella margarita*）和圆金橘（*F. japonica*），皆为春节期间供摆设的大宗盆栽观果植物。九里香（*Murraya paniculata*）在华南地区常栽植作绿篱。

常用药用植物有：柑橘（*C. reticulata*）除果供食用外，其成熟果实的干燥果皮为药材“陈皮”，幼果或未成熟果实的果皮为“青皮”，成熟种子为“橘核”。酸橙（*C. aurantium*）及其变种代代花（*C. aurantium* 'Daidai'）的近成熟果实为药材“枳壳”。柚的变种橘红的果实为药材“橘红”，为消痰止咳良药，以广东化州所产为道地药材，称“化州橘红”。此外，佛手（*C. medica* var. *sarcodactylis*）、吴茱萸（*Evodia*

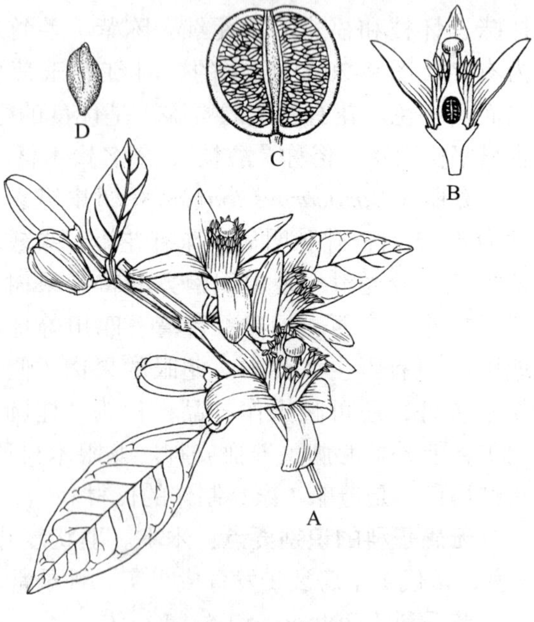

图 9–21 橙子

A. 花枝 B. 花的纵剖面 C. 果实的纵剖面 D. 种子

rutaecarpa)、三叉苦(*E. lepta*)、光叶花椒(两面针)(*Zanthoxylum nitidum*)等均是著名的药用植物。

芸香科的识别要点：茎常具刺。叶有透明油点，无托叶，多为复叶或单身复叶。花整齐，萼片 4~5，花瓣 4~5，花盘明显。果多为柑果或核果。

无患子目常见的科还有橄榄科(Burseraceae)、漆树科(Anacardiaceae)等，例如橄榄科的橄榄(*Canarium album*)，漆树科的芒果(*Mangifera indica*)、野漆(*Toxicodendron succedaneum*)、盐肤木(*Rhus chinensis*)等。

8. **锦葵目**(Malvales)

树皮纤维状，有黏液道和黏液腔。单叶，锦葵型锯齿；有托叶，常具星状毛。花部 5 基数，萼片镊合状，常具副萼；花瓣卷迭式；雄蕊多数，花丝连合成单体或多体。具环丙烯型脂肪酸、黄酮类化合物。10 科 6 000 多种。

锦葵科(**Malvaceae**) $* \text{⚥} K_{5\sim3} C_5 A_{(\infty)} \underline{G}_{(3\sim\infty:3\sim\infty)}$

乔木、灌木或草本，茎皮富含纤维，具黏液。单叶，互生，常为掌状脉；托叶 2，早落。花两性，稀单性，辐射对称，多单生或簇生于叶腋；萼片 5~3，镊合状排列，其下常有由苞片变成的副萼；花瓣 5，旋转状排列；雄蕊多数，花丝连合成管，为单体或多体雄蕊，花药 1 室，纵裂；子房上位，由 3 至多心皮组成 3 至多室，中轴胎座。蒴果、浆果或分果；种子有时具毛或假种皮，有胚乳，偶具翅。染色体：$X = 5 \sim 22$，33，39。

约 100 属，1 000 多种，全球温带和热带地区均有分布；中国有 19 属 81 种，南北均产，以热带、亚热带地区为主。该科有许多著名的纤维作物、油料植物和观赏植物。

APG Ⅳ系统的锦葵科归并了传统的椴树科(Tiliaceae)、梧桐科(Sterculiaceae)和木棉科(Bombacaceae)等。

棉属(*Gossypium*)是纺织原料棉花的主要植物来源，在中国以陆地棉(*G. hirsutum*)(图 9-22)的种植最为广泛。棉花纤维即为该属多种植物种子上产生的表皮毛，在栽培条件下其长度可达 10~65 mm。另外，该属植物的种子可榨油以供工业用或处理后供食用，棉籽油饼可作饲料，茎皮纤维可编绳或作造纸原料。现将中国主要栽培棉种的区别以检索表的形式列于下：

中国主要栽培棉种检索表

1. 苞片全缘，或先端有锯齿，如有锯齿，齿宽为长的 1/2 或更宽。
   2. 叶 3~5 裂，裂片达叶片之半，3 脉上常具腺体；苞片紧贴花冠，长大于宽，全缘或先端有 2~3 个粗齿；蒴果向顶端渐窄 ……………………(1)树棉(中棉)(*G. arboretum*)
      (在长江和黄河流域棉区有种植)
   2. 叶 5 裂，很少 3 或 7 裂，裂片不及叶片之半，只中脉上有腺体；苞片开张，一般宽超过长，先端 6~8 齿裂；蒴果卵圆形 ……………………(2)草棉(*G. herbaceum*)
      (生长期短，仅 130 d 左右，适于西北地区栽培)
1. 苞片全部有粗齿或锯齿，齿宽约为长的 1/3。
   3. 雄蕊管长，花药密生于等长的短花丝上 ……………………(3)海岛棉(*G. barbadense*)
      (在广东、广西、福建、台湾等省区栽培；纤维特长，为纺细纱的优良原料)
   3. 雄蕊管短，花药疏生于不等长的花丝上 ……………………(4)陆地棉(*G. hirsutum*)
      (原产中美洲，现在中国普遍栽培，纤维为优良的纺织原料，种子含油率约 40%，油可食用)

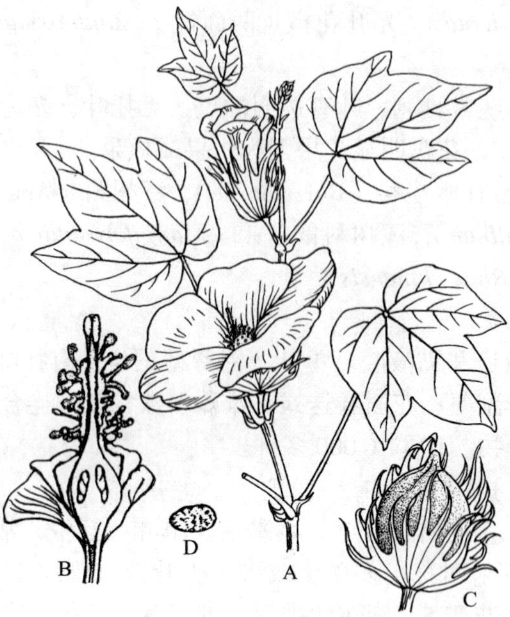

图 9-22 陆地棉

A. 花枝 B. 花的纵切面 C. 蒴果 D. 去绒的种子

该科尚有许多茎皮富含纤维的种类亦为重要的纤维植物，如洋麻（*Hibiscus cannabinus*）、苘麻（*Abutilon theophrasti*）等。

各地常见栽培的观赏植物如：朱槿（大红花、扶桑）(*Hibiscus rosa-sinensis*)，常绿灌木；花大，红色，生于上部叶腋。木槿（*H. syriacus*），落叶灌木；花淡紫色。蜀葵（*Althaea rosea*），二年生草本；叶圆心形，有时 5 ~ 7 裂；花大，腋生，有红、白、紫等色。此外，吊灯花（*H. schizopetalus*）、悬铃花（*Malvaviscus arboreus* var. *penduliflorus*）等在南方地区也十分常见。

椴树属（*Tilia*）的椴树（*T. tuan*）产于华东、华中、西南一带；梧桐属（*Firmiana*）的梧桐（*F. simplex*）南北均产；木棉属（*Bombax*）的木棉（*B. ceiba*）产于华南、西南等地，也是广州市的市花；吉贝属（*Ceiba*）的美丽异木棉（*C. speciosa*）为引进种，在中国南方冬季开花，现广为栽培。

锦葵科识别要点：单叶。花 5 基数，有副萼，单体或多体雄蕊，花药 1 室。蒴果、浆果或分果。

龙脑香科（Dipterocarpaceae）也是锦葵目常见的科，该科是典型的热带性科，是热带雨林的标志性科，主要分布于赤道雨林，中国海南、广西、云南有分布。

9. **十字花目**（Brassicales）

单叶或掌状复叶。花常 4 基数；总状花序；花瓣常具爪；雄蕊多数，或 2 倍于萼片数；雌蕊下位，心皮合生，侧膜胎座。具芥子油苷。18 科，约 5 035 种。

十字花科（Brassicaceae） $*⚥\ K_4 C_4 A_{2+4} \underline{G}_{(2:1:\infty)}$

该科约 330 属，3 500 多种，世界性分布，主产于北温带；中国有 102 余属，约 412 种，分布于全国各地，以西南、西北和东北地区为多。

一年生或多年生草本。植物体常被单毛、分叉毛、星状毛或腺毛。单叶互生，无托叶；基生叶常呈莲座状，全缘或羽状分裂；茎生叶有柄或无柄，有些抱茎而生。花两性，辐射对称，常排成总状花序；萼片 4，2 轮排列；花瓣 4，十字形排列，基部常呈爪状；花托上有蜜腺，常与萼片对生；雄蕊 6，内轮 4 枚，较长，外轮 2 枚，较短，称为四强雄蕊；子房上位，由 2 心皮组成，具 2 个侧膜胎座，由次生的假隔膜将其分为 2 室。果实为长角果或短角果，常 2 瓣开裂；种子无胚乳，子叶弯曲或折叠。染色体：$X = 4 \sim 15$，多数为 $6 \sim 9$。

该科有许多种类是栽培蔬菜、油料作物和药用植物，还有一些是常见的农田杂草。华南地区常见的种类有：

油菜（芸薹）（*Brassica rapa* var. *oleifera*）：一年生草本，无毛。基生叶大头羽状分裂，顶生裂片圆形或卵形，侧生裂片 5 对，卵形；茎生叶羽状半裂，基部扩展抱茎；上部茎生叶提琴形或披针形，基部心形，抱茎，两侧有耳垂。花黄色，长角果（图 9–23）。中国南北各地大量栽培，是一种重要的油料作物。

图 9–23 油菜

A. 叶片 B. 花果枝 C. 花 D. 雄蕊和雌蕊

萝卜（莱菔）（*Raphanus sativus*）：二年生或一年生草本。肉质直根粗壮。基生叶和下部叶大头羽状分裂。总状花序顶生，花淡紫红色或白色。长角果肉质。常见根类蔬菜，全国广泛栽培，有许多栽培品种，其种子、根和叶也可入药。

常作蔬菜栽培的种类还有芸薹属植物菜薹（菜心）（*B. parachinensis*）、芥蓝（*B. alboglabra*）、甘蓝（椰菜、包菜）（*B. oleracea* var. *capitata*）、花椰菜（*B. oleracea* var. *botrytis*）、白菜（大白菜、黄芽白）（*B. pekinensis*）、小白菜（青菜）（*B. chinensis*）、芥菜（*B. juncea*）、芜菁（大头菜）（*B. rapa*）和芜菁甘蓝（洋大头菜）（*B. napobrassica*），以及豆瓣菜属植物西洋菜（豆瓣菜）（*Nasturtium officinale*）等。

药用植物有：菘蓝（*Isatis indigotica*），根入药为“板蓝根”，清热解毒，凉血利咽；叶作“大青叶”药用，清热解毒，凉血消斑，叶也可提取靛蓝染料。独行菜（*Lepidium apetalum*）和播娘蒿（*Descurainia sophia*）的种子作“葶苈子”入药。蔊菜（*Rorippa indica*）的全草含蔊菜素。荠（荠菜）（*Capsella bursa-pastoris*）的嫩茎叶可药食两用。

有些种类用作观赏植物，如紫罗兰（*Matthiola incana*）、桂竹香（*Erysimum cheiri*）等。此外，拟南芥（*Arabidopsis thaliana*）为分子生物学研究的模式植物。

十字花科的识别要点：草本。花两性，整齐；萼片 4；十字花冠；四强雄蕊；侧膜胎座，子房具假隔膜。角果。

十字花目其他常见属种如，叠珠树科（Akaniaceae）的伯乐树（*Bretschneidera sinensis*），是国家二级保护野生植物；白花菜科（Cleomaceae）的白花菜属（*Cleome*）和醉蝶花属（*Tarenaya*）；山柑科（Capparaceae）的山柑属（*Capparis*）等。

（六）超级菊类基部群（Basal Superasterids）

自养、半寄生或寄生植物。叶互生、对生或退化。花辐射对称，单被或异被；中轴胎座至特立中央胎座。种子具胚乳。3 目 47 科。

石竹目（Caryophyllales）

多为草本。花两性，稀单性，辐射对称，同被或异被，单被或重被花；雄蕊定数，1 或 2 轮，与花被对生；子房上位，胚珠弯生或基生；中轴胎座至特立中央胎座；胚弯曲，包围外胚乳。约 37 科。

蓼科（Polygonaceae） * ⚥ 或 ♂♀ $P_{6\sim3}A_{6\sim9}\underline{G}_{(2\sim4:1:1)}$

草本，稀为灌木或藤本。茎节常膨大。单叶互生，稀对生，全缘；托叶膜质，呈鞘状，包围茎节基部而成托叶鞘。花小型，多为两性，少单性，辐射对称；单被或异被，花被片 3 ~ 6 个，花瓣状，宿存，结实时常增大为膜质；雄蕊 6 ~ 9 个；子房上位，3 心皮合生，少数由 2 或 4 心皮合生，1 室，1 胚珠。瘦果或小坚果，三棱形或凸镜形，常包于宿存的花被内。染色体：$X = 6 \sim 11$。

约 50 属 1 102 种，世界性分布，主产于北温带；中国 13 属 238 种，几乎遍布全国，但以北部和西部为主要分布区。

荞麦（*Fagopyrum esculentum*）：一年生草本。茎直立，多分枝，淡绿色或红褐色。下部叶有长柄，上部叶近无柄；叶片三角形或卵状三角形。花序总状或圆锥状；花淡红色或白色，花被 5，深裂；雄蕊 8，花柱短。瘦果黄褐色，卵形，光滑。种子含淀粉 60% ~ 70%，富含水溶性的蛋白质及铁、磷、钙等矿物质和维生素 B，营养价值较高。中国各地多有栽培，是适于山地生长的短期作物（图 9–24）。

有些种类为药用植物，如何首乌（*Polygonum multiflorum*）的块根可入药，生首乌能解毒消痹、润肠通便，制首乌具补肝肾、益精血、乌须发等功效。虎杖（*P. cuspidatum*）的根状茎和根药用，能祛风利湿，散瘀定痛，化痰止咳。掌叶大黄（*Rheum palmatum*）的根茎和根为中药“大黄”，能泻热通肠、凉血解毒、逐瘀通经。

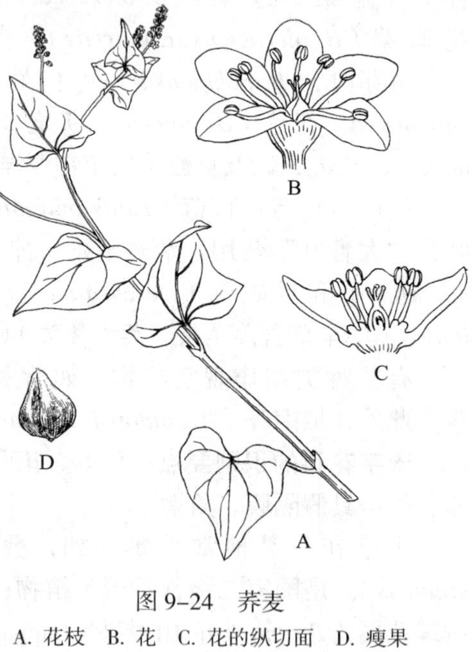

图 9–24 荞麦

A. 花枝 B. 花 C. 花的纵切面 D. 瘦果

有些种类为常见的农田杂草，如水蓼（辣蓼）（*Polygonum hydropiper*）为水边湿地杂草；萹蓄（*P. aviculare*）为旱地杂草；杠板归（*P. perfoliatum*）为果园常见杂草，同时也是中药植物。

蓼科的识别要点：草本，茎节膨大。单叶，全缘，互生，节部具膜质托叶鞘。花两性，单被。坚果，三棱形或凸镜形。

石竹目常见的科还有石竹科（Caryophyllaceae）、苋科（Amaranthaceae）、白花丹科（Plumbaginaceae）、柽柳

科（Tamaricaceae）、茅膏菜科（Droseraceae）、猪笼草科（Nepenthaceae）、商陆科（Phytolaccaceae）、紫茉莉科（Nyctaginaceae）和仙人掌科（Cactaceae）等。

（七）菊类基部群（Basal Asterids）

1. 山茱萸目（Cornales）

该目7科51属590种，常见的科属种如蓝果树科（Nyssaceae）的喜树属（*Camptotheca*）、珙桐属（*Davidia*），绣球花科（Hydrangeaceae）的绣球花属（*Hydrangea*），山茱萸科（Cornaceae）的八角枫属（*Alangium*）等。

2. 杜鹃花目（Cornales）

22科346属约11 545种。

山茶科（Theaceae） $* ⚥$ 稀 $♂♀$ $K_5 C_5 A_\infty \underline{G}_{(5\sim3:5\sim3)}$

常绿或落叶乔木或灌木。单叶互生，常革质，具胼胝状锯齿，无托叶。花两性，稀单性，辐射对称，单生，或数花簇生于叶腋，具苞片或小苞片；萼片5或6，覆瓦状排列；花瓣5或6，或多数；雄蕊多数，多轮，分离或联合；子房上位，由3～5心皮组成，3～5室，中轴胎座。蒴果、核果或浆果状；种子无胚乳，或略具胚乳，往往含油脂。染色体：$X=15，18，21，25$。

9属，250余种，多产于热带及亚热带地区；中国6属，约145种，广泛分布于秦岭－淮河以南各地。传统的山茶科归于五桠果亚纲（Dilleniidae）山茶目（Theales）。

山茶属（*Camellia*）多种经济作物有重要的经济价值，代表性的种类有：

茶（*C. sinensis*）（图9–25）：常绿灌木。叶椭圆状披针形，或倒卵状披针形，边缘有锯齿，叶形常随品种而异。花白色，有短梗；萼片5，圆形，宿存；花瓣5；雄蕊多数，外轮花丝合生成短管。蒴果。原产中国，现世界各地广泛栽培。中国栽培茶树和制作茶叶的历史至少有2 500年，长沙马王堆汉墓陪葬品中有槚箱，《尔雅》有“槚”的记载，后称茶为“荼”，《唐本草》称为茶。茶的芽和嫩叶含有1%～5%的咖啡碱，另含多种维生素、鞣质、氨基酸、糖类、矿物质等。饮茶有兴奋大脑神经中枢和利尿的功效。茶叶的制成品分绿茶、红茶、乌龙茶等，其主要区别在于发酵与否和发酵程度，而地方产品又与各地特殊的地理环境、制作工艺等因素有关。

图9–25 茶

A. 花枝 B. 花的背面观 C. 花瓣和着生在基部的雌蕊 D. 雌蕊 E. 蒴果，示开裂状 F. 种子

普洱茶（*C. assamica*），亦原产中国，分布于华南、云南、贵州等地。

油茶（*C. oleifera*）：与茶树相似，小乔木；花无梗，萼片脱落；果实较大。是中国南方主要的木本油料作物，从长江流域到华南各地广泛栽培，种子榨油，食用和药用兼得，可治癣疥，亦用作润滑油和防锈涂料；榨油后的茶饼可作杀虫剂和肥料，也可提取皂素用作洗发剂原料。

山茶属还有一些观赏植物，如各地广泛栽培的山茶（*C. japonica*）、产于云南的滇山茶（*C. reticulata*），特别是仅产于广西的金花茶（*C. petelotii*）更是珍稀的花卉佳品。

木荷属（*Schima*）的种类是南亚热带常绿阔叶林建群种及先锋树种，常用作防火带造林树种。此外，传统山茶科中的柃属（*Eurya*）在 APG IV 系统中已被归入五列木科。

山茶科的识别要点：木本。单叶革质，常绿，无托叶。萼片、花瓣各 5 片，雄蕊多数。蒴果。

杜鹃花目常见的科还有凤仙花科（Balsaminaceae）、五列木科（Pentaphylacaceae）、柿科（Ebenaceae）、报春花科（Primulaceae）、安息香科（Styracaceae）、猕猴桃科（Actinidiaceae）、杜鹃花科（Ericaceae）等。

（八）菊群（Asterids）

包括唇形支（Lamiids）和桔梗支（Campanulids），共 15 目。

1. 龙胆目（Gentianales）

对生叶，托叶或叶柄基部常具黏液毛。花冠在芽时旋卷状。具吲哚类生物碱、环烯醚萜类。该目有 5 科 1 121 属约 19 915 种。

茜草科（Rubiaceae） $* \text{⚥} K_{(4\sim5)} C_{(4\sim5)} A_{(4\sim5)} \overline{G}_{(2:2)}$

叶对生或轮生，有托叶。各式聚伞花序；花萼 4 ~ 5 裂；花冠 4 ~ 5 裂；雄蕊与花冠裂片同数互生，偶 2 枚，着生在花冠管内或花冠喉部；雌蕊 2 心皮，合生，中轴胎座，子房下位。浆果、蒴果或核果、分果。约 614 属 13 235 种，世界性科，主产热带；中国 97 属 701 种。

常见的属种如茜草属（*Rubia*）、咖啡属（*Coffea*）、玉叶金花属（*Mussaenda*）等，以及水团花（*Adina pilulifera*）、山石榴（*Catunaregam spinosa*）和广州蛇根草（*Ophiorrhiza cantonensis*）等。

该科还有很多重要的中药植物，如金鸡纳树（*Cinchona calisaya*）、栀子（*Gardenia jasminoides*）、巴戟天（*Morinda officinalis*）、鸡屎藤（*Paederia foetida*）、钩藤（*Uncaria rhynchophylla*）等。

夹竹桃科（Apocynaceae） $* \text{⚥} K_{(5)} C_{(5)} A_5 \underline{G}_{(2:2)}$ 或 $\underline{G}_{2:1}$

具白色乳汁。单叶对生或轮生，全缘，托叶无或为假托叶。花两性，5 基数；花冠喉部常具副花冠、鳞片或附属体；雄蕊 5，常具衍生物（副花冠），有时形成一环与柱头合生成的合蕊冠；心皮 2，侧膜胎座或中轴胎座，仅花柱与柱头合生而子房分离，子房上位；花柱 1 ~ 2。蓇葖果、蒴果、浆果或瘦果；种子被端毛，具膜翅或假种皮。约 400 属 4 555 ~ 5 100 种，产热带、亚热带至温带；中国 87 属 423 种，主产长江以南地区。

常见的属种如马利筋属（*Asclepias*）、夹竹桃属（*Nerium*）、鹅绒藤属（*Cynanchum*）、黄蝉属（*Allamanda*）、黄花夹竹桃属（*Thevetia*）等。各类观赏植物种类丰富，如鸡蛋花（*Plumeria rubra*）、糖胶树（面条树，*Alstonia scholaris*）、海杧果（*Cerbera manghas*）等。

该科有些种类是重要的治疗心脑血管或淋巴瘤等疾病的材料来源植物，如罗布麻（*Apocynum venetum*）、萝芙木（*Rauvolfia verticillata*）、长春花（*Catharanthus roseus*）等。

此外，传统的萝藦科已并入夹竹桃科。

龙胆目常见的科还有龙胆科（Gentianaceae）、马钱科（Loganiaceae）和钩吻科（Gelsemiaceae），其中钩吻科是从传统的马钱科中分出来的，如常见的剧毒植物断肠草（钩吻、大茶药）（*Gelsemium elegans*）即属于钩吻科。

2. 茄目（Solanales）

单叶。花序顶生；花萼宿存；花瓣折扇状排列；雄蕊着生于花冠管，花粉管常具胼胝质。5 科 165 属，约 4 125 种。

旋花科（Convolvulaceae） $* \text{⚥} K_5 C_{(5)} A_5 \underline{G}_{(2:2:2)}$

蔓生草本，常具缠绕茎，稀为灌木或乔木；植物体常具乳汁，茎具双韧维管束。单叶互生，无托叶。花两性，辐射对称，单生或为聚伞花序；萼片 5，分离或仅基部连合，宿存；花冠漏斗状或钟状，全缘或 5 浅裂；雄蕊与花冠裂片同数而互生，着生于花冠筒基部或中下部；子房上位，2 心皮，2 室，每室 2 胚珠。果实多为蒴果，少浆果。染色体：X = 7 ~ 15。

59 属，约 1 660 种，广布于全球，主产于美洲和亚洲的热带和亚热带；中国 125 种，全国各地均有分布，主产于华南和西南地区。传统的旋花科归于菊亚纲茄目（Solanales）。

番薯（甘薯、红薯）（*Ipomoea batatas*）（图 9–26）：蔓生草本，具块根，茎节不定根。单叶互生，叶形变化较大，常为心形、戟形或掌状分裂。萼片顶端呈芒尖状。原产热带美洲，现各地广泛栽培；块根富含淀粉，是重要的杂粮和工业原料；茎、叶为优质饲料。

蕹菜（空心菜）（*I. aquatica*）：水生或陆生蔓生草本；茎中空。单叶，全缘或波状，基部心形、戟形或箭形。原产中国，现于中、南部各省区常有栽培，嫩茎及叶作蔬菜；全

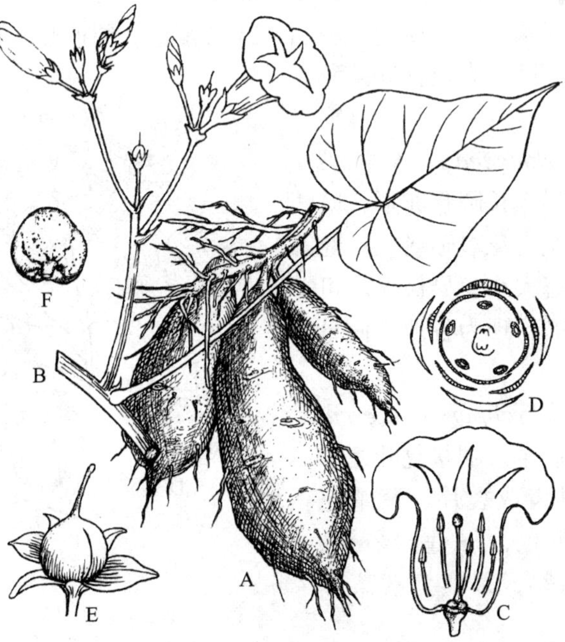

图 9–26 番薯

A. 块根 B. 花枝 C. 花的纵剖面 D. 花图式 E. 果实 F. 种子

草入药，清热、解毒、凉血。

该科植物因花大色艳、花形奇特、蔓生攀缘等特性常被作垂直绿化植物和观赏植物，常见的种类如：茑萝（羽叶茑萝）（*I. quamoclit*）、月光花（*I. alba*）、马鞍藤（*I. pes-caprae*）、树牵牛（*I. carnea* subsp. *fistulosa*）、裂叶牵牛（*I. nil*）、块茎鱼黄草（木玫瑰）（*Merremia tuberosa*）等。

也有一些产生严重危害的恶性田间杂草。如五爪金龙（*I. cairica*），原从南美洲引入作观赏，现已逸生为恶性杂草。菟丝子（*Cuscuta chinensis*），为寄生草本，茎缠绕，黄色或红色，节上的不定根变为吸器，直接从寄主体内吸收水分和养料；叶退化呈鳞片状。有学者根据菟丝子类植物具寄生性的特点，将其作为一独立的科来处理，即菟丝子科（Cuscutaceae）。

旋花科的识别要点：茎缠绕。常具乳汁。单叶互生。花冠漏斗状。蒴果。

茄科（Solanaceae）$*, \uparrow ⚥ K_{(5)} C_{(5)} A_5 \underline{G}_{(2:2:\infty)}$

草本或灌木，直立或蔓生，稀为小乔木。单叶互生，无托叶，有时为大小不等的双生叶。花两性，辐射对称，稀两侧对称，单生或成聚伞花序；花萼5裂，稀4或6裂，宿存，常于开花后增大；花冠合瓣，上部常辐射状5裂；雄蕊5，着生于花冠筒下部，常与花冠裂片互生，花药2室，纵裂或孔裂；花盘明显，常位于子房之下；子房上位，2室，位置偏斜，或为假隔膜隔成3～5室，中轴胎座。浆果或蒴果；种子具胚乳。染色体：$X=7\sim12, 17, 18, 20\sim24$。

约102属，2 460种，几乎分布于世界各地，尤其以中南美洲为主；中国24属，105种。传统的茄科归于菊亚纲（Asteridae）茄目（Solanales）。

该科中许多种类是重要的经济植物，常见栽培的主要有：马铃薯（土豆）（*Solanum tuberosum*）（图9–27）：草本，地下茎块状。奇数羽状复叶，小叶全缘，卵形至长圆形，常大小相间。伞房花序顶生，后侧生；花白色或淡紫色。原产热带美洲，各地栽培；其块茎含淀粉12%～25%，可作为粮食和蔬菜食用。

图9–27 马铃薯
A. 植株 B. 花的纵剖面 C. 花图式 D. 果实

茄（茄子）（*S. melongena*）：全株被星状毛。叶互生，卵形至长圆状卵形，叶缘浅波状。可孕花单生，花冠辐射状；经长期栽培其浆果的形态大小变异极大。可能原产亚洲阿拉伯地区，现为各地人们日常食用的蔬菜。

番茄（西红柿）（*Lycopersicon esculentum*）：全株被黏质腺毛。羽状复叶，小叶大小不等，叶缘具齿或裂片。聚伞花序，花冠辐射状，黄色，下垂。浆果。原产南美，现广泛栽培，果实为蔬菜和水果。

辣椒（*Capsicum annuum*）：单叶互生。花单生，下垂，白色。原产美洲热带地区，世界各地栽培，品种繁多，中国常见栽培变种：菜椒（灯笼椒）（*C. annuum* var. *grossum*）、朝天椒（*C. annuum* var. *conoides*）、簇生椒（*C. annuum* var. *fasciculatum*）等。

烟草（*Nicotiana tabacum*）（图 9–28）：一年生高大草本，全株被腺毛。聚伞花序顶生。原产南美，全世界广植。全株含烟碱（尼古丁，nicotine），属麻醉性毒剂；叶烤干后为卷烟和烟丝的原料；茎秆提取液可作杀虫剂。

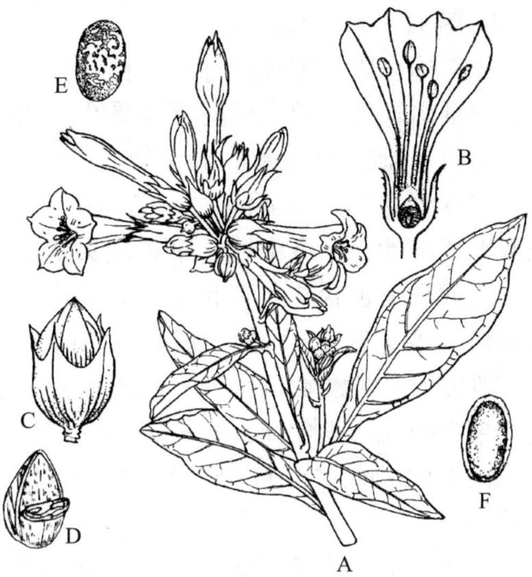

图 9–28 烟草

A. 叶和花枝 B. 花的纵剖面 C. 萼及蒴果
D. 果实的剖面 E. 种子 F. 种子纵切面，示胚

此外，茄科植物中许多种类含有的生物碱及其他有效成分，可供药用。曼陀罗（*Datura stramonium*）和洋金花（白花曼陀罗）（*D. metel*）的花药用，止咳平喘、镇痛解痉。颠茄（*Atropa belladonna*）全草药用，解痉镇痛，并为提取阿托品的原料。枸杞（*Lycium chinense*）的果药用，为中药“枸杞子”，根皮为“地骨皮”，嫩叶可作蔬菜。

茄科的识别要点：花萼宿存；花冠轮状；雄蕊生于花冠基部，与花冠裂片同数而互生；心皮 2 个，2 室。

3. 唇形目（Lamiales）

腺毛上具精油。叶对生。聚伞花序；花萼合生；雄蕊常 2（+2）。具 6– 氧合黄酮类、迷迭香酸、低聚糖类。24 科 1 059 属，约 23 810 种。

该目常见的科如苦苣苔科（Gesneriaceae）、玄参科（Scrophulariaceae）、爵床科（Acanthaceae）、马鞭草科（Verbenaceae）、唇形科（Lamiaceae）、列当科（Orobanchaceae）等。有些种类在华南地区非常常见，例如马鞭草科的马缨丹（*Lantana camara*）、假连翘（*Duranta erecta*），唇形科的一串红（*Salvia splendens*）、黄荆（*Vitex negundo*）、杜虹花（*Callicarpa pedunculata*）、广藿香（*Pogostemon cablin*）、益母草（*Leonurus japonicus*）、溪黄草（*Isodon serra*）、凉粉草（*Platostoma palustre*）、紫苏（*Perilla frutescens*）等。唇形科植物体内富含芳香性的挥发油，可提取香精、芳香油等，很多种类也都是重要的中药植物来源。

此外，传统玄参科中的部分属转移至车前科（Plantaginaceae），包括毛麝香属（*Adenosma*）、假马齿苋属（*Bacopa*）、杉叶藻属（*Hippuris*）、婆婆纳属（*Veronica*）、腹水草属（*Veronicastrum*）和野甘草属（*Scoparia*）等。

4. 冬青目（Aquifoliales）

5 科 21 属，536 种。常见的科如冬青科（Aquifoliaceae），其中冬青属（*Ilex*）花多，是良好的蜜源植物，很多种类也是重要的中药植物，如梅叶冬青（*I. asprella*）、苦丁茶（*I. latifolia*）、铁冬青（*I. rotunda*）等，入药清热解毒。

5. **菊目**（Asterales）

雄蕊连合成管围绕花柱，常柱式传粉；随着花柱伸长，由花柱上的毛或特化的载粉杯将花粉推出管外，随后暴露可接受花粉的柱头。11 科约 1743 属，26870 种。

菊科（Asteraceae）*，↑⚥，♂♀ $K_{(5)}C_{(5)}A_{(5)}\overline{G}_{(2:1:1)}$

草本，稀半灌木或灌木，有时具乳汁或芳香油。叶常互生，稀对生或轮生，无托叶。花两性或单性，少有中性，聚集成头状花序，花序外有 1 至多列总苞片；头状花序中的小花，有的全为舌状花或管状花，有的边缘花（边花）为舌状，中央花（盘花）为管状；小花的萼片变为冠毛、刺状或鳞片；花冠合瓣，呈管状、舌状、二唇形、漏斗状等多种形态；雄蕊 5，少数 4，花药结合成筒状，为聚药雄蕊；子房下位，2 个心皮，1 室，柱头 2 裂。果为瘦果。染色体：$X = 8 \sim 29$。

约 1 600 属，25 000 余种，广布于世界各地；中国约有 248 属，2 336 多种，全国各地分布。

传统的菊科根据头状花序中小花的类型和植物体中有无乳汁，分为筒状（管状）花亚科和舌状花亚科 2 个亚科。现根据传统的分亚科方法进行描述：

（1）筒状花亚科（Tubuliflorae；Asteroideae）：头状花序中全为筒状花，或盘花为筒状花而边花为舌状花；植物体不含乳汁。

该亚科分为 11 个族，包括了菊科绝大多数的属种，其中许多种类具有重要的经济价值，可作油料、观赏、药用、制农药等，或是常见的农田杂草、病虫害寄主。

该亚科中有些种类是重要的工业原料。向日葵（*Helianthus annuus*）（图 9–29）：一年生高大草本；茎不分枝，基部叶对生。头状花序大，外有几层叶状总苞片；边花舌状，黄色，中性；盘花筒状，5 裂，黄色，两性；萼片退化成 1～3 个鳞片，早落；花托显著具蜂窝状托片，包围瘦果。重要的油料作物，种子含油率 22%～37%，有时高达 55%；榨油后的饼渣富含蛋白质，可作饲料。菊芋（*H. tuberosus*）：块茎为制乙醇和淀粉的原料，亦可食用；叶为优良的饲料。

该亚科中可作观赏的种类非常多，以下几种在华南地区最为习见。菊（菊花）（*Chrysanthemum morifolium*），原产中国，品种多，花、叶变化极大，栽培历史悠久。大丽菊（*Dahlia pinnata*）、万寿菊（*Tagetes erecta*）、非洲菊（*Gerbera jamesonii*）、瓜叶菊（*Pericallis hybrida*）等均是从国外引种驯化后大量栽植的花卉。

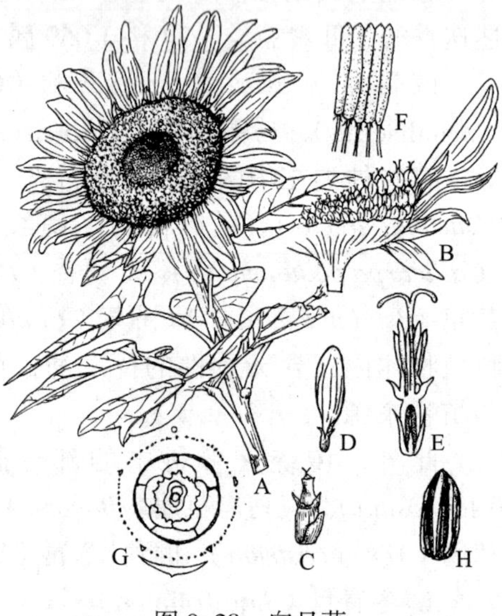

图 9–29 向日葵

A. 头状花序 B. 头状花序一部分的纵剖面 C. 管状花 D. 舌状花 E. 管状花的纵切面 F. 聚药雄蕊 G. 管状花的花图式 H. 果实

该亚科的药用植物有几百种，其中重要的种类如：木香（云木香，广木香）（*Aucklandia costus*），根能行气止痛、健脾消食。黄花蒿（*Artemisia annua*），地上部分为中药“青蒿”，能清热解暑，其提取物青蒿素中含抗疟的有效成分。菊（菊花），该种除可观赏外，其头状花序作“菊花”药用，能散风清热、平肝明目；按产地和加工方法不同，药材分为“亳菊”“滁菊”“贡菊”和“杭菊”。此外，野菊（*Chrysanthemum indicum*）、白术（*Atractylodes macrocephala*）、红花（*Carthamus tinctorius*）、青蒿（*Artemisia apiacea*）、茵陈蒿（*A. capillaris*）、千里光（*Senecio scandens*）等均是常用的药用植物。

茼蒿（*Glebionis coronaria*）：叶二回羽状分裂，为常见蔬菜。

有许多种类是常见的农田杂草、病虫害寄主或农药植物，如：蓟（*Cirsium arvense* var. *setosum*），叶缘有刺，花淡紫色，是田间恶性杂草，又是棉红蜘蛛、烟草线虫根瘤的寄主。苍耳（*Xanthium strumarium*），叶阔心形，3～5浅裂，雌雄同株，总苞片外生钩刺，为农田杂草，也是玉米螟的中间寄主，但用其浸取的水溶液喷治棉蚜虫、红蜘蛛的效果甚好。墨旱莲（鳢肠）（*Eclipta prostrata*），叶对生，长圆状披针形，贴生白毛，边花舌状，白色，为田间杂草。除虫菊（*Tanacetum cinerariifolium*），是著名的杀虫植物，含除虫菊酯杀虫成分，可作植物源农药，也是制蚊香的主要原料。近几十年来，该亚科的一些恶性入侵植物在中国大量出现，已对农林业生产和生态环境造成了巨大威胁，其中在华南地区常见的有：胜红蓟（藿香蓟）（*Ageratum conyzoides*）、薇甘菊（*Mikania micrantha*）、紫茎泽兰（*Ageratina adenophora*）、飞机草（*Chromolaena odorata*）、加拿大蓬（*Erigeron canadensis*）等。

（2）舌状花亚科（Liguliflorae；Cichorioideae）：头状花序中全为舌状花；植物体常含乳汁。

该亚科仅有1个族，即菊苣族（Cichorieae）。该亚科常见的种类中有些是蔬菜作物或药用植物，有些则是农田杂草。

莴苣（*Lactuca sativa*）（图9-30）：一年生或二年生草本；叶无柄，基生叶丛生；花黄色，顶端5齿裂，冠毛毛状；瘦果顶端具细长的喙。常栽培作蔬菜，茎、叶可食用；各地栽培变种多，常见的有：莴笋（*L. sativa* var. *angustata*）、生菜（*L. sativa* var. *romana*）、玻璃生菜（*L. sativa* var. *crispa*）等。

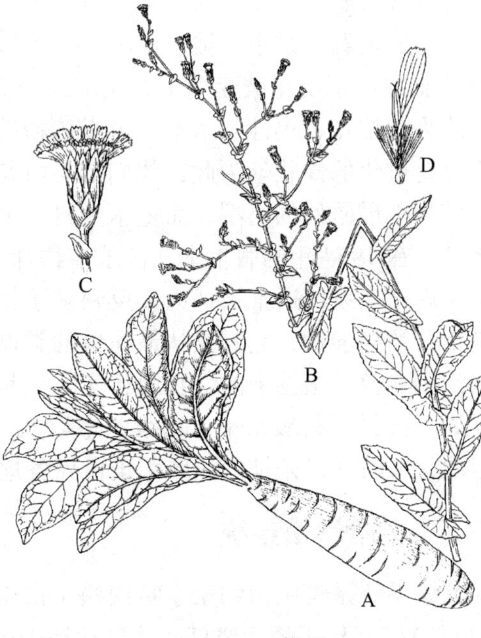

图9-30　莴苣
A. 植株　B. 花枝　C. 头状花序　D. 舌状花

苦苣菜（苦荬菜）（*Sonchus oleraceus*）：一年生或二年生草本；叶羽状深裂；瘦果褐色，压扁，无喙。原产欧洲或中亚，现广泛栽培作蔬菜；亦可药用，清热解毒、凉血利湿。

蒲公英（*Taraxacum mongolicum*）：多年生草本；叶基生，披针形或倒披针形，叶缘浅裂或不规则羽状裂；全国各地分布；全草药用，清热解毒、消肿散结。

常见的田间杂草有：黄鹌菜（*Youngia japonica*）、剪刀股（*Ixeris japonica*）等。

菊科的识别要点：草本。头状花序；聚药雄蕊；子房下位，1室，1胚珠。瘦果。

6. **伞形目**（Apiales）

花序顶生，多伞形花序。7 科 494 属，约 5 500 种。

常见的科属如，五加科（Araliaceae）的五加属（*Eleutherococcus*）、人参属（*Panax*）、楤木属（*Aralia*）、天胡荽属（*Hydrocotyle*）、幌伞枫属（*Heteropanax*）和鹅掌柴属（*Schefflera*）等；伞形科（Apiaceae）的当归属（*Angelica*）、柴胡属（*Bupleurum*）等，以及胡萝卜（*Daucus carota* var. *sativa*）、芹菜（*Apium graveolens*）、积雪草（*Centella asiatica*）、芫荽（香菜）（*Coriandrum sativum*）、茴香（*Foeniculum vulgare*）、孜然芹（*Cuminum cyminum*）等。

第二节 被子植物的主要分类系统简介

植物界种类繁多，因生产实践的需要，常按照形态的繁简差异、生理功能的不同水平等标准对其进行归类，建立体系，形成分类系统。理想的分类系统还应反映植物类群之间的自然亲缘关系。自 19 世纪后半期以来，植物系统分类学者根据各自的系统演化理念提出了许多不同的被子植物分类系统。早期的系统多是基于宏观形态学的简单分类，近期的系统则是力求综合所有演化信息的系统发育分类。随着学科的发展和技术手段的进步，新的信息不断涌现，系统学家需要将所有的相关数据、性状进行分析、整合。系统分类学因此成为“无终止的综合”，需要不断修订、完善原有的系统，以求更准确地反映物种演化历史。现介绍几种常用的被子植物分类系统。

一、恩格勒系统

这一系统是德国植物学家恩格勒（A. Engler）和柏兰特（K. Prantl）于 1887 年在《植物自然分科志》中发表的，是分类学史上第一个比较完整的自然分类系统。

在恩格勒系统中，被子植物被分为双子叶植物纲和单子叶植物纲。双子叶植物纲下分两个亚纲：原始花被亚纲（无花瓣或分离花瓣）和后生花被亚纲（花瓣联合）。恩格勒系统认为无瓣花、单性、木本、风媒传粉等为原始的性状，而有瓣花、两性、草本、虫媒传粉等是进化的性状。为此，他们把柔荑花序植物（如杨柳科、壳斗科和桦木科等）看作被子植物中最原始的类型，而把木兰科、毛茛科等看作是较为进化的类型。恩格勒系统几经修订，在 1964 年的版本中，被子植物计有 62 目，344 科。

恩格勒系统通常被认为是反映被子植物系统发育框架的开始。现在看来这一系统并不是十分严格准确，它只是从最简单的类群开始按演化的复杂程度以线性序列来编排，没有认识到在被子植物中的性状简化实际上是一种演化中的退化现象。但该系统包含了整个植物界，提供了科级水平、属级水平以及大量科中种的描述和分类检索表，内容丰富全面。因此，长时间以来被广泛应用于世界各地的教科书、植物志与标本馆中。

二、哈钦松系统

该系统是英国植物学家哈钦松（J. Hutchinson）于 1926 年在《有花植物科志》中提出的，1973 年作了最后修订，共包括被子植物 111 目，411 科。

哈钦松认为两性花比单性花原始，花各部分分离、多数的性状比连合、定数的较为原始；花各部螺旋状排列的性状比轮状排列的较为原始；无被花和有被花是后来演化过程中衍生而成的；等等。他还认为，被子植物是单元起源的；双子叶植物分为两大进化分支：木本区（基本上是木本植物）和草本区（基本上是草本植物）；分别以木兰目和毛茛目为起点，从木兰目演化出一支木本植物，从毛茛目演化出一支草本植物，且这两支是平行发展的；单子叶植物起源于双子叶植物的毛茛目。

哈钦松不赞成早期系统的按某一个或少数特征进行分类的方法，他取消了离瓣花类、合瓣花类、单被花类、原始花被亚纲和后生花被亚纲的划分，主张按综合特征进行类群的划分。但他过分强调生活习性的重要性、将双子叶植物分为木本和草本的思想却受到广泛的批评，因为这样使许多亲缘关系密切的科被分离到了相互较远的类群中。如马鞭草科和唇形科亲缘关系非常接近，但却被列入不同的目，甚至分别被放到木本区和草本区中。

三、塔赫他间系统

该系统是苏联植物学家塔赫他间（A. Takhtajan）于 1954 年在其《被子植物起源》一书中公布的系统，在分类等级上增设了“超目”一级分类单元。自 1959 年起进行了多次修订，1997 年发表了最新的版本。塔赫他间把被子植物分为木兰纲（双子叶植物纲）和百合纲（单子叶植物纲），在其下再设亚纲的分类等级。双子叶植物包括 11 个亚纲，单子叶植物 6 个亚纲。这些亚纲下又进一步分为超目、目和科。被子植物总计 71 超目，232 目，589 科。

本系统认为，被子植物起源于种子蕨；单子叶植物起源于假定的已灭绝的木兰亚纲陆生类群，而泽泻目和睡莲目具有共同的起源，是进化的一个古老的侧枝；草本植物是由木本植物演化出来的，菊科、唇形目是高级类型，较原始的处于低级发展阶段的是木本类型。他摒弃了离瓣花群、合瓣花群、木本区、草本区等人为类群，划分出更多的自然类群。

塔赫他间系统是基于广泛认可的系统发育原则建立起来的，相比哈钦松和其他早期的分类系统又前进了一大步。但本系统引入“超目”的概念，系统显得较烦琐；对科的进一步划分导致科的范围相对狭窄，科的数目大增。

四、克朗奎斯特系统

这个系统是美国学者克朗奎斯特（A. Cronquist）于 1958 年首次发表的。此系统接近于塔赫他间系统，把被子植物门分成木兰纲（双子叶植物纲）和百合纲（单子叶植物纲），双子叶植物纲含 6 个亚纲，单子叶植物纲含 6 个亚纲。但取消了“超目”一级分类单元，科的划分也少于塔赫他间系统。在 1988 年的修订版中，被子植物共有 83 目，383 科。

克朗奎斯特认为有花植物起源于一类已经灭绝的种子蕨；木兰亚纲是被子植物最原始的类群，其中又以木兰目最为原始；柔荑花序类的各目起源于金缕梅目；单子叶植物来源于类似现代睡莲目的祖先；双子叶植物的菊科和单子叶植物的兰科被认为是最进化的科，被分别置于各自类群的最后面。

该系统总体上与现代其他主要的分类系统表现出一致性，体现了高度的系统发育性原则，并且力图运用所有资料证据进行各个类群的排列。本系统在现代植物分类学界普遍沿用。

五、APG Ⅳ系统

被子植物 APG 分类系统是“被子植物系统发育研究组（Angiosperm Phylogeny Group，APG）提出的被子植物当代分类系统。继 1998 年 APG Ⅰ、2003 年 APG Ⅱ、2009 年 APG Ⅲ后，APG 于 2016 年在林奈学会植物学报发表更新版 APG Ⅳ。

APG 分类系统和传统的依照形态学分类的系统不同，主要根据近年的植物分子系统学的成果，遵循单系群的概念来界定分类群，同时也参照了其他方面如花粉形态学的证据。本系统对目以上的分类群并未使用传统的分类阶层学名，如门、纲等，而是使用一般性的名词定义“分支”，如单子叶植物分支、真双子叶植物分支、蔷薇分支、菊分支等。APG Ⅳ承认被子植物共计 63 目，416 个科，有许多其他系统中的小型科被合并。被子植物中许多系统位置未定的类群其亲缘关系获得进一步厘清。

最近一二十年的系统发育分析表明，将被子植物简单划分为双子叶植物和单子叶植物不能反映其演化历史。在 APG Ⅳ分类系统中，无油樟目（Amborellales）、睡莲目（Nymphaeales）及木兰藤目（Austrobaileyales）形成了被子植物的早出分支群，而木兰类植物（magnoliids）、单子叶植物（monocots）及真双子叶植物（eudicots）则构成了被子植物的核心类群，其中金粟兰目（Chloranthales）及金鱼藻目（Ceratophyllales）分别是木兰类及真双子叶植物的早出分支群。

在单子叶植物之下，鸭跖草类植物（commelinids）成为了其核心类群；而在真双子叶植物之下，蔷薇类（rosids）及菊类（asterids）则是核心真双子叶植物最主要的两大分支。其中，蔷薇类的核心类群主要由豆类植物（fabids）及锦葵类植物（malvids）组成；菊类的核心则由唇形类（lamiids）及桔梗类植物（campanulids）组成。

APG Ⅳ分类系统的构建基于严格的系统发育原则，而分类群的界定是建立在已确定的单系发生的基础上，是先进、科学的分类系统。经过国际上一批系统分类学家持续不断地努力，被子植物系统发育树上各主要分支依次得到细化完善，这种新型的分类系统正不断得到改进，趋向成熟、稳定。

小　结

传统的被子植物分类主要是以植物形态学特征为主要依据而构建，其中特别看重花、果的性状。新型的被子植物分类系统主要根据近年的植物分子系统学的成果，结合形态学性状，遵循单系群的原则，来界定分类群。

本教材采用被子植物 APG Ⅳ分类系统，从中选择与农林业生产关系密切的、或在植物系统演化上地位特殊的、或具热带亚热带地区特色的 30 多个目 40 多个科进行了介绍。各科的主要识别特征及其代表植物是需要重点掌握的内容，同时应理解木兰科、毛茛科、菊科、禾本科、兰科等在植物适应性进化中的特点和意义。

复习思考题

1. 木兰科和毛茛科分别是以木本植物和草本植物为主的类群，它们分别有哪些主要特征？为什么说木兰目（科）是被子植物中最原始的类群之一？

2. 试以茶（*Camellia sinensis*）为例，描述山茶科的主要特征。

3. 十字花科有哪些主要特征？试指出几种有重要经济价值的该科植物。

4. 葫芦科有哪些主要特征？该科有哪些常见的瓜果或蔬菜植物？

5. 锦葵科有哪些主要特征？试列举几种该科重要的经济植物和常见的观赏植物。

6. 蔷薇科有哪些主要特征？其下划分亚科的主要依据是什么？各亚科有哪些常见植物？

7. 豆科有哪些主要特征？各亚科有哪些常见植物？

8. 试以柑橘属植物为例说明芸香科的主要特征。

9. 菊科植物种类繁多，哪些特征使其成为被子植物的一个大科？

10. 棕榈科有哪些主要特征？试指出几种中国南方地区常见的该科植物。

11. 莎草科与禾本科植物在形态特征上有哪些主要区别？这两个科常见的经济植物和农田杂草分别有哪些？

12. 禾本科植物是被子植物中适应风媒传粉最进化的类群之一，有哪些适应性特征？

13. 兰科植物是适应虫媒传粉的高级类型，该科有哪些主要特征？试分析该科植物与昆虫传粉在花结构上的协同进化。

读者意见反馈

为收集对教材的意见建议，进一步完善教材编写并做好服务工作，读者可将对本教材的意见建议通过如下渠道反馈至我社。

咨询电话　400-810-0598

反馈邮箱　gjdzfwb@pub.hep.cn

通信地址　北京市朝阳区惠新东街4号富盛大厦1座　高等教育出版社总编辑办公室

邮政编码　100029

防伪查询说明

用户购书后刮开封底防伪涂层，使用手机微信等软件扫描二维码，会跳转至防伪查询网页，获得所购图书详细信息。

防伪客服电话　(010)58582300